D1754996

Schriften des Bundesinstituts
für ostdeutsche Kultur und Geschichte

Band 14

Redaktion: Konrad Gündisch

R. OLDENBOURG VERLAG MÜNCHEN 1999

PEER HEMPEL

DEUTSCHSPRACHIGE PHYSIKER IM ALTEN ST. PETERSBURG

Georg Parrot, Emil Lenz und Moritz Jacobi
im Kontext von Wissenschaft und Politik

R. OLDENBOURG VERLAG MÜNCHEN 1999

Für meine Eltern

Die Deutsche Bibliothek – CIP-Einheitsaufnahme

Hempel, Peer:
Deutschsprachige Physiker im alten St. Petersburg : Georg Parrot, Emil Lenz und Moritz Jacobi im Kontext von Wissenschaft und Politik / Peer Hempel – München : Oldenbourg, 1999
   (Schriften des Bundesinstituts für ostdeutsche Kultur und Geschichte ; Bd. 14)
   Zugl.: Oldenburg, Univ., Diss., 1998
   ISBN 3-486-56446-3

© 1999 Bundesinstitut für ostdeutsche Kultur und Geschichte, Oldenburg

Das Werk einschließlich aller Abbildungen ist urheberrechtlich geschützt. Jede Verwertung außerhalb der Grenzen des Urheberrechtsgesetzes ist ohne Zustimmung des Verlages unzulässig und strafbar. Das gilt insbesondere für Vervielfältigungen, Übersetzungen, Mikroverfilmungen und die Einspeicherung und Bearbeitung in elektronischen Systemen.

Satz: Peer Hempel
Druck und Bindung: Hubert & Co., Göttingen

ISBN 3-486-56446-3

Inhaltsverzeichnis

Vorwort 9

1 Einleitung **11**
1.1 Aufgaben- und Fragestellung 11
1.2 Zur Begriffsbestimmung von „deutschsprachig" und „deutsch" 18

2 Der historische Kontext **20**
2.1 Die deutschsprachige Bevölkerung im zaristischen Rußland . . 20
    2.1.1 Die Wolga- und Schwarzmeerkolonien 26
    2.1.2 Die sogenannten deutschen Ostseeprovinzen 26
    2.1.3 Die deutsche Sprache und Kultur in St. Petersburg . . 32
2.2 Das Russische Imperium in der ersten Hälfte des 19. Jahrhunderts 37
    2.2.1 Rußland zur Zeit Zar Alexanders I. (1801-1825) 38
    2.2.2 Rußland zur Zeit Zar Nikolaus' I. (1825-1855) 44

3 Rahmenbedingungen deutschsprachiger Physik im Russischen Imperium **53**
3.1 Der Stand der Elektrizitätsforschung am Beginn des 19. Jahrhunderts 53
    3.1.1 Elektrostatik im 18. Jahrhundert 54
    3.1.2 Das Jahrhundert der Elektrodynamik 56
3.2 Russische Forschungs- und Lehranstalten und ihre deutschsprachigen Mitglieder 58
    3.2.1 Die Akademie der Wissenschaften in St. Petersburg . 59
    3.2.2 Die Universität Dorpat 71
    3.2.3 Die Petersburger Universität und andere russische Lehreinrichtungen 78
3.3 Die Rolle der Naturwissenschaften im nikolaitischen System . 81

3.4 Die Physikalischen Kabinette 83
    3.4.1 Das Physikalische Kabinett der Akademie der Wissenschaften 83
    3.4.2 Das Physikalische Kabinett der St. Petersburger Universität 90
    3.4.3 Weitere Physikalische Kabinette in St. Petersburg . . 92

4 Fallbeispiele 94
4.1 Georg Parrot 95
    4.1.1 Lebenslauf 95
    4.1.2 Parrots Übersiedlung in das Russische Imperium . . . 105
    4.1.3 Lehrer und Physikprofessor 106
    4.1.4 Die Physik Parrots 111
    4.1.5 Das Professoreninstitut 112
    4.1.6 Parrot als Freund Alexanders I. 114
    4.1.7 Parrot als Berater Nikolaus' I. 129
4.2 Emil Lenz 135
    4.2.1 Lebenslauf 135
    4.2.2 Zögling Parrots 142
    4.2.3 Lenz am Elbrus 142
    4.2.4 Ein Schüler wird erwachsen - Lösung von Parrot . . . 159
4.3 Moritz Jacobi 165
    4.3.1 Lebenslauf 165
    4.3.2 Jacobis Motor und Boot 172
    4.3.3 Weitere elektrotechnische Arbeiten 177
    4.3.4 Die Beziehung zwischen Jacobi und Lenz 182
    4.3.5 Die Förderung von Jacobi (und Lenz) durch den russischen Staat 188
4.4 Die Physik von Jacobi und Lenz 196
    4.4.1 Internationale Informationswege, Kontakte und Beziehungen 196
    4.4.2 „Ueber die Gesetze der Electromagnete" 202
    4.4.3 Proportionalität statt Hysteresis 223
    4.4.4 Die ballistische Meßmethode 232
    4.4.5 Schnelle Rezeption des Ohmschen Gesetzes 235
    4.4.6 Jacobis „Perpetuum mobile" 237
    4.4.7 Die Lenzsche Regel und der Energieerhaltungssatz . . 238

4.4.8 Der Einfluß des Parrotschen Ausbildungsschwerpunktes in experimenteller Physik an der Dorpater Universität auf Lenz 242
4.4.9 Zeitgenössische Rezeption und heutige Bewertung der Jacobischen und Lenzschen Arbeiten 243

5 Schlußbetrachtungen   **247**
5.1 Zusammenfassung und noch offene Fragestellungen 247
5.2 Deutschsprachige Akademiemitglieder im historischen Kontext 253

6 Anhang   **258**
6.1 Quellen 258
    6.1.1 Parrots Rede an Alexander I. vom 22. Mai (3. Juni) 1802 in Dorpat 258
    6.1.2 Parrots Brief an Alexander I. vom 5.(17.) Juni 1805 . 259
    6.1.3 Parrots „Mémoire secret, très secret" vom 15.(27.) Oktober 1810 261
6.2 Verzeichnis einschlägiger Einrichtungen 266
    6.2.1 Archive und Institute 266
    6.2.2 Bibliotheken 274
    6.2.3 Museen 275
6.3 Zeitschriften 277
6.4 Bibliographie 279
    6.4.1 Werke von Jacobi, Lenz und Parrot 279
    6.4.2 Veröffentlichungen aus der Zeit vor 1917 296
    6.4.3 Neuere Veröffentlichungen (nach 1917) 305
6.5 Tabellenverzeichnis 322
6.6 Abbildungsverzeichnis 323
6.7 Abkürzungsverzeichnis 324
6.8 Orts- und Personenregister 325

Vorwort

Technische Hinweise

Französische und englische Zitate sind kursiv gehalten und werden ohne, russische mit deutscher Übersetzung angeführt. Übersetzungen russischer Zitate stammen vom Autor und sind kursiv gehalten. Estnische und lettische Bezeichnungen sind mit deutscher Übersetzung angegeben.

Abkürzungen bezeichnen Zeitschriften, Archive, Institute, Bibliotheken und Museen. Ihre Entsprechungen können im Abkürzungsverzeichnis gefunden werden. Erläuterungen zur Zitierpraxis der Archivmaterialien finden sich in den „Vorbemerkungen zum Archivverzeichnis". Im Literaturverzeichnis gilt die alphabetische Reihenfolge des lateinischen Alphabetes. Russische Titel sind ihrer deutschen Transkription[1] entsprechend eingefügt; so findet sich beispielsweise Храмов unter *Ch*.

Unterschiedliche Schreibweisen von Namen und Worten sind durch historische Veränderungen der Orthographie bedingt. Von besonderer Tragweite ist in diesem Zusammenhang die weitgehende Rechtschreibreform in Rußland nach der Oktoberrevolution, durch die unter anderem der Buchstabe ѣ und das lateinische i abgeschafft wurden. Das aus dem Griechischen stammende θ verschwand schon Ende des 19. Jahrhunderts aus dem kyrillischen Alphabet. Zudem sind unterschiedliche Schreibweisen russischer Namen in lateinischen Buchstaben (in Zitaten) durch die Verwendung unterschiedlicher Transkriptions- bzw. Transliterationsverfahren bedingt. Veraltete Schreibweisen und Rechtschreibfehler in Zitaten sind beibehalten worden, auf letztere wurde jedoch mit einer Bemerkung hingewiesen. Sonderzeichenfehler (z.B. ss statt ß) in Zitaten wurden ohne Bemerkung übernommen. Interpunktionsfehler in Zitaten wurden ebenfalls übernommen. Wenn sie keine Sinnveränderung bewirken, wird darauf nicht weiter hingewiesen.

Im Literaturverzeichnis sind nur die für diesen Forschungsgegenstand wichtigen Publikationen aufgeführt und somit keinesfalls alle Veröffentlichungen der Physiker Jacobi, Lenz und Parrot zu finden.[2] Die Gliederung des Literaturverzeichnis ist in den „Vorbemerkungen zum Literaturverzeichnis"

---

[1] Es wurde die Transkriptionstabelle von Prof. W. Steinitz verwandt (siehe: К. Лейн (ред.) (K. Leyn (Hrsg.)): Русско-немецкий словарь (Russisch-deutsches Wörterbuch). Москва (1991), S. 722-725).

[2] Ahrens gibt die Anzahl der Schriften Jacobis mit 133 an (W. Ahrens: Briefwechsel zwischen C. G. J. Jacobi und M. H. Jacobi. Leipzig (1907), S. 262). Nowljanskaja gibt sogar 176 Werke Jacobis (inclusive seiner Übersetzungen 1825 und 1830) an (М. Г. Новлянская (M. G. Nowljanskaja): Борис Семёнович Якоби: Библиогр. указ. (Boris Semjonowitsch Jacobi: Bibliogr. Verzeichnis). Москва, Ленинград (1953), S. 104).

erläutert.

Im Text sind russische Personen des besseren Leseflusses wegen in lateinischer Schrift aufgeführt. Ortsbezeichnungen sind weitestgehend deutsch, sofern ein deutscher Name existiert (z.B.: Moskau). Bei Dienstbezeichnungen und Behördennamen wird weitgehend das Amtsdeutsch des Russischen Imperiums verwendet.[3]

In Rußland wurde vor der Oktoberrevolution der Julianische Kalender benutzt, der gegenüber dem Gregorianischen im 18. Jahrhundert um 11 Tage und im 19. Jahrhundert um 12 Tage zurücklag. Bei Ereignissen in Rußland sind stets beide Daten angegeben.

Danksagung

An dieser Stelle möchte ich meine tiefe Zufriedenheit über die umfangreiche Erfahrung, die meine Rußlandaufenthalte mir gebracht haben, kundtun. Ein Land im Umbruch erlebt zu haben, ist grundsätzlich eine Bereicherung. Handelt es sich dann auch noch um ein so weites und vielfältiges Territorium, so ist der Erkenntnisgewinn fast unermeßlich. Auf meinen innerrussischen Reisen legte ich ca. 30.000 km mit der Eisenbahn zurück, ich sah Sibirien, den Kaukasus, das Nordpolargebiet, sieben Millionenstädte und lernte ungezählt viele Menschen kennen.

Meinen Dank für die wissenschaftliche Begleitung der Arbeit möchte ich den Betreuern Prof. Dr. Hans Henning Hahn, Dr. Falk Rieß und Prof. Dr. Igor Wladimirowitsch Komarow ausdrücken. Für die finanzielle Unterstützung sei meinen Eltern, dem Hochschulkomitee der Russischen Föderation, dem Deutschen Akademischen Austauschdienst und der Heinz Neumüller Stiftung gedankt. Desweiteren gilt mein Dank auch den hilfsbereiten Archivaren und Bibliotheksangestellten in Rußland, Estland und Lettland.

---

[3] In den Ostseeprovinzen war Deutsch Amtssprache.

1 Einleitung

1.1 Aufgaben- und Fragestellung

Der Erste Weltkrieg stellt eine tiefe Zäsur in der Geschichte der deutsch-russischen Beziehungen dar. Dies wird am augenfälligsten durch die Tatsache, daß St. Petersburg, das Fenster zum Westen, damals seinen deutschen Namen verlor. Gleichzeitig endete mit dem Tode Wilhelm Radloffs (1918), des letzten in Deutschland geborenen Mitgliedes der Petersburger Akademie der Wissenschaften, ein außerordentlich erstaunlicher Import und Unterhalt von ausländischen Wissenschaftlern in einem fremden Land.
Deutschsprachige Physiker und deutschsprachige Wissenschaftler schlechthin dominierten die Petersburger Akademie der Wissenschaften von ihrer Gründung 1725 bis zu ihrer Zusammenlegung mit der Russischen Akademie im Herbst 1841, also noch Jahrzehnte über das Ende der Epoche der eigentlichen Akademiebewegung oder République des Sciences[4] hinaus. In dieser Zeitspanne waren rund zwei Drittel aller Akademiemitglieder deutschsprachig. Die Physik war noch längere Zeit darüber hinaus von deutschsprachigem Einfluß bestimmt. So hatte das Physikalische Kabinett der Akademie der Wissenschaften von 1726 bis 1895 elf Leiter, von denen zehn deutschsprachig waren.
Diese Arbeit will die Genese und den Verlauf dieser außergewöhnlichen Epoche deutsch-russischer Wechselbeziehungen auf wissenschaftlichem, techni-

---

[4] Gelehrte der verschiedenen Länder *betrachteten sich als Vertreter einer großen pädagogischen Mission, wollten die Menschheit im Geiste der Aufklärung und des wissenschaftlich-technologischen Fortschritts erziehen. Sie übten und wahrten dabei einen übernationalen und überkonfessionellen Zusammenhalt, der sich gerade auch in Kriegszeiten bis in die Napoleonische Ära hinein bewährte* (L. Hammermayer: Akademiebewegung und Wissenschaftsorganisation. Formen, Tendenzen und Wandel in Europa während der zweiten Hälfte des 18. Jahrhunderts. In: E. Amburger; M. Cieśla; L. Sziklay (Hrsg.): Wissenschaftspolitik in Mittel- und Osteuropa. Wissenschaftliche Gesellschaften, Akademien und Hochschulen im 18. und beginnenden 19. Jahrhundert. Berlin (1976), S. 9).

schem, kulturellem, sozialem und politischem Gebiet im vorrevolutionären Rußland nachzeichnen, wobei die Gründe für Entstehen, Blüte und Verschwinden deutschsprachigen Einflusses in russischer Physik und Wissenschaft dargelegt werden.
Eine besondere Berücksichtigung bei dieser Aufgabenstellung verdient die deutschsprachige Universität Dorpat, welche den Deutsch-Balten, aber auch anderen Untertanen des Russischen Imperiums als Bildungsstätte diente. An ihr waren bis zu ihrer Russifizierung ab dem Jahr 1889 ca. 80 % des Lehrpersonals und der Studentenschaft deutschsprachig. Schon deshalb sollte der in dieser Fallstudie betrachtete Zeitraum nach der Wiedereröffnung der Dorpater Lehranstalt 1802 liegen. Da der deutschsprachige Einfluß in der Akademie in der Mitte des 19. Jahrhunderts zu schwinden beginnt, wird meine Arbeit auf die erste Jahrhunderthälfte fokussiert.
Außerdem sollen die Rollen geklärt werden, die der Dorpater Universität und der Petersburger Akademie innerhalb des russischen Bildungs- und Wissenschaftssystems zukamen. In welchem Verhältnis standen Dorpat zur russischen Hauptstadt und die Dorpater Universität zur Akademie der Wissenschaften? War Dorpat (für Ausländer und Deutsch-Balten) das Tor nach St. Petersburg? Als interessantes Fallbeispiel kann hierbei der Aufenthalt des Gelehrten Moritz Hermann Jacobi in Dorpat dienen, der als Elektromotorkonstrukteur Karriere machte, jedoch vor seinem Wechsel nach St. Petersburg an der Dorpater Universität als Architekturprofessor wirkte. War dies ein typischer Weg nach St. Petersburg?
Konkret erzählt diese Arbeit die Geschichte der (letzten) großen Blüte deutschsprachiger Physik im alten St. Petersburg, welche mit einem der interessantesten Zeiträume der Entwicklung des Elektromagnetismus bzw. der Elektrizitätslehre zusammenfällt.
Auf dem Gebiet des Elektromagnetismus fand in dieser Zeit eine turbulente Entwicklung revolutionierender Entdeckungen und Erfindungen statt:

- 1820 entdeckte Hans Christian Ørsted die Wirkung des elektrischen Stromes auf eine Magnetnadel

- 1824 baute Peter Barlow den ersten primitiven Elektromotor, der schon eine direkt erzeugte Kreisbewegung hervorbrachte, aber praktisch noch keine Nutzleistung zeigte und nur als physikalisches Demonstrationsmodell diente

- 1831 entdeckte Michael Faraday die elektromagnetische Induktion

- 1833 postulierte Emil Lenz sein Gesetz über die Richtung des Induktionsstroms
- 1834 baute Moritz Hermann Jacobi den ersten Elektromotor, der sowohl eine direkte Kreisbewegung erzeugte als auch schon praktisch nutzbar war.

Die für meine Fallstudien ausgewählten drei Physiker (Georg Friedrich Parrot, Moritz Hermann Jacobi, Heinrich Friedrich Emil Lenz) unterscheiden sich in ihrer Herkunft (württembergischer Franzose, Preuße, Deutsch-Balte), in ihren Fähigkeiten und Interessenschwerpunkten (Zarenberater, Techniker, Grundlagenforscher und Forschungsreisender) und auch in ihren politischen Weltanschauungen (liberal, konservativ-reaktionär), weshalb ich jeden für sich als exemplarisch betrachte. Andererseits werden sie durch ihr Wirken und Forschen in einen Kontext zueinander gesetzt, denn sie gelangten alle über Dorpat in die russische Hauptstadt, legten alle großen Wert auf die Experimentalphysik, leiteten jeweils das Physikalische Kabinett der Akademie der Wissenschaften, und waren durchweg überdurchschnittlich erfolgreiche Gelehrte. Jacobi und Lenz führten über viele Jahre gemeinsam Experimente durch, um die Gesetze der Elektromagnete zu ergründen. Lenz bekam seine gründliche experimentalphysikalische Ausbildung in Dorpat, wo Parrot ihm durch Vermittlung eines Postens bei einer dreijährigen Weltreise den Grundstein zu seiner Karriere legte. Parrot war mehr Idealist als Praktiker, und sein durch die Aufklärung geprägter Geist hatte stark die Dorpater Universität beeinflußt, an der Jacobi und Lenz vor ihrer Petersburger Zeit gewirkt haben. Parrot repräsentiert in meiner Arbeit das Bindeglied zwischen Obrigkeit/Zar und Wissenschaft/Bildung. Jacobi und Lenz verknüpften damals Grundlagenforschung und Anwendung miteinander.

Beide führten lang andauernde Untersuchungen „Ueber die Gesetze der Electromagnete" durch, für die Lenz, der diese Untersuchungen zunächst alleine begann, das damals neue Faradaysche Induktionsgesetz schnell rezipierte und eine neue Meßmethode entwickelte, bei der die augenblickliche Wirkung des Stromes genutzt wurde.

Die Beschreibung dieser Versuche ist ein Beispiel für eine langwierige Routine- oder Fleißarbeit. Als Gegenpol soll die Darstellung einer kurzen Spitzenleistung, in diesem Fall die Ersteigung des Elbrus, dienen. Zudem sollen die „Erfindungen" Jacobis (Elektromotor/-boot, Elektromine, Telegrafenanlage) beschrieben werden, da gerade sie Aufsehen erregt haben.

Um ihre Leistungen bemessen zu können, muß die materielle Lage der Physiker, also die Ausstattung der Physikalischen Kabinette, ihre Einkünfte und anderes, berücksichtigt werden. Inwieweit internationale Kontakte eine Rolle gespielt haben, muß untersucht werden, wobei es nicht nur um die Möglichkeit der Gerätebeschaffung geht. Insbesondere zur Theoriebildung kann der wissenschaftliche Gedankenaustausch nützlich sein.

Die konkreten Fragen zu den Untersuchungen „Ueber die Gesetze der Electromagnete" lauten:

- Welchen Einfluß hatte der Parrotsche Ausbildungsschwerpunkt in experimenteller Physik in der Dorpater Universität auf Lenz?
- Wie erfolgte die schnelle Übernahme des Faradayschen Induktionsgesetzes?
- Warum nahm Lenz den Induktionsstrom als „augenblicklich" an (ballistische Meßmethode)?
- Warum verwechselte er Strom und Ladung?
- Warum fanden Jacobi und Lenz nicht die Hysteresiskurve?
- Welche Geräte standen ihnen zur Verfügung und wurden von ihnen verwandt?
- Glaubten Jacobi und Lenz bereits an die Gültigkeit des Ohmschen Gesetzes?
- Wie entwickelte sich Jacobis Einstellung zum Perpetuum mobile und zur Energieerhaltung?
- Was unterschied hierzu Lenz' Einstellung zur Energieerhaltung (Lenzsche Regel)?
- Welche internationalen Kontakte und Beziehungen zu anderen Wissenschaftlern pflegten Jacobi und Lenz?

Die konkreten Fragen zur Lenzschen Elbrusexpedition lauten:

- Welche Bedeutung hatte die Lenzsche Elbrusbesteigung für seine Karriere?
- Welchen innovativen Zweck hatte sie für die Wissenschaft und den Staat, und was erwarteten diese davon?
- Wie ist die Expedition in die Geschichte des Alpinismus einzuordnen?

Aufgaben- und Fragestellung 15

Die konkreten Fragen zu den Jacobischen Erfindungen lauten:

- Welchen Nutzen versprach man sich von der Anwendung des Jacobischen Elektromotors?
- Welche Rolle spielten seine Anwendungen des Elektromagnetismus tatsächlich?

Um das Phänomen „deutschsprachige Physik im alten St. Petersburg" in seinem gesamthistorischen und politischen Kontext betrachten zu können, müssen die neueren geschichtswissenschaftlichen Forschungstendenzen, die den behandelten Zeitraum betreffen, Beachtung finden und muß auf die Regierungszeit der Zaren Alexander I. und Nikolaus I. besonders eingegangen werden.
Der Grad der möglichen Beziehungen zwischen Gelehrten und Staatsführung wird am Extremfall des Zarenfreundes und -beraters Parrot dargestellt.
In seinem Fall ist zu untersuchen, welche Gründe und Umstände vor allem seine Beziehung zu Alexander I. begünstigten; desgleichen soll den Gründen für den einseitigen Abbruch dieser Verbindung durch Alexander I. nachgegangen werden. Bezüglich Parrot stellen sich folgende Fragen:

- Warum kehrte Parrot Frankreich und Deutschland den Rücken und ging statt dessen nach Livland?
- Welche Rolle spielte die Französische Revolution bei dieser Entscheidung?
- Welche internationalen Beziehungen pflegte und knüpfte Parrot nach seiner Übersiedlung ins Russische Imperium?
- Wie kam es zur Freundschaft mit Alexander I.?
- Woran zerbrach diese Freundschaft?
- Warum ging Parrot schließlich nach St. Petersburg?
- Wie unterschieden sich seine Rollen in Dorpat und St. Petersburg, veränderte er sich als Person?
- Welche Rolle spielte Parrot im nikolaitischen System?

Im Falle Jacobis wäre es interessant zu wissen, ob er den preußischen Gesandten Otto von Bismarck kannte, der von 1859 bis 1862 in St. Petersburg

seine Regierung vertrat. Diese Frage wird behandelt, jedoch nicht geklärt.
Ein besonderes Augenmerk soll in dieser Arbeit auf das Verhältnis zwischen den wissenschaftlichen Leistungen der untersuchten Personen und dem Grad ihrer Anerkennung, Förderung und Beförderung durch den russischen Staat gerichtet werden. Eine zentrale Frage lautet also: War dieses Verhältnis angemessen?
Zudem sollen gesellschaftliche Stellung und Aufstieg dieser Wissenschaftler betrachtet werden. Hatten Jacobi und Lenz für das Russische Imperium typische Karrieremuster, und welche Rolle spielten ihre internationalen Beziehungen dabei?
Unabhängig davon soll der innovative Charakter der direkten Verbindung zwischen der Regierung bzw. dem Volksaufklärungsministerium und der Petersburger Akademie bzw. den Universitäten untersucht werden. Wie wirkte sich diese Bindung auf Forschung, Anwendung und Lehre praktisch aus?
Die Klärung der Frage, welche Einflüsse die deutschsprachigen Physiker im Russischen Imperium zu ihren herausragenden Leistungen stimulierten, kann aktuelle Probleme lösen helfen. Während heute der häufig unzureichende Wissenstransfer von den Universitäten in die wirtschaftlichen und industriellen Anwendungsgebiete sowie in staatliche Projekte ein akutes Problem darstellt, funktionierte damals der Informationsaustausch von Grundlagenforschung und Anwendung offenbar viel ungezwungener (z.B.: Elektromotor oder Telegrafie).
Das Hauptziel dieser Arbeit ist jedoch die Analyse eines erfolgreichen Abschnittes deutsch-russischer kultureller Beziehungen, eine Aufgabe also, die angesichts der veränderten Beziehungen zwischen Deutschland und Rußland nach Ende des Kalten Krieges dringender den je geworden ist.

Die narrative Struktur der historischen Darstellung charakterisiert die vorliegende wissenschaftsgeschichtliche Arbeit. Dabei wird das Erklärungsmodell benutzt, also die erzählende Erklärung einer vergleichsweise bekannten Tatsache wie in diesem speziellen Fall des Phänomens ,,deutschsprachige Physik im alten St. Petersburg", durch die Auflistung weniger allgemeinbekannter Faktoren, die zu seiner Entstehung und Entwicklung geführt haben. Die Arbeit bedient sich hierbei sowohl der Präsentationsform Erzählung als auch der Analyse, so daß von einer reflektierten Narration gesprochen werden kann.
Es wird versucht, sowohl den organischen Zusammenhang des Ganzen, also des Themas ,,deutschsprachige Wissenschaftler in der Petersburger Akademie der Wissenschaften von ihrer Gründung 1725 bis zur Mitte des 19.

Aufgaben- und Fragestellung 17

Jahrhunderts", als auch die besonderen Eigentümlichkeiten der Einzelfälle, also die biographischen Stationen von Parrot, Jacobi und Lenz, nicht aus dem Auge zu verlieren. Ebenso wird angestrebt, von den Fallbeispielen zu allgemeinen Aussagen zu kommen. Hierzu kann mit Vergleichen gearbeitet werden. Spekulationen werden dabei nicht zu vermeiden, ja sogar hilfreich sein.
Zusammenfassend kann die Hauptaufgabenstellung wie folgt formuliert werden:

- Die drei Personen und ihre Leistungen sollen beschrieben werden.

- Die historischen, politischen, wissenschaftlichen und persönlichen Umstände sollen aufgezeigt und analysiert werden.

- Das Verhältnis der Leistungen zu den Umständen soll reflektiert, bewertet und gegebenenfalls verallgemeinert werden.

Abschließend will ich noch auf methodische Besonderheiten und die Quellenlage eingehen.
Hüttenberger bemerkt, daß *zwischen Handlung, Quelle und geschichtswissenschaftlichem Ergebnis ... mehrere Filter liegen, durch die eine Reihe von typischen, theoretisch begründbaren Informationsverlusten eintreten können; damit sind nicht zufällige Verluste gemeint, die aufgrund mutwilliger Zerstörung, falscher Lagerung und dergleichen vorkommen:*
1. Die Distanz von der Handlung zum "Überrest/Bericht",
2. die des Übergangs vom "Überrest/Bericht" zur Archivalie,
3. die des Übergangs der Archivalie zur erschlossenen Archivalie und
4. die des Übergangs von der erschlossenen Archivalie zur Quelle des Historikers[5].
Insbesondere die Distanz *des Übergangs vom "Überrest/Bericht" zur Archivalie* stellt bei Lenz ein erhebliches Problem dar, da er keine Nachkommen hinterließ, die sich um seinen Nachlaß gekümmert haben. Dafür wurde während meiner Kaukasusreise durch experimentelle Nachprüfung (Messung) die von Lenz am Elbrus erstiegene Höhe bestimmt.
Ganz anders ist die Quellenlage im Falle Jacobis oder Parrots. Von ihnen sind erheblich mehr „Überreste" zu Quellen erschlossen worden.

---

[5] P. Hüttenberger: Überlegungen zur Theorie der Quelle. In: B.-A. Rusinek; V. Ackermann; J. Engelbrecht (Hrsg.): Einführung in die Interpretation historischer Quellen. Schwerpunkt: Neuzeit. Paderborn (1992), S. 264f.

1.2 Zur Begriffsbestimmung von „deutschsprachig" und „deutsch"

Aus drei Gründen scheint es mir nicht angebracht, die „deutschsprachigen" Physiker im St. Petersburg des 18. und 19. Jahrhunderts als „deutsche" zu bezeichnen. Zum einen handelt es sich bei einigen um Angehörige anderer Staaten. Leonard Euler beispielsweise war Eidgenosse, wurde in Riehen bei Basel geboren, ging in Basel zur Lateinschule, studierte an der philosophischen Fakultät der dortigen Universität, erlangte die Magisterwürde und kam erst nach einer erfolglosen Bewerbung um eine Baseler Physikprofessur (1727) als Adjunkt an die Akademie in St. Petersburg, wo er vier Jahre später zum Professor avancierte.[6] Daniel Bernoulli, als zweites Beispiel, wurde im niederländischen Groningen geboren und studierte später ebenfalls an der Baseler Universität, bevor er nach St. Petersburg ging und es dort ebenfalls bis zum Professor brachte. Georg Friedrich Parrot schließlich war Franzose aus dem württembergischen Mömpelgard, dem heutigen Montbéliard im französischen Département de Doubs, südlich von Belfort. Deutsch erlernte er erst auf der Hohen Karlsschule in Stuttgart.[7]

Der zweite Grund, warum mir die Bezeichnung „deutsche" Physiker ungeeignet erscheint, liegt in der Tatsache begründet, daß es bis einschließlich der ersten Hälfte des 19. Jahrhunderts überhaupt noch keinen deutschen Nationalstaat gegeben hat. Das „Heilige Römische Reich deutscher Nation", das bis 1806 offiziell existierte, kann nicht als Nationalstaat bezeichnet werden. Loyalität und Selbstidentifikation der Menschen sind meines Erachtens primär in ihrer Landeszugehörigkeit sowie in ihrem Glauben be-

---

[6] W. Stieda: Die Übersiedlung Leonhard Eulers von Berlin nach St. Petersburg. Leipzig (1931) entnimmt man interessante Angaben über Eulers Einkommen. Wurden dem Gelehrten 1726 lediglich 200 Rubel jährlich in Aussicht gestellt (S. 1), so bekam er 1741 in Berlin, nach seiner Rückkehr aus St. Petersburg, 1600 Taler als Äquivalent seines Petersburger Einkommens (S. 11). 1763 entsprachen gemäß Euler 400 Taler 125 Rubeln, während *früher* 2 Taler einem Rubel entsprachen. *"... Ich büße demnach heute ein drittel meines Gehalts ein, was um so schlimmer ist, als die Theuerung täglich zunimmt"* soll Euler geklagt haben (S. 25). 1765 schließlich verlangte Euler vom russischen Reichskanzler Graf Michael Woronzow 3000 Rubel Jahresgehalt für sich und 1000 Rubel für seinen Sohn Johann Albrecht (S. 33, 60) für den Fall seiner Rückkehr nach St. Petersburg, die er dann auch bekommen sollte. Bei allen bis auf der ersten Angabe beruft sich Stieda auf: П. П. Пекарскій (P. P. Pekarski): Записки Императорской Академіи наукъ (Schriften der Kaiserlichen Akademie der Wissenschaften). Томъ 6 (1864/65), S. 77f., incl. Beilage 2, S. 84-86.

[7] Es wird später noch deutlich werden, weshalb ich Parrot als deutschsprachig betrachte, obwohl ich sonst nur Muttersprachler als solche rechne.

gründet gewesen. Da von 1806 bis 1871 kein „Deutsches Reich" existierte, wäre es in gewisser Weise anachronistisch und zudem ungenau beispielsweise Moritz Jacobi als Deutschen zu bezeichnen, obwohl er als Preuße seinen Militärdienst für Preußen und damit als potentieller Gegner anderer deutscher Kleinstaaten abgeleistet hat; falsch wäre es freilich nicht. Jacobi steht in meiner Arbeit für den Preußen, nicht für den Deutschen. Der Begriff „deutsche Physiker" soll jedoch trotzdem Verwendung finden, wenn es um die Benennung der Gruppe der Untertanen verschiedener deutscher Kleinstaaten geht, auch wenn ihre Loyalitäten sich unterschieden haben mochten. Der Begriff „Deutschland" oder „Deutsches Reich" ist noch aus einem anderen Grund problematisch. Manche Gebiete kamen in den Einflußbereich der deutschen Monarchen oder fielen aus ihm heraus, so daß „Deutschland" für jene Zeiten ein territorial nicht präzise formulierbarer Begriff ist. Zu einem Nationalstaat geeint wurden die deutschen Kleinstaaten erst 1871.[8]

Ohne Nationalstaat aber bleibt vor allem die Kultur das verbindende Element. Sprache wiederum ist das wesentlichste Merkmal einer Kultur, gleichsam ihr prägendes Charakteristikum.

Schließlich darf die besondere Situation der Deutsch-Balten und der Deutsch-Petersburger[9] nicht übersehen werden. Sie einfach als „Deutsche" zu bezeichnen, würde ihrer historischen Situation und ihrer Loyalität zum Zaren nicht gerecht werden.

Als Beispiele seien hier nur zwei Physiker genannt, denen im Teil über die Elbrusexpedition noch eine besondere Bedeutung zukommen wird: Emil Lenz war Livländer und Adolf Theodor Kupffer Kurländer. Beide waren Deutsch-Balten und damit Untertanen des Russischen Imperiums.

Die Situation der sogenannten „deutschen Ostseeprovinzen" war eine ganz besondere und kann mit keinem heutigen Phänomen verglichen werden. Ihnen und der mit ihrer Existenz verbundenen остзейский вопрос (Ostseefrage) soll in dem für diese Arbeit notwendigen Rahmen im folgenden Kapitel nachgegangen werden.

---

[8] Und auch die Reichsgründung war mit Grenzverschiebungen verbunden (Elsaß und Lothringen).

[9] Als Deutsch-Petersburger definiere ich (in Anlehnung an den in der Historiographie bereits verwendeten Begriff der Deutsch-Balten) jene gebürtigen Petersburger, die nach Sprache und Kultur eher dem deutschsprachigen als dem russischen Kulturkreis zuzurechnen sind. Dabei soll nicht weiter zwischen Nachfahren von Deutschen, Österreichern, Schweizern und Deutsch-Balten unterschieden werden.

2 Der historische Kontext

2.1 Die deutschsprachige Bevölkerung im zaristischen Rußland

Bei der Arbeit zum Thema „deutschsprachige Bevölkerung im zaristischen Rußland" trifft man in der Geschichtsschreibung auf Interpretationsprobleme. Aufgrund der geschichtlich belasteten Thematik gibt es überwiegend Texte von Autoren, die häufig einen persönlichen Bezug zum Russischen Imperium haben (z.B. der gebürtige Petersburger Erik Amburger) und deshalb oft bewußt oder unabsichtlich nicht ganz objektiv schreiben. Dies heißt nicht, daß sie die Unwahrheit schreiben, sondern lediglich daß sie die Interpretationsspielräume in ihrem Sinne genutzt haben.
Diese Spielräume eröffnet zum einen der Umstand, daß es erst für die Zeit ab dem Ende des 19. Jahrhunderts verläßliche Volkszählungsergebnisse gibt. Vorher gab es „Revisionen", bei denen nur die Männer gezählt wurden, so daß die Ergebnisse dann meistens mit zwei multipliziert werden. Auch galt bei praktisch allen Erhebungen die Muttersprache als ethnisches Zuordnungskriterium, so daß Österreicher als „Deutsche" gezählt wurden, zweisprachig aufgezogene Kinder aus deutschrussischen Mischehen jedoch ausschließlich als „Russen", da sie sich ja nur einmal zählen lassen konnten und das Russische in der Regel besser sprachen.
Zum anderen sind Einzelpersonen oft schwer ethnisch zuzuordnen. Es ist häufig nicht eindeutig zu klären, ob eine Person mit deutschem Nachnamen noch deutscher Muttersprache war oder schon zu einer russifizierten Generation gezählt werden muß. Auch eindeutig russische Persönlichkeiten hatten oft ausländische, meist deutsche Nachnamen.
Zudem bezeichnete der im Russischen verwandte Begriff des „Deutschen" (немец) zunächst generell alle (westlichen) Ausländer und wurde auch später oft noch als Oberbegriff für zumindest alle deutschsprachigen Personen

benutzt.[1] Quellen sind diesbezüglich besonders vorsichtig zu interpretieren. Grundsätzlich besteht aber vor allem das Problem der Subjektivität der Autoren von wissenschaftlicher Literatur. Dieses wirkt sich insbesondere in der deutsch-baltischen Historiographie aus. An den entsprechenden Stellen werde ich deshalb auf die genannten Probleme der Interpretation der Geschichte zurückkommen.

Eine sehr nützliche Quelle sind die Ergebnisse der ersten allgemeinen Volkszählung in Rußland, die 1897 abgehalten wurde. Damals gaben 1.790.489 Personen (oder 1,43% der Bevölkerung) als ihre Muttersprache die deutsche an. Davon lebten im europäischen Teil Rußlands (inklusive Ostseeprovinzen, jedoch ohne Polen und Finnland) 1.294.032 Personen (1,31%), unter ihnen 63.457 Menschen (3,01%) im Gouvernement St. Petersburg (Gesamtbevölkerung des Gouvernements: 2.107.691). Letzterer prozentualer Bevölkerungsanteil entspricht in etwa dem der deutschsprachigen Personen in Estland und Nordlivland (3,46% oder 33.362 von 962.237).[2]

Zur Auswertung der Volkszählung von 1897 leitete Kappeler ein DFG-Forschungsprojekt mit dem Titel „Die Nationalitätenfrage im spätzaristischen Rußland".[3]

Der für die vorliegende Arbeit wichtigere Zeitraum der ersten Hälfte des 19. Jahrhunderts wird von Kabusan behandelt, wobei seine Arbeit auf Revisionsergebnissen basiert.

Die Gesamtentwicklung der Deutschsprachigen im Russischen Imperium in absoluten Zahlen ist natürlich beeindruckender als ihre prozentuale Zunahme, da sich auch die Russen einer Bevölkerungszunahme erfreuten. *Im Jahre 1719 betrug der Anteil der deutschen Bevölkerung des damaligen, kleineren Rußland: 0,2% (31100 Personen), 1796: 0,3% (237000 Personen), 1858 in den erweiterten Reichsgrenzen: 0,9% (471000 Personen), 1914-1917: 1,1% (1185700 Personen).*[4]

---

[1] Немец (Deutscher) kommt von немой (der Stumme) und bezeichnet alle, die nicht (russisch) sprechen können.

[2] A. Bohmann: Menschen und Grenzen. Band 3 Strukturwandel der deutschen Bevölkerung im sowjetischen Staats- und Verwaltungsbereich. Köln (1970), S. 50. Als Estland und Nordlivland gibt Bohmann an selber Stelle das Gouvernement Estland, sowie die Kreise Pernau, Fellin, Dorpat und Werro an.

[3] Siehe auch: A. Kappeler (Hrsg.): Die Russen. Ihr Nationalbewußtsein in Geschichte und Gegenwart. Köln (1990); A. Kappeler: Rußland als Vielvölkerreich. Enstehung, Geschichte, Zerfall. München (1992) und: A. Kappeler; B. Meissner; G. Simon: Die Deutschen im Russischen Reich und im Sowjetstaat. Köln (1987).

[4] V. M. Kabuzan: Die deutsche Bevölkerung im Russischen Reich (1796-1917): Zusammensetzung, Verteilung, Bevölkerungsanteil. In: I. Fleischhauer; H. H. Jedig (Hrsg.): Die

Tabelle 2.1: Die Ergebnisse der Volkszählung von 1897

alle Angaben in %[5]	Rußland (ohne Finnland) Deutschsprachige	Gouvernement St. Petersburg Deutschspr.	Gouv. St. P. Russen
Bevölkerungsanteil	1,40	3,00	81,89
Stadtbevölkerungsanteil	23,30	87,25	70,40
Adel (erbl.+persönlich)	2,35	11,53	10,29
Kaufleute	0,66	3,51	1,28
Bürger	18,10	35,23	20,18
Bauern	70,70	21,31	62,81
Über 10jährige des Lesens Kundige	78,50	95,54	52,21
Über 10jährige mit mehr als Elementarschulbildung	6,37	29,16	8,76
Ackerbautreibende	56,70	9,86	
Unterricht-, Wissenschaft- und Kunsttreibende	1,57	5,35	
Ärzte, Gesundheitswesen	0,60	2,74	

Über Integration und Assimilation schreibt Kabusan: *Assimilationsprozesse waren in der zweiten Hälfte des 19. Jahrhunderts unter den Deutschen kaum zu beobachten. Sie lebten, mit wenigen Ausnahmen, isoliert und hatten*

Deutschen in der UdSSR in Geschichte und Gegenwart. Baden-Baden (1990), S. 77. Auch nach: Kappeler: Rußland, S. 325 lebten 1719 31.100 Deutsche (0,20 %) in Rußland. Bei dieser Angabe beruft er sich auf В. М. Кабузан (W. M. Kabusan): Народы России в XVIII веке (Die Völker Rußlands im 18. Jahrhundert). Москва (1990) und bezeichnet sie als unsicher belegt. Auf den Seiten 325-331 finden sich weitere Angaben (Tabellen) zur Statistik der Deutschen in Rußland.

[5]Nach A. Kappeler: Die Deutschen im Rahmen des zaristischen und sowjetischen Vielvölkerreiches. In: Kappeler; Meissner; Simon: Die Deutschen, S. 12, 14. Meine Tabelle beinhaltet nur die für dieses Thema wichtigen Angaben aus zwei Tabellen. Da bei der Zählung nur nach der Muttersprache gefragt wurde, sind nicht die „Deutschen" erfaßt, wie behauptet wurde, sondern die Deutschsprachigen. Zweisprachige Rußländer, die besser Russisch als Deutsch sprachen, wurden nicht erfaßt, dafür deutschsprachige Schweizer und Österreicher. Unter Bürgern (мещане) ist die Grundschicht der handel- und gewerbetreibenden Stadtbevölkerung zu verstehen. Nach: H. Bauer; A. Kappeler; B. Roth (Hrsg.): Die Nationalitäten des Russischen Reiches in der Volkszählung von 1897. Band 2, Stuttgart (1991), S. 402 stellten die Deutschen 1897 4,01 % der Hauptstadtbevölkerung.

Tabelle 2.2: Deutsche in Rußland (1795-1858)

Gebiet (Angaben in %)[6]	V. Revision	VIII. Revision	X. Revision
Ostseeprovinzen	6,58	6,52	6,53
Niedere Wolga	3,76	6,83	8,22
Rußland (gesamt)	0,57	1,00	1,12
in 1720er Grenzen	0,31	0,81	0,92
Petersburger Gouv.	0,21	5,50	5,05
Petersburger Kreis	-	8,78	9,30
Estland	4,29	3,67	3,68
Kurland	7,85	7,77	7,85
Livland	6,53	6,73	6,69
Rigaer Kreis	-	20,08	20,12
Dorpater Kreis	-	7,22	6,22

keinen Kontakt zu der sie umgebenden Bevölkerung.[7]

Deutschsprachiger Einfluß in der Staatsführung

Amburger zählt in seiner „Geschichte der Behördenorganisation Rußlands von Peter dem Großen bis 1917" insgesamt 2867 Personen des höheren Staatsdienstes, von denen 914 westeuropäische Namen haben. Hiervon seien 355 Deutsch-Balten und 143 im Ausland Geborene *mit deutscher Muttersprache*. Wieviel von den 213 in Rußland geborenen Inhabern westeuropäischer Namen und nichtorthodoxen Glaubens, sowie den 122 in Rußland geborenen Inhabern westeuropäischer Namen und orthodoxen Glaubens deutschsprachig waren, läßt Amburger leider offen.[8]

In einem Aufsatz aus dem Jahre 1934 legt Amburger den Schwerpunkt deut-

---

[6] Die Tabelle ist zusammengestellt aus den Angaben einer Tabelle und einzelnen Angaben aus: В. М. Кабузан (W. M. Kabusan): Народы России в первой половине XIX в. Численность и этнический состав (Die Völker Rußlands in der ersten Hälfte des 19. Jh. Anzahl und ethnische Zusammensetzung). Москва (1992), S. 159, 161. In seiner Einführung weist Kabusan unter anderem auf P. von Köppen: Ueber die Deutschen im St. Petersburger Gouvernement. St. Petersburg (1850) hin und stellt außerdem fest, daß das erste Drittel des 19. Jahrhunderts in den Arbeiten russischer Statistiker unerhellt blieb (осталась неосвещенной) (S. 3).

[7] Kabuzan: Die deutsche Bevölkerung, S. 72.

[8] E. Amburger: Geschichte der Behördenorganisation Rußlands von Peter dem Großen bis 1917. Leiden (1966), S. 517f. Von den 355 Deutsch-Balten stammen, so Amburger, 243 aus den Geschlechtern der vier baltischen Ritterschaften.

schen Einflusses in eine recht frühe Epoche des Russischen Imperiums: *Besonders die dreißiger Jahre des 18. Jahrhunderts, die Zeit der Deutschenherrschaft unter Kaiserin Anna, waren gute Jahre für die Deutschen. Fast alle höheren Staatsämter waren in ihrer Hand: Der Balte Biron war allmächtiger Günstling, der Westfale Ostermann führte die Außenpolitik, der Oldenburger Münnich das Heer.*[9] Der Einfluß der Deutsch-Balten stieg, so Amburger, unter Alexander I. und Nikolaus I.[10]

Fleischhauer, deren Ergebnisse ebenfalls sehr ,,deutschfreundlich" sind, weist auf die deutsch-baltische Armeeführung im ,,Vaterländischen Krieg" hin: *G. Baron Wrangell zählte in den oberen Rängen der russischen antinapoleonischen Armee 69 Generäle, 96 Oberste und Kapitäne und rund 760 Offiziere deutschbaltischer Herkunft.*[11] *Aber auch in den beiden großen Geheimbünden, dem Nördlichen und dem Südlichen Bund, die schließlich maßgeblich zum Dekabristenaufstand beigetragen haben, spielten jüngere deutschrussische und deutschbaltische Offiziere eine bedeutende Rolle. ... Unter den 112 verurteilten Verschwörern der sogenannten Dezemberbewegung befanden sich, schließt man allein aus den noch erhaltenen deutschen Namen, mindestens 16 Deutsche.*[12]

---

[9] E. Amburger: Das Deutschtum in St. Petersburg in der Vergangenheit. Deutsches Leben in Rußland, 12 (1934), S. 28. In diesem Artikel liefert Amburger unter anderem aufschlußreiche Informationen: *Noch immer sind in Deutschland die Begriffe von Wesen und Entstehung des Deutschtums in St. Petersburg vielfach unklar. ,,Petersburger sind Sie? also Balte!", bekommt man oft zu hören. Ganz Kluge wissen zu fragen, ob die Petersburger Deutschen zugleich mit den Wolgadeutschen nach Rußland gekommen seien* (ebenda).

[10] *Neben dem Mutterland* (Deutschland; Anm. P. H.) *als Hauptquelle gewann das Baltikum steigende Bedeutung* (als Quelle deutschsprachiger Personen für St. Petersburg; Anm. P. H.). *Im Beamtentum, im Offizierskorps, besonders der Garde, wuchs die Zahl der Balten unter Alexander I. und Nikolaus I. rasch an* (ebenda).

[11] I. Fleischhauer: Die Deutschen im Zarenreich. Zwei Jahrhunderte deutsch-russische Kulturgemeinschaft. Stuttgart (1986), S. 144, unter Berufung auf: Baron G. Wrangell: Baltische Offiziere im Feldzug von 1812. Reval (1912), S. 15. *Zum Generalgouverneur der Stadt Paris wurde der Deutschbalte Fürst Fabian Wilgelmowitsch von der Osten-Sacken (1752-1837) ernannt* (ebenda, S. 149). Interessant ist in diesem Zusammenhang, daß es sogar eine ,,deutsche Legion" gegeben hat. Allerdings war sie nicht für die Rußlanddeutschen geschaffen worden. Fleischhauer schreibt: *Weniger bekannt als der hohe Anteil deutscher Militärs im russischen Heer ist die Tatsache, daß in diesen Jahren in Rußland sogar eine »deutsche Legion« gebildet und in den russischen Heeresverband integriert wurde. ... Die deutsche Legion, die dem Oberbefehl des Österreichers Ludwig Georg Thedel Graf Wallmoden-Gimborn unterstellt wurde, besaß während der gesamten etwa vierjährigen Zeit ihres Bestehens niemals eine höhere Truppenstärke als 10000 Mann* (ebenda, S. 145, 147).

[12] Ebenda, S. 182, 185. Zum deutschsprachigen Einfluß in der Staatsführung vgl.: W. Laqueur: Deutschland und Rußland. Berlin (1965).

Deutschsprachiger Einfluß im nikolaitischen System

Deutsch-Balten spielten vor allem unter Zar Nikolaus I. eine bedeutende Rolle, beispielsweise als Diplomaten in Paris, London, Berlin und Wien oder Alexander von Benckendorff als Chef der berüchtigten 3. Abteilung, der zaristischen Geheimpolizei. Auch hatte jedes Ministerium vom Beginn des 19. Jahrhunderts bis zur Oktoberrevolution mindestens einmal einen Deutsch-Balten an der Spitze.[13]

Auch Fleischhauer weist auf *Die deutsche Dominanz im Rußland der Restauration unter Nikolaus I.*[14] hin. Von 1830 bis 1890 wurden, so Fleischhauer, *6061 Personen beziehungsweise Familien* zu erblichen Ehrenbürgern, wovon 954, also fast 16 Prozent, *deutscher Herkunft* waren.[15] Im Außenministerium waren 57 Prozent, im Kriegsministerium 46 Prozent und im Post- und Verkehrsministerium 62 Prozent der höheren Positionen von deutschsprachigen Personen besetzt. Auch wurden die vier höchsten Funktionen der Wirtschaftsabteilung des Innenministeriums viele Jahre von deutschsprachigen Amtsinhabern verwaltet, und von den zwölf Finanzministern hatten fünf Deutsch als Muttersprache.[16] Fleischhauer stellt zwischen den deutschsprachigen Staatsdienern und der Restauration in Rußland einen Bezug her: *deutschrussische Beamte erzreaktionärer Prägung schienen vom Stil der russischen Restauration ebenso geprägt zu sein, wie sie ihn selbst mitbestimmten.*[17] Einen Grund dafür, daß *die Deutschen in der Regierungszeit des Zaren Nikolaus I. eindeutig eine bevorzugte Stellung* unter den *nützlichen Ausländern* einnahmen, sieht Fleischhauer darin, daß *zum ersten Mal eine preußische Prinzessin zur Zariza des Russischen Reichs geworden war.*[18] Zwar gab es schon vor Charlotte von Preußen deutsche Ehefrauen des Zaren,[19] jedoch nahmen mit dieser Heirat und der Inthronisierung Ni-

---

[13] E. Amburger: Der Anteil der Deutsch-Balten am Integrationsprozeß Rußlands in Europa. JBD 1981, 28 (1980), S. 71, 76.

[14] Kapitelüberschrift in: Fleischhauer: Die Deutschen, S. 181-240.

[15] Ebenda, S. 193.

[16] Ebenda, S. 199-201, unter Berufung auf: Laqueur: Deutschland, und: J. A. Armstrong: Mobilized Diaspora in Tsarist Russia: The Case of the Baltic Germans. In: J. Azrael (Hrsg.): Soviet Nationality Policies and Practises. New York (1979). Unter den fünf deutschsprachigen Finanzministern befand sich auch *Kankrin im Amt des russischen Finanzministers, das er am längsten von allen russischen Finanzministern - von 1823 bis 1844 - innehatte* (ebenda, S. 191).

[17] Ebenda, S. 205.

[18] Ebenda, S. 190, 197.

[19] Z.B. war Luise von Baden die Frau Alexanders I. Auch war Paul I. mit Sophie Dorothee von Württemberg verheiratet und seine Mutter Sophie Frederike Auguste, die unter dem

kolaus' I. die *Beziehungen Rußlands zum preußischen Königreich ... eine außergewöhnlich günstige Wendung* ... . Mit dem bevorzugten außenpolitischen Partner Preußen traf die russische Regierung unter anderem eine Kartellvereinbarung, die die Frage der Untertanenschaft für die in russische Dienste tretenden preußischen Militärs erheblich relativierte. Preußische Untertanen konnten weiterhin in russische Heeresdienste treten, ohne daß sie den nunmehr geltenden, strengeren Einreise- und Dienstpflichtregelungen unterworfen worden wären.[20]

2.1.1 Die Wolga- und Schwarzmeerkolonien

In der vorliegenden Arbeit spielen die deutschen Kolonisten, die seit Katharina II. nach Rußland kamen und deren Nachfahren nach dem Zerfall der Sowjetunion als Spätaussiedler zum großen Teil wieder nach Deutschland zurückkehrten und -kehren, praktisch keine Rolle. In der Mitte des 19. Jahrhunderts stellten sie nur 2 % der deutschsprachigen Petersburger Bevölkerung.[21] Anders als viele Angehörige des baltischen Adels lebten sie weit entfernt von der Hauptstadt in ländlichen Siedlungen. Sie stellten das Gros der Ruß**land**deutschen.

2.1.2 Die sogenannten deutschen Ostseeprovinzen

Die deutschsprachige Bevölkerung der Ostseeprovinzen war durch ihren einflußreichen Adel geprägt. Diese Nachkommen der Deutschordensvasallen und der Siedler im Deutschordensgebiet verwalteten ihre Provinzen so vorbildhaft, daß die Führung des Russischen Imperiums nach der Aufnahme von Estland und Livland (1710) und des Herzogtums Kurland (1795) in den russischen Staatsverband keine Veranlassung sah, in die ritterschaftliche Verwaltung der Ostseeprovinzen einzugreifen. Deutsch blieb Amtssprache, bis sich zu Ende des 19. Jahrhunderts zunehmend panslawistische Kräfte in St. Petersburg durchsetzten und die Russifizierung der „deutschen" Ostseeprovinzen beabsichtigten und begannen. Doch bis dahin waren Politik, Gesellschaft und auch die Presse deutschsprachig. Stricker zählt 1845 insgesamt 24 deutschsprachige Periodika in Rußland auf. Davon erschienen in Dorpat

---

Namen Katharina die Große in die Geschichte einging, war eine Prinzessin von Anhalt-Zerbst.
[20] Fleischhauer: Die Deutschen, S. 197.
[21] N. V. Juchneva: Die Deutschen in Sankt Petersburg von der zweiten Hälfte des 19. bis zum Anfang des 20. Jahrhunderts. In: Fleischhauer; Jedig: Die Deutschen, S. 87.

vier (Dorpatsche Zeitung, Inland, zwei evangelische Kirchenzeitungen), weitere neun in den Ostseeprovinzen und ebenso neun in St. Petersburg (*eine politische und eine Handelszeitung, ein Preiscourant und eine Waarenliste, die Mittheilungen der kaiserl. ökonomischen Gesellschaft, das Journal für Natur- und Heilkunde,* eine medizinische und zwei pharmazeutische Zeitungen). Insgesamt gab es in Rußland 142 Periodika, von denen 99 in Russisch erschienen, während in Deutschland rund 900 Zeitungen existierten.[22]

Bevölkerungsverhältnisse in Livland um 1800

Innerhalb der drei Provinzen spielte Livland aufgrund seiner Fläche, seiner Hafenmetropole, der Hansestadt Riga, und ab 1802 dank der wiedereröffneten Dorpater Universität eine besondere Rolle. Deshalb soll an dieser Stelle versucht werden, einen Eindruck von der sozialen Ordnung in Livland zu vermitteln. Hierzu dient das Werk Hoffmanns „Volkstum und ständische Ordnung in Livland", welches von der *Tätigkeit des Generalsuperintendenten Sonntag* handelt und deutschtümelnd ist, wie später noch deutlich werden wird.

Zunächst soll die Frage nach der Loyalität der deutschsprachigen Bewohner des Russischen Imperiums bzw. der Ostseeprovinzen oder Livlands im speziellen beantwortet werden.

Als Karl Gottlob Sonntag im Jahr 1788 ... nach Riga kam, tat er zunächst dasselbe, was selbst Herder in gewissem Grad getan hatte: Er übertrug seine „vaterländische" Loyalität gegenüber der Obrigkeit, die im kleinstaatlichen Deutschland ja auch leicht vom einen ins andere Land wechseln konnte, zunächst durchaus nicht auf die Provinz, sondern auf die Monarchin und das russische Reich.[23]

Kappeler attestiert den Deutschen generell staatstragende Tugenden. *Pointiert könnte man von der Rolle des deutschen „Musterknaben" im russischen Kaiserreich sprechen.*[24]

---

[22] W. Stricker: Die Verbreitung des deutschen Volkes über die Erde. Leipzig (1845), S. 48f.

[23] K. Hoffmann: Volkstum und ständische Ordnung in Livland. Die Tätigkeit des Generalsuperintendenten Sonntag zur Zeit der ersten Bauernreformen. Königsberg, Berlin (1939), S. 7.

[24] Kappeler: Die Deutschen, S. 16. Ein besonders staatstragendes Verhalten findet man auch bei M. H. Jacobi. Noch 1819 ließ er sich zum preußischen Militärdienst bei der Artillerie einziehen, und zwanzig Jahre später vom russischen Staat offiziell zur Verbesserung von Wasserminen heranziehen, welche später (1854-1855), während des Krimkrieges, bei der Festungsinsel Kronstadt britisch-französischen Kriegssschiffen den Weg versperrten.

Sonntag selbst entschied sich *für die Treue zum russischen Reich* und entgegnete jenen, *die die Treue zum Mutter- und Geburtslande an erster Stelle hochhielten*, folgendes: *„Das Tier bloß hat eine Geburtsstätte; die Geister haben ein Vaterland."* [25]
Doch trotz ihrer Loyalität zur russischen Obrigkeit stießen die deutschsprachigen Bewohner des Russischen Imperiums bei vielen Russen keineswegs auf große Sympathien, obwohl ihnen deren Bedeutung für die Entwicklung des Reiches wohl bewußt war. Deshalb schreibt Stieda über diese ambivalente Situation: *So befand man* (die Russen; Anm. P. H.) *sich stets in einem gewissen Dilemma. Man liebte die Deutschen nicht, mochte oder wollte sich an sie nicht gewöhnen, musste jedoch anerkennen, dass ohne sie es nicht möglich war, das grosse russische Reich als ebenbürtig den Westmächten an die Seite zu stellen und eine Zivilisation hervorzurufen, die man nicht länger*

Jacobis „zweiseitiges" Engagement für das preußische und das russische Militär spiegelt auch seine militärfreundliche Einstellung wider. In einem Brief vom 12.-17.(24.-29.)12.1848 aus St. Petersburg an seinen Bruder Carl Gustav Jacob Jacobi offenbart Jacobi sogar eine erschreckende Kriegsfreundlichkeit: *Wie ganz anders ist es doch um einen gesunden gentil geführten Krieg zwischen fremden Nationen, als um solche Bürgerkriege und Brudermorde wie sie das westliche Europa jetzt als trauriges Schauspiel darbietet; für solchen Krieg wäre ich Enthusiast, während jene andere Form in mir das höchste Entsetzen erregt. Alle jenen unendlichen Ströme Blutes welche in den ewig denkwürdigen Völkerschlachten der Jahre 1812-1815 vergossen worden, schreien nicht so gen Himmel als die gegenwärtigen Gräuel in Frankfurt und Wien. Die Furcht vor ordentlichen regelmässigen Kriegen hat Europa in's Unglück gestürzt. Vielleicht wird Louis Napoleon es wieder retten. Warum soll man sich nicht auch einmal die Satisfaction verschaffen die Resultate dessen zu zeigen, was man seit 30 Jahren unablässig und mit der grössten Sorgfalt geschaffen und gelernt hat. Ein Krieg wäre gewissermassen die practische Verification der seitdem ausstudierten besondern Formeln. Die persönlichen Unbequemlichkeiten die dabei vorkämen, wären dabei nicht in Rechnung zu bringen, da das Publicum sich leicht davon erholt. Ich predige also Krieg als den einzigen Retter in dem gegenwärtigen verworrenen Zustande* (Ahrens: Briefwechsel, S. 202f). Es ist jedoch durchaus möglich, daß solche Äußerungen Jacobis nur seiner momentanen Angststimmung Luft verschaffen sollten, und daß seine tieferen Einstellungen gemäßigtere oder durchaus vollständig andere sein konnten. So schreibt er in einem Brief vom 2.-5.(14.-17.)2.1849 aus St. Petersburg an seinen Bruder: *Jeder Stand müsste immer einen Pas vor dem andern voraushaben, und wäre eine absolute Unmöglichkeit vorhanden, dass die Stände sich gegenseitig durchdrängen, so würde kein Gelüste dazu dasein und jeder wäre resigniert und zufrieden. Das Gericht aber, das man jetzt aus Milch, Zwiebeln, Honig, Kwass (Weissbier) und Kaviar zu bereiten sich bemüht, wird der Welt noch viele Leibschmerzen bereiten. Ich merke eben dass ich viel Unsinn geschrieben habe und fühle in der That, dass ich schläfrig und geistig fatiguirt bin* (ebenda, S. 216). Jacobi, der selbst einige Zeit in Livland verbracht hatte, urteilte am 11.(23.)4.1848 in einem Brief: *Die Ostseeprovinzen gehören zu den, dem Kaiserhause ergebensten Provinzen, würden um keinen Preis eine Vereinigung mit Deutschland eingehen* (ebenda, S. 180).

[25] Hoffmann: Volkstum, S. 134.

*entbehren wollte.*²⁶

Diese Antipathie ist um so erstaunlicher, wenn man ihr die Feststellung Hoffmanns gegenüberstellt, *daß von betontem völkischen Selbstbewußtsein des Deutschen kaum die Rede sein konnte, auch wenn er in seiner Zugehörigkeit zu seinem Volk eine innere Bindung fühlte. Es war so gering, daß z.B. bei den Feiern zur Bauernbefreiung einige Pastoren ihrer deutschen Gemeinde von der Kanzel verkündeten, daß den Deutschen die Schuld an der Unterjochung zuzuschreiben sei, den Russen aber die Ehre für die Befreiung der Letten gebühre.*²⁷

Möglicherweise hat gerade diese „Untertanenmentalität" dem Ansehen der deutschsprachigen Einwohner Rußlands geschadet. G. F. Parrot jedenfalls fühlte sich von diesem Charakterzug deutscher Kultur, trotz seiner ausgeprägten Germanophilie, geradezu abgestoßen. So schrieb er, gemäß Hoffmann, an Sonntag, daß Deutschland *engräumig und engsinnig* sei, und: *„das kalte deutsche Volk, das durch äußeren Impuls wohl einmal sich energisch zeigen konnte, fällt wieder in seine Hundetreue gegen die Fürsten zurück."* Vergeblich hatte er, so Hoffmann weiter, *gehofft, daß irgendwo ein Funke des Aufstandes emporloderte.* Und ein andermal schreibt er: *„Deutschland ekelt mich und ist nicht zu bessern, da der heroische Enthusiasmus des deutschen Volks keinen der Machthaber ergriffen und nur dazu gedient hat, seine Fesseln sorgfältiger zu löten ... Dieses Bild steht dicht neben dem Bild Rußlands, das ich wahrlich nicht im Rosenlicht aufgefaßt habe, soviel sie mich davon beschuldigt haben mögen."* ²⁸

---

²⁶ W. Stieda: Zur Geschichte, S. 96.

²⁷ Hoffmann: Volkstum, S. 148, unter Berufung auf ungeordnete Predigtmanuskripte des Konsistorialarchivs im lettischen Staatsarchiv.

²⁸ Ebenda, S. 135f., unter Berufung auf: Rigaer Stadtbibliothek, Sammlung Buchholtz, Fasc. Parrot. 2 undatierte Schreiben. Mit dem „äußeren Impuls" sind die Napoleonischen Kriege gemeint. Nach Bienemann fühlte sich Parrot jedoch schon während seiner Zeit in der Normandie mehr als Deutscher denn als Franzose: *Er hieß nur l'aimable Germain; denn ob er auch damals die französische Sprache, in der Professor Uriot auf der Karlsschule ihm den Pariser Ausdruck beigebracht, mehr beherrschte als die deutsche, so fühlte er sich doch ganz als Deutscher und Württemberger und gab dem deutschen Volkstum und seiner Sprache stets die Ehre* (F. Bienemann: Der Dorpater Professor Georg Friedrich Parrot und Kaiser Alexander I. Reval (1902), S. 32). *Als eine Dame gegen ihn äußerte, wie man doch nur eine solche Sprache sprechen könne, fragte er sie, ob sie denn je Deutsch gehört habe? Nein, sagte sie, aber das weiß man längst, daß es nicht anzuhören ist. Versuchen Sie es mit mir, forderte er auf. und er verlas aus dem Wohllautendsten, was er aus der deutschen Litteratur kannte - Geßners Idyllen - einige Sätze mit der sanftesten Stimme, die er annehmen konnte, so daß die Dame erstaunt ausrief: Aber das ist doch nicht Deutsch!* (ebenda, unter Berufung auf die Grabrede von Ed. v. Muralt). Geßner zählt

Was nun die sozialen Verhältnisse in Livland betrifft, so kann man im Großen und Ganzen sagen, daß Deutschsprachige die Oberschicht, Letten und Esten hingegen die Unterschicht bildeten. Hierzu bemerkt Hoffmann, *daß die Betrachtung der sozialen Verhältnisse in Livland damals unmittelbar dazu aufforderte, den Blick auf die völkische Verschiedenheit von Ober- und Unterschicht zu lenken.*[29]
Weil die Deutschsprachigen der Oberschicht, die „Anderen" aber der Unterschicht angehörten, wurde die Sprache zum Merkmal der Zugehörigkeit zu einer Klasse und infolgedessen Deutsch in Livland sehr populär.[30] Eine Notwendigkeit, Russisch zu sprechen, bestand bis gegen Ende des 19. Jahrhunderts in Livland nicht. Es gab stets nur die Wahl zwischen der deutschen Sprache der höheren und der estnischen oder lettischen bei den niedrigeren Ständen.[31]

---

als Schweizer Klassiker zwar zur deutschsprachigen, nicht aber zur deutschen Literatur. Über Parrots Umsiedlung nach Livland schreibt Bienemann, daß *Parrot sich anschickte, ganz in das deutsche Volk, zu dem er sich gehörig fühlte, einzutreten* (ebenda, S. 38).

[29] Hoffmann: Volkstum, S. 133.

[30] Süss schreibt: *Preller (der Nachfolger Morgensterns, Anm. P. H.) kommt nach Finnland und ist nicht wenig erstaunt, bei der teils „indigenen", teils schwedischen Bevölkerung die Beobachtung zu machen, „ein wie weites Gebiet sich in diesen nordischen Landen die deutsche Bildung und Wissenschaft erobert hat". Morgenstern hat zu dieser Frage kein Wort geäussert, sie lag ihm und Parrot, als sie in Wiborg und anderen Orten Schulen mit deutscher Grundsprache eröffneten, völlig fern. Sie wollen den Bereich der deutschen Sprache weder schützen noch erweitern, sie wollen das Licht der Aufklärung überall leuchten lassen und knüpfen ganz naiv und ohne jede Reflexion an die nach Lage der Dinge gegebenen Sprachverhältnisse an. Das bedeutet: Die Sprachenfrage, die heikelste und peinlichste Seite nationaler Kämpfe, existiert in D. (Dorpat; Anm. P. H.) in ihrer Epoche überhaupt nicht* (W. Süss: Karl Morgenstern (1770-1852). Dorpat (1928), S. 236f). Morgenstern war seit 1802 Professor der Ästhetik, Eloquenz und altklassischen Philologie in Dorpat. Von 1803 bis 1804 war er Mitglied der Universitäts-Schul-Kommission. 1826 wurde er Ehrenmitglied der Petersburger Akademie der Wissenschaften.

[31] Hoffmann überschreibt einen Abschnitt seines Werkes sogar mit „Germanisierung oder Volkstumserhaltung" und beginnt: *Der Gegensatz zum russischen Volk lag aber damals noch dem Erfahrungskreis des deutschen Livländers weit ferner als die lebendige Beziehung zu den „Nationalen"* (Hoffmann: Volkstum, S. 136). Amburger schreibt zum Sprachgebrauch: *Während man in den drei Provinzen (Kurland, Livland, Estland; Anm. P. H.) die russische Sprache nur ausnahmsweise und oberflächlich erlernte, war die Kenntnis dieser Sprache Voraussetzung für ein Fußfassen im eigentlichen Rußland. Ohne sie kam man im 18. Jahrhundert aus, als das Französische die gemeinsame Sprache der Gebildeten war und viele Russen etwas Deutsch lernten; einem deutschen Offizier der russischen Armee genügten einige russische Kommandos, ein höherer Kommandeur verfügte über einen Dolmetscher und Übersetzer für den Schriftverkehr. Als Diplomat im Ausland benötigte man vollends kein Russisch - dafür hatte der Gesandte seine Sekretäre und Schreiber* (E. Amburger: Die Deutschen im Russischen Reich und in der Sowjetunion. In: H. Rothe

Aufgrund der hohen Wertschätzung der deutschen Sprache hat, nach Hoffmann, gerade auch in Dorpat eine erhebliche „Eindeutschung" stattgefunden: *In Dorpat z.B. machte sich die Abwanderung von der estnischen zu den deutschen Gemeinden stark bemerkbar, und Sonntag meinte, es sei nichts dagegen zu machen, zumal die Kinder der Verdeutschten die ursprüngliche Sprache ihrer Eltern nicht mehr verständen.*[32]
Doch zumindest die „Verdeutschung" der Letten ist, wie Hoffmann meint, nicht nur passiv konstatiert, sondern auch aktiv diskutiert worden. *Die kurländische Gesellschaft setzte im Jahre 1819 eine Diskussion an, die mit dem Vortrag des Pastors Conradi eröffnet wurde über das Thema: „Wäre die Metamorphose der Letten in Deutsche zu beklagen?"* Er begann: *„Die Sprache allein scheide den Letten vom Deutschen; sie hindere eine solche soziale Verschmelzung, wie sie Genossen einer Glaubensform und eines Vaterlandes gezieme."* [33]
Hier wird Hoffmanns tendenziöse Anschauung mehr als deutlich. Ohne den Wahrheitsgehalt der Belege in Frage stellen zu wollen, kann doch angenommen werden, daß es niemals ernsthafte Bestrebungen gegeben hat, die Mehrheit der Esten oder der Letten „einzudeutschen", und daß der erwähnte Vortrag wohl eher eine Ausnahme gewesen ist.[34] An der für diese Arbeit wesentlichen Tatsache, daß nämlich die Deutsch-Balten in Livland eine im Verhältnis zu ihrem Bevölkerungsanteil überproportional wichtige Rolle gespielt haben, kann jedoch kein Zweifel bestehen.[35]

(Hrsg.): Deutsche im Nordosten Europas. Köln (1991), S. 26).

[32] Hoffmann: Volkstum, S. 140. Dorpat, das geistige Zentrum der Deutsch-Balten, hatte ab 1802 wieder eine Universität, an der Deutsch praktisch die offizielle Sprache war. Dies bezieht sich nicht nur auf das gesprochene Wort (Vorlesungen), sondern auch auf die schriftliche Korrespondenz, wie zahlreiche Vordrucke, z.B.: *Extract aus dem Protocoll des Univ.-Conseils. Dorpat, den ... 18. No ... Vorgetragen:* (Eesti Ajalooarhiiv (Estnisches Staatliches Historisches Archiv)), 402-3-1277-109) beweisen.

[33] Hoffmann: Volkstum, S. 137. Hoffmann verweist dabei auf die „Mitauer Debatte", über die in den „Jahresberichten der Gesellschaft", Bd. 2, Mitau (1822) berichtet wird. Er selbst habe den Gedankengang, nicht den Wortlaut wiedergegeben.

[34] Jedenfalls liegen mir keinerlei Quellen vor, die Hoffmanns pro-deutsche Euphorie stützen. Zudem wäre eine solche „Eindeutschung" kaum im Interesse der russischen Regierung gewesen.

[35] Zum Einfluß der Deutsch-Balten vgl.: B. Meissner; A. Eisfeld (Hrsg.): Der Beitrag der Deutschbalten und der städtischen Rußlanddeutschen zur Modernisierung und Europäisierung des Russischen Reiches. Köln (1996).

2.1.3 Die deutsche Sprache und Kultur in St. Petersburg

Die enge Beziehung zwischen St. Petersburg[36] und dem deutschen Kulturraum wird schon (und auch heute noch bzw. wieder) durch die deutsche Namensgebung von Petersburger Vororten, wie auch der Metropole selbst unterstrichen.[37]
Ein fast ganz deutscher Stadttheil ist Wassilj-Ostroff (Basilius-Eiland) geworden. Die Schilder der Kaufleute und ihre Namen, die Ankündigungen und Anschlagzettel sind deutsch, nur von einer sehr nothdürftigen russischen Uebersetzung begleitet. ... Hier wird unser Deutsch fast immer verstanden und nur hie und da die Mahnung angebracht: ,,Sprecht langsam!" ... Auf Wassilj-Ostroff bahnt sich dagegen der Lohnkutscher oder der bescheidene Privatwagen höflich einen schmalen Weg durch Fässer, Kisten und Balken, an denen geschäftige Männer herumarbeiten, welche in deutscher Sprache sich unterreden.[38]
Fanny Tarnow schreibt im August 1816: *Wir fuhren mehrere dieser, durch Brücken zusammenhängender Inseln durch, und auf einer derselben fühlte ich mich ganz nach Deutschland zurück versetzt. Sie ist der Versammlungsort der deutschen Handwerker der mittlern Classe, die man hier mit ihren Frauen und Kindern im Sonntagsstaat sieht. Sie rauchen Taback, sie trinken Bier und Kaffee, spielen Kegel - man hört hier nur deutsch reden und selbst das Grün der Wiesen und der Bäume sieht hier auch deutscher aus, wie auf*

---

[36] Tarnow schreibt im August 1816: *nach der eben jetzt (1816) vorgenommenen Zählung hat Petersburg 386,285 Einwohner, 3102 steinerne, 5283 hölzerne Häuser, 113 Kirchen für den griechischen Cultus und 33 Kirchen anderer Confessionen. Den Umfang der Stadt gibt man zu 33 und eine halbe Werste und den Durchschnitt zu 9 Werste an. Petersburg wird in 12 Theile getheilt; diese wieder in 54 Quartiere, die 431 Straßen bilden. Es enthält 7 Inseln, die von 10 Armen der Newa gebildet werden, über welche 156 Brücken führen: 7 eiserne, 29 von Granit und 120 hölzerne* (F. Tarnow: Briefe auf einer Reise nach Petersburg. Berlin (1819), S. 38f). 1 Werst = 1,067 km.

[37] St. Petersburg heißt amtlich Санкт-Петербург, also Sankt-Peterburg; Peterhof heißt Петергоф, also Petergof, da es im kyrillischen Alphabet kein ,,h" gibt; Oranienbaum heißt exakt Ораниенбаум; Schlüsselburg heißt Шлиссельбург, also Schlisselburg wegen des Umlautes; Kronstadt heißt Кронштадт, also Kronschtadt wegen der Aussprache.
Zusätzlich gab es früher noch in der Petersburger Umgebung *Katharinenhof, Annenhof, Friedensthal, Duderhoff'sche Berge,* und *in Petersburg selbst sind die Straßennamen russisch und deutsch angeschrieben. Außerdem waren 1843 unter den Petersburger ,,Ausländern" 5616 Preußen, 2573 Oestreicher u.s.w.* (W. Stricker: Deutsch-russische Wechselwirkungen oder die Deutschen in Rußland und die Russen in Deutschland. Leipzig (1849), S. 272).

[38] Ebenda, S. 278f.

irgend einem andern Fleck[39].
Juchnjowa berichtet über ein Buch Michnewitschs: *Noch in einem im Jahre 1874 erschienenen Buch heißt es, daß man »heute in Petersburg nicht selten Deutschen begegnet, sogar unter den ständigen Einwohnern, die keine zwei Worte in russischer Sprache sagen können.« ... Ungeachtet dessen waren von allen Ausländern, die in der Metropole des Russischen Reiches lebten, die Deutschen noch immer in der organischsten Weise mit dem Petersburger Leben verbunden.*[40]
Leinonen/Voigt legen den Beginn der Existenz von Deutschsprachigen im Newadelta in die vorpetersburger Zeit. *Deutsche haben im Gebiet des Newa-Flusses schon gesiedelt, lange bevor die Stadt gegründet worden war. An der Mündung der Newa hatten die Schweden bereits in der ersten Hälfte des 17. Jahrhunderts eine Festung angelegt, die Festung Nienschanz oder Nyenskans, wie sie auf schwedisch hieß, denn Nien war die schwedische Bezeichnung für den Fluß Newa. Am Ufer dieses kurzen, aber gewaltigen Flusses hatten russische, schwedische, finnische und deutsche Kaufleute Handel betrieben. Auf der schwedischen Werft arbeiteten Schiffsbauer verschiedener Herkunft, davon zeugen eine schwedische, eine finnische und eine deutsche Kirche, auch ein orthodoxes Gotteshaus hatte es hier gegeben.*[41]
Doch es existiert nicht nur Literatur mit Angaben zu den qualitativen Cha-

---

[39] Tarnow: Briefe, S. 67f.

[40] Juchneva: Die Deutschen, S. 96. Die Autorin heißt Juchnjowa (deutsche Transkription), wird aber in dem zitierten Buch nach einem anderen System transkribiert. Bei dem von ihr angeführten Buch handelt es sich um: О. Михневич (O. Michnewitsch): Петербург весь на ладони (Petersburg ganz auf der Hand). Санкт-Петербург (1874), S. 261.

[41] R. Leinonen; E. Voigt: Der deutsche evangelisch-lutherische Smolenski Friedhof in St. Petersburg. 2. Teil: Deutsche im alten St. Petersburg. St. Petersburgische Zeitung, 1, S. 13, (1995), S. 13. Zernack schreibt über die Gründung St. Petersburgs am Standorte Nyens, der Siedlung bei der Festung Nyenskans: *Entgegen der Annahme einer vollständigen Entvölkerung Nyens und des unteren Nevagebiets durch die kriegerischen Vorgänge der Jahre 1702/03 - was zu dem Schluß führt, daß die erobernden Russen auch die „Urbevölkerung" der neuen Stadt ausgemacht hätten - kann Engman durch vorsichtige Auslegung der Kirchenbücher eine gewisse Kontinuität der petersburgischen Bevölkerung konstatieren: „Unter den Personen, die 1730 bis 1735 das Abendmal in der schwedisch-finnischen Gemeinde empfingen, gab es (ferner) einige zwanzig Menschen mit Familiennamen, die in Nyen während der 1680er und 1690er Jahre vorkamen."* (K. Zernack: Im Sog der Ostseemetropole. Petersburg und seine Ausländer. In: K. Zernack: Nordosteuropa. Lüneburg (1993), S. 283, unter Berufung auf: M. Engman: S:t Petersburg och Finland. Migration och influens 1703-1917 (St. Petersburg und Finnland. Wanderung und Einfluß 1703-1917). Helsingfors (1983), S. 71). *Damit wird überhaupt nicht in Abrede gestellt, daß die Russen zahlenmäßig von Anbeginn an den stärksten Anteil ausmachten* (ebenda, S. 284).

rakteristiken der Petersburger Deutschsprachigen, sondern ebenso finden sich quantitative Angaben. So schreibt Amburger: *Die stärkste Zusammenballung von Deutschen hatte unter allen Städten St. Petersburg aufzuweisen. Für 1818 kennt man die Zahl 23600, für die Jahrhundertmitte 39000 (bei 500000 Einwohnern insgesamt), 1897 waren die 50000 überschritten*[42].
Köppen schrieb 1850 „Ueber die Deutschen im St. Petersburger Gouvernement" und machte für 1849 Angaben auf deren Grundlage ich die Tabellen 2.3 und 2.4 erstellte.[43] Nach Amburger orientierten sich auch andere Prote-

Tabelle 2.3: Stadt St. Petersburg (1849)

	Protestanten	Katholiken	insgesamt
Deutsche	33.900	5.015	38.915
Andere	27.531	22.861	50.392
insgesamt	61.431	27.876	89.307

Tabelle 2.4: St. Petersburger Gouvernement (1849)

Deutsche	Protestanten	Katholiken	insgesamt
in der Stadt	33.900	5.015	38.915
auf dem Land	11.420	470	11.890
insgesamt	45.320	5.485	50.805

stanten an den Petersburger Deutschsprachigen. Es *sind manche französische Reformierte, besonders wenn sie schon vorher in Deutschland gelebt hatten, Holländer, sogar Engländer, ... im Deutschtum aufgegangen.*[44] Dies gilt zweifellos für Parrot. Trotzdem wird es sich hier eher um kleinere Personenzahlen gehandelt haben. Amburgers *manche* ist gewiß nicht falsch, Ausnahmen finden sich fast immer, jedoch erweckt er hier den Eindruck, als hätten Angehörige aller Nationen sich nichts sehnlicher gewünscht als *im*

---

[42] Amburger: Die Deutschen, S. 36.

[43] Köppen: Ueber die Deutschen, S. 19-26. Es muß hier angemerkt werden, daß manche Zahl nur eine *approximative* ist, und daß Köppen teilweise auf Zahlen vorangegangener Jahre zurückgreifen mußte. Insgesamt führt er 8 Zahlentabellen mit 181 Werten an. Über die außerhalb der Stadt im St. Petersburger Gouvernement befindlichen nichtdeutschen Protestanten macht Köppen keine Angaben, die entsprechenden Katholiken betrugen nach seinen Angaben 1970 Personen, was bedeutet, daß das Verhältnis deutsche/nichtdeutsche Katholiken ungefähr so groß wie in der Stadt war.

[44] Amburger: Das Deutschtum, S. 28.

Deutschtum aufzugehen.
Was die Zusammensetzung der deutschsprachigen Hauptstadtbevölkerung betrifft, so bestand diese um 1869 aus ca. 30 % Ausländern, ca. 20 % Deutsch-Balten, 2 % Kolonisten und ca. 50 % Deutsch-Petersburgern.[45]
Die Berufsstruktur der deutschsprachigen Petersburger weist eine Besonderheit auf. *Verhältnismäßig viele Deutsche gehörten ... der Intelligenz an; unter ihnen gab es viele Ärzte, Lehrer und Lehrerinnen, besonders viele Lehrerinnen der deutschen Sprache. ... Unter den Ärzten waren die Deutschen mit 39 % vertreten, - es waren dies überwiegend Absolventen der Universität Dorpat, Ausländer gab es unter ihnen nur wenige.*[46]
Im Unterschied zu den Deutsch-Balten Livlands, die praktisch eine gesellschaftliche Klasse bildeten, gehörten die deutschsprachigen Petersburger verschiedenen Klassen an. Dadurch entstand das Bedürfnis, ein nationalkulturelles Bewußtsein zu schaffen, wollte man etwas „Gemeinsames" haben. *Die Deutschen Petersburgs bildeten eine besondere nationale Gruppe mit einem starken Zusammengehörigkeitsgefühl, das sich in verschiedenen religiösen, kulturellen, gesellschaftlichen Organisationen manifestierte, die Personen deutscher Nationalität vereinigten.*[47]

Deutsche Sprachkenntnis in St. Petersburg

Für die deutschsprachigen Petersburger gab es grundsätzlich nur wenig Verständigungsschwierigkeiten. Dies galt nicht nur für die gehobenen Schichten, die generell darauf hoffen konnten, daß ihre Gesprächspartner Französisch oder Deutsch als Fremdsprache beherrschten, sondern ebenso für die Zünfte, deren Handelspartner nur selten Russen waren. Amburger schreibt hierzu:
In den Städten St. Petersburg und Moskau kamen Kaufleute und Handwerker mit geringen Sprachkenntnissen aus, da Großhandel fast ausschließlich von nichtrussischen Firmen betrieben wurde, Handwerker einen großen deutschen Kundenkreis vorfanden und in der Hauptstadt ihre eigenen deutschen

---

[45] Juchneva: Die Deutschen, S. 87. Unter den Zuwanderungsgruppen bildeten 1869 die Norddeutschen mit 87 % die größte (S. 86).
[46] Ebenda, S. 88, 92. Die Zeichenfolge Komma Gedankenstrich steht im zitierten Text.
[47] Ebenda, S. 93. Zur Geschichte der Deutschsprachigen in St. Petersburg vgl.: M. Busch: Deutsche in St. Petersburg 1865-1914. Identität und Integration. Essen (1995) und: Deutsche in St. Petersburg und Moskau vom 18. Jahrhundert bis zum Ausbruch des Ersten Weltkrieges. Nordostarchiv, Bd. 3, Heft 1, Lüneburg (1994), darin enthalten: N. V. Juchnëva: Die Deutschen in einer polyethnischen Stadt. Petersburg vom Beginn des 18. Jahrhunderts bis 1914, und: M. Busch: Das deutsche Vereinswesen in St. Petersburg vom 18. Jahrhundert bis zum Beginn des Ersten Weltkrieges.

*Zünfte besaßen.*⁴⁸

In der Hauptstadt fand die deutsche Sprache breite Anwendung. Hier bildeten sich schließlich Unterschiede zum Binnendeutsch heraus. Stricker attestiert 1845 dem Petersburger deutschen Dialekt *die Eigenheit, dass von* eu, aeu, oi, oe, ü *auch nicht der leiseste Anflug, sondern das reine* ei, e, i *gehört wird, in der Weise, wie auch die baltischen Deutschen und die Russen diese deutsche Doppellaute aussprechen.*⁴⁹

Für den Druck deutscher Schriften in Rußland übernahm St. Petersburg eine Vorreiterrolle. *Die erste Möglichkeit, für andere Zwecke als die des Staates im Lande in deutscher Sprache zu drucken, bot sich bei der 1725 gegründeten Akademie der Wissenschaften, in deren hervorragender Druckerei unter anderem 1730 eine von den Petersburger Pastoren veranstaltete Ausgabe der Augustana gedruckt wurde*⁵⁰.

Abschließend soll an dieser Stelle noch als exemplarisches Beispiel nachgezeichnet werden, wie M. H. Jacobi die Newametropole kennengelernt hat, da hierfür die Quellenlage vorzüglich ist. Seine Kontaktaufnahme mit den Gelehrtenkreisen in St. Petersburg sah er zum Teil als einen Zufall an. Friedrich Georg Wilhelm Struve (1793-1864), ein aus Altona stammender Astronom, der seit 1834 Direktor der Sternwarte Pulkowa in der Nähe von St. Petersburg war, traf 1837 im Vorzimmer des russischen Finanzministers Georg Graf Cancrin (1774-1845), der aus Hanau stammte, mit dem ihm bekannten Baron Paul Schilling von Canstatt (1786-1837) zusammen. Dieser fragte ersteren nach dem Verlauf der Jacobischen Arbeiten, worauf Struve die knappen Geldmittel Jacobis ansprach und Cancrin seine Unterstützung versprach, vorausgesetzt der Minister für Volksaufklärung Sergej Semjonowitsch Uwarow (1786-1855), der in Göttingen studiert hatte und seit 1818 als Präsident der Akademie der Wissenschaften in St. Petersburg fungierte, würde sich der Sache annehmen.⁵¹ Offensichtlich waren alle beteiligten Personen der deutschen Sprache mächtig.

Die am 28.6.(10.7.)1837 eingerichtete Kommission, der Jacobi Bericht zu erstatten hatte, bestand aus Vizeadmiral Adam Johann Krusenstern (1770-

---

⁴⁸ Amburger: Die Deutschen, S. 26.

⁴⁹ W. Stricker: Die Verbreitung des deutschen Volkes über die Erde. Leipzig (1845), S. 167.

⁵⁰ E. Amburger: Geschichte des Protestantismus in Rußland. Stuttgart (1961), S. 171.

⁵¹ Ahrens: Briefwechsel, S. 41f. Der zitierte Brief ist vom 10.(22.)8.1837 datiert. Auch Lindner zitiert diese Quelle und druckt die wesentlichen Passagen im Anhang ab (H. Lindner: Elektromagnetismus als Triebkraft im zweiten Drittel des 19. Jahrhunderts. Berlin (1986), S. 2-60, 5-8f. Lindner nummeriert jedes Kapitel separat durch: Lies Kapitel 2, S. 60, Kapitel 5, S. 8f.)

1846), dem ständigen Sekretär der Akademie Paul Heinrich Fuß (1798-1855), den Akademiemitgliedern Adolf Theodor Kupffer (1799-1865), Emil Lenz (1804-1865) und Michael Wassiljewitsch Ostrogradski (1801-1862), Oberst Peter Grigorjewitsch Sobolewski (1782-1841), Kapitän S. A. Buratschok und Paul Schilling von Canstatt.[52] In ihr waren die Deutschsprachigen zumindest nicht in der Minderheit.

Auch in Jacobis Privatleben waren Kenntnisse der russischen Sprache nicht unbedingt erforderlich. Anna Grigorjewna Kochanowskaja (1810-1897), mit der Jacobi bereits seit Anfang des Jahres 1836 verheiratet war,[53] sprach Französisch und Russisch. Da Französisch erheblich einfacher als Russisch ist, dürfte zumindest am Anfang der Beziehung Französisch die vorwiegend gebrauchte Sprache gewesen sein, wodurch auch Jacobis französische Sprachkenntnisse, die er in seiner Jugend erworben hatte und die in seinen zahlreichen auf Französisch geschriebenen Publikationen ins Auge fallen, lebendig geblieben sein dürften. Später waren Jacobis Russischkenntnisse auf jeden Fall ausreichend.[54]

2.2 Das Russische Imperium in der ersten Hälfte des 19. Jahrhunderts

Die wesentliche Schaffenszeit der in dieser Arbeit später ausführlich zu behandelnden drei Physiker G. Parrot, M. Jacobi und E. Lenz fällt in die erste Hälfte des 19. Jahrhunderts und somit in die Regentschaftszeiten der Zaren Alexander I. und Nikolaus I. Obwohl Rußland im ganzen 19. Jahrhundert

---

[52] М. Д. Бочарова (M. D. Botscharowa): Электротехнические работы Б. С. Якоби (Die Elektrotechnischen Arbeiten B. S. Jacobis). Москва (1959), S. 53, 56.

[53] Der Ehe entstammten übrigens acht Kinder, von denen fünf früh verstarben (Ahrens: Briefwechsel, S. 218. Der zitierte Brief ist vom 9.(21.)3.1849 datiert.)

[54] Am 16.(28.) 5.1847 bieten Harrison, Winans und Istwick von den „Alexandroffsky Head Mechanical works" Jacobi schriftlich auf Englisch die Ausführung der Arbeiten für die Telegraphenlinie nach Moskau an (Архив Центрального музея связи им. А. С. Попова (Archiv des Zentralen Museums für Fernmeldewesen „А. S. Popow"), фонд Якоби (Fonds Jacobi)-1-146). Nachdem Jacobi am 17.(29.) 5. in einem auf Russisch abgefaßten Schreiben den Preis zu drücken versuchte (Entwurf erhalten: Fonds Jacobi-1-147), wiederholen erstere ihr Angebot am 19.(31.) 5. in einem nun ebenfalls auf Russisch abgefaßten Schreiben mit russisch gedrucktem Briefkopf (Fonds Jacobi-1-151). Offensichtlich war ersteres Schreiben „sicherheitshalber" auf Englisch abgefaßt, da man sich der Jacobischen Russischkenntnisse nicht gewiß war. Jacobi jedoch bevorzugte das grammatikalisch viel schwierigere Russisch, das zudem wohl von keinem der Beteiligten die Muttersprache war. Wer so handelt, muß sich im Russischen einfach sicher (oder wohl-)fühlen.

großen Einfluß auf weite Teile Europas ausübte und als die dominante Macht in Osteuropa angesehen werden muß,[55] war es politisch, wirtschaftlich und sozial gegenüber Westeuropa rückständig. Gegen diese Rückständigkeit sollten Reformen, wie sie von liberalen und reformfreudigen Kräften gefordert wurden, begonnen werden. Diese Bestrebungen stießen aber gleichzeitig bei konservativen und reaktionären Kräften auf heftige Ablehnung.

Was die Zaren selbst anbelangt, so hat Alexander I. in der Historiographie weitgehend die Konnotation eines liberalen Reformers, während mit seinem Nachfolger Nikolaus I. oft ein Reaktionär assoziiert wird. Daß beide sowohl liberale als auch konservative Züge hatten, soll in diesem Abschnitt deutlich gemacht werden. Dabei soll das Hauptaugenmerk auf ihre Bildungs- und Gesellschaftspolitik gerichtet werden. Bildung war notwendig, aber gleichsam gefährlich für die Autokratie. Universitäten konnten den Funken der Revolution entfachen, zumindest aber eine gebildete Schicht schaffen, von der mehr Opposition zu erwarten war, als sie Rußland bis dahin gekannt hatte. Diese Problematik, die auch als ,,Universitätsfrage" bezeichnet wird, bestand bis zum Ende des Zarentums und trug ihren Teil zu dessen Untergang bei. McClelland formuliert es prägnant: *We may conclude that the autocracy succeeded only in impaling itself on both horns of the dilemma: it provided enough education to foment a revolution, but not enough to avoid losing a war.*[56]

Als wesentliche, die Regentschaftszeiten von Alexander I. und Nikolaus I. verbindende, politische Person ist Graf Sergej Sergejewitsch Uwarow anzusehen, der als Kurator des Petersburger Lehrbezirks (1810-1821), Präsident der Akademie der Wissenschaften (1818-1855) und Volksaufklärungsminister (1833-1849) die russische Bildungspolitik mitbestimmt hat.[57]

2.2.1 Rußland zur Zeit Zar Alexanders I. (1801-1825)

Alexander I., dessen Regentschaft auf die kurze Regierungszeit (1796-1801) seines despotischen Vaters Paul I.[58] folgte, hatte häufig Reformgedanken

---

[55] Zernack bezeichnet den Zeitraum von 1795 bis 1945 als *die russische Epoche der osteuropäischen Geschichte* (K. Zernack: Osteuropa. München (1977), S. 74).
Polen war schon 1795 geteilt worden, das schwedische Imperium zerfiel (Abtretung Finnlands an Rußland im Jahre 1809) und um die Vorherrschaft in Südosteuropa (,,Orientalische Frage") wurde weiter gekämpft.

[56] J. C. McClelland: Autocrats and Academics. Chicago, London (1979), S. 117.

[57] Graf war Uwarow seit 1846; als Minister wurde er offiziell erst im April 1834 bestätigt.

[58] Paul I. war ein Reaktionär, der vieles, was seine Mutter Katherina die Große durchgesetzt hatte, wieder zu neutralisieren suchte. 1801 wurde er ermordet.

geäußert und Reformvorhaben geplant. Um so erstaunlicher erscheint es, daß von all seinen großen Plänen, die sowohl eine Verfassung, als auch eine Art Grundrechte-Charta beinhalteten, nur die Universitätsreform sowie einige Verwaltungsreformen umgesetzt wurden, wobei von letzteren die Gründung der Ministerien die wichtigste war. Es liegt nahe, die Gründe für diese Diskrepanz zwischen Anspruch und Verwirklichung entweder in einer vermeintlichen Schwäche Alexanders zu sehen, der sich womöglich einfach nicht gegen konservative und reaktionäre Kräfte durchzusetzen vermochte, oder ihm schlichtweg unehrliche Absichten zu unterstellen, ihn quasi als (Selbst-) Betrüger zu entlarven, der sich hehre Absichten auf die Fahnen schrieb, aber untätig blieb, wenn es galt, seine Versprechen auch einzulösen. Erstere Erklärung ist wenig stichhaltig. Oft genug hat Alexander seinen Kurs gegen Widerstände und die öffentliche Meinung durchgesetzt. Besonders nach dem von vielen Russen als empörend empfundenen Abkommen von Tilsit (1807), als Alexander mit Napoleon Frieden geschlossen hatte, war seine Popularität auf einen Tiefstand gesunken. Die zweite Erklärung für Alexanders verhältnismäßig geringe reformerische Tätigkeit ist erheblich plausibler. So schreibt Schiemann über Alexanders Charakter: *Sein theoretischer Liberalismus ging mit einem tiefgewurzelten und eigensinnigen absoluten Willen Hand in Hand. ... Ähnlich urteilte der vertraute Freund des Kaisers, Fürst Adam Czartoryski. „Der Kaiser - schreibt er - liebte die Formen der Freiheit, wie man ein Schaustück liebt; er gefiel sich beim Anblick des Scheins einer freiheitlichen Regierung, weil das seiner Eitelkeit schmeichelte; mehr aber als die Form und den Schein wollte er nicht, und er war keineswegs gesonnen, zu dulden, daß sie sich in Wirklichkeit umsetzten; kurz er wäre gern darauf eingegangen, daß jedermann frei sei, wenn nur alles freiwillig ihm ausschließlich den Willen tat."* [59]

Einen interessanten und neuen Gedankengang bringt McConnell in diese Diskussion. Er sieht Alexanders Politik wesentlich durch das Trauma der Ermordung seines Vater bestimmt. *In the nearly one hundred days between the murder of Alexander Pavlovich's father, Paul I, on the night of March 11-12, 1801, and the fall of Count Peter von der Pahlen, the leader of the conspiracy, on June 17, Alexander recovered from his initial demoralization and formed the paternalist political conceptions that would guide the next*

---

[59] Th. Schiemann: Geschichte Rußlands unter Kaiser Nikolaus I. Bd. 1, Berlin (1904), S. 59, unter Berufung auf: A. Czartoryski: Mémoires du Prince Adam Czartoryski et correspondance avec l'Empereur Alexandre Ier. Vol. I, Paris (1887), S. 345.

*twenty-five years of his reign.*⁶⁰ Allerdings stellt McConnells These keine neue Erklärung für die Diskrepanz zwischen Reformankündigung und Reformdurchführung dar, sondern eine mögliche Begründung für obige zweite Erklärung. Traumatische Angst kann das Motiv für Alexanders (Selbst-)Betrug gewesen sein, mit dem er die Ambivalenz zwischen den Wünschen des Zaren nach Reformen, und den Gefahren eben dieser Veränderungen überbrücken wollte.⁶¹

Doch nun soll der Blick auf die Reformen gelenkt werden. Um sie zu planen, berief Alexander 1801 ein „Inoffizielles Komitee" (негласный комитетъ) ein, bestehend aus seinen Freunden Wiktor Kotschubej, der während seiner Studienzeit in Stockholm unter anderem ein Papier über die Menschenrechte verfasst hatte, und Fürst Adam Czartoryski sowie dessen Freunden Paul Stroganow und Nikolaus Nowossilzew, die auch Alexander bekannt waren.⁶² Doch keines der wirklich großen Projekte (Aufhebung der Leibeigenschaft, Verfassung oder der Grundrechtekatalog) wurde schließlich verwirklicht. Zwar gab es hier und dort Reformansätze (z.B. wurde die Leibeigenschaft 1816 in der Ostseeprovinz Estland, 1817 in Kurland und 1819 in Livland abgeschafft), aber insgesamt war die „Reformausbeute" gering. Obwohl der Hauptgrund für die Reformunfähigkeit in der Person des Zaren und nicht in den Sachzwängen gelegen hat, können einzelne Fehlschläge sachlich erklärt werden. So sieht z.B. Narkiewicz einen Grund für das Scheitern einer Verfassungsreform in der Rivalität zwischen den Komiteemitgliedern und den Anhängern des Senats, einer Art oberster Justizrat, der in seiner ersten Form bereits 1711 unter Peter dem Großen gegründet worden war. Über die mittelalten und älteren Mitglieder der „Senatspartei" schreibt Narkiewicz: *They affected fear of the ‚Jacobin' ways of the Secret Committee,*

---

⁶⁰ A. McConnell: Alexander I's Hundred Days: The Politics of a Paternalist Reformer. Slavic Review, 28/3 (1969), S. 373. McConnell benutzt den Julianischen Kalender.

⁶¹ Ambivalenz ist offensichtlich auch für McConnell ein Thema: *Alexander combined in himself not only the contradictions of his upbringing (the republican ideals of his Swiss mentor and the Prussian-style discipline of his father) but also the antithetical philosphical currents of his generation (the philosophes and the mystics; the French Revolution and the Restoration). In addition, he represented the contrasting traditions of Russia itself - on one side, ancient Kievan Russia with its openness to experience, its humaneness, respect for learning, contacts with Europe, its freely deliberating public assemblies who hired their princes by contract and fired them for non-compliance; and on the other, Muscovy with its autocracy, intolerance, messianism, xenophobia and serfdom* (A. McConnell: Tsar Alexander I. Paternalistic Reformer. New York (1970), S. 210).

⁶² Zu den Mitgliedern des „Inoffiziellen Komitees" siehe: E. E. Roach: The Origins of Alexander I's Unofficial Committee. RR, 28/3 (1969). Das Komitee trat (mit einer Pause von eineinhalb Jahren) bis Ende 1803 zusammen.

but in fact were closely connected by ties of blood or friendship with all the Committee members. The conflict between them had two aspects: in the first place it was the usual Russian ‚fathers and sons' quarrel; secondly, and more seriously, it was a fight for influence over the emperor[63]. Weiter schreibt sie: *While Alexander was undecided whether to divide his powers between himself and the Senate, Novosil'tsev had no hesitation in influencing him strongly against this. This is understandable up to a point: Novosil'tsev did not regard the Senate as a body in any way inclined to a democratic reform; in addition, it was the seat of his enemies, the old senators, who despised him for his low birth, common habits and supposedly liberal ideas.* Zudem hoffte Nowossilzew, Alexanders Chefberater zu werden, falls dieser seine autokratische Macht behielte, meint Narkiewicz.[64]

Bei dieser, wie auch bei mancher anderen „Erklärung" für das Scheitern der Reformen, werden die Sachzwänge sehr klar dargelegt, obwohl bei näherer Betrachtung nicht einmal die „Sache", nämlich die Verfassung, um die es ging, dargestellt wird. McConnell faßt hierzu zusammen: *Raeff was the first to suggest that Alexander meant by constitution something quite different from what one normally means in the West, but implies that this purely administrative goal was always Alexander's view. I suggest that before 1801, as often after 1803, Alexander meant limitations of a political character.*[65]

Es war der zu geringe Reformwillen, der Alexanders Ängste über seine Ideale triumphieren ließ. Seine Träume waren real und ehrlich, nur seine Absichten, sie auch umzusetzen nicht. Dort jedoch, wo er keine Ängste zu haben brauchte, nämlich in der Ferne, konnte er seine Ideale verwirklichen. Dies sieht auch McConnell so: *He had granted constitutions to the Ionian Islands in 1803, the Finns in 1809, and the Poles in 1815, and he had seen to it that the French royalists did not renege on their promise to support the* Charte Constitutionnelle.[66] Außerdem schreibt er: *The constitution* (der Ionischen Inseln; Anm. P. H.) *shows that Alexander, despite his jealous guarding of autocratic powers at home, was prepared to act on his adolescent ideals, to install abroad institutions separating executive, legislative, and judicial powers. In a foreign land, in an enterprise where he was not subject to the traumatic memories that beset him at home, he turned back to the fine dreams of 1797, to a constitution put into effect by the autocratic power that*

---

[63] O. A. Narkiewicz: Alexander I and the Senate Reform. The Slavonic and East European Review, 47 (1969), S. 121.

[64] Ebenda, S. 124.

[65] McConnell: Alexander I's, S. 385, Anm. 49.

[66] McConnell: Tsar Alexander I., S. 153f.

would give representation to the nation.[67]

Neben dem „Inoffiziellen Komitee" spielte vor allem Michael Speranski eine führende Rolle bei der Ausarbeitung von Reformplänen. Seine Vorstellungen zielten darauf hin, Willkür und Amtsmißbrauch zu reduzieren, indem Verfahren und Kompetenzverteilungen definiert werden sollten. So wurden 1802 die ersten acht Ministerien in der Geschichte Rußlands geschaffen. Zwar waren die Minister nur „Angestellte" ihres Zaren (denn es gab keinen Ministerpräsidenten), trotzdem hat diese Innovation erheblich zur Verbesserung der Verwaltung bzw. ihrer Effizienz beigetragen. Die Formel „Bürokratie statt Konstitutionalismus" innerhalb der russischen Reformpolitik behielt lange Zeit ihre Geltung.[68]

Die wesentlichste aller Reformen der Regierungszeit Alexanders I. war die Universitätsreform. Sich des bestehenden Bildungsdefizites voll bewußt, schuf Alexander neben der seit 1755 bestehenden Moskauer Universität gleich fünf weitere Universitäten in Charkow, Dorpat, Kasan, St. Petersburg und Wilna.[69] Außerdem wurde mit den oben anderen Ministerien auch jenes der „Volksaufklärung" (Министерство народнаго просвѣщенія) gegründet.

Der enge Bezug zwischen Bildungs- und Gesellschafts- beziehungsweise Innenpolitik wird durch den Import von ausländischem „gefährlichem" (teilweise sogar revolutionärem) Gedankengut durch die russischen Universitäten in die russische Gesellschaft geschaffen. So ist für Meyer *mit der Universitätsfrage jener komplexe, konfliktreiche Vorgang gemeint, der sich zu Beginn des neunzehnten Jahrhunderts aus dem Zusammenstoß von nach westeuropäischen Mustern gegründeten Institutionen mit der sozialen und nationalen Wirklichkeit des Russischen Reiches ergab.*[70]

Doch hatte die Universitätsreform noch einen weiteren wichtigen gesellschaftspolitischen Aspekt. Das Imperium brauchte mehr gebildete Staatsdiener. Diese mußten und sollten nicht unbedingt aus dem Adel stammen. Meyer schreibt hierzu: *Da der Adel zunächst nur widerwillig und zögernd von*

---

[67] Ebenda, S. 40.

[68] Narkiewicz schreibt hierzu: *The age of bureaucracy, heralded in Russia by the arrival of Speransky, was already making institutions such as the Senate completely obsolete* (Narkiewicz: Alexander I, S. 136).

[69] Die Universität St. Petersburg ging erst 1819 aus dem Hauptpädagogischen Institut hervor. Die anderen vier Universitäten waren bereits 1802-1804 gegründet worden. Das von Paul I. 1800 erlassene Einfuhrverbot für alle ausländischen Bücher war schon 1801 von Alexander wieder aufgehoben worden.

[70] K. Meyer: Die Entstehung der „Universitätsfrage" in Rußland. Zum Verhältnis von Universität, Staat und Gesellschaft zu Beginn des neunzehnten Jahrhunderts. FOG, 25 (1978), S. 229.

der neuen Ausbildungsinstitution „Universität" Gebrauch machte, wurde es um so bedeutsamer, daß nun auch die Angehörigen nichtadeliger Schichten über die Universitätsbildung den Zugang zu hohen Ämtern finden konnten. Damit schien sich, zunächst verdeckt und auf längerfristige Wirkung angelegt, ein emanzipatorischer Aspekt anzudeuten, der auf sozialpolitische Veränderungen verwies.[71]

Um zukünftige Staatsdiener zum Universitätsstudium zu bewegen und so für mehr Aufklärung und damit Effizienz in der Verwaltung zu sorgen, forderte eine von Speranski ausgearbeitete und 1809 erlassene Verordnung zum Erlangen des achten Ranges der Rangtabelle (Kollegienassessor) einen Studiennachweis.[72]

Da sich die Staatsführung der gesellschaftspolitischen Brisanz des neuen Bildungssystems bewußt war, mußte sie die Bildungspolitik aufmerksam verfolgen und vor allem steuern können. Dies wurde durch einen hierarchischen Aufbau der Lehranstalten gewährleistet. Dazu hält Meyer fest: *Die Gliederung aller Lehranstalten in Kirchspielschule (auf dem Lande), Kreisschule (in der Kreisstadt), Gymnasium (in der Gouvernementsstadt) und schließlich Universtät (für jeden Lehrbezirk) ließ einen systematischen Aufbau von unten nach oben erkennen, dessen Rationalität die staatliche Penetration gewährleisten sollte.*[73]

Schließlich mußte der Zar nur noch sorgfältig die Kuratoren der sechs Lehrbezirke und vor allem den Volksaufklärungsminister auswählen um die ihm genehme Politik durchführen zu lassen. *Die beiden ersten Minister für Volksaufklärung, Zavadovskij und Razumovskij, hatten früher zur Umgebung Katherinas II. gehört; und sie waren mit ihrem Gedankenkreis niemals über das achtzehnte Jahrhundert hinausgelangt. ... Mit Golicyn (1817-1824) kam ein Vertreter der jüngeren Generation auf den Stuhl des Ministers für Volksaufklärung; seine Amtsführung litt allerdings unter dem herrschenden Obskurantismus, ... Der siebzigjährige Admiral Šiškov stellte dann 1824, also noch während der Regierungszeit Alexanders, zum ersten Mal den Typ des ausgedienten Militärs als Minister für Volksaufklärung dar; einen Typ, der im Verlaufe des neunzehnten Jahrhunderts noch öfter die Geschicke der Bil-*

---

[71] Ebenda, S. 238.

[72] Полное собраніе законовъ Россійской Имперіи (Vollständige Sammlung der Gesetze des Russischen Imperiums). Nr. 23771. Die Rangtabelle (табель о рангахъ) war 1722 von Peter dem Großen eingeführt worden (ebenda, Nr. 3890). Zivil-, Hof-, Heeres- und Marinebeamte konnten in ihr 14 Stufen durchlaufen. Ein Universitätsprofessor z.B. bekleidete den 7. Rang, ein Universitätsrektor den 5. Rang (Staatsrat).

[73] Meyer: Die Entstehung, S. 232.

dung im Reiche leiten sollte.[74]
Die von Meyer aufgezählten ersten vier Volksaufklärungsminister waren in der Tat wenig innovativ in Bezug auf das, was der Name ihrer Behörde versprach. Auch ihr Nachfolger, der Deutsch-Balte Fürst Karl Lieven war in seiner Amtszeit (1828-1833), die schon in die Regentschaftszeit Nikolaus' I. fiel, eher farblos. Doch dafür sollte ihm ein Mann folgen, der im Russischen Imperium am längsten und nachhaltigsten die Bildungspolitik aus dem Amt des Ministers heraus mitbestimmte: Sergej Uwarow.
Uwarow, 1786 in einer aristokratischen Familie geboren, hatte in Göttingen studiert (1803-1806) und war danach in Wien im diplomatischen Dienst tätig gewesen. Er war unter Alexander Kurator des Petersburger Lehrbezirkes gewesen (1810-1821) und außerdem 1818 zum Präsidenten der Akademie der Wissenschaften ernannt worden, ein Amt, das er bis zu seinem Tode 1855 innehatte. Uwarow war, wie Flynn treffend bemerkt, *a key figure in the transition from the ,,liberal" era of Alexander I to the ,,reaction" under Nicholas I.*[75]

2.2.2 Rußland zur Zeit Zar Nikolaus' I. (1825-1855)

Alexanders Regentschaft war durch den Mord an seinem Vater blutig eingeleitet worden. Aber noch viel blutiger begann Nikolaus' Regentschaft mit der Niederschlagung des Dekabristenaufstandes, eines von Adeligen und Armeeoffizieren dilettantisch vorbereiteten Putsches, nicht gegen Nikolaus, sondern gegen die Autokratie schlechthin gerichtet.
Am 19.11.(1.12.)1825 verstarb fernab von St. Petersburg, nämlich im ca. 2240 km südlicher gelegenen Hafen von Taganrog am Asowschen Meer, der als Bezwinger Napoleons, ,,Retter Europas" und Befreier von Paris gefeierte, Zar Alexander I. Da sein Bruder Konstantin die Zarenkrone entschieden ablehnte, ließ sich sein nächstjüngerer Bruder Nikolaus zum Zaren ausrufen.[76]
Am Tag der Thronbesteigung von Nikolaus I., dem 14.(26.) Dezember 1825, versuchten Mitglieder einiger Geheimbünde den Sturz des russischen Absolutismus. Nach der Niederschlagung des Dekabristenaufstandes auf dem Petersburger Senatsplatz zählte man 56 Tote.[77] Fünf Dekabristen wurden

---
[74] Ebenda, S. 234.
[75] J. T. Flynn: S. S. Uvarov's ,,Liberal" Years. JGO, 20 (1972), S. 481.
[76] Weil Konstantin aber gerade in Warschau weilte, dauerte die Klärung der Thronfolge mehrere Wochen, in denen Rußland real ohne Regenten existierte.
[77] Schiemann: Geschichte Rußlands, Bd. 2, S. 55. Schiemann schreibt in einer Anmerkung, daß es *jedenfalls* mehr Opfer gab und manche Leichen durch Eislöcher in die Newa geworfen wurden (S. 55, Anm. 2). Zum Dekabristenaufstand vgl.: A. G. Mazour: The

gehenkt und Dutzende wurden nach Sibirien verbannt.
Für die Dekabristen war der Zar Ankläger und Richter in einer Person gewesen. Doch trotz dieser für das heutige Verständnis kaum zu überbietenden Verletzung der Rechtsprinzipien hatte Nikolaus auch positive Konsequenzen aus dem Aufstand gezogen. Er hatte den Sekretär des Untersuchungsausschusses A. D. Borowkow angewiesen, die Aussagen der Dekabristen aus den Verhören über die Mißstände in Rußland zusammenzufassen und sich so ein ungeschminktes Bild über die Zustände in seinem Land gemacht.[78]
Doch in der Folgezeit schuf Nikolaus I. eine noch extremere Form der Autokratie, als sie in Rußland schon üblich gewesen war, die als das nikolaitische System bezeichnet wird.[79]
Manche Historiker unterteilen die Herrschaft Nikolaus' in drei Perioden, in die Zeit der „Quasi-Reform" (1825-1830), in die Zeit des „strikten Konservativismus" (1830-1848) und in die Zeit des „Systems der Reaktion" (1848-1855). Andere Historiker unterteilen seine Herrschaft in die Zeit „beachtlicher Erfolge" in innen- und außenpolitischer Hinsicht sowie in jene diplomatischer Niederlagen und wachsender Spannungen im eigenen Land, wobei beide Zeitabschnitte als gleich lang (15 Jahre) angesehen werden.[80] Lincoln sieht aber vor allem eine Kontinuität in dem System Nikolaus' I. und stellt diese über die Unterschiede zwischen einzelnen Perioden.[81]
Ein Charakterzug dieses Systems war die umfangreiche Überwachung und

---

First Russian Revolution 1825. The Decembrist Movement, its Origins, Development and Significance. Berkeley (1937); M. Raeff: The Decembrist Movement. Englewood Cliffs N. J., Prentice-Hall (1966) und: G. R. V. Barratt: Voices in Exile. The Decembrist Memoirs. Montreal, London (1974).

[78] Ein besonders drückender Mißstand war die korrupte und aufgeblähte Bürokratie Rußlands zum Zeitpunkt von Nikolaus' Machtantritt. Auf eintausend Einwohner kamen zwar nur 1,3 Beamte (England: 4,1; Frankreich: 4,8), aber da eigentlich nur die Adeligen mit der Bürokratie zu tun hatten (in Rußland existierte, im Gegensatz zu England oder Frankreich, ja noch die Leibeigenschaft), kamen 11,8 Beamte auf eintausend Adelige (W. B. Lincoln: Nikolaus I. von Rußland 1796-1855. München (1981), S. 94).

[79] Die liberalen Protestler bezeichneten das nikolaitische System als *Periode des „dreißigjährigen Nachtfrosts"* (R. Wittram: Die Universität Dorpat im 19. Jahrhundert. ZfO, Jg. 1 (1952), S. 203).

[80] Lincoln: Nikolaus, S. 107. Als Beispiele weist Lincoln in Anmerkungen auf A. A. Корнилов (A. A. Kornilow): Курс истории России XIX. в. (Kurs der Geschichte Rußlands des 19. Jahrhunderts). Т. 2, Москва (1918), S. 24, 28, 101 und М. Полиевктов (M. Polijewktow): Николай I: Биография и обзор царствования (Nikolaus I.: Biographie und Übersicht des Zarentums). Москва (1918), S. 65-8 hin (ebenda, S. 107, 485).

[81] *Am allerwichtigsten ist es indes, die Kontinuität in der Herrschaft Nikolaus' I zu erkennen und sie von Anfang bis zum Ende als Schaffung, Entwicklung und letzten Endes Scheitern eines in sich geschlossenen Systems zu sehen* (ebenda, S. 107).

Kontrolle von politischen Meinungen in der Gesellschaft. Zu diesem Zweck gründete Nikolaus am 25.6.(7.7.)1826 (seinem 30. Geburtstag) die später gefürchtete geheime Staatspolizei „Dritte Abteilung".[82] Doch obwohl Nikolaus die Zensur[83] verschärfte und durch seine Geheimpolizei Intellektuellen Angst einflößte, entstand unter seinem Regime zum ersten Mal russische Literatur von Weltniveau (Puschkin, Lermontow, Gogol, Turgenjew).

Reformansätze wurden im nikolaitischen System durch speziell eingerichtete Komitees ausgearbeitet. So berief Nikolaus am 6.(18.)12.1825 ein *Komitee, das feststellen sollte, in welchem Zustand sich das Reich zum gegenwärtigen Zeitpunkt befand, um daraus abzuleiten, welche Reformen in Erwägung zu ziehen seien.*[84] Damit setzte Nikolaus in gewisser Weise das Werk seines Vorgängers fort. Komitees hatten im Rußland des 19. Jahrhunderts bereits ihre eigene kleine Geschichte. Nach Alexanders berühmtem „Inoffiziellen Komitee" hatte Nikolaus im Dezember 1824 ein erstes spezielles Komitee eingesetzt. Flynn schreibt hierzu: *This „Committee on the organization of academic institutions" was the first example of what became a characteristic feature of the reign of Nicholas I: the formation of special,* ad hoc, *agencies whose members held the trust of the tsar and who were appointed to work out reform in particular areas of activity. Such committees could, and often did, complicate rather than solve problems, for they easily worked at cross-purposes with the ministries.*[85]

Die Bildungspolitik war gekennzeichnet durch ein krasses Mißverhältnis zwischen Hochschulbildung und breiter Volksbildung. Wie schon unter Alexander gab es noch immer zu wenig Schulen auf dem Lande.[86]

---

[82] Als gefürchteter Leiter der 3. Abteilung trat von 1826 bis zu seinem Tod der Deutsch-Balte General Graf Alexander von Benckendorff (1781-1844, Graf seit 1832) in Erscheinung.

[83] Zur Zensur in Rußland und speziell zum „eisernen Gesetz" von 1826 siehe: F. B. Kaiser: Zensur in Rußland von Katharina II. bis zum Ende des 19. Jahrhunderts. FOG, 25 (1978).

[84] Lincoln: Nikolaus, S. 116.

[85] J. T. Flynn: The university reform of Tsar Alexander I, 1802-1835. Washington (1988), S. 168. „Ad hoc" ist von Flynn hervorgehoben. Uwarow war Mitglied in diesem Komitee.

[86] Siehe hierzu: McClelland: Autocrats, S. 49-55, wo er sich diesem Thema ausführlich widmet. Flynn zieht einen Vergleich mit Irland: *Even Ireland, a poor peasant country run by absentee landlords, developed village schools. In 1831 the British gouverment organized a National Board of Education for Ireland whose principal program was to offer matching funds to support schools in those localities which would provide schools for themselves. Within two years, nearly 800 „Board Schools" came into existence, enrolling more than 100,000 pupils. A decade later there were nearly 5,000 such schools, with more than half a million pupils. Rural Ireland, with less than one tenth Russia's population, provided schools*

Setzte Nikolaus in der Bildungspolitik (wie später noch deutlich gemacht wird) im wesentlichen das Werk seines Vorgängers fort, so gab es mit der Schaffung eines neuen Gesetzbuches im nikolaitischen System sogar einen politischen Fortschritt, dessen Notwendigkeit während der Untersuchung der Dekabristenbewegung offensichtlich geworden war.[87] Diese wichtige Innovation des Systems, die Herausgabe eines neuen „Gesetzbuches" (сводъ законовъ) im Jahre 1832, des ersten seit 1649, und die ihm vorangegangene (chronologische) Auflistung oder „Sammlung aller wichtigen Gesetze und Erlasse" (Полное собранiе законовъ), die 1830 erschienen war, bildeten eine notwendige Voraussetzung für die Abschwächung der Justizwillkür.[88] Diese beiden Werke sind maßgeblich unter der Leitung von M. M. Speranski erarbeitet worden, einem Reformer aus Alexanders Regentschaftszeit.

An diesem Beispiel sollte deutlich werden, daß der Einfluß des Dekabristenaufstandes auf die Politik Nikolaus' I. ambivalent gewesen ist. Die Angst, die von dieser Revolte herrührte, führte nicht ausschließlich zu einem reaktionären Regierungsstil, sondern, zumindest in den ersten Jahren der Amtszeit Nikolaus' I., auch zu Veränderungen. Zusammenfassend soll der „Rechtsruck", der mit dem Herrschaftswechsel 1825 vonstatten ging, weder negiert noch überbewertet werden. Der Übergang war fließend.[89] Doch in der Folge entwickelte das nikolaitische System ein mehr und mehr reaktionäres Staats-

---

for five times more pupils than Russia (Flynn: The university reform, S. 244).

[87] Raeff schreibt, daß Nikolaus noch vor Abschluß der Verfahren gegen die Dekabristen die „Zweite Abteilung der privaten Kanzlei seiner kaiserlichen Hoheit" gründete und sie mit der Kodifizierung der russischen Gesetze beauftragte. Er schreibt auch: *The investigation of the Decembrist movement brought home to Nicholas I with full force the glaring disorders, inadequacies, and injustice of Russia's administration* (M. Raeff: Michael Speransky. Statesman of Imperial Russia 1772-1839. The Hague (1957), S. 320).

[88] Raeff stellt zu den Auswirkungen dieser und anderer Innovationen Speranskis fest: *The imperial administration of Russia in the 19th century had many defects; it sinned against many a thing that men of the time held dear and important. But compared to the 18th century, it was a model of organization and regularity of procedure and stability of goals. This was to a large degree the consequence of Speransky's work, supported by Alexander and Nicholas. To this outlook and approach, the codification was the crowning stone. Speransky removed Russian bureaucratic administration from the domain of personal caprice and irregular organization and, putting it on a par with the governments of contemporary monarchical Europe, based it solidly on functional principles and stable rules* (ebenda, S. 361).

[89] Es wurde 1825 nicht einmal ein Minister entlassen. Ihre Amtszeiten lassen keinen Regierungswechsel erkennen (Außenminister Nesselrode (1816-1856), Finanzminister Cancrin (1823-1844), Innenminister Lanskoi (1823-1828), Justizminister Lobanow-Rostowski (1817-1827), Kriegsminister Tatitschtschew (1823-1827), Marineminister Traversay (1809-1828) und Volksaufklärungsminister Schischkow (1824-1828)).

wesen. Dazu trugen aber auch einige andere Ereignisse bei.
Antiabsolutistische Revolutionen und Aufstände hatten bei der Fülle der ungelösten sozialen Fragen in Europa ihre Kraft nicht verloren. So wurde der am 17.(29.) November 1830 in Warschau begonnene polnische Aufstand zwar mit dem Einzug von Nikolaus' jüngerem Bruder Michael Pawlowitsch am 27.8.(8.9.)1831 in Warschau nach blutigen Kämpfen beendet und Nikolaus war wieder König von Polen,[90] aber die Problematik der polnischen Teilung wurde nicht gelöst, sondern nur offensichtlich.
Die so eingeleiteten dreißiger und ein Großteil der vierziger Jahre des 19. Jahrhunderts gelten als Höhepunkt der Autokratie. Sie waren durch Stabilität und relativen Frieden gekennzeichnet. So führte Rußland von 1831 bis 1849 keinen größeren Krieg (nur die alljährlichen Feldzüge gegen die Kaukasier).
Doch sollte ein Krieg das Ende des nikolaitischen Systems einleiten. Im Krimkrieg (1853-1856) gegen den türkischen Sultan, Frankreich und England konnte Rußlands eineinhalb Millionen Mann starke, aber schlecht ausgerüstete Armee trotz einiger Anfangserfolge im Süden nicht gewinnen. Als Nikolaus am 18.2.(2.3.)1855 nach einer Erkältung in St. Petersburg starb, war die militärische Lage im Krieg zwar noch nicht aussichtslos, aber im September 1855 fiel Sewastopol, und der Krimkrieg war praktisch verloren.[91]

Nikolaus' Volksaufklärungsminister S. S. Uwarow

Uwarow war ein gebildeter Mann, der einige Jahre im Westen gelebt hatte. In ihm hatten sich feste Überzeugungen gebildet, die ihm den Staatsdienst unter zwei so unterschiedlichen Zaren wie Alexander und Nikolaus möglich machte. Whittaker schreibt: *The key to Uvarov's ideology is his theory of history. ... Providence was the unifying principle in history* für Uwarow. *He periodized world history into epochs of infancy, youth, maturation, and*

---

[90] Lincoln: Nikolaus, S. 180-187. Später sollte Österreich in eine ähnliche Lage geraten. Nachdem fast alle nationalen Revolutionen im Europa des Jahres 1848 gescheitert waren und nur Ungarn die praktische Unabhängigkeit von Österreich erreicht hatte, rückten am 6.(18.) Juni 1849 russische Truppen in Ungarn ein, um (auf Bitten des österreichischen Kaisers) die alte monarchistische Ordnung wiederherzustellen (ebenda, S. 415).

[91] Erst im März 1856 wurde in Paris der Friedensvertrag unterzeichnet. Nikolaus' Nachfolger Alexander II. ging vor allem durch die Bauernbefreiung in die Geschichte ein. 1861 hob er die Leibeigenschaft auf und gab damit 23 Millionen Menschen die Freiheit. Zur Geschichte Rußlands vgl.: M. Hellmann; G. Schramm; K. Zernack (Hrsg.): Handbuch der Geschichte Rußlands. Bd. 1, I (1981), II (1989), Bd. 2, I (1986), II (ab 1988), Bd. 3, I (1983), II, Stuttgart (1992); N. V. Riasanovsky: A History of Russia. New York, Oxford (1993) und: H. Haumann: Geschichte Rußlands. München (1996).

*decay.*⁹²

Uwarow wußte, daß Rußland große Reformen nötig hatte, doch sollten sie zum richtigen Zeitpunkt - nicht zu früh und nicht zu spät - vollzogen werden. Immer dann, wenn der „richtige" Zeitpunkt für die eine oder andere Veränderung kommt, wird sie auch durchgeführt werden, glaubte Uwarow in seiner romantischen Schicksalsgläubigkeit; kurz: Alles wird gut!

Seine diesbezügliche Gelassenheit gegenüber dem Lauf der Dinge ließ Uwarow zu einem Pragmatiker werden. Er vermied es, ideale Lösungen anzustreben, und lernte aus den Fehlern der Vergangenheit.⁹³ Flynn schreibt über Uwarows Zeit als Volksaufklärungsminister unter Nikolaus I.: *Uvarov applied the lesson he learned under Alexander I and opposed zealots of any persuasion, whether „liberal" or „reactionaries", for he thought that the tension and turmoil they caused was a major obstacle to what he considered sound progress.*⁹⁴

Uwarow unterstützte das von Georg Parrot projektierte Professoreninstitut in Dorpat, das von 1827-1838 bestand und eine russische Professorenschaft auszubilden half. Mit seinem ab Januar 1834 erscheinenden „Journal des Volksaufklärungsministeriums" versuchte er, seiner Ansicht gemäß, daß Überzeugung besser sei als repressive Maßnahmen, Einfluß über die Studenten und anderen Leser zu gewinnen und sie im Geiste von православіе (Orthodoxie), самодержавіе (Autokratie) und народность (Volkstümlichkeit) zu erziehen.⁹⁵ Aber der wichtigste Beitrag des „Uwarowministeriums" zur

---

⁹² C. H. Whittaker: The Ideology of Sergei Uvarov: An Interpretive Essay. RR, 37 (1978), S. 159f., incl. Anm. 7.

⁹³ So hatte er 1819 gegen M. L. Magnizkis Versuch, die Kasaner Universität einfach schließen zu lassen, interveniert und sich damit zum Außenseiter gemacht.

⁹⁴ Flynn: Uvarov's, S. 491.

⁹⁵ Das Standardwerk zu diesem Thema ist: N. V. Riasanovsky: Nicholas I and Official Nationality in Russia, 1825-1855. Berkeley, Los Angeles (1959). Der Autor weist darauf hin, daß der Begriff *Official Nationality* erst Ende des 19. Jahrhunderts von Professor A. Pypin eingeführt wurde (S. 73, Anm. 2). Er zitiert außerdem Solowjow bezüglich Uwarows Verhältnis zu seinen eigenen Schlagworten: *Orthodoxy - while he was an atheist not believing in Christ even in the Protestant manner, autocracy - while he was a liberal, nationality - although he had not read a single Russian book in his life and wrote constantly in French or in German* (S. 70f., unter Berufung auf: С. Соловьёв (S. Solowjow): Мои записки для дѣтей моихъ, а, если можно, и для другихъ (Meine Aufzeichnungen für meine Kinder, und, wenn möglich, auch für andere). Санкт-Петербургъ (o.J.), S. 59).

Uwarow resümiert später: Естественно, что направленіе, данное Вашимъ Величествомъ министерству и его тройственная формула - должны были возстановить нѣкоторымъ образомъ противъ него всё, что носило ещё отпечатокъ *либеральныхъ* и *мистическихъ* идей: *либеральныхъ* - ибо министерство, провозглашая *самодержавіе*, заявило твёрдое намѣреніе возвращаться прямымъ путемъ къ русско-

Bildungspolitik war das Universitätsstatut von 1835. Unzufrieden mit den anarchischen Zuständen an den russischen Universitäten, wo Studenten sich lieber Raufereien und Trinkgelagen hingaben, als an einem geregelten Unterricht teilzunehmen, hatte die Staatsführung zunächst versucht, das Problem durch kirchlich-religiöse Beeinflussung der Studenten zu lösen. Man war sogar so weit gegangen, eigens für diesen Zweck 1817 das „Ministerium der geistlichen Angelegenheiten und der Volksaufklärung" (Министерство духовныхъ дѣлъ и народнаго просвѣщенія) zu gründen, das dann aber mit dem Amtsende seines einzigen Ministers Golizyn und ohne großen Erfolg gehabt zu haben 1824 wieder aufgelöst wurde. Der geradezu lächerliche Lösungsansatz, Aufklärung mit Glauben kombinieren zu wollen, zeigt das Dilemma, in welchem sich das Reich befand. Später glaubte man, durch Beschneidung der Universitätsautonomie die schlimmsten Begleitübel der Hochschulbildung loszuwerden. Sich der Unaufhaltsamkeit dieses reaktionären Vorhabens bewußt, erreichte Uwarow, daß der veränderte Charakter des neuen Universitätsstatutes in seiner endgültigen Version so weit abgeschwächt wurde, daß es keinen wirklichen Eingriff in die Rechte der Universitäten darstellte. Insbesondere die Wahl des Rektors blieb weiterhin Sache der Universität.

му монархическому началу, во всёмъ его объёмѣ; *мистическихъ потому, что выраженіе - православіе*, - довольно ясно обнаружило стремленіе министерства ко всему положительному въ отношеніи къ предметамъ христіанскаго вѣрованія и удаленіе отъ всѣхъ мечтательныхъ призраковъ, слишкомъ часто помрачавшихъ чистоту священныхъ преданій церкви. Наконецъ и слово *народность* возбуждало въ недоброжелателяхъ чувство непріязненное за смѣлое утвержденіе, что министерство считало Россію возмужалою и достойною итти не *позади*, а по крайней мѣрѣ *рядомъ* съ прочими европейскими національностями (С. С. Уваровъ (S. S. Uwarow): Десятилѣтіе Министерства народнаго просвѣщенія 1833-1843 (Das Jahrzehnt des Volksaufklärungsministeriums 1833-1843). Санкт-Петербургъ (1864), S. 106f. Hervorhebungen von Uwarow). Deutsche Übersetzung: *Es ist natürlich, daß die von Eurer Majestät dem Ministerium vorgegebene Richtung und seine Tripelformel - auf mehrere Arten (und Weisen) alles gegen sich aufbringen mußten, was noch den Stempel liberaler und mystischer Ideen trug: liberaler - denn das Ministerium erklärte, beim Kundtun von Autokratie den festen Vorsatz auf geradem Weg zum russischen Monarchiebeginn in seinem vollem Umfang zurückzukehren; mystischer, weil der Ausdruck - Orthodoxie - klar genug das Streben des Ministeriums nach allem Positiven in Beziehung zu den Dingen des christlichen Glaubens und die Entfernung von allen schwärmerischen Trugbildern, die zu oft die Reinheit der heiligen Kirchenüberlieferungen getrübt hatten, zeigte. Und schließlich erregte das Wort* Volkstümlichkeit *bei feindselig Gesinnten das übelwollende Gefühl der mutigen Behauptung, daß das Ministerium Rußland für erwachsen und würdig hielt, nicht hinter, sondern wenigstens neben den anderen europäischen Nationen zu gehen.*
Stökl weist auf die kriegstreibende Wirkung des Uwarowschen „Staatspatriotismus" im Vorfeld des Krimkrieges hin (G. Stökl: Russische Geschichte. Stuttgart (1973), S. 504). Diese bedauerliche Entwicklung kann jedoch nicht Uwarow angelastet werden.

Flynn faßt die Ergebnisse dieser Universitätsreform folgendermaßen zusammen: *The new statute thus maintained university autonomy in the areas most meaningful to the faculty, while shedding it in those areas where it had proved more burden than boon.*[96] Und weiter: *The Alexandrine university reform as refined under Uvarov gave Russia a set of institutions that met world standards in scholarship and academic service and that continued to serve Russia as long as Russia was governed by men unwilling in the long run to answer the university question by choosing one of the extreme solutions and by pressing that choice on the universities by truly draconian means.*[97]

Zeitgleich war es Uwarow gelungen, mehr Adelige zum Universitätsstudium zu bewegen. Whittaker schreibt hierzu: *Beginning in 1835, for the first time dozens of aristocratic names appeared on university rosters. In fact, it was Uvarov who finally accomplished the dream of Peter the Great to make a firm connection between state service and education and to establish a new career pattern whereby civil servants were educated before entering service, thus immeasurably improving the bureaucracy by mid-century.*[98]

Zusammenfassend muß Uwarow von dem Verdacht, ein Reaktionär gewesen zu sein, freigesprochen werden, auch wenn der von ihm geförderte Staatspatriotismus (Orthodoxie, Autokratie, Volkstümlichkeit) zweifellos reformhemmend war.

Flynn verteidigt Uwarow als einen Auklärer, der unter der Herrschaft eines Reaktionärs so viel an „Aufgeklärten Absolutismus" rettete wie zu retten war. Dadurch sei die Universitätsfrage, also die Entscheidung zwischen Universitätsautonomie und autokratischer Kontrolle, weiterhin ungelöst geblieben. Auch Whittaker äußert sich Uwarow-freundlich: *Thus, while Uvarov's policies might seem meek and myopic by Western standards, they nevertheless represented the perimeters for development possible within the autocratic framework; his successors never progressed beyond them for the rest of the century.*[99]

Uwarow hat das Amt des Volksaufklärungsministers, das von 1802 bis 1917 insgesamt 26 verschiedene Inhaber hatte, länger als jeder andere bekleidet.[100]

---

[96] Flynn: The university reform, S. 228. *The system Uvarov had refined into the statute of 1835 long outlived him. In essentials, indeed, it remained to the end of the life of Imperial Russia in 1917* (ebenda, S. 257).

[97] Ebenda, S. 259.

[98] Whittaker: The Ideology, S. 171.

[99] Ebenda, S. 176.

[100] Uwarow sah sich selbst als einen Garanten für die vom Zaren gewünschte Sicherheit und Ordnung. Er schreibt: Послѣ десятилѣтняго періода можно безошибочно ска-

Dieses Amt und jenes des Innenministers (mit 33 Amtsinhabern) erlebten die häufigsten Wechsel in ihrer Leitung.[101] Dies kann als Indiz dafür gelten, daß Bildungspolitik und Gesellschafts- bzw. Innenpolitik die am schwierigsten zu handhabenden Betätigungsfelder der russischen Staatführung im 19. Jahrhundert waren. Uwarow hat seine Aufgaben so lange wahrnehmen können, bis die Ereignisse des Jahres 1848 in Europa Nikolaus zu einer politischen Kurskorrektur in der Bildungspolitik bewogen.[102] Dies ist ein Hinweis darauf, daß Uwarows Politik nicht besonders „reaktionär" gewesen sein kann. Er hat eine schwierige Aufgabe lange und weitgehend erfolgreich wahrgenommen, ohne dabei seine Ideale aufzugeben.

зать, что начала, избранныя Вашимъ Величествомъ, и управлявшія безпрерывно, подъ моимъ руководствомъ министерствомъ народнаго просвѣщенія, выдержали опытъ времени и обстоятельствъ, явили въ себѣ залогъ безопасности, оплотъ порядка и вѣрное врачеваніе случайныхъ недуговъ (Uwarow: Das Jahrzehnt, S. 107f). Deutsche Übersetzung: *Nach einer Dekade kann man ohne Fehler sagen, daß die von Eurer Majestät ausgewählten, und ununterbrochen vom unter meiner Leitung stehenden Volksaufklärungsministerium geführten Grundlagen der Erfahrung der Zeit und der Umstände standgehalten haben, sich als ein Pfand der Sicherheit, ein Bollwerk der Ordnung und eine zuverlässige Heilung zufälliger Leiden erwiesen haben.*

[101] Siehe hierzu: Amburger: Behördenorganisation, S. 136f., 191f. Zum Vergleich: Es gab 15 Außenminister, 17 Finanzminister, 21 Justizminister und 19 Kriegsminister. Das ebenfalls 1802 gegründeten Handelsministerium existierte nur bis 1810 und das Marineministerium ist 1836 dem Marinehauptstab eingegliedert worden.

[102] McClelland schreibt hierzu: *As a response to the European revolutions of 1848, Nicholas I removed his Minister of Education, Uvarov, reduced university enrollments by one-quarter, and outlawed the teaching of European constitutional law and philosophy* (McClelland: Autocrats, S. 11).

3 Rahmenbedingungen deutschsprachiger Physik im Russischen Imperium

3.1 Der Stand der Elektrizitätsforschung am Beginn des 19. Jahrhunderts

Mit dem beginnenden 19. Jahrhundert fand in der Physik ein Wechsel von mechanischen Vorstellungen zu mathematischen Beschreibungen statt.[1] Während die Physik vorher nur in der weitestgehend erschlossenen klassischen Mechanik einen ausgeprägten Formalismus, eine mathematische Beschreibung kannte, wurde sie im 19. Jahrhundert in allen ihren damals bekannten Bereichen, also Wärmelehre, Optik, Magnetismus und Elektrizitätslehre, von der Mathematik durchdrungen. Hund schreibt, daß diese Mathematisierung *das mechanische Naturbild sprengte.*[2] Obwohl dies eine Übertreibung ist - zumal im Viktorianischen England (1837-1901) spielten mechanische Modellvorstellungen noch eine bedeutende Rolle -, dürfen die Konsequenzen dieser Entwicklung nicht unterschätzt werden. Schließlich verwandelte diese Mathematisierung die Physik in eine Wissenschaft, die seitdem nur noch von Fachleuten betrieben werden konnte und kann, die über die entsprechenden Kenntnisse verfügen.

Der Beginn dieses Prozesses erfolgte fast zeitgleich mit einer Revolution innerhalb der Elektrizitätsforschung, mit dem Überwinden der bloßen Elektrostatik durch Schaffung erster primitiver Batterien, den Voltaschen Säulen,

---

[1] Hund hat deshalb seine „Geschichte der physikalischen Begriffe" in zwei Bände unterteilt (F. Hund: Geschichte der physikalischen Begriffe. Teil 1: Die Entstehung des mechanischen Naturbildes. Teil 2: Die Wege zum heutigen Naturbild. Mannheim (1978)).

[2] Ebenda, Teil 1, S. 5.

ab 1800. Diese und ihre Nachfolger, die Daniellschen und Groveschen Elemente, ermöglichten die Begründung der Elektrodynamik.

3.1.1 Elektrostatik im 18. Jahrhundert

Das Grundgesetz der Elektrostatik[3] wurde 1785 von Charles Augustin Coulomb analog dem Newtonschen Gravitationsgesetz formuliert, wobei sich Coulomb auf seine Experimente mit einer Torsions- oder Drehwaage berief. Beide Gesetze lassen sich wie folgt darstellen:

$$F = k\frac{K_1 K_2}{r^2} \quad , \tag{3.1}$$

wobei k die jeweilige Proportionalitätskonstante, K_1 und K_2 die beiden Ladungen (beim Coulombschen Gesetz) oder die beiden Massen (beim Gravitationsgesetz), r den Abstand zwischen K_1 und K_2 und schließlich F die Kraft zwischen K_1 und K_2 bezeichnen. Diese Darstellung des Grundgesetzes konnte nur ein mechanisches Weltverständnis fördern.

Auf dem Weg zum Coulombschen Gesetz wurden vielfältige Versuche mit Ladungen und Entladungen gemacht. Dies geschah mit der Elektrisiermaschine, Kondensatoren und ab 1745 mit der Leidener Flasche.[4] Auch die Luftelektrizität wurde untersucht. In St. Petersburg wurde das Akademiemitglied für Physik Georg Wilhelm Richmann dabei am 26.7.(6.8.)1753 vom Blitz erschlagen. Richmann hatte in sein Quartier auf der Wassili-Insel das Ende eines Blitzableiters hineingelegt und wurde von einem überspringenden, faustgroßen Kugelblitz, der ein Loch in seine linke Stirnhälfte schlug, getötet.[5]

Neben den Experimenten spielte die Theoriebildung für die Elektrostatik eine wichtige Rolle. Physikalische Modellvorstellungen und naturwissenschaftliche Theorien sind einem stetigen Wandel und vielfältigen sozialen, philosophischen, politischen und anderen Einflüssen ausgesetzt. Oftmals existierten sogar mehrere Theorien gleichzeitig. Sie können hier nicht alle in ihrer Vielfalt dargestellt werden.

Richmanns Nachfolger auf dem Akademiestuhl für Physik, Franz Aepinus,

---

[3] Auf eine Darstellung der Magnetostatik wird hier verzichtet.

[4] Hund bemerkt hierzu: *Mit der verbesserten Elektrisiermaschine und der Verstärkungsflasche, die beide sensationelle Ergebnisse ermöglichten, kam die Elektrizitätslehre in die höfischen Salons* (Hund: Geschichte, Teil 1, S. 197).

[5] Hoppe gibt an, daß sich Richmann seinem Instrument *bis auf einen Fuß* genähert habe (E. Hoppe: Geschichte der Elektrizität. Leipzig (1884), S. 42).

vervollständigte 1759 die Ein-Fluidum-Theorie Benjamin Franklins.[6] Ihr zufolge ist die Elektrizität eine bewegliche Flüssigkeit - ein Fluidum. Elektrisches Fluidum und gewöhnliche Materie ziehen sich an, zwei Teile von einem hingegen stoßen sich ab.[7] Hund wertet Aepinus' Theorie als die Elektrostatik zum damaligen Zeitpunkt vollständig erklärend.[8]
Obwohl Aepinus' Theorie gegen die symmetrische und damit einfachere Zwei-Fluida-Theorie von R. Symmer und J. C. Wilcke, die ebenfalls 1759 entstanden war, nicht bestehen konnte, schloß sich L. Euler ihr an und führte die noch heute gebräuchlichen Symbole + und − in die Elektrizitätslehre ein.[9]
Mit der Entdeckung des Galvanismus 1780 wurde die Elektrizitätslehre um ein neues Gebiet erweitert, aus welchem schließlich im 19. Jahrhundert die Elektrodynamik entstand. Der Italiener Louigi Galvani hatte Nerv und Muskel eines Froschschenkels mit einem aus zwei verschiedenen Metallen bestehenden Draht verbunden und heftige Zuckungen am Tierbein beobachtet. Doch sein Landsmann Alessandro Volta glaubte nicht an tierische Elektrizität und erklärte die Beobachtung mit dem Kontakt unterschiedlicher Metalle. Die von ihm 1800 geschaffene Voltasche Säule bestand abwechselnd aus Kupferplatten, Zinkplatten und feuchten Pappscheiben. Sie war die erste primitive Batterie und diente ihm zur Bestätigung seiner Erklärung der Muskelzuckungen. Schließlich erklärten andere Physiker (z.B. Humphry Davy)

---

[6] Der Amerikaner Benjamin Franklin (1706-1790) war Politiker, Schriftsteller und Naturforscher. In der amerikanischen Unabhängigkeitsbewegung, insbesondere bei der Ausarbeitung der Verfassung, hatte er erheblichen Einfluß. Als Gesandter in Paris (1776-85) brachte er das Bündnis mit Frankreich zustande. Er gilt als Erfinder des Blitzableiters. Sein Landsmann Heilbron widmet Franklin einen ganzen von fünf Teilen seines Buches über die Elektrizitätslehre im 17. und 18. Jahrhundert (J. L. Heilbron: Electricity in the 17th and 18th Centuries. Berkeley (1979), Part Four: The Age of Franklin, S. 309-402). Dabei geht er aber auch auf die Elektrizitätsforschung in St. Petersburg ein (chapter 16.3: Electricity in St. Petersburg, S. 390-402). Vor allem Aepinus' „Tentamen theoriae electricitatis et magnetismi" von 1759 wird ausführlich behandelt und als seiner Zeit vorauseilend bezeichnet (S. 396-402).
[7] Der Name Ein-Fluidum-Theorie grenzt sie von anderen Theorien ab, in denen es zwei Fluida, das positiv-geladene und das negativ-geladene gibt.
[8] *Die Ein-Fluidum-Theorie der Elektrizität war also 1759 fertig und schien alles zu erklären* (Hund: Geschichte, Teil 1, S. 199).
[9] Ebenda, S. 199f. Sibum schreibt die Einführung der + und − Zeichen Franklin zu. Er muß jedoch zugeben, daß die Mitglieder der französischen Akademie 22 Jahre danach „Franklins" Symbole immer noch nicht gekannt haben (H. O. Sibum: Physik aus ihrer Geschichte verstehen. Wiesbaden (1990), S. 199, unter Berufung auf: R. W. Home: Electricity in France in the Post-Franklin Era. In: Actes du Congrès International d'Histoire des Sciences, 14/2, p. 269-272 (1975), S. 270).

die Erscheinungen am Froschschenkel mit chemischen Vorgängen zwischen den Metallen. Erst in der zweiten Hälfte des 19. Jahrhunderts sollte sich diese „richtige" Theorie gegenüber der Kontakttheorie durchsetzen.[10]

3.1.2 Das Jahrhundert der Elektrodynamik

Das 19. Jahrhundert veränderte die Elektrizitätslehre völlig. Galt sie im ausgehenden 18. Jahrhundert noch weitgehend als „Spielerei", so dienten ihre Anwendungen hundert Jahre später bereits ganz unmittelbar den Menschen (z.B. die Straßenbahnen). Die Elektro- und Magnetostatik gingen weitgehend in eine einheitliche Theorie über. Die Elektrodynamik machte elektrischen Strom als Energiequelle und zur Nachrichtenübermittlung nutzbar. Hund stellt die wesentlichen Fortschritte wie folgt tabellarisch dar:[11]

1810-1820 mathematische Elektro- und Magnetostatik
1800-1830 elektrische Ströme, Elektrochemie
1820-1825 Elektromagnetismus
1825-1840 Maßbestimmungen
1830   Induktion, Kraftlinien
1860   elektromagnetisches Feld

Die Mathematisierung der Physik[12] begann in Frankreich bereits in den 1780er Jahren unter anderem durch Laplace. Aber auch die Akademiemit-

---

[10] J. Meya: Elektrodynamik im 19. Jahrhundert. Wiesbaden (1990), S. 77f., unter Berufung auf: E. Whittaker: A History of the Theories of Aether and Electricity. New York (1973), S. 69, S. 74f.; G. Sutton: The Politics of Sciences in Early Napoleonic France: The Case of the Voltaic Pile. In: Hist. Stud. Phys. Sci., 11, p. 329-366 (1980/81), S. 333; W. Kaiser: Zur Struktur wissenschaftlicher Kontroversen. Angenommene Mathematikhabilitation, Universität Mainz (1984), S. 34, 41.
Sibum erklärt Galvanis und auch Voltas Ansicht aus deren jeweiliger wissenschaftlichen Sozialisation. *Letztendlich betrachtete Galvani als Mediziner die Kombination der Metalle als Randerscheinung für das Zucken der Froschschenkel. Für den Physiker Volta standen sie im Mittelpunkt* (Sibum: Physik, S. 243). Darüber hinaus sieht Sibum in der Innovation des elektrischen Stromes durch die Voltaschen Säulen eine *Abkehr von der eigenen Natur, indem sich der Mensch diese Naturkraft durch technische Beherrschung vom Leibe hielt. Diese völlige Abtrennung des Menschen vom Phänomenbereich Elektrizität stellt einerseits eine Sternstunde der Physik und die Geburtsstunde unseres elektrotechnischen Zeitalters dar, andererseits markiert sie das Ende der Suche nach dem Wesen dieser Naturkraft* (S. 251).
[11] Hund: Geschichte, Teil 2, S. 32. Die Entstehungszeiten bezeichnet er als *ungefähr* (ebenda).
[12] Die Mechanik war schon früher mathematisch dargestellt worden. Sie wurde häufig als angewandte Mathematik und nicht mehr als Physik betrachtet.

Das Jahrhundert der Elektrodynamik 57

glieder L. Euler und D. Bernoulli in St. Petersburg trugen dazu bei, indem sie zusammen mit Lagrange den Potentialbegriff klärten.[13]
Wichtiger als die Mathematisierung der Physik war für die Ausbildung der Elektrodynamik die Bereitstellung eines über längere Zeit konstanten Stromes, den die Voltaschen Säulen nicht liefern konnten. Ab 1829 wurden erste Batterien, die auch längere Zeit einen konstanten Strom hervorbrachten, entwickelt. Nach Becquerels erstem Element (1829) stellte das Daniellsche Element eine Verbesserung vor allem bezüglich der Konstanz des Stromes über längere Zeit dar. Schließlich konnte Grove die verfügbare ,,elektromotorische Kraft" (Spannung) durch das von ihm entwickelte Grovesche Element erhöhen.[14]
Während die Stromquellen noch entwickelt wurden, trat die Elektrodynamik mit zwei Paukenschlägen in die wissenschaftliche Welt, welche sowohl das Denken als auch die Anwendungsmöglichkeiten der Lehren von Magnetismus und Elektrizität sprunghaft veränderten: die Entdeckung der Abweichung einer Magnetnadel in der Nähe eines fließenden Stromes durch Ørsted 1820 und die von Faraday erkannte elektromagnetische Induktion 1831. Ørsted gelang es, mit Strom Magnetismus, und Faraday umgekehrt, mit Magnetismus Strom zu erzeugen. Am (vorläufigen) Ende des durch diese Entdeckungen eingeleiteten Theoriebildungsprozesses entstand ab 1861 die Maxwellsche Theorie des elektromagnetischen Feldes, die die Faradaysche Idee der Kraftlinien zu einem komplexeren Gesamtkonzept weiterentwickelte, in das auch die Optik mit eingeschlossen war. In letzterer hatte die Huygenssche Wellentheorie die Newtonsche Korpuskulartheorie verdrängt.[15] Licht wurde nun als elektromagnetische Welle betrachtet.[16]
Neben die durch die Ørstedsche Entdeckung möglich gewordenen ersten primitiven Elektromotoren traten nach der von Faraday gefundenen Induktion schon früh erste stromerzeugende Maschinen. So bauten dal Negro und Pixii schon 1832 die ersten ,,Dynamos". Clarke und andere verbesserten diese Ma-

---

[13] Hund: Geschichte, Teil 2, S. 33.
[14] Hoppe gibt sie als *1,8 mal so groß wie die Daniells* an (Hoppe: Geschichte, S. 287).
[15] *Young prägte den Begriff der Interferenz (1803) und demonstrierte die so bezeichnete Erscheinung mit der von ihm erfundenen Wellenwanne* (J. Willer: Physik und menschliche Bildung. Darmstadt (1990), S. 169). Armand Hippolyte Louis Fizeau und Jean Bernard Léon Foucault maßen 1848/49 die Lichtgeschwindigkeit in der Luft und im Wasser. Dadurch fanden sie *die Geschwindigkeit der Brechzahl umgekehrt proportional, ... Das bestätigte die Huygenssche Deutung des Brechungsgesetzes und stand im Widerspruch zu der von Descartes und Newton* (Hund: Geschichte, Teil 2, S. 29).
[16] Während Optik, Elektrizitäts- und Magnetismuslehre in eine gemeinsamen Feldtheorie mündeten, entwickelte sich die Wärmelehre auf ihrem Weg in die statistische Physik.

schinen. Jedoch erreichten sie noch keine wirtschaftlichen Ergebnisse. Erst 1866 baute Werner Siemens die erste Dynamomaschine im heutigen Sinne (ohne Permanentmagneten), die sich auch als praktisch nutzbar erwies, und begründete damit die Starkstromtechnik.[17]
Somit waren die Jacobischen Konstruktionen (z.B. Elektromotor 1834) noch auf Strom aus teuren Batterien angewiesen. Die Kenntnis des Ohmschen Gesetzes von 1826 konnte aber schon zur optimalen Nutzung einer Batterie durch entsprechende Widerstandsschaltung dienen. Zudem definierte es den Widerstand als Quotienten aus Spannung und Stromstärke. Letztere war schon ein Jahr vorher durch Ampères „elektrodynamische Einheit" zu einer quantifizierbaren Größe geworden.[18]

3.2 Russische Forschungs- und Lehranstalten und ihre deutschsprachigen Mitglieder

Die Entstehung der obersten Forschungs- und Bildungseinrichtungen des Russischen Imperiums läßt sich knapp wie folgt skizzieren: 1725 - Gründung der Akademie der Wissenschaften; 1755 - Gründung der Moskauer Universität; 1802-1804 - Eröffnung der Universitäten von Charkow, Dorpat, Kasan und Wilna; 1819 - Gründung der St. Petersburger Universität.
Jedoch wurden nur die Akademie der Wissenschaften und die Dorpater Universität über längere Zeit von deutschsprachigen Mitgliedern dominiert. An den anderen fünf Universitäten spielten deutschsprachige Professoren und Dozenten entweder nur eine geringe Rolle, wie z.B. in Kasan,[19] oder schlichtweg gar keine, wie an der polnisch-litauischen Universität von Wilna. Deshalb soll im Folgenden vor allem auf die Petersburger Akademie der Wissenschaften und die Dorpater Universität eingegangen werden.
Im alten St. Petersburg spielte die Universität erstaunlicherweise für die deutschsprachigen Physiker als Arbeitsplatz fast gar keine Rolle (auch wenn

---

[17] 1867 veröffentlichte er seine Ergebnisse.

[18] Die Spannung „maß" man einfach durch Abzählen der in Reihe geschalteten galvanischen Elemente.

[19] In Kasan, Moskau und Charkow waren einige deutschsprachige Lehrende beschäftigt. Sie prägten diese Universitäten jedoch nicht.
Einige Informationen über die Universitäten in Rußland finden sich bei Meyer. Er schreibt, daß Goethe in Jena deutsche Professoren für die russischen Universitäten vermittelt habe, vgl. Meyer: Die Entstehung, S. 237. *Es fehlt nicht an Zeugnissen deutscher Professoren, die sich über mangelnde Anerkennung durch die einheimische Bevölkerung beklagen (z.B. Fuchs in Kazan', der vom Stadtkommandanten einfach geduzt wurde)* (ebenda, S. 237).

der berühmte Emil Lenz ihr Professor war und sogar Rektor wurde). Allerdings wirkte sich ihre bloße Existenz auf das Wirken dieser Wissenschaftler günstig aus. Wie später noch deutlich werden wird, stellten nämlich die Physikalischen Kabinette der Petersburger Universität und des Seekadettenkorps einen Pool von wissenschaftlichen Instrumenten in der russischen Hauptstadt zur Verfügung.

3.2.1 Die Akademie der Wissenschaften in St. Petersburg

Nachdem Peter der Große seine neue Hauptstadt an der Newa gegründet hatte, sollte die Wissenschaft Einzug ins rückständige Rußland halten. Hierzu wurde die Akademie der Wissenschaften[20] ins Leben gerufen, zu deren Aufbau freilich zunächst ausländische Wissenschaftler ins Land geholt werden mußten, um so die Voraussetzung für die Herausbildung späterer Generationen von russischen Gelehrten und Professoren zu schaffen. Viele dieser ausländischen Wissenschaftler waren deutschsprachig.[21]

Maier nennt zwei Gründe für die Dominanz deutschsprachiger Akademiemitglieder in den ersten Jahren der Akademie: *Der Entscheidung Peters des Großen und seiner Berater, sich besonders auf Christian Wolff und seine Schüler zu stützen, stand die Anziehungskraft St. Petersburgs speziell für deutschen gelehrten Nachwuchs gegenüber.*[22] Der erste Grund resultierte aus den Ansichten Wolffs: *Mit dem (russischen; Anm. P. H.) Kaiser teilte er die Auffassung, daß Mathematik und Physik, besonders im Hinblick auf ihre praktisch-technische Anwendung, in der geplanten Akademie die wichtigste Rolle zukommen müsse und aus der Wolffischen Philosophie.*[23] *Die Vermutung liegt nahe, daß Peter und seine von der Aufklärung erfaßten Mitarbeiter darin die für die Modernisierung Rußlands geeignete ideologische Absicherung sahen. ... Die Eignung der Wolffischen Philosophie als Grund-*

---

[20] Gebräuchlich war lange Zeit die Bezeichnung: ,,Académie Impériale des Sciences de Saint-Pétersbourg".

[21] Einen teilweise etwas spöttischen Abriß des Wirkens der Petersburger Akademie gibt Grosberg: *Es ist bezeichnend für die titanische Ungeduld des genialen Barbaren* (Peter I.; Anm. P. H.), *daß er bereits in der Stiftungsurkunde von vorausgeahnten Zeiten spricht, in denen russische Gelehrte ,,große und wichtige Entdeckungen" machen werden* (O. Grosberg: Die St. Petersburger Akademie der Wissenschaften. In: H. Pantenius; O. Grosberg (Hrsg.): Deutsches Leben im alten St. Petersburg. Riga (1930), S. 69).

[22] L. Maier: Deutsche Gelehrte an der St. Petersburger Akademie der Wissenschaften im 18. Jahrhundert. In: F. B. Kaiser; B. Stasiewski (Hrsg.): Deutscher Einfluß auf Bildung und Wissenschaft im östlichen Europa. Köln 1984, S. 34.

[23] Ebenda, S. 32. Wolff stand für Aufklärung und die Leibnizsche Philosophie. Kant betrachtet die Wolffische Lehre als rationalistischen Dogmatismus.

lage eines neuen Ethos für den zum Staatsdienst verpflichteten Adel mußte auffallen.[24] Den zweiten Grund erläutert Maier wie folgt: *Die Akademie bot ihnen in der Regel bessere Arbeits- und Verdienstmöglichkeiten, als sie in den engen deutschen Kleinstaaten finden konnten. ... Deutsche mußten sich durch die Aufgabe der Erforschung des russischen Reichs und seiner asiatischen Nachbarländer stärker angezogen fühlen als Engländer, Niederländer und Franzosen, denen leichter Betätigungsfelder in Übersee offen standen.*[25] Amburger schreibt, daß *Wolff die jungen Mathematiker Martini und Glaser der Akademie empfahl und mit Bülfinger in Tübingen, Hermann in Frankfurt/Oder und Bernoulli in Basel so lange verhandelte, bis sie schließlich annahmen*. Ferner warb Wolff den Anatomen Johann Georg Duvernoi in Tübingen und für die Mechanikprofessur den Pastor Johann Georg Leutmann. Der Anatom Heister, der Mediziner Rost in Wittenberg und der ehemalige Astronom der Berliner Akademie Wagner lehnten das russische Angebot ab. Bülfinger brachte Friedrich Christoph Mayer und Christoph Friedrich Groß nach St. Petersburg mit, Duvernoi wurde *von Josias Weitbrecht und Georg Wolfgang Krafft, der Altertumsforscher Bayer von dem jungen Königsberger Gottlieb Paschke, Martini von dem Architekturschüler Karl Friedrich Schesler begleitet. Der Leipziger Professor Mencke überließ der Akademie seinen Helfer Johann Peter Kohl, und dieser veranlaßte nach einigen Monaten den jungen Historiker Gerhard Friedrich Müller, der in Menckes Bibliothek gearbeitet hatte, zur Übersiedlung nach Petersburg. Dem Physiker Bülfinger gelang es 1727, den Naturforscher und Chemiker Johann Georg Gmelin ebenfalls von Tübingen nach St. Petersburg zu holen.*[26]

Es darf aber auch nicht vergessen werden, daß es Deutschen erheblich leichter als anderen Ausländern fiel, sich in St. Petersburg heimisch zu fühlen, da die Deutschen in der russischen Hauptstadt bereits eine bedeutende Bevölkerungsgruppe darstellten. Grau begründet den *unverhältnismäßig* hohen Anteil deutschsprachiger Gelehrter unter anderem durch die *geographische Nähe und die Präsenz von Deutschen im Lande selbst, besonders in den ... baltischen Provinzen*. Und weiter schreibt er: *Für entscheidend halte ich jedoch, daß das deutsche höhere Bildungswesen, also vor allem die Universitäten einschließlich der deutschsprachigen Schweiz, ... einen Intel-*

---

[24] Ebenda, S. 32f.
[25] Ebenda, S. 33f.
[26] E. Amburger: Beiträge zur Geschichte der deutsch-russischen kulturellen Beziehungen. Gießen (1961), S. 33f. Amburger beruft sich dabei auf: Ch. Wolff: Briefe aus den Jahren 1719-1753. St. Petersburg (1860), S. 24, 29-35, 37-42, 181 und: N. J. Novombergskij: Materialy I, S. 39, 47, 59, 87, 114, 154.

ligenzüberschuß produzierte, der ohne Nachteil für das Ausbildungsland die Abwanderung in andere Länder, darunter in starkem Maße nach Rußland, in größerer Zahl möglich machte und aus Existenzgründen für die Betroffenen zuweilen sogar erforderte. Insgesamt günstige materielle Bedingungen boten zielstrebigen Leuten zusätzliche Anreize für eine Übersiedlung nach Rußland[27]. Hier verquickt Grau zwei unterschiedliche Gruppen deutschsprachiger Akademiemitglieder miteinander. Zwar gab es eine Übergangszeit und natürlich auch einzelne Ausnahmen, aber grundsätzlich spielten die Deutsch-Balten im 18. Jahrhundert in den Wissenschaften noch keine Rolle. Im 19. Jahrhundert hingegen, als die Dorpater Universität zunehmend Deutsch-Balten mit Universitätsbildung hervorbrachte, trugen diese dazu bei, den Import ausländischer Wissenschaftler überflüssig zu machen. Deutsch-Balten lösten Deutsche und Schweizer ab. Dies wird auch von Amburger festgestellt: *Die Bedeutung der deutschen Einwanderung ist im Laufe des 19. Jahrhunderts in dem gleichen Maße zurückgetreten, wie der Anteil der Deutschen aus Est-, Liv- und Kurland ... an der deutschen Bevölkerung des eigentlichen Rußland gewachsen ist. Hier wirkte sich bei den geistigen Berufen besonders die Existenz der deutschen Universität Dorpat ... aus. Gleichzeitig hatte der wirtschaftliche, politische und auch geistige Aufstieg Deutschlands zur Folge, daß in den geistigen Berufen immer weniger hochqualifizierte Kräfte abwanderten. Zunehmende Fremden-, zumal Deutschenfeindschaft im Gefolge panslavistischer Ideen und im Zusammenhang mit politischen Spannungen trugen das Ihre dazu bei.*[28] Hier unterschätzt Amburger allerdings die Entwicklung der Wissenschaften in Rußland. Es war weder in erster Linie die verbesserte Arbeitsmarktsituation in Deutschland noch die panslawistische Ideologie, die die Deutschen abschreckte, sondern es wurden schlichtweg keine oder nur noch wenige Ausländer gebraucht und eingeladen.

Die Dominanz ausländischer Akademiemitglieder im St. Petersburg des 18. Jahrhunderts ist beeindruckend, vor allem unter den Professoren.[29] Rus-

---

[27] C. Grau: Institutionen und Personen in Berlin und Petersburg in den deutsch-russischen Wissenschaftsbeziehungen. In: L. Thomas; D. Wulff (Hrsg.): Deutsch-russische Beziehungen. Berlin (1992), S. 123f.

[28] Amburger: Beiträge zur Geschichte, S. 16.

[29] Zunächst wurden die Akademiemitglieder als Professoren, später als „Akademiker" (академики) bezeichnet. Der Grund hierfür liegt darin, daß ursprünglich mit der Akademie auch eine Akademische Universität und ein Akademisches Gymnasium etabliert werden sollten. Diese führten jedoch nur ein kurzes Dasein.
An der „Universität" waren von 1726 bis 1733 insgesamt 38 Studenten eingeschrieben. Ende 1767 gab es noch drei Studenten, die später in das Akademische Gymnasium verlegt

sische Wissenschaftler waren im 18. Jahrhundert häufig nur Adjunkte.³⁰ *Grund dafür war der unersättliche Bedarf des Staates an Wissenschaftlern für spezielle Verwaltungsaufgaben. Erfolgreiche russische Akademiemitglieder wurden deshalb meist schon zu anderen Tätigkeiten herangezogen, ehe sie es zum Professor hatten bringen können.*³¹
Jedoch sollte die Bedeutung des Imports ausländischer Gelehrter auch nicht überbewertet werden. Grau weist darauf hin, *daß bis ins 18. Jh. das Wirken ausländischer Gelehrter an Akademien durchaus üblich war*³², wobei *im Unterschied zu Rußland der Mangel an einheimischen Wissenschaftlern jedoch nicht die entscheidende Rolle für die Berufung* spielte.³³ Es muß jedoch bemerkt werden, daß es sich im Falle der Petersburger Akademie um eine andere Größenordung bei der Anwerbung von Ausländern handelte.

Mit der quantitativen Auswertung der nationalen und kulturellen Zusammensetzung der Petersburger Akademie der Wissenschaften haben sich mehrere Gelehrte beschäftigt. Als erster stellte der Ökonom I. I. Janshul (1846-1914) im Jahre 1913 statistische Berechnungen über die ethnische Zusam-

---

wurden, während die Akademische Universität in den 1760er Jahren zu existieren aufhörte (К. В. Островитянов (K. W. Ostrowitjanow): История Академии наук СССР в трёх томах (Die Geschichte der Akademie der Wissenschaften der UdSSR in drei Bänden). Том первый (1724-1803), Москва, Ленинград (1958), S. 145, 420, 423, unter Berufung auf: Архив Академии Наук (Archiv der Akademie der Wissenschaften), 3-1-791-63, 64, 65, 66 об.). Das Gymnasium, in dem die Akademieadjunkte lehren sollten, „überlebte" etwas besser und länger. 1726 wurden 112, 1730 nur noch 15 Personen aufgenommen. Im Jahre 1744 traten sogar nur noch sechs Gymnasiasten in die Schule ein. Bis zum Jahre 1753 erreichte die Anzahl aller Schüler 150. 1766 betrug sie noch 88 und 1782 lediglich 28. Endgültig aufgegeben wurde das Akademische Gymnasium im Jahre 1805 (ebenda, S. 142, 299, 423f., unter Berufung auf: Д. А. Толстой (D. A. Tolstoi): Академическая гимназия в XVIII столетии (Das Akademische Gymnasium im 18. Jahrhundert). Зап. имп. Академии наук, Т. 51 (1885), Beilage No 2, S. 62, 85 und: ААН, 4-2-(кн. 2)-70-1). Mißverständnisse bezüglich der Professoren sind ausgeschlossen, da in St. Petersburg erst 1819 eine „richtige" Universität gegründet wurde, als die Akademiemitglieder schon längst nicht mehr als Professoren bezeichnet wurden. Ich bevorzuge in meiner Arbeit den Ausdruck „Akademiemitglied", womit (wenn nicht anders angegeben) stets ein (ordentliches oder außerordentliches) Vollmitglied gemeint ist.

³⁰ Assistenten der Akademiemitglieder.
³¹ Maier: Deutsche Gelehrte, S. 42.
³² Grau führt an: *Der Bremer Heinrich Oldenburg (ca. 1615-1677) war Sekretär der Royal Society in London. An der Académie des Sciences in Paris finden wir nicht nur die Italiener Giovanni Domenico Cassini (1625-1712) und Jacques Cassini (1677-1756), sondern auch den Niederländer Christiaan Huygens (1629-1695) und den Dänen Ole Roemer (1644-1710). Der Anteil von Franzosen ... unter den Mitgliedern der Berliner Akademie im 18. Jh. war beachtlich* (Grau: Institutionen und Personen, S. 123f).
³³ Ebenda.

mensetzung der Akademie an und fand heraus, daß von den 107 ordentlichen Mitgliedern des 18. Jahrhundert 73 Ausländer gewesen seien (68,2%), von welchen 48 Deutsche (65%) gewesen sein sollen. Von 1725 bis 1908 waren nach seiner Berechnung 80 der 296 ordentlichen und 265 der 1001 korrespondierenden Mitglieder Deutsche.[34]
Bei Überprüfung dieser Angabe stellte ich fest, daß Janshul die Nationalität in erster Linie nach dem Geburtsort festlegte. Unter den 107 ordentlichen Mitgliedern des 18. Jahrhunderts fand er unter anderen 48 Deutsche, neun Schweizer, zwei Österreicher, sechs Ausländer unbekannten Geburtsortes; und unter den „Russen" unter anderen acht Petersburger, zwei Estländer, einen Livländer und neun „Russen" unbekannten Geburtsortes. Daraus ergibt sich, daß die Anzahl der Deutschsprachigen in diesem Intervall 50-85 betragen muß.[35] Das ist kein befriedigend genaues Ergebnis. Für die späteren Jahre würde das Ergebnis sogar noch aussageschwächer werden, da der Anteil der in Rußland geborenen Akademiemitglieder grundsätzlich zugenommen hat.[36] Unter den 1001 korrespondierenden Akademiemitgliedern der Zeit bis 1908 fand Janshul 265 Deutsche, 46 Österreicher, 13 Schweizer und 79 Ausländer unbekannter Nationalität, so daß sich für die Deutschsprachigen theoretisch die Zahl von 311-403 ergibt.[37]
Janshuls Auswertungsweise ist typisch für seine Zeit. Der Beitrag der einzelnen Nationen (Staaten) zum Aufbau der Petersburger Akademie der Wissenschaften wird von ihm dargelegt, nicht die ethnische Zusammensetzung der Institution. Staatsangehörigkeit definiert bei diesem Wissenschaftler die

---

[34] Ebenda, S. 116f. Zu Janshul siehe übernächste Anmerkung.

[35] Deutsche+Österreicher=50; Gesamtzahl der aufgeführten Akademiemitglieder=85.

[36] И. И. Янжулъ (I. I. Janshul): Національность и продолжительность жизни (долголѣтіе) нашихъ академиковъ (Nationalität und Lebensdauer (Langlebigkeit) unserer Akademiemitglieder). Извѣстія Императорской Академіи Наукъ, VI/6 (1913), S. 285. Janshul beruft sich übrigens auf: Б. М. Модзалевскій (B. M. Modsalewski): Списокъ членовъ Императорской Академіи Наукъ (1725-1907) (Liste der Mitglieder der Kaiserlichen Akademie der Wissenschaften (1725-1907)). Санкт-Петербургъ (1908).

[37] Janshul: Nationalität, S. 289f. Janshul betrachtete auch die Lebens- und Arbeitszeit der Akademiemitglieder. Die zwischen 1800 und 1825 aufgenommenen Gelehrten lebten durchschnittlich rund 63,5 Jahre, die von 1825 bis 1850 aufgenommenen rund 69,5 Jahre und die von 1850 bis 1875 aufgenommenen rund 70 Jahre (S. 291). Zur Berechnung ihrer Arbeitszeit teilte Janshul die Akademiemitglieder in 25er-Gruppen und erhielt: 18.(30.)7.1808-18.(30.)1.1832 ≈ 24,5 Jahre; 18.(30.)1.1832-19.(31.)10.1841 ≈ 22 Jahre; 19.(31.)10.1841-20.1.(1.2.)1855 ≈ 26 Jahre. Für 250 Personen von 1725-1898 ergaben sich 19 Jahre, 1 Monat und 6,5 Tage, für die von 1725-1801 aufgenommenen Gelehrten rund 16,5 Jahre und für die von 1801-1901 aufgenommenen rund 20,7 Jahre (S. 293).

Nationalität.[38] Um eine Vorstellung von der kulturellen Struktur der Petersburger Akademie der Wissenschaften zu bekommen, sind jedoch nicht die Untertanenschaften der einzelnen Akademiemitglieder wesentlich, sondern ihre Sprachen und Kulturen. Deshalb rechnet z.B. Fleischhauer: *Von den 111 Mitgliedern, die die Kaiserliche Akademie der Wissenschaften in der Zeit von 1725 bis 1799 in ihren Abteilungen zählte, waren 55 aus den verschiedenen deutschen Staaten und Fürstentümern gekommen, drei deutsche* akademiki *stammten aus Westpreußen und Danzig, drei weitere aus den baltischen Provinzen Livland und Estland und zwei schließlich waren als Kinder deutscher oder deutsch-sprachiger Eltern in der russischen Reichshauptstadt geboren worden.*[39]

Amburger wertete die Mitgliederliste Ostrowitjanows[40] aus und kam zu folgendem Ergebnis: *Das Deutsche sprachen als Muttersprache 68 Mitglieder, außerdem haben zwei (Duvernoi aus Mömpelgard und Ferber aus Schweden) diese Sprache später als Umgangs- und Fachsprache angenommen.* Amburger zieht dabei von den 55 *im Gebiet des alten Deutschen Reichs* Geborenen drei Französischsprachige ab. Aufgrund seiner Ergebnisse erstellte ich Tabelle 3.1.[41]

In den Jahren 1800 und 1801 wurden keine neuen Mitglieder in die Akademie aufgenommen. Vom 19.(31.)5.1802 bis zum 19.(31.)10.1841, als die

---

[38] Ossipow weist darauf hin, daß Lepin, Lus und Filiptschenko die Geschichte der Akademie der Wissenschaften in zwei Perioden, die ausländische und die russische, aufteilen. Die erste habe bis in die 1840er Jahre angedauert, und ca. drei Viertel des Personals (состав) seien Ausländer gewesen (В. И. Осипов (W. I. Ossipow): Петербургская Академия наук и русско-немецкие научные связи в последней трети XVIII века (Die Petersburger Akademie der Wissenschaften und die russisch-deutschen wissenschaftlichen Verbindungen im letzten Drittel des 18. Jahrhunderts). Санкт-Петербург (1995), S. 3, unter Berufung auf: Т. К. Лепин (T. K. Lepin); Я. Я. Лус (Ja. Ja. Lus); Ю. А. Филипченко (Ju. A. Filiptschenko): Действительные члены Академии наук за последние 80 лет (1846-1924) (Wirkliche Mitglieder der Akademie der Wissenschaften der letzten 80 Jahre (1846-1924)). Известия бюро по евгенике, 3, Ленинград (1925), S. 7).

[39] Fleischhauer: Die Deutschen, S. 95.

[40] Ostrowitjanow: Die Geschichte der Akademie, S. 453-460.

[41] Amburger: Beiträge zur Geschichte, S. 45f. Amburgers Auswertung schließt die Adjunkte mit ein. Die Summe von 68 Muttersprachlern ergibt sich aus den Zeilen zwei bis vier meiner Tabelle, wobei 55-3 die Zahl 52 ergibt.

Wenn hier und im folgenden von Akademiemitgliedern die Rede ist, so sind generell sowohl die ordentlichen (ординарные) als auch die außerordentlichen (экстраординарные) gemeint. Zusammen werden sie auch als „wirkliche" oder ordentliche Mitglieder (действительные члены) bezeichnet. Im Russischen ist der Unterschied zwischen Unter- und Oberbegriff also klarer als im Deutschen. Adjunkte zählten nicht zu den wirklichen Mitgliedern.

Die Akademie der Wissenschaften

Tabelle 3.1: Akademiemitglieder in den Jahren 1725-1799

76	im Ausland Geborene	35	in Rußland Geborene
55	Deutsches Reich	3	Deutsch-Balten
3	Danzig+Westpreußen	2	Petersburger mit deutschen Vätern
7	deutschspr. Schweiz	1	Petersburger mit Baseler Vater
4	Franzosen	26	Russen
2	schwed. Finnländer	1	Finnländer
2	Schweden	1	Grieche
1	Däne	1	Petersburger mit englischem Vater
1	Holländer		
1	Spanier		

Tabelle 3.2: Neuaufnahmen von 1802 bis Mitte Oktober 1841

	37	Deutschsprachige (unter den 54 Neuaufnahmen)
davon:	19	im Deutschen Reich Geborene (Rudolph, Klaproth, Krug, Nasse, Tilesius von Tilenau, Langsdorff, Kirchhoff, Köhler, Fraehn, Gräfe, Trinius, Parrot, Mertens, Bongard, Brandt, Struve, Fritzsche, Dorn, Jacobi)
	1	in Danzig Geborener (Hermann)
	2	in der Schweiz Geborene (Horner, Hess)
	2	an unbekanntem Ort Geborene (Schlegelmilch, Fleischer)
	13	in Rußland Geborene
davon:	1	in Estland Geborener (von Baer)
	5	in Livland Geborene (Storch, Lehrberg, Pander, 2*Lenz)
	1	in Kurland Geborener (Kupffer)
	3	in St. Petersburg Geborene (Scherer, Collins, Fuß)
	1	in Witebsk Geborener (Meyer)
	1	in Charkow Geborener (Köppen)
	1	in Sarepta in Ostrußland Geborener (Hamel)

Russische Akademie in die Akademie der Wissenschaften integriert wurde, erfolgte die Aufnahme von 54 neuen Mitgliedern.[42] Tabelle 3.2 erstellte ich unter Berufung auf die Mitgliederliste Ostrowitjanows.[43]

Von 1841 bis 1917 sind weitere 158 Mitglieder in die Akademie der Wissenschaften aufgenommen worden. Unter ihnen sind nur noch ca. 20 deutschsprachig gewesen.[44]

Abschließend seien noch drei Tabellen zu den deutschsprachigen Physikern im alten St. Petersburg angeführt. Die Tabelle 3.3 gibt die Inhaber der ordentlichen Akademiestelle(n) für Physik an. In der Tabelle 3.4 ist eine Auswahl von Akademiemitgliedern dargestellt, die deutschsprachig gewesen sind und sich mit Physik beschäftigt haben, jedoch nicht unbedingt die eigentliche Physikstelle innehatten. So war z.B. Friedrich Theodor Schubert Astronom.[45] Die Tabelle 3.5 schließlich gibt in knapper Form die Lebensstationen von Jacobi, Lenz und Parrot wieder.

---

[42] Die Vereinigung mit der philologisch ausgerichteten Russischen Akademie stellte eine Zäsur in der ethnischen Zusammensetzung der Akademie der Wissenschaften dar. Auf einen Schlag nahm der prozentuale Anteil russischer Akademiemitglieder massiv zu. Hatte sie unmittelbar vor der Vereinigung 26 Mitglieder (wirkliche und Adjunkte), von denen 18 deutschsprachig waren, so bekam sie nun 20 neue Mitglieder (wirkliche und Adjunkte) hinzu, von denen möglicherweise ein Adjunkt (Rosberg) deutschsprachig war. Alle anderen 19 neuen Mitglieder waren russischsprachig.

[43] Ostrowitjanow: Die Geschichte der Akademie, Bd. 2 (1964), S. 711-726. Hier wie auch im folgenden zählt das Datum der Aufnahme in die Akademie (Ostrowitjanows Chronologie). Die entsprechende Person kann auch als Adjunkt aufgenommen und erst später außerordenliches oder ordentliches Akademiemitglied geworden sein. Horner, Mertens, Fleischer und Robert Lenz waren nur Adjunkte.

Collins' Eltern waren Charlotte Euler und der in Königsberg geborene Prediger Johann David Collins. Trotz englischer Abstammung muß er also als deutschsprachig angesehen werden.

[44] Auf die Rolle ausländischer Ehrenmitglieder und Korrespondierender Mitglieder wird weiter unten eingegangen.

[45] In dieser, wie auch in der Tabelle 3.5, kann leider schon aus Gründen der Darstellung nur eine Auswahl von Lebensstationen der entsprechenden Personen angeführt werden.

Die Akademie der Wissenschaften 67

Tabelle 3.3: Inhaber der ordentlichen Akademiestelle(n) für Physik

1. Stelle[46]			2. Stelle		
1726-1730	G. B.	*Bülfinger*			
1731-1733	L.	*Euler*			
1733-1744	G. W.	*Krafft*			
1744-1753	G. W.	*Richmann*			
1756-1771	F.	*Aepinus*	1766-1800	J. A.	*Euler*
1771-1814	W. L.	*Krafft*			
1815-1834	W. W.	Petrow			
1830 a.o.	E.	*Lenz*	1830-1840	G. F.	*Parrot*
1834-1865	E.	*Lenz*	1841-1865	A. Th.	*Kupffer*
1865-1874	M. H.	*Jacobi*	1865-1867	L. F.	*Kämtz*
1875 a.o.	A. W.	Gadolin	1868 a.o.	H.	*Wild*
1890-1892	A. W.	Gadolin	1870-1893	H.	*Wild*
1898 a.o.	B. B.	Golizyn	1896 a.o.	M. A.	Rykatschow
1908-1916	B. B.	Golizyn	1900-1919	M. A.	Rykatschow
1916-1917	A. N.	Krylow			
1917-1942	P. P.	Lasarew			

---

[46] Nach Ostrowitjanow: Die Geschichte der Akademie, Bd. 1 u. 2 zusammengestellt. Das Werk ist zwar sehr umfangreich (483+772 S.), jedoch unübersichtlich und teilweise ungenau.
Die deutschsprachigen Physiker sind kursiv angeführt. Bei Lenz habe ich das Datum seiner Erhebung zum außerordentlichen Akademiemitglied mit angegeben, da es mit der Schaffung der zweiten ordentlichen Physikerstelle (Parrot) zusammenfällt; bei den anderen wurde es genannt, um die sonst auftretenden Zeitlücken zu füllen. Johann Albrecht Euler hat sich ab 1768 ausschließlich mit Meteorologie beschäftigt.
Auf der folgenden Seite ist die Tabelle 3.4 abgebildet. Die Auswahl deutschsprachiger Physiker wurde so getroffen, daß möglichst viele Personen in die Tabelle hineingenommen werden konnten. Die schwarzen Balken dienen nur der Trennung unterschiedlicher Personen, ohne dadurch irgendein Verhältnis dieser Physiker zueinander anzuzeigen. Abkürzungen: AA = Akademieadjunkt, AAs = Akademiemitglied für Astronomie, AM = Akademiemitglied für Mathematik, AN = Akademiemitglied für Naturkunde, AP = Akademiemitglied für Physik, Gym.l. = Gymnasiallehrer, LSW = Leiter der Sternwarte, (KO)AK = (korrespondierendes) Akademiemitglied, Ruf Tüb. = Ruf aus Tübingen.

Tabelle 3.4: Lebensstationen deutschsprachiger Physiker (Auswahl)

Jahr	D. Bernoulli (CH)	G.B. Bülfinger (D)	L. Euler (CH)	J.A. Euler (SPB.)	G.W. Krafft (D)	G.W. Richmann (Livland)
1693		geb.				
1700	geb.					
1701					geb.	
1707			geb.			
1711						geb.
1725	AK	AK			Gym.l.	
1726		AP				
1727	AM		AA			
1731		Stuhl	⟹ AP		AM	
1733	Stuhl	⟹	AM	⟹	AP	
1734			1. Sohn	in P. geb.		
1740						AA
1741			Berlin			a.o. AN
1744					Ruf Tüb.	⟹ AP
1750		gest.				
1753						Tod/Blitz
1754					gest.	▮
1755		▮	Akad.-Preis			F.T.
1756		P.				Schubert
1758		Schil-				geb. (D)
1766		ling	Petersburg	AP	▮	
1774		von			A.T.	
1782	gest.	Can-			Kupffer	
1783		statt	gest.		(Kur-	
1786		geb.	▮		land)	AA
1799			L.F.		geb.	
1800			Kämtz	gest.		
1801			geb. (D)			
1803						LSW+AAs
1825						gest.
1828		KOAK			AK	
1829					Elbrus	
1837		gest.				
1841					AP	
1865			AP		gest.	
1867			gest.			

Tabelle 3.5: Lebensstationen von Jacobi, Lenz und Parrot

Jahr	Moritz H. Jacobi	H. F. Emil Lenz	Georg F. Parrot
1767			* (Mömpelgard)
1786 -88			Lehrer in der Normandie
1795			Sekretär in Livland
1800			Physikprof. in Dorpat
1801	* (Potsdam)		Dr. phil.
1802			Rektor, 1. Zarenaudienz
1804		* (Dorpat)	
1823		Beginn: Weltreise	⇐ empfahl Lenz für
1826		Ende: Weltreise	Akademiemitglied
1827			Dr. h.c. med.
1828		Akademieadjunkt	leitet Laborumzug der Akademie
1829	Architekturdiplom	Elbrusexpedition	
1830		a.o. Akademiker	Akademiker für Physik
1834	Elektromotor	o. Akademiker	
1835	a.o. Baukunstprof. in Dorpat	Universitäts- professor	
1836	heiratet Russin		
1837	Ruf (St. Petersburg)		
1838	1. Elektroboot		
1839	Akademieadjunkt		
1840	Demidowprämie	Dr. phil.	Ehrenmitglied der AdW
1842	a.o. Akademiker, Telegrafenleitung		
1846	Staatsrat		
1847	o. Akademiker		
1849		Wirkl. Staatsrat	
1850		Universitätsrektor	
1852	Wirkl. Staatsrat		† (Helsingfors)
1864		Geheimrat	
1865	Akademiker (Physik)	† (Rom)	
1867	Geheimrat		
1874	† (St. Petersburg)		

Etat und Personalbestand der Akademie

Abschließend sollen noch kurz die personellen und finanziellen Rahmenbedingungen der Petersburger Akademie betrachtet werden. Das „Reglament" vom Juli 1747 sah einen Gesamtpersonalbestand von 200 Personen und damit verbundene jährliche Kosten von 53.298 Rubel vor. Dem Akademiemitglied für Physik standen jährlich 1000 Rubel zu, einem Adjunkten nur 360.[47] Am Anfang des 19. Jahrhunderts kam es zu einer Umgestaltung der Struktur von Bildung und Forschung in Rußland. Neue Universitäten wurden eröffnet, das Volksaufklärungsministerium gegründet, und die Akademie erhielt ein neues Reglement.[48]

Schon das „Reglament" von 1803 sah einen jährlichen Gesamtetat von 120.000 Rubel bei einem Personalbestand von nur noch 100 Personen vor, wobei die 18 ordentlichen Akademiemitglieder je 2200 Rubel (ab dem 20. Dienstjubiläum 2700 Rubel) und die 20 Adjunkten je 1000 Rubel bekamen. Ein außerordentliches Akademiemitglied erhielt 400 Rubel zusätzlich zum Gehalt eines Adjunkten. Für höhere Mathematik, Astronomie, Chemie, Zoologie, Technologie und Mechanik fester und flüssiger Körper waren je zwei Akademiemitglieder, für physikalische Mathematik (физико-математика), Anatomie und Physiologie, Botanik, Mineralogie, politische Ökonomie und Statistik sowie für Geschichte war je ein Akademiemitglied vorgesehen. Zur Unterhaltung des Physik- und Modellkabinettes standen jährlich 1000 Rubel zur Verfügung.

Die nächste wesentliche Änderung wurde durch ein neues Statut festgelegt. 1836 in Kraft tretend, sah es einen Jahreshaushalt von 239.400 Rubeln vor (Paragraph 108). Adjunkte gab es nunmehr nur noch zehn. Die dafür auf 21 erhöhte Zahl der ordentlichen Akademiemitglieder verteilte sich wie folgt: 10 für die mathematischen und physikalischen Wissenschaften (reine Mathematik 2, angewandte Mathematik 1, Astronomie 2, Geografie und Navigation 1, Physik 2, allgemeine Chemie 1, Technologie und Chemie mit Tauglichkeit für Kunst und Handwerk 1), 5 für die „Naturwissenschaften" (Mineralogie 1, Botanik 1, Zoologie 2, vergleichende Anatomie und Physiologie 1) und 6 für die historischen und politischen Wissenschaften (politische Ökonomie und Statistik 1, Geschichte und russische Altertümer 1, griechische und römische

---

[47] Ostrowitjanow: Die Geschichte der Akademie, Bd. 1, S. 449-452, unter Berufung auf: ААН, разряд IV, оп. 4, No 2, лл. 1-18.

[48] Ähnliches geschah auch in Berlin, wo die dort ansässige Akademie der Wissenschaften 1812 ein neues Statut bekam und 1817 das Ministerium für Geistliche, Unterrichts- und Medizinalangelegenheiten eingerichtet wurde.

Altertümer 2, Geschichte und Philologie der asiatischen Völker 2). Sowohl im Reglement von 1803 als auch im Statut von 1836 waren die zivildienstlichen Ränge der Akademiemitglieder festgelegt. Ordentliche Akademiemitglieder hatten den 6. Rang (Kollegien-Rat), außerordentliche den 7. Rang (Hofrat) und Adjunkte den 8. Rang (Kollegien-Assessor).[49]

Zusammenfassend kann festgehalten werden, daß der Finanzetat der Akademie sich zwar nominell mehr als vervierfacht, die Inflation jedoch (insbesondere zur Zeit der Napoleonischen Kriege) diese Zuwächse wieder aufgezehrt hat.[50]

Der Gesamtpersonalbestand und die Anzahl der Adjunkte wurden verkleinert, vermutlich „gesundgeschrumpft". Außerordentliche Akademiemitglieder standen gesellschaftlich (gemäß Rangtabelle) den Universitätsprofessoren gleich. Die Zahl der Stellen für ordentliche Akademiemitglieder nahm nur langsam zu. Zudem waren nicht alle Stellen stets besetzt. Die Geisteswissenschaften profitierten vom neuen Statut sowie von der Assimilierung der Russischen Akademie 1841, mit der auch der Personalbestand der Akademie der Wissenschaften zunahm. Dennoch gehörten ihr zu Ende des 19. Jahrhunderts nicht mehr als 46 ordentliche Mitglieder an.

3.2.2 Die Universität Dorpat

Kurzer Geschichtsabriß

1982 jährt sich zum 350. Mal der Gründungstag der Staatlichen Universität Tartu, einer der ältesten und bekanntesten Universitäten der UdSSR. Das ist ein Ereignis von internationaler Tragweite, denn der Universität Tartu kommt eine würdige Rolle bei der Entwicklung der Wissenschaft, Bildung und Kultur nicht nur in Rußland, sondern in ganz Europa zu.

---

[49] Ostrowitjanow: Die Geschichte der Akademie, S. 663-710, unter Berufung auf: AAH, разряд IV, оп. 4а, ед. хр. 8, лл. 3-4 об.

[50] Während 1769 ein Rubel noch 49 britische Pence (in London) oder 43 Stüver (in Amsterdam) wert war, erbrachte er 1811 nur noch 14 Pence oder 9 Stüver und und blieb in der Folge auf diesem Niveau (1825: 10 Pence oder 10 Stüver, 1838: 11 Pence; In Holland wurde 1826, in Rußland 1839 „neues" Geld verwendet). Verglichen mit dem Barkschilling in Hamburg fiel der Rubel von 34 (1781) auf 8 (1811) und blieb auf diesem Niveau bis 1838, als er 10 Barkschilling wert war (K. Heller: Die Geld- und Kreditpolitik des Russischen Reiches in der Zeit der Assignaten (1768-1839/43). Wiesbaden (1983), S. 250f., unter Berufung auf: П. Шторхъ (P. Storch): Материалы для истории государственных денежных знаков в России с 1653 по 1840г (Materialien zur Geschichte staatlicher Geldscheine in Rußland von 1653 bis 1840). ЖМНП, 137 (1868), S. 790-792).

So beginnt Arnold Koop sein Buch zum 350. Jubiläum der Universität.[51] Doch weder bestand die Universität 350 Jahre noch hieß der Ort damals Tartu. Vielmehr hat diese Bildungseinrichtung einen *langen und komplizierten Entwicklungsgang hinter sich*, wie Koop in der Folge schreibt.

Unter schwedischer Herrschaft wurde 1632 die „Universitas Dorpatensis" begründet, die während des Nordischen Krieges (1700-1721) im Jahre 1710 ihre Tätigkeit und Existenz wieder beendete. Eigentum und Archiv wurden nach Schweden überführt. Erst 1802 wurde die Universität Dorpat als deutschsprachige Hochschule auf inzwischen russisch gewordenem Territorium wiedereröffnet.[52] 1893 wurde die Universität (wie auch die Stadt) Dorpat infolge der staatlich verordneten Russifizierung in Jurjew umbenannt. Die deutsche Unterrichtssprache wurde fast völlig durch Russisch ersetzt. 1917 endete auch diese zweite Etappe der Universitätsgeschichte in den Kriegs- und Revolutionswirren. Nachdem im Jahre 1918 Eigentum und Professoren zum Teil nach Woronesh (in Rußland) gebracht worden waren und nach einem Zwischenspiel unter deutscher Besetzung, eröffnete 1919 die bürgerliche Regierung des nunmehr unabhängigen Estlands eine estnische Universität, die bis 1940, dem Jahr der sowjetischen Okkupation, ihren nationalen Charakter behielt.

Die Thematik der vorliegenden Arbeit bezieht sich zwar ausschließlich auf die zweite Etappe der Universität Dorpat, jedoch ist die Kenntnis der gesamten Rahmenumstände wichtig für das Verständnis mancher Ereignisse in dieser Zeit. Zudem zeigt die Geschichte deutlich die mannigfaltigen politischen und kulturellen Einflüsse, die der Universität einen ganz besonderen Charakter und Platz in der Geschichte verliehen.

Die Wiedereröffnung als deutschsprachige Universität 1802

Einen fruchtbaren Einfluß auf die Entwicklung der neueröffneten Universität hatte der erste Rektor Georg Friedrich Parrot, ein namhafter Wissenschaftler, zugleich guter Organisator und Pädagoge, der fortschrittliche, aufklärerische Ansichten vertrat. Es gelang ihm, der progressiv gestimmten Professorenschaft die führende Rolle zuzusichern und die liberalen Tendenzen, die für die ersten Herrschaftsjahre des jungen Zaren charakteristisch waren, zum Vorteil der Universität, zur Festigung ihrer materiell-technischen Basis

---

[51] A. Koop: 350 Jahre Universität Tartu. Tallinn (1982), S. 5.

[52] Wiedergegründet wurde sie schon 1800, und Parrot hatte bereits zum Jahresende 1800 seine Vokation zum Professor erhalten.

auszunützen, schreibt Koop.[53] Eine positive Bewertung des Parrotschen Engagements für die Dorpater Universität und bezüglich seiner fortschrittlichen Einstellung ist weitgehend unstrittig und findet sich auch in Druckerzeugnissen sowjetischer Verlage,[54] denn schließlich entmachtete Parrot das ritterschaftliche Kuratorium, indem er noch 1802 beim Zaren die Umwandlung der ständischen in eine dem neuen Volksaufklärungsministerium unterstellte staatliche Universität erwirkte.

Nachdem Alexander den von Parrot vorgeschlagenen Friedrich Maximilian von Klinger[55] zum Kurator der Dorpater Universität ernannt und die Universitätsbibliothek mit Karl Morgenstern, einem gebürtigen Magdeburger, ihren ersten Direktor bekommen hatte, durchlebte die Dorpater Universität eine dynamische Aufbruchphase, in der ihre Entwicklung weitgehend von einem Triumvirat von deutschsprachigen Gelehrten bestimmt wurde.[56]

Ein Grund, warum Alexander I. Dorpat als Ort seiner Universität wählte, lag in dem Glauben, in dieser Abgeschiedenheit revolutionäre Gedanken und Einflüsse von der Gelehrten- und Studentenwelt fernhalten zu können.[57] So gestand er der Universität eine beeindruckende Unabhängigkeit und Ausstattung zu. Beispielsweise sah das sehr liberale Statut von 1803 die Wahl des Rektors der Dorpater Universität durch ihre eigenen Mitglieder vor. Die 1802 gegründete Universitätsbibliothek galt bald als eine der reichhaltigsten in Rußland, der botanische Garten von 1803 als einer der artenreichsten in Nordeuropa. Ferner entstanden Sternwarte, Kunstmuseum (1803), Zoologisches Museum (1822), Zeichenschule (1803) und Anatomikum.[58] Der Be-

---

[53] Koop: 350 Jahre, S. 12.

[54] Siilivask schreibt z.B.: *Die Kollision Parrots mit dem Kollegium der Kuratoren wurde unvermeidlich, so wie er sich von aufklärerischen Idealen leiten ließ, unterstützt übrigens von der überwältigenden Mehrheit der Professorenschaft* (К. Сийливаск (K. Siilivask): История Тартуского университета 1632-1982 (Die Geschichte der Universität Tartu 1632-1982). Таллин (1982), S. 69).

[55] Von Klinger (1752-1831) wurde in Frankfurt am Main geboren, studierte Jura in Gießen und wurde General in russischen Diensten. Sein Drama „Sturm und Drang" bezeichnet eine literarische Richtung.

[56] Engelhardt schreibt hierzu: *Drei Männer sind es vor allem, denen die Universität Dorpat ihre geistige Physiognomie nicht nur, sondern ihre ganze Organisation in den ersten Jahren ihres Bestehens verdankt: Georg Friedrich Parrot, Karl Morgenstern und der bereits genannte Friedrich Maximilian Klinger, als erster Kurator der Universität. Über diesem Triumvirat aber stand als Gründer und wohlwollender Gönner dieser deutschen Hochschule im russischen Lande Kaiser Alexander I., der humane und liberale Monarch* (R. von Engelhardt: Die Deutsche Universität Dorpat in ihrer geistesgeschichtlichen Bedeutung. Reval (1933), S. 26).

[57] Dorpat hatte im Jahre 1802 lediglich 4000 Einwohner.

[58] Koop: 350 Jahre, S. 14.

stand der Universitätsbibliothek wurde am 1.(13.)11.1832 mit 57.828 Bänden im Gesamtwert von 486.763 Rubeln angegeben.[59] Das Physikalische Kabinett umfaßte zum selben Zeitpunkt 544 Gegenstände im Wert von 34.000 Rubeln.[60] Doch die üppige Ausstattung der Lehranstalt gipfelte im Jahre 1824, in dem der große Fraunhofersche Refraktor für die schon vordem mit guten Instrumenten ausgestattete Dorpater Sternwarte angeschafft wurde. Friedrich Busch schreibt über den Refraktor, der 26.709 Rubel[61] gekostet hatte: *ein zu jener Zeit als einzig in seiner Art dastehendes Kunstwerk, sowohl an optischer Kraft als mechanischer Vollendung, das die Dorpatische Warte in Ansehung ihres wissenschaftlichen Apparates damals über alle Sternwarten der Welt erhob.*[62]

Eine derart großzügige materielle Basis erstaunt umso mehr, wenn man bedenkt, daß sie nur wenigen Studenten diente. Von den beginnenden dreißiger Jahren bis zum Ende des Jahres 1864 waren nämlich nur 67 Physikstudenten, 29 Astronomiestudenten und 82 Mathematikstudenten immatrikuliert.[63] Zudem muß bedacht werden, daß viele Studenten nur sehr kurze Zeit an der Universität blieben und überhaupt nicht daran dachten, einen ordentlichen Abschluß anzustreben, sondern lieber zügig Geld verdienen wollten. Da Rußland unter einem chronischen Mangel an Hochschulabsolventen litt, waren alle, die überhaupt schon einmal studiert hatten, auch sofort begehrt und hatten gute Chancen auf eine Stellung im Staatsdienst. Insgesamt sind von 1802 bis Ende 1865 in den mathematischen Wissenschaften und der Physik nur sechs Magistergrade und acht Doktortitel vergeben worden.[64]

Deutschsprachige Dozenten und Studenten in Dorpat

In der Zeit von 1802 bis zur beginnenden Russifizierung 1889 waren nach Siilivask durchschnittlich 80% der Lehrkräfte und Studenten an der Uni-

---

[59] Universitäts- und Schulchronik. I. Die Universität Dorpat im Jahre 1833. LIDJ, 2 (1834), S. 275.

[60] Ebenda, S. 276.

[61] Hierzu Einkommensbeispiele: 1819 wurde in den Ansiedlungen für die Kavallerie das Gehalt eines Oberstleutnants von 900 auf 1338 Rubel, eines Majors von 780 auf 1160 Rubel, eines Leutnants von 510 auf 758 Rubel und eines Geistlichen von 153 auf 228 Rubel erhöht (Schiemann: Geschichte Rußlands, Bd. 1, S. 637).

[62] F. Busch: Der Fürst Karl Lieven und die Kaiserliche Universität Dorpat unter seiner Oberleitung. Dorpat, Leipzig (1846), S. 40f.

[63] Rückblick auf die Wirksamkeit der Universität Dorpat. Dorpat (1866), S. 80.

[64] Ebenda, S. 61.

versität Dorpat deutschsprachig, darunter überwiegend Deutsch-Balten.[65] Die Dorpater Universität *wurde, mit Ausnahme der Lehrstühle für russische Sprache und Literatur und für orthodoxe Theologie, ausschließlich mit deutsch sprechenden Professoren besetzt, und fast neunzig Jahre lang ist das Deutsche die Unterrichtssprache geblieben.*[66]
In der Tabelle 3.6 ist der Anteil deutschsprachiger Professoren und Dozenten im Vergleich zu jenem der nichtdeutschsprachigen Professoren und Dozenten auch bezüglich der einzelnen Fakultäten dargestellt.[67] Aus der Auswertung ergibt sich eine Quote von ca. 90 %. Doch nicht nur unter den Professoren, sondern ebenso bei der Studentenschaft dominierten die Deutschsprachigen. So fand Stricker für das Jahr 1840 eine Mehrheit von Deutsch-Balten unter den Studenten, nämlich 72,95 %.[68]
Aufgrund dieser sprachlichen Mehrheitsverhältnisse fungierte das Deutsche als Lehrsprache in Dorpat. Es war also nicht eine vorgeschriebene Unterrichtssprache, die die deutschsprachigen Lehrkräfte und Studenten anzog, sondern es war die überwältigende Mehrheit der deutschsprachigen Univer-

---

[65] K. Siilivask: Über die Rolle der Universität Tartu bei der Entwicklung der inländischen und internationalen Wissenschaft. In: G. von Pistohlkors; T. U. Raun; P. Kaegbein (Hrsg.): Die Universitäten Dorpat/Tartu, Riga und Wilna/Vilnius 1579-1979. Köln, Wien (1987), S. 106.

[66] E. Amburger: Geschichte des Protestantismus in Rußland. Stuttgart (1961), S. 65. *Dem Kurator der Universität unterstand zugleich das gesamte Schulwesen in Estland, Livland und Kurland* (ebenda).

[67] Die Tabelle erstellte ich nach: Г. В. Левицкій (G. W. Lewizki): Біографическій словарь профессоровъ и преподавателей Императорскаго Юрьевскаго, бывшаго Дерптскаго университета за сто лѣтъ его существованія (1802-1902) (Biografisches Lexikon der Professoren und Dozenten der Kaiserlichen Jurjewschen, ehemals Dorpater Universität nach 100 Jahren ihrer Existenz (1802-1902)). T. 1, Юрьевъ (1902) und: T. 2, Юрьевъ (1903). Dabei orientierte ich mich in erster Linie an den Namen der Gelehrten; desweiteren an Geburtsort und Publikationssprachen. Der erstaunlich hohe Anteil deutschsprachiger Sprachlektoren erklärt sich aus der Tatsache, daß neben der deutschen Sprache auch die estnische und lateinische durchgehend von Deutschsprachigen gelehrt wurde. Theologiestudenten lernten häufig Estnisch, um später im estnischsprachigen Teil Livlands (z.B. Dorpat) oder in der Provinz Estland als Pastoren tätig werden zu können (so übrigens auch E. Lenz). Folglich entstand aus ihnen ein Reservoir für Estnischlektoren. Übrigens lehrten deutschsprachige Lektoren (freilich als Ausnahmen) auch Englisch, Italienisch und Russisch. Ein deutschsprachiger Lektor (Lautenbach) war auch Dozent der Historisch-Philologischen Fakultät, so daß die Summe aus beiden Gruppen um einen Zähler geringer wird.

[68] Er schreibt 1845: *Die Universität zählt jetzt gegen 40 Professoren und 1840 waren hier 573 Studirende, darunter nur 128 Russen, vier Finnländer, zwölf Polen und elf Ausländer; alle übrigen sind baltische Deutsche, die Ausländer solche, die Staatsdienst in Russland suchen* (Stricker: Die Verbreitung, S. 49f).

Tabelle 3.6: Dozenten der Dorpater Universität die von 1800 bis zum 4.(16.)2.1889 aufgenommen wurden

Fakultätsdozenten	gesamt	deutschsprachige	andere	deutschsprachige / gesamt
Mathem.-Physik. Fak.	85	81	4	95,29%
Orthodoxe Fakultät	4	0	4	0,00%
Theologische Fakultät	28	28	0	100,00%
Juristische Fakultät	36	35	1	97,22%
Medizinische Fakultät	93	90	3	96,77%
Hist.-Philolog. Fak.	80	66	14	82,50%
deren Lektoren	35	20	15	57,14%
H.-Ph. F. + Lektoren	114	85	29	74,56%
Summe ohne Lektoren	326	300	26	92,02%
Summe mit Lektoren	360	319	41	88,61%

sitätsmitglieder, welche Deutsch als Veranstaltungssprache sinnvoll machte. Wittram weist darauf hin, daß weder *bei der Gründung der Universität noch in den späteren Verfassungsakten ... Bestimmungen über die Lehrsprache erlassen worden* sind. Die Sprachenfrage sei *unter praktischen Gesichtspunkten betrachtet* worden. *Die vereinzelten Russen unter den Lehrkräften - die Mediziner Pirogov (1836-1840) und Varvinskij (1844-1846) - lasen in deutscher Sprache. Die baltisch-deutschen Professoren des russischen Rechts Tobien und Engelmann lasen auf russisch, bis Engelmann 1862 mit Rücksicht auf die mangelhaften Kenntnisse der Studenten im Russischen zur deutschen Vorlesungssprache überging.*[69]

Die Dorpater Universität als Pool der Petersburger Akademie

Die Anzahl der Akademiemitglieder, die aus Dorpat kamen, ist beträchtlich. Martinson hat dieses Thema quantitativ behandelt. Dabei untersuchte er nicht nur die Dorpater Universität, sondern das gesamte Gebiet des heutigen Estland. Trotzdem stehen auch in dieser Untersuchung die Dorpater Universität und deren deutschsprachige Studenten und Lehrende im Mittelpunkt.

---

[69] Wittram: Die Universität Dorpat, S. 212f.

Martinson beginnt mit der voruniversitären Zeit und schreibt, daß zwischen 1724 und 1800 acht Akademiemitglieder, die einen Bezug zu Estland[70] hatten, aufgenommen worden seien, unter welchen sich 87,5 % „Deutsche" befunden haben sollen. Folglich meint er sieben. Von 1801 bis 1850 seien bereits 69 Akademiemitglieder mit Bezug zu Estland in die Akademie eingetreten, davon 84,1 % (also 58) „Deutsche", 8,7 % (6) Russen und 1,4 % (1) unbekannter Nationalität.[71] Da in der ersten Hälfte des 19. Jahrhunderts insgesamt nur 88 Mitglieder in die Akademie der Wissenschaften aufgenommen worden sind, machten diese 58 „Deutschen" bereits 65,9 % der Neuaufnahmen aus.[72]

Die Vermutung, daß die meisten der 69 mit Estland verbundenen Personen einen Bezug zu Dorpat hatten, bestätigt Martinson. Nach seinen Angaben konnte ich die Tabelle 3.7 erstellen.[73] Insgesamt wurden im 19. Jahrhundert

Tabelle 3.7: Akademiemitglieder von der Dorpater Universität

Zeit der Aufnahme in die Akademie	gesamt	Studenten der Dorp. Universität (%)	Lehrkräfte der D. Universität (%)
1802-1850	53	25 (47,2 %)	34 (64,2 %)
1851-1900	42	28 (66,7 %)	26 (61,9 %)
Total bis 1976	133	66 (49,6 %)	87 (65,4 %)

177 Mitglieder in die Petersburger Akademie aufgenommen, davon kamen 95 (53,7 %) von der Dorpater Universität.

Zusammenfassend kann also konstatiert werden, daß die Dorpater Univer-

---

[70] Er meint die Republik Estland, die aus dem Territorium der Ostseeprovinz Estland und des nördlichen Teil Livlands besteht.

[71] К. Мартинсон (K. Martinson): О членах Петербургской, Российской академии наук и Академии наук СССР, связанных с Эстонией (Über die mit Estland verbundenen Mitglieder der Petersburger, Russischen Akademie der Wissenschaften und der Akademie der Wissenschaften der UdSSR). В книге: П. В. Мюрсепп (сост.): Петербургская Академия наук и Эстония. Таллин (1978), S. 196f.

[72] Möglicherweise haben alle Deutsch-Balten, die aus Kurland oder dem Süden Livlands stammen und in die Petersburger Akademie der Wissenschaften eintraten, Dorpat bzw. Estland durchlaufen und könnten in diesem Fall von Martinson mitgezählt worden sein.

[73] Martinson: Über die ... Mitglieder, S. 200. Unter den „Zöglingen" (воспитанники) befinden sich auch einer des Veterinärinstitutes und vier des Professoren-Institutes. Manche Absolventen wurden Lehrende und tauchen somit zweimal auf. Die Prozentzahlen geben den Anteil der Zöglinge oder Lehrkräfte an der Gesamtheit der von Dorpat berufenen Akademiemitglieder an. Sie wurden von Martinson errechnet.

sität das entscheidende Bildungszentrum in Estland/Livland war, daß ihr Bild von deutschsprachigen Dozenten und Studenten geprägt wurde und daß sie einen Pool darstellte, aus dem die Kaiserliche Akademie der Wissenschaften in St. Petersburg einen Großteil ihres Nachwuchses schöpfte.

3.2.3 Die Petersburger Universität und andere russische Lehreinrichtungen

Wie bereits in der Einführung zu diesem Abschnitt über russische Forschungs- und Lehranstalten und ihre deutschsprachigen Mitglieder erwähnt, spielte die Universität von St. Petersburg in der Geschichte deutschsprachiger Gelehrter in Rußland keine große Rolle. Dies ist um so erstaunlicher, wenn man bedenkt, daß Universität und Akademie sich in unmittelbarer Nachbarschaft auf der besonders von deutschsprachigen Einwohnern geprägten Wassili-Insel befanden.[74] Ein Grund dafür dürfte in der Entstehungsgeschichte der Universität liegen, die 1819 aus dem Hauptpädagogischen Institut hervorgegangen ist, welches seinerseits 1816 auf das Pädagogische Institut folgte. Eine zweitklassige Lehranstalt, für die es sich nicht lohnte, ausländische Professoren anzuwerben, wurde durch Umbenennung in „Universität" aufgewertet.

Das Lehrniveau war an der Petersburger Universität vergleichsweise niedrig. Wie später noch gezeigt werden wird, befand Parrot die Petersburger Universität 1827 als dermaßen schlecht, daß er ihr für die Zukunft keine Chance gab; er meinte, das von ihm projektierte Professoreninstitut in Dorpat, welches Lehrende für die russischen Universitäten hervorbringen sollte, brauche für die Petersburger Universität gar nicht erst Lehrende zu produzieren.

Um dem Leser einen kurzen Eindruck von der Lehrkräfteentwicklung der Petersburger Universität in der zweiten Hälfte der 1830er Jahre zu vermitteln, sei hier die Tabelle 3.8 angeführt, in der auch Emil Lenz, der seit dem 31.12.1835(12.1.1836) ordentlicher Professor für Physik und Physikalische Geographie war, als einziger für diese Arbeit wesentlicher deutschsprachiger Lehrende mit enthalten ist.

Über die gesamte russische Bildungsentwicklung zu dieser Zeit gibt die

---

[74]Das Hauptgebäude der Akademie der Wissenschaften trägt die Hausnummer 5 der Universitätsuferstraße (Университетская набережная), und das mit dem Rektorflügel verbundene Universitätshauptgebäude der 12 Kollegien die Hausnummer 7/9.

[75]Nach: Шульгинъ (Schulgin): Краткій отчётъ о состояніи Императорскаго С. Петербургскаго Университета, въ теченіе перваго четырехлѣтія, со времени преобразованія Университета по Новому Уставу, съ 1836 по 1840 годъ (Kurzer Bericht

Tabelle 3.8: Lehrkräfte der Petersburger Universität

Jahr[75]	ord. Prof.	ao. Prof.	Adjunkte	Lehrer	Lektoren	Gesamt
1836	12	9	6	3	6	39
1837	17	4	6	4	6	40
1838	18	3	8	5	6	43
1839	18	6	8	2	6	43

Tabelle 3.9 Auskunft. Ihre Daten stammen vom Volksaufklärungsminister Uwarow selbst. Sie zeigen, daß sowohl die höheren Bildungseinrichtungen als auch die auf ein Hochschulstudium vorbereitenden Lehranstalten tendenziell Zuwächse zu verzeichnen hatten. Zwar nahmen die Studentenzahlen von 1848 bis 1854 vorübergehend wieder etwas ab, doch ist langfristig eine steigende Tendenz zu verzeichnen.

Es soll hier noch einmal darauf hingewiesen werden, daß es damals ein krasses Mißverhältnis zwischen der recht gut funktionierenden Hochschulbildung und der noch immer, vor allem auf dem Lande, kärglich vegetierenden Volksbildung gab. Doch gemessen an der allgemein schlechteren Lage in Rußland kann der Bildungspolitik Uwarows ein Erfolg bescheinigt werden, vor allem was die Ausbildung einer Intelligenz, die für Staat, Gesellschaft und Wirtschaft wichtig war, betrifft, weniger hinsichtlich der Schaffung von sozialer Gerechtigkeit und tiefergründigem Wissen im Volke.

über den Zustand der Kaiserlichen St. Petersburger Universität, in Folge der ersten vier Jahre, seit der Umgestaltung der Universität nach dem neuen Statut, von 1836 bis 1840). Санкт-Петербург (1841), S. 26. Der Status der Lehrkräfte nimmt v.l.n.r. ab. Zusätzlich gab es einen Theologieprofessor, einen „verdienten" Professor und einen Zeichenlehrer, die zwar in den Summen der Tabelle, aber nicht in den entsprechenden Spalten mitenthalten sind. Ihre gesonderte Aufführung habe ich von Schulgin übernommen (ebenda).

Tabelle 3.9: Anzahl der Lernenden an der Universität St. Petersburg

Einrichtungen[76]	1832	1833	1834	1835	1836	
Universitäten, Akademien und Lyzeen	2153	2725	2648	2649	2641	
Gymnasien und niedere Lehranstalten	69246	69555	75448	83058	89159	
	1837	1838	1839	1840	1841	1842
Universitäten, Akademien und Lyzeen	2900	2843	2764	3809	3464	3488
Gymnasien und niedere Lehranstalten	92666	95069	95119	97561	97490	99755

---

[76] Uwarow: Das Jahrzehnt, S. 104. Oberländer schreibt: *In den ersten beiden Jahrzehnten der Regierung Nikolaus' I. stieg die Zahl der Studenten von 1700 auf 4800 (um infolge der restriktiven Politik zwischen 1848 und 1854 auf 3600 zurückzugehen), die Zahl der Gymnasien von 48 auf 76 und die der Gymnasiasten von 7700 auf 18900 (1854: 17500), während gleichzeitig die Zahl der Kreisschulen von 349 auf 445 (mit rund 30000 Schülern) und die der Pfarrschulen von 552 auf 1067 (mit rund 100000 Schülern) erhöht wurde; dazu kamen noch einige Zehntausend Schüler der Bildungsstätten der Armee, des Ministeriums für Staatsdomänen sowie privater Stiftungen* (E. Oberländer: Rußland von Paul I. bis zum Krimkrieg 1796-1855. In: Th. Schieder (Hrsg.): Handbuch der europäischen Geschichte, Bd. 5: W. Bussmann (Hrsg.): Europa von der Französischen Revolution zu den nationalstaatlichen Bewegungen des 19. Jahrhunderts. Stuttgart (1981), S. 651f).

3.3 Die Rolle der Naturwissenschaften im nikolaitischen System

Bereits in Abschnitt 3.2.1 wurde auf die Feststellung von Maier hingewiesen, daß der russische Zar Peter der Große und der deutsche Gelehrte Christian Wolff *die Auffassung* vertreten haben sollen, *daß Mathematik und Physik, besonders im Hinblick auf ihre praktisch-technische Anwendung, in der geplanten Akademie die wichtigste Rolle zukommen müsse*[77].
Zur Erschließung seines riesigen Reiches mußte der Zar auf Naturwissenschaft und Technik zurückgreifen. Auf seinen Westeuropareisen hatte Peter I. mit eigenen Augen neue technische Errungenschaften gesehen, die es in Rußland noch nicht gab.[78] Ihm war also die Rückständigkeit Rußlands in eben jenen so wichtigen Disziplinen bewußt.
Hinweise darauf, daß sich an dieser Einstellung der russischen Führung im Laufe der Zeit etwas geändert habe, gibt es nicht. Schließlich bestand dazu auch gar kein Grund. Naturwissenschaftlich-technischer Fortschritt war wichtig und ungefährlich, neue geisteswissenschaftliche Ideen und Theorien hingegen, zumal wenn sie aus dem Westen, den vermeintlichen „Ländern des Atheismus und der Revolutionen" kamen, bargen immense Gefahren für die Autokratie und somit für Rußland, das, so glaubte man, der letzte Flecken heiler christlicher Welt auf Erden war.
Das 1836 in Kraft getretene neue Akademiestatut verteilte die 21 Akademiemitglieder im Verhältnis 15 zu 6 zugunsten der mathematisch-naturwissenschaftlichen Fächer und ihrer Anwendungen, wie aus Abschnitt 3.2.1 ersichtlich ist. Vorher war das Verhältnis sogar 16 zu 2. Diese leichte Verschiebung in Richtung der Geisteswissenschaften barg keine Gefahr für die Autokratie, handelte es sich doch ausschließlich um relativ „harmlose" Fächer. Ebenso konnte die 1841 vollzogene Vereinigung der Russischen Akademie mit der Akademie der Wissenschaften an der Bevorzugung der „nützlichen" Fächer nichts ändern. Die ab dem 19.(31.)10.1841 neu zur Akademie zählenden 20 Geisteswissenschaftler beschäftigten sich alle mit russischer Sprache und Li-

---

[77] Maier: Deutsche Gelehrte, S. 32.
[78] So zeigte sich Peter I. 1713 in Schloß Gottorf über einen 3,11m Durchmesser großen drehbaren Globus, in dessen Inneren 12 Personen die Bewegung des Sternenhimmels verfolgen können, dermaßen erstaunt, daß er das Globus-Planetarium vom Vormund des jungen Herzogs Karl Friedrich gleich geschenkt bekam. Der Globus steht heute in der Kunstkammer in St. Petersburg. Peter gründete die Kunstkammer als ein Kuriositätenkabinett, in dem die Bevölkerung unter anderem konservierte Föten und siamesische Zwillinge bestaunen konnte.

teratur. Gefährliche westliche Einflüsse waren somit für die Autokratie nicht zu befürchten.

Technischen Neuerungen, die sich zur Ausübung, Stabilisierung oder Vergrößerung von Macht eigneten, war nirgends in der Welt der Weg versperrt, so auch nicht im Russischen Imperium. Aber die Großzügigkeit, mit der Wissenschaftler ihre kostspieligen Arbeiten finanziert bekamen, ist beeindruckend. Bereits am Ende des Abschnittes 2.1.3 wurde der außergewöhnlich leichte Zugang Jacobis zur Petersburger Gesellschaft beschrieben. Doch nicht nur bezüglich der Sprache, sondern auch hinsichtlich der finanziellen Versorgung traf Jacobi auf außerordentlich günstige Bedingungen. Der von ihm mitgebrachte Elektromotor war für das an nutzbringendem technischem Fortschritt interessierte Rußland ein willkommenes Geschenk. Die russische Führung war bereit, Geld in diese Entdeckung zu investieren. Die Quellenlage zu diesem Beispiel ist sehr gut, so daß es hier exemplarisch dargestellt werden soll. In einem Brief vom 10.(22.)8.1837 aus Dorpat berichtet Jacobi seinem Bruder Carl Gustav Jacob Jacobi in Deutschland über die ihm erwiesene Freizügigkeit des russischen Finanzministers, des Deutsch-Balten Graf Cancrin: *„Wenn es nicht mehr ist als 50,000 Rbl. die will ich wohl geben, aber wenn es nur genug ist!" sagte Cancrin. - ... Aber ich habe doch etwas Anstoss gegeben und den Finanzminister beleidigt als ich bei der Explication meinte ob es wohl anginge dass einige Stücke* (der Batterie; Anm. P. H.) *mit Platin könnten garnirt werden. Sie können ja ganz und gar aus Platin gemacht werden. „Wenn Sie für 100000 Rbl. Platin brauchen, so können Sie auch das bekommen es verbleibt ja doch der Krone". So hat der Akademiker Kupffer zu Etalons und Gewichten für 70000 Rbl. Platin erhalten. Mir brach der Angstschweiss aus, als ich zur Probe beim Obrist Sobolewsky eine Platte von 20" Länge u. 10" Breite bestellte. „Wie dick soll sie sein?" so dick. „Nicht dicker" ja freilich das wäre besser.*[79]

Diese Investition war für Rußland vergebens. Aber trotzdem sollte sich Jacobi für das Zarenreich als höchst nutzbringend erweisen. Seine Elektrominen zerstörten im Krimkrieg mehrere englische Kriegsschiffe bei Kronstadt im Finnischen Meerbusen. Eine Schlacht wurde dank dieser Technik gewonnen, wenngleich der Krieg verloren ging.

---

[79] Ahrens: Briefwechsel, S. 42, 44. Die Längeneinheit ist Zoll. Zur Abwerbung Jacobis aus Dorpat durch den Volksaufklärungsminister Uwarow siehe Abschnitt 4.3.5.
Vgl. zu diesem Thema auch: Lindner: Elektromagnetismus, Abschnitt *2.3 Förderung Jacobis durch die russische Regierung*, S. 2-60 bis 2-74.

3.4 Die Physikalischen Kabinette

Physik ist vor allem eine empirische Wissenschaft und erfordert Experimente, weshalb man auch von der Experimentalphysik spricht. Zur Durchführung von Versuchen sind Meßgeräte und andere Apparaturen unerläßlich. Diese befinden sich in Physiklaboren, die man früher als physikalische Kabinette bezeichnet hat.
Die Rahmenbedingungen für physikalische Forschung werden maßgeblich von der Qualität der Ausstattung dieser Kabinette oder Labors bestimmt. In diesem Abschnitt soll deshalb der Bestand der wichtigsten Petersburger Kabinette betrachtet werden. Die Quellenlage ist in Bezug auf das Physikalische Kabinett der Akademie der Wissenschaften[80] recht gut. Obwohl der Gerätebestand für die in dieser Arbeit wesentliche Zeit nicht lückenlos nachgewiesen werden kann, sind die erhaltenen Daten hinreichend aufschlußreich. Zudem wird die von Parrot organisierte Kabinettsumorganisation angesprochen.

3.4.1 Das Physikalische Kabinett der Akademie der Wissenschaften

In den ersten 169 Jahren seines Bestehens ist das Physikalische Kabinett der Akademie der Wissenschaften[81] fast ausschließlich von deutschsprachigen Gelehrten geführt worden. Unter seinen ersten elf Leitern waren zehn deutschsprachig und nur einer russischer Abstammung.

Leiter des Physikalischen Kabinettes

1726-1730 G. B. Bülfinger
1731-1733 L. Euler
1733-1744 G. W. Krafft
1744-1753 G. W. Richmann
1753-1757 Vakanz
1757-1771 F. U. Th. Aepinus
1771-1810 W. L. Krafft

---

[80] Das 1725 begründete Physikalische Kabinett wurde 1912 in Physikalisches Laboratorium und 1921 in Physikalisches Institut umbenannt.
[81] Siehe hierzu: С. И. Вавилов (S. I. Wawilow): Физический кабинет, физическая лаборатория, физический институт АН СССР за 220 лет. 1725-1945 (Das Physikalische Kabinett, Physikalische Laboratorium, Physikalische Institut der AdW der UdSSR in 220 Jahren. 1725-1945). Москва, Ленинград (1945).

1810-1827 W. W. Petrow
1827-1840 G. F. Parrot
1840-1865 H. F. E. Lenz
1865-1874 M. H. Jacobi
1874-1895 H. Wild

Von besonderer Bedeutung ist hierbei das Wirken von Parrot, der Petrow die Führung des Kabinettes abtrotzte, es in das Nachbargebäude verlegte und mit Neuanschaffungen aufwertete. Im Jahre 1828 wurde das Physikalische Kabinett aus der Kunstkammer in die zweite und dritte Etage[82] des linken Flügels des Hauptgebäudes der Akademie verlegt, wo es aus elf Zimmern bestand.[83] Hier hatte es mehr Raum als in dem als Museum dienenden Kuriositätenkabinett, und hier konnten Jacobi und Lenz später ihre wissenschaftshistorisch wichtigen Versuche zur Bestimmung der ,,Gesetze der Electromagnete" durchführen.

Der Grund für die Übernahme des Kabinettes durch Parrot liegt in dessen energischem Einsatz für seine Modernisierung und Petrows diesbezüglicher Untätigkeit.

Parrot schrieb am 18.(30.)10.1826 an die ,,Conférence de l'Académie impériale des Sciences de Russie" über den Zustand des physikalischen Kabinettes und insbesondere über dessen Ausstattung mit elektrischen und magnetischen Geräten: *Pour l'Electricité il se trouve quelques bonnes machines électriques et quantité d'objects pour l'instruction et pour l'amusement. L'appareil galvanique consiste uniquement en deux vielles piles de Volta et quelques bagatelles; tout le reste manque.*

Pour les phénomènes magnétiques il existe à la vérité nombre d'aimants naturels et artificiels; mais tous aux que j'ai vus sont détériorés au plus haut degré, en sorte que dans l'état actuel ils ne sont d'aucun usage. Du reste aucun appareil magnétique.

Rien pour les phénomènes de l'Electro-magnétisme[84].

Am 1.(13.)11.1826 wies Petrow, der Leiter des Kabinetts, schriftlich die Vorwürfe Parrots zurück,[85] und am 20.12.1826(1.1.1827) unterbreitete Parrot der Akademie Reformvorschläge zu dieser Einrichtung.[86]

Diese wurden offensichtlich erhört, denn am 28.11.(10.12.)1827 berichtete

---

[82] Gemäß russischer Zählweise, entspricht unserem ersten und zweiten Stockwerk.

[83] А. А. Елисеев (A. A. Jelissejew): Б. С. Якоби (B. S. Jacobi). Москва (1978), S. 120. Die 3. Etage (Dachboden) wird wohl nur als Abstellraum gedient haben.

[84] AAH, 1-2-1826-30-§338-2.

[85] AAH, 1-2-1826-32-§367.

[86] AAH, 1-2-1826-§434*.

Das Kabinett der Akademie der Wissenschaften   85

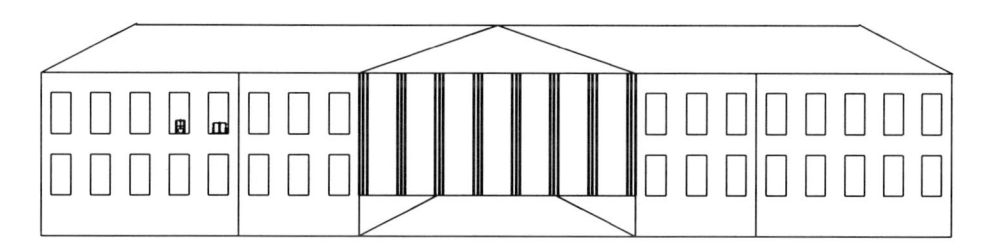

Abbildung 3.1: Das Hauptgebäude der Akademie der Wissenschaften in der Universitätsuferstraße 5.

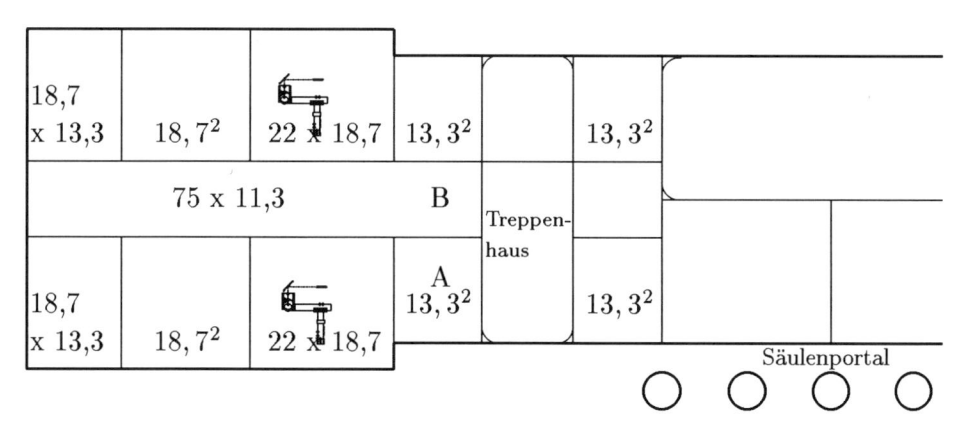

Abbildung 3.2: Die Räume des Physikalischen Kabinettes mit den im Plan (AAH, 4-2-1828-93-17) eingetragenen Buchstaben „A" und „B" (Längenangaben in Fuß). Die Versuchsanordnung von Jacobi und Lenz aus dem Jahre 1838 paßte nur in drei der elf Räume (in die „ausgefüllten" und den Raum „B").

der ständige Sekretär der Akademie, ihr Mitglied Paul Heinrich Fuß, der „Conferénce", daß er mit Parrot (und einer weiteren Person), gemäß dem Beschluß vom 14.(26.)11.1827, am 21.11.(3.12.)1827 *les grands instruments* des physikalischen Kabinettes aus *la grande salle des conférences* in *le logement ci-devant de Mayer* gebracht habe.[87] Außerdem bat er um ein *local provisoire pour les quatre armoires avec des instruments de physique qui occupent actuellement l'antichambre & l'appartement de la chancellerie*[88].
Parrot erhielt auch Geldmittel zum Kauf neuer Geräte. Am 25.8.(6.9.)1828 schrieb er der Konferenz, daß ihm von den 25.000 Rubeln für die Einrichtung des Physikalischen Kabinettes *noch 819 Rubel bleiben*. Er fügte eine Auflistung bei, die er *in Dorpat während* seines *Urlaubs angefertigt* hatte[89] und die in Form der Tabelle 3.10 auszugsweise wiedergegeben ist.
Parrot schlug zur Einrichtung des *Local des physikalischen Cabinets* vor, den Raum *MM der Electricität, dem Magnetismus u: dem Electro-Magnetismus* zur Verfügung zu stellen und die Räume *D u: E* als Laboratorium zu verwenden.[90]
Doch auch die Inneneinrichtung wurde erneuert. Aus einer Rechnung vom 14.(26.)5.1829 geht hervor, daß 38 Schränke zum Preis von je 193 Rubel 25 Kopeken für das Physikalische Kabinett geliefert wurden.[91]
In wenigen Monaten hat Parrot eine stattliche Summe ausgegeben. Insbesondere die Anschaffung der nicht gerade als billig zu bezeichnenden Schränke zeigt, daß offensichtlich nicht gespart zu werden brauchte.
Der Umfang des Kabinettes wird auch durch den Verwaltungsaufwand deutlich. Auf die quasi ehrenamtliche Hilfe seines Dorpater Zöglings Lenz bei der Führung des Kabinettes konnte Parrot nicht ersatzlos verzichten. Am 19.(31.)5.1830 schrieb er, eine Hilfskraft für das Kabinett anfordernd: *je ne dois ni ne puis plus comptee sur celle* (collaboration; Anm. P. H.) *de M. Lenz, qui a à présent à travailler pour lui-même*[92].
Auch nach dem erfolgreichen Umzug blieb Parrot für das Kabinett ein innovativer Leiter. Vom 10.(22.)11.1831 bis zum 10.(22.)11.1832 wurden ihm zufolge unter anderem angeschafft: *Eine große Voltasche Säule nach Wollaston'scher Construction von 100 doppelten Elementen, jedes 11 par. Zoll im*

---

[87] AAH, 1-2-1827-§501*-1.
[88] AAH, 1-2-1827-§501*-2.
[89] AHH, 1-2-1828-25-11, 12, 13, 14, 15.
[90] AAH, 4-2-1828-93-6. In dem Plan 4-2-1828-93-17 sind nur die Räume „A" und „B" mit Buchstaben bezeichnet. Die gesamte Akte ist mit dem 16.(28.)11.1828 datiert.
[91] AAH, 4-2-1828-93-50.
[92] AAH, 1-2-1830-15§408*.

Tabelle 3.10: Parrots Auflistung der im Physikalischen Kabinett befindlichen Geräte aus dem Jahre 1828 (Auszug)

	Nomes des Artistes	Roubles
F. Electricité[93]		
1. Batterie électrique de 36 grands bouteilles, partagées en 4 caisses, faisant ensemble une surface armée de 144 pieds carrés	Rospini	1200
...		
H. Phénomènes électro-magnétiques.		
1. Appareil électromagnétique de Mayer	Apel et Lüders	65
2. ── ‖ ── pour la rotation	dito	87
3. Multiplicateur électro-magnétique de Schweiger avec une boussole	dito	37
4. Appareil électro-magnétique d'Erman	Wagner	50
5. Grand appareil électromagnétique d'Ampère	Ampère	1200?
		1439
...		
Résumé	(Gerätezahl; Anm. P. H.)	R.
A. Propriétés générales des corps	6	1152
B. Statique et Mécanique	17	2157
C. Phénomènes de la chaleur	8	920
D. Phénomènes de la lumière	20	5738
E. Phénomènes de la physico-chimiques	26	2919
F. Electricité	26	6244
G. Phénomènes magnétiques	8	1382
H. Phénomènes électro-magnétiques	5	1439
I. Instrumens propres à différents buts	18	2230
	Some totale	24181

Quadrat. Ein galvanischer Multiplicator mit der Nobilischen Doppelnadel[94].
Im Jahre 1833 wurde, wie Parrot berichtet, unter anderem *Ein Klingel-Apparat zu einem Nobilischen Multiplicator* angeschafft.[95]
Doch Parrot kaufte nicht einfach nur Geräte, sondern kümmerte sich auch um deren Finanzierung. Am 1.(13.)6.1834 bat er: *La conférence se souviendra peut-être que le cabinet de Physique contient plusieurs instruments surannés qui ne peuvent plus servir aujourd'hui.* Er beantragte, die veralteten Geräte verkaufen und neue ankaufen zu dürfen.[96]

Tabelle 3.11: Geräte des Physikalischen Kabinettes

	vor 1827	in den Jahren[97]				
		1827	1828	1829	1830	1831
Electricität	28	28	28	35	43	43
Magnetismus	4	4	4	10	11	14
(Gesamt)	84	108	152	197	224	235

Zur Anfertigung spezieller Geräte verfügte die Akademie der Wissenschaften über eine eigene Werkstatt. Sie wurde ebenfalls von Parrot maßgeblich reorganisiert. *Im Jahre 1829 beschloß die Konferenz nach einer Vorlage von Parrot die Gründung einer neuen Werkstatt für die Produktion mechanischer, astronomischer, physikalischer und chemischer Instrumente und Apparaturen. Zu Direktoren wurden von der Akademie der Wissenschaften Parrot selbst und V. K. Višnevskij gewählt. Als Leiter der Werkstatt wurde der erfahrene Gerätebauer T. Girgensohn berufen. Für den Unterhalt der*

---

[93] ,,Apel et Lüders" befanden sich in Göttingen, ,,Rospini" und ,,Wagner" in St. Petersburg (AHH, 1-2-1828-25-11, 12, 13, 14, 15). Merkwürdig ist die Nennung von ,,Ampère". Die Gerätemengen im Résumé sind von mir hinzugefügt, der Rechtschreibfehler ,,Instrumen(t)s" ist beibehalten worden.

[94] AAH, 1-2a-82*. Wie aus einem anderen Schreiben vom 12.(24.)10.1831 hervorgeht, wurde die Voltaische Säule bei oder mit Hilfe von Girgensohn angefertigt, wobei ein Preis von 400 Rubel erwähnt wird (AAH, 1-2-1831-26-§427*).

[95] AAH, 1-2a-102*. Der Wortteil ,,Klingel" ist unleserlich und kann auch etwas anderes bedeuten.

[96] AAH, 1-2-1834-19§307*.

[97] Parrot legte diese Auflistung bis inclusive 1830 am 16.(28.)11.1830 vor (AAH, 1-2a-53*-1). Die Angaben für die Spalte des Jahres 1831 wurden mir aus einem Schreiben Parrots vom 8.(20.)11.1831 entnommen (AAH, 1-2a-65*-1).

neuen Einrichtung wurden 7000 Rubel bereitgestellt. Die alte mechanische Werkstatt jedoch, die Grigor'ev geleitet hatte, wurde 1830 geschlossen.[98]

Bewertung des Physikalischen Kabinettes der Akademie

Das Physikalische Kabinett der Akademie der Wissenschaften verfügte über einen umfangreichen Gerätebestand, insbesondere in den Teildisziplinen Elektrizitätslehre und Elektromagnetismus. Wie aus Parrots Auflistung von 1828 hervorgeht, besaß die Akademie auch einige komplexere und wertvollere Geräte (z.B. Schweiggerscher Multiplikator).
Die Staatsführung war also bereit, größere Geldbeträge sowohl für einzelne wissenschaftliche Projekte[99] als auch für die als notwendig erachtete einmalige Reorganisation des Kabinettes zur Verfügung zu stellen. Wie aber verhielt es sich mit den regelmäßigen Zuwendungen?
Jelissejew zeichnet ein düsteres Bild. Nur 1000 Rubel seien jährlich für den Ankauf physikalischer Geräte bereitgestellt worden. 1846 haben Jacobi 300 Rubel, Lenz 428, Kupffer 128 und das Physikalische Kabinett 144 Rubel bekommen. Während Lenz als Physikprofessor der St. Petersburger Universität zusätzliche finanzielle Mittel hatte, soll Jacobi, so Jelissejew, seine 1840 erhaltene Demidowprämie und später sein Gehalt zum Ankauf von Geräten eingesetzt haben. Jelissejew konstatiert *ein gleichgültiges Verhalten der zaristischen Regierung gegenüber der Wissenschaft.*[100]
Dieser Kommentar Jelissejews muß jedoch kritisch betrachtet werden. In der Sowjetzeit gehörte es gewissermaßen zur Pflicht eines jeden Wissenschaftshistorikers, die Rahmenbedingungen der Forschung in der zarististischen Zeit als möglichst schlecht und die Umstände nach der Oktoberrevolution als vergleichsweise paradiesisch darzustellen. Folglich konnte Jelissejew zu gar keinem anderen Schluß kommen. Andererseits kann und soll nicht geleugnet werden, daß die regelmäßigen Zuwendungen häufig schlichtweg zu gering waren. Allerdings war und ist dies kein typisch russisches Phänomen. Insgesamt aber waren die Experimentierbedingungen im Akademiekabinett gut. Bemerkenswert ist, daß Parrot die Leitung des Physikalischen Kabinettes übernehmen und es reorganisieren konnte. Dies beweist Reformfähigkeit innerhalb der Akademie.

---

[98] G. D. Komkov; B. V. Levšin; L. K. Semenov: Geschichte der Akademie der Wissenschaften der UdSSR. Berlin (1981), S. 182. Mit Girgensohn und Wagner (siehe Tabelle 3.10) finden sich auch unter den Gerätebauern in St. Petersburg deutsche Namen.
[99] Siehe Abschitt 3.3.
[100] Jelissejew: Jacobi, S. 120-122.

3.4.2 Das Physikalische Kabinett der St. Petersburger Universität

Mit der Gründung der St. Petersburger Universität 1819 bekam die Akademie in unmittelbarer Nähe ein akademisches Nachbarinstitut. Hier sollte bald ein auch für die Physiker der Akademie interessantes physikalisches Kabinett entstehen. Im Jahre 1819 schlug der Mechaniker Rospini dem Ministerium für Volksbildung vor, für die Summe von 75.000 Rubeln an der Universität ein physikalisch-mathematisches Kabinett einzurichten, durfte jedoch in den Jahren 1821-22, so Leshnjowa/Rshonsnizki 1952, nur ein *fast wertloses* (почти никакой ценности) physikalisches Kabinett einrichten.[101]

Entgegen dieser von sowjetischen Autoren vorgenommenen Wertung verfügte das Physikalische Kabinett der Petersburger Universität am Anfang der 1830er Jahre bereits über eine beachtenswerte Anzahl von Instrumenten. Im akademischen Jahr von 1832/1833 sind für das Physikalische Kabinett sechs Instrumente angeschafft worden, womit dessen Inventar auf 168 *Nummern* erweitert wurde.[102]

Über weitere Anschaffungen in dieser für meinen Forschungsgegenstand besonders interessanten Zeit gibt Schulgin Aufschluß. So wurden unter anderem 1837 ein Clarkesches elektromagnetisches Gerät (114 R. $85\frac{5}{7}$) und ein ständiges Pendel Parrotscher Ausführung (80 R.), 1838 ein Elektromotor

Tabelle 3.12: Geräte des Physikalischen Kabinettes

Jahr[103]	Geräte	neue	Preis in Silberrubeln
1836	183	5	26 Rubel $57\frac{1}{7}$ Kopeken
1837	204	12	527 Rubel $14\frac{2}{7}$ Kopeken
1838	215	20	507 Rubel $14\frac{2}{7}$ Kopeken
1839	224	8	535 Rubel $71\frac{3}{7}$ Kopeken

---

[101] О. А. Лежнёва (O. A. Leshnjowa); Б. Н. Ржонсницкий (B. N. Rshonsnizki): Эмилий Христианович Ленц (Emili Christianowitsch Lenz). Москва, Ленинград (1952), S. 61.

[102] Universitäts- und Schulchronik. II. Die Universität zu St. Petersburg und der zu derselben gehörige Lehrbezirk in dem akademischen Jahre von 1832 bis 1833. LIDJ, 2 (1834), S. 278.

[103] Nach: Schulgin: Kurzer Bericht, S. 68. Die „falschen" Summen aus bereits vorhandenen und neu hinzugekommen Geräten können z.B. aus schwankenden Inventurdaten, Verschiebungen zwischen Rechnungs- und Kalenderjahren, sowie unterschiedlicher Ver-

(71 R. 42$\frac{6}{5}$), ein Münchener Fernrohr (42 R. 85$\frac{5}{7}$) und eine galvanische Kette mit sämtlichem Zubehör (134 R. 28$\frac{4}{7}$) und 1839 ein Mellonischer Thermomultiplikator (246 R. 57$\frac{1}{7}$) angeschafft. Die Gesamtsumme der für das physikalische Kabinett aufgewendeten Mittel betrug 2285 Silberrubel 71$\frac{3}{7}$ Kopeken.[104]

Doch trotz dieser bemerkenswerten Ausstattung verfügte das Kabinett in der Wirkungszeit von Lenz[105] nur über drei Zimmer.[106] Der Raummangel stellt die Verwendbarkeit als Experimentallabor in Frage. Die Zimmer sind wahrscheinlich nur als Lagerkammern für Physikgeräte gedacht gewesen, welche im Lehrbetrieb der Universität aus didaktischen Gründen gebraucht wurden. Unabhängig jedoch vom Anschaffungsgrund der Geräte konnte Lenz sie für seine Forschungen benutzen, lag doch das Physikalische Kabinett der Akademie der Wissenschaften gleich nebenan.

Über die Art der im Kabinett befindlichen Geräte schreibt Pletnew 1844:

Физическій Кабинетъ первоначально состоялъ изъ инструментовъ, принадлежащихъ къ изъясненію явленій такъ называемой «общей Физики.» Въ позднѣйшее время особенное обращено было вниманіе на пріобрѣтеніе приборовъ для тѣхъ частей Физики, которыя въ послѣднія десять лѣтъ наиболѣе усовершенствованы передъ другими. Всѣхъ приборовъ въ физическомъ кабинетѣ теперь близъ 300, тогда, какъ до 1836 года ихъ было менѣе 200. Для объясненія явленій свѣта ихъ собрано наибольшее число - 60. Цѣнность всѣхъ инструментовъ превышаетъ 7,200 руб. сер.[107] Deutsche Übersetzung: *Das Physikalische Kabinett bestand ursprünglich aus Instrumenten, die zur Erläuterung der Erscheinungen, welche wir „Allgemeine Physik" nennen, gehörten. In der späteren Zeit war eine*

---

wendung der Daten von Bestellung, Bezahlung oder Erhalt resultieren. Diese Ungenauigkeiten sollen nicht weiter stören, da sie sich über mehrere Jahre weitgehend neutralisieren (z.B.: 183+12+20=215). Der Silberrubel hatte einen Wert von 3,5-4 Papierrubel. Der damaligen Wochenzeitung Сѣверный Муравей (Nördliche Ameise) ist zu entnehmen, daß 1830-33 der Kurs von Silber- und Goldrubel zwischen 3,5 und 4 Rubeln lag, wobei der Kurs des Goldrubels stets um circa 15 Kopeken über dem des Silberrubels lag.

[104] Schulgin: Kurzer Bericht, S. 68-70. Einen Mellonischen Thermomultiplikator besaß auch die Akademie der Wissenschaften. In einem Schreiben an die Konferenz der Akademie vom 19.9.(1.10.)1834 erwähnt Parrot die Existenz eines *Nobili's u: Melloni's Thermomultiplicator* (AAH, 1-2-1834-26§468∗).

[105] Ab dem 31.12.1835(12.1.1836) war Lenz Universitätsprofessor.

[106] Д. Б. Гогоберидзе (D. B. Gogoberidse): Замечательный русский физик Э. X. Ленц (Der hervorragende russische Physiker E. Ch. Lenz). Вестник Ленинградского университета, 2 (1950), S. 27.

[107] Т. Д. Плетневъ (T. D. Pletnew): Первое двадцатипятилѣтие Санктпетербургскаго университета (Die ersten fünfundzwanzig Jahre der St. Petersburger Universität). Санкт-Петербург (1844), S. 213.

besondere Obacht im Umlauf bezüglich der Anschaffung von Geräten für jene Bereiche der Physik, welche in den vergangenen zehn Jahren vor anderen am meisten vervollkommnet worden sind. Zusammen sind die Geräte des Physikalischen Kabinettes jetzt fast 300, damals, bis zum Jahre 1836, waren sie weniger als 200. Für die Erklärung der Erscheinungen des Lichtes sind die meisten vorhanden - 60. Der Wert aller Instrumente übersteigt 7.200 Silberrubel.

Doch wie aus der auf Grigorjews Angaben basierenden Tabelle 3.13 hervorgeht, wurden nicht nur Optikinstrumente in größerer Zahl angeschafft, sondern vor allem Geräte für die damals sehr populäre Elektrodynamik. Somit stand dem Elektromagnetismusforscher Lenz ein wertvolles „zweites" Physikkabinett in St. Petersburg zur Verfügung.

Tabelle 3.13: Im Physikalischen Kabinett befindliche Geräte

(Geräte für die Physik ...)[108]	1836	1842
твердыхъ тѣлъ (der Festkörper)	22	23
жидкихъ тѣлъ (der flüssigen Körper)	19	21
газообразныхъ тѣлъ (der gasförmigen Körper)	38	43
теоріи звука (der Theorie des Schalls)	4	4
электростатики (der Elektrostatik)	36	41
электродинамики (der Elektrodynamik)	3	34
свѣта (des Lichtes)	31	59
магнетисма (des Magnetismus)	5	9
теплорода (der Wärmeerscheinungen)	27	39
физич. географіи (der physikal. Geografie)	2	4
всего (Summe)	187	277

3.4.3 Weitere Physikalische Kabinette in St. Petersburg

Außer den beiden oben behandelten gab es noch weitere Physikkabinette in der Newametropole. Für Lenz war jenes des Seekadettenkorps wichtig, da er

---

[108] Aus: В. В. Григорьевъ (W. W. Grigorjew): Императорскій С.Петербургскій университетъ въ-теченіе первыхъ пятидесяти лѣтъ его существованія (Die Kaiserliche St. Petersburger Universität im Verlauf der ersten 25 Jahre ihrer Existenz). Санкт-Петербургъ (1870), Anhang, S. 71.

seit dem 1.(13.)1.1835 auch als Physiklehrer der Offiziersklassen an diesem Institut tätig war und Anschaffungen für das Kabinett beantragen konnte. Nach Leshnjowa/Rshonsnizki wollte Lenz 1835 für das physikalische Kabinett des Seekadettenkorps 80 Geräte im Wert von insgesamt 12.846 Rubel anschaffen, jedoch wurden lediglich Geldmittel für den Kauf von 13 Geräten bewilligt.[109] In den von ihnen als Quelle angegebenen Dokumenten im Kriegsmarinearchiv fand ich zwar eine Geräteliste, in der 80 Geräte im Gesamtwert von 12.846 aufgeführt sind, jedoch ohne Namen, Datum oder Währungseinheit.[110] Auch eine zweite, ebenfalls in deutscher Sprache verfaßte Liste mit 13 Geräten im Wert von 1515 entbehrt leider jedweder Namens-, Datums- oder Währungsangabe.[111] Es wäre aber möglich, daß die Dokumente fälschlicherweise in die mit dem Jahre 1835 bezeichnete, im Archiv befindliche Mappe gelangt sind. Hingegen konnte ich die von Leshnjowa/Rshonsnizki an gleicher Stelle behauptete Anschaffung eines Clarkeschen Apparates für das physikalische Kabinett bestätigt finden. Am 24.12.1837(5.1.1838) wird ein solches Gerät im Wert von 400 Rubel erwähnt.[112]

Außerdem gab es in St. Petersburg das Physikalische Kabinett der Medizinisch-Chirurgischen Akademie. Pawlow schreibt über dessen Zustand zu Beginn des 19. Jahrhunderts: *Das Physikalische Kabinett der Medizinisch-Chirurgischen Akademie, welches über viele Jahre W. W. Petrow leitete, war von seiner Ausstattung damals das beste in Petersburg*[113].

Diese Aussage stimmt mit den Tatsachen kaum überein. Das Kabinett wird in der Literatur sonst nirgendwo erwähnt. Es ist deshalb anzunehmen, daß der in der sowjetischen Wissenschaftshistoriographie durchweg hochgelobte W. W. Petrow als Leiter des besten Physikkabinettes der Stadt vorgestellt werden sollte. Hier entdeckte Petrow das Phänomen des Lichtbogens. 1807 wurde er dann in die Akademie der Wissenschaften aufgenommen.

---

[109] Leshnjowa; Rshonsnizki: Lenz, S. 56.

[110] Российский государственный архив военно-морского флота (Russisches Staatsarchiv der Kriegsmarine), 432-1-2629-15f.

[111] АВМФ, 432-1-2629-13.

[112] АВМФ, 432-1-2859-1.

[113] Г. Е. Павлов (G. Je. Pawlow): Особенности организации науки в первой половине XIX в. (Besonderheiten der Organisation der Wissenschaft in der ersten Hälfte des 19. Jahrhunderts). В книге: Б. Д. Лебин (ред.): Очерки истории организации науки в Ленинграде 1703-1977. Ленинград (1980), S. 55.

4 Fallbeispiele

Nachdem der historische Kontext behandelt und die Rahmenbedingungen deutschsprachiger Physik im russischen Imperium dargestellt worden sind, sollen im Folgenden drei herausragende deutschsprachige Physiker als Fallbeispiele vorgestellt werden. Da Parrot, Jacobi und Lenz im Fokus meiner Arbeit stehen, sind ausführlichere Lebensläufe dieser Personen unerläßlich. Diese Biographien sind so knapp wie möglich und doch gleichzeitig mit einem hohen Maß an Vollständigkeit erstellt; sie haben deshalb in gewissem Maße den Charakter eines tabellarischen Lebenslaufes dieser wissenschaftshistorisch bedeutenden Persönlichkeiten.

Lebenslauf 95

4.1 Georg Parrot

4.1.1 Lebenslauf

George Frédéric Parrot[1] wurde am 5. Juli 1767 im damals württembergischen Mömpelgard (heute Montbéliard im Département de Doubs/Frankreich) geboren.[2] Er entstammte einem seit dem 18. Jahrhundert dort ansässigen Geschlecht, angeblich schottischen Ursprungs, und war das achtzehnte Kind des Chirurgen und späteren Bürgermeisters von Mömpelgard Jean Jaques Parrot[3] und dessen Frau Marie Marguerite (geborene Boigeol). Zu seiner Mutter, die ihm kurz nach der Geburt das Leben gerettet hatte,[4] pflegte er eine besonders innige Beziehung. An den Rigaer Bürgermeister Johann Christoph Schwartz schrieb Parrot im März 1803: *Der zärtlich religiösen*

---

[1] Vaga legt ausführlich dar, daß Parrot Franzose war und deshalb auch entsprechend zu prononcieren sei (V. Vaga: Zur nationalen Abstammung von G. F. Parrot (Zusammenfassung). In: K. Kudu: G. F. Parroti 200-ndale süüni-aastapäevale pühendatud teadusliku konverentsi materjale. Tartu (1967), S. 206f). Leider erklärt er nicht, warum Parrot im Russischen stets mit t geschrieben wurde, obwohl in Rußland stets nach Aussprache transkribiert wurde und wird.
Die dem 200. Geburtstag Parrots gewidmete Konferenz in Tartu konnte sich nicht auf eine „richtige" kyrillische Schreibweise Паррот oder Паppo einigen (Я. П. Страдынь (Ja. P. Stradyn): Конференция, посвященная 200-летию со дня рождения Г. Ф. Паррота (Die dem 200. Geburtstage G. F. Parrots gewidmete Konferenz). В: Из Истории естествознания и техники Прибалтики, Том I (VII), Рига (1968), S. 274).
Meiner Meinung nach kann sowohl die übliche russische Transkription als auch die in Rußland häufig anzutreffende unfranzösische Betonung des Namen „Parrot" auf dem Buchstaben „a" mit einer von Parrot selbst möglicherweise in den deutschsprachigen Ostseeprovinzen verwendeten „deutschen" Aussprache seines Namens erklärt werden. Dafür spricht die Tatsache, daß das russisch-französische Verhältnis nach der Französischen Revolution getrübt war und ein „deutscher Name" im Russischen Imperium weniger Anstoß erregte. Eine „fremde" Aussprache war kein Einzelfall und wurde z.B. auch von dem berühmten Physiker Joule verwandt, dessen Namen eigentlich seiner Abstammung gemäß schottisch prononciert werden müßte, jedoch bis in unsere Zeit der damaligen Mode entsprechend französisch ausgesprochen wird.
[2] Die Darstellung des Lebenslaufs folgt im wesentlichen dem Werk: Bienemann: Der Dorpater Professor, der ausführlichsten Parrotbiographie. Obwohl das Buch praktisch keine Angaben zu seinen Quellen enthält, wird es in der Forschung als Standardwerk betrachtet und zitiert.
[3] Engelhardt: Die Deutsche Universität, S. 26.
[4] Parrot war eine Frühgeburt und sehr schwach. *Nachdem in vierundzwanzig Stunden kein Lebenszeichen von ihm wahrgenommen worden, that man das Kindlein in eine Schachtel, es der Erde zu übergeben. Da verlangte die Mutter noch einmal nach ihm. Die Schachtel ward geöffnet - und das Kind schlug die Augen gegen die Mutter auf und schien zu lächeln* (Bienemann: Der Dorpater Professor, S. 11f., unter Berufung auf die Grabrede von Ed. v. Muralt).

Sorgfalt meiner liebevollen Mutter ... verdanke ich meine erste moralische Bildung, welche auf mein ganzes nachheriges Leben den größten Einfluß gehabt hat.[5]

An der Hohen Karlsschule in Stuttgart lernte er Deutsch. Es soll an dieser Stelle deutlich gemacht werden, warum Parrot, der zweifelsfrei ein Franzose und kein Deutscher war, in der vorliegenden Arbeit als deutschsprachiger Gelehrter behandelt wird: Er erlernte die deutsche Sprache früh und gründlich, *gab dem deutschen Volkstum und seiner Sprache stets die Ehre,*[6] lebte von 1782-1786 und von 1788-1826 in deutschsprachigen Ländern, bevorzugte im Russischen Imperium wahrscheinlich die deutsche Aussprache seines Namens,[7] publizierte viel auf Deutsch,[8] war der erste ständige Sekretär der deutschsprachigen „Livländischen gemeinnützigen und ökonomischen Societät" sowie der erste Rektor der deutschsprachigen Dorpater Universität und heiratete drei deutschsprachige Frauen. Sein Grab ist deutsch beschriftet und befindet sich auf einem lutherischen Friedhof. Und zudem spiegelte sich auch in Parrots physikalischen Ansichten seine Affinität zum deutschen Kulturraum wider. In der damals geführten Diskussion über das Grundgesetz der Elektrostatik (das spätere Coulombsche) vertrat er die, übrigens falsche, Ansicht deutscher Physiker, die elektrische Anziehung (oder Abstoßung) hänge nur einfach und nicht quadratisch vom Abstand ab. In Frankreich glaubte man an eine quadratische Abstandsbeziehung (Coulomb).

Jedoch hat Parrot seine Französischkenntnisse nicht verloren. Platon von Storch schreibt in seiner 1853 begonnenen Parrotbiographie über Parrots Sprachgebrauch: *Dennoch blieb die französische die Muttersprache, in welcher er, selbst in seinem hohen Alter, stets dachte und rechnete.*[9]

Parrot studierte in Stuttgart vom 10.5.1782 an Kameralwissenschaften, Mathematik und Physik, unter anderem beim Mathematiker Johann Jakob Moll und dem Philosophen Johann Christoph Schwab.[10] Außerdem lernte er bei Professor Uriot die französische Hochsprache.[11] Am 2. April 1786 wurde

---

[5] Ebenda, S. 12.

[6] Ebenda, S. 32; siehe auch Abschnitt 2.1.2 der vorliegenden Arbeit.

[7] Siehe Anm. 1.

[8] Siehe seine Werke im Literaturverzeichnis.

[9] Latvijas Valsts Vēstures Archīvs (Lettisches Staatliches Historisches Archiv), 7350-1-15-30.

[10] C. Grau: Wissenschaftsorganisation im Umfeld der Französischen Revolution. Russisch-deutsch-französische Kontakte im Wirken von G. F. Parrot und G. Cuvier. Jahrbuch für Geschichte der sozialistischen Länder Europas, 33, Berlin (1989), S. 67.

[11] In Mömpelgard wurde ein Dialekt (*jargon de patois*) gesprochen (Bienemann: Der Dorpater Professor, S. 6, 32).

Parrot aus der Hohen Karlsschule entlassen. Er verzichtete auf die Promotion, um eine Erzieherstelle in der Normandie anzutreten. Auf dem Weg dorthin lernte er bei einem Zwischenaufenthalt in Karlsruhe die Professorentochter Susanne Wilhelmine Lefort kennen und verlobte sich mit ihr.
Von 1786 bis 1788 war er Hauslehrer beim Grafen d'Héricy auf Schloß Fiquainville,[12] fünfzig Kilometer von Caën[13] entfernt. In Frankreich fühlte Parrot *sich doch ganz als Deutscher und Württemberger*[14]. Nach dem Tode Professor Leforts ging er nach Karlsruhe, um der Familie seiner Verlobten beizustehen; im April 1789 heiratete er Susanne Wilhelmine. Im Januar 1790 wurde sein Sohn Wilhelm Friedrich und im November 1791 Johann Jakob Wilhelm Friedrich (1791-1841), der spätere Erstbesteiger des Ararat und Physikprofessor in Dorpat, geboren.
Parrot gab in dieser Zeit als Mathematiklehrer Privatstunden, zunächst in Karlsruhe und, nach seinem Umzug Anfang 1792, in Offenbach. Nachdem der Markgraf von Baden ihn zum Professor ernannt hatte, erteilte ihm der Landesherr, Fürst Wolfgang Ernst zu Offenburg-Büdingen, am 30. Januar 1792 *die Erlaubnis zu mathematischen, physikalischen und anderen Vorlesungen und Unterricht*, die ihm jedoch keine Anstellung brachte. Er entschloß sich daher, die ihm angetragene Erziehung eines Sohnes einer vornehmen Familie in Livland anzunehmen. Den Grund beschreibt Bienemann: *In Deutschland, das er als sein Vaterland betrachtete, wollte sich keine Stellung für ihn finden; nach Frankreich, zumal während des auf ihm lastenden Schreckensregiments, zurückzukehren, scheint ihm nimmer in den Sinn gekommen zu sein*[15].
Auf der Reise nach Livland verstarb seine Frau im Dezember 1793 in Bayreuth.
Im selben Jahr 1793 beschäftigte sich Parrot mit dem Nachweis der Unmöglichkeit, ein Perpetuum mobile zu konstruieren. Über die Konstruktion eines

---

Vier weitere Parrots waren an dieser Bildungsanstalt zwischen 1770 und 1794 immatrikuliert, unter ihnen auch sein Bruder Johann Leonhard Parrot (Grau: Wissenschaftsorganisation, S. 67).

[12] Parrots Freund Georges Cuvier wurde dort später sein Nachfolger (Grau: Wissenschaftsorganisation, S. 68).

[13] Cuvier schreibt 1788 an Pfaff, daß Caën wohl jene Stadt in Frankreich sei, in der der Adel *am häufigsten und reichsten ist (Paris ausgenommen)* (Bienemann: Der Dorpater Professor, S. 30f).

[14] Ebenda, S. 32. Als Selbstzeugnis für Parrots Deutschfreundlichkeit siehe Abschnitt 2.1.2 Anm. 25.

[15] Ebenda, S. 50.

solchen Gerätes wurde damals viel gesprochen.[16]

Er verließ Franken, nachdem er im Frühjahr 1795 ein zweites Angebot aus Livland bekommen hatte. Der spätere russische Reichsgraf Karl von Sivers wünschte ihn zur Erziehung seiner beiden jüngsten Söhne im Alter von dreizehn und neun Jahren auf Schloß Wenden und Alt-Ottenhof. Mit seinen Söhnen schiffte sich Parrot nach Riga ein.[17]

In Riga näherte er sich den „Liberalen" unter der örtlichen Intelligenz, was für die Organisation der Dorpater Universität später wichtig werden sollte. Anonym sandte Parrot dem Livländischen Landtag die Schrift: „Über eine mögliche ökonomische Gesellschaft in und für Liefland", in der er auf die schlechte Lage der Landwirtschaft aufmerksam machte. Unter dem erheblichen Einfluß dieser Schrift beschloß der Landtag, eine solche Gesellschaft zu gründen, und wählte Parrot zu ihrem ständigen Sekretär.[18]

Nach seiner Verlobung mit Amalie von Hausenberg aus dem benachbarten Neu-Ottenhof wurde Parrot ständiger Sekretär der „Livländischen gemeinnützigen und ökonomischen Societät" mit Sitz in Riga.[19] Am 24.2.(6.3.) 1796 heirateten die beiden dort.[20]

Zu seinen Erfindungen auf dem Gebiete der Landwirtschaft zählten die vervollkommnete Dreschmaschine, der Riegenofen, der Stubenofen mit Wärmeröhre, der Häckselschneider und die verbesserte Feuerspritze. Nachdem er die am 16.(28.)10.1800 angebotene Professur der „gemischten" Mathematik und der Kriegswissenschaften an der Universität Dorpat abgelehnt hatte, bekam er am 10.(22.)12.1800 die förmliche Vokation für die von ihm gewünschte Professur der reinen und angewandten Mathematik.[21] Am 12.(24.)4.1801 erhielt er noch aus Königsberg das Diplom eines Doktors der Philosophie, bevor er im Mai nach Dorpat übersiedelte, wo er vom 25.11.(7.12.)1801 bis zur Eröffnung der Dorpater Universität am 21.4.(3.5.)1802 Privatvorlesun-

---

[16] Ebenda, S. 46f.

[17] Am 28. April 1795 wurde Parrots preußischer Reisepaß, der für den Professor und seine beiden Söhne galt, vom König Friedrich Wilhelm signiert. Er existiert noch in Riga (LVVA 7350-1-3-201).

[18] Я. П. Страдынь (Ja. P. Stradyn): Академик Г. Ф. Паррот и его деятельность в Риге (Das Akademiemitglied Parrot und seine Tätigkeit in Riga). В: Из Истории естествознания и техники Прибалтики, Том I (VII), Рига (1968), S. 107f.

[19] Sein jährliches Gehalt wurde auf 500 Taler bei freier Wohnung festgesetzt (Bienemann: Der Dorpater Professor, S. 65).

[20] Die Ehe blieb kinderlos. Die Umschreibung „einer liebevollen Gattin und Mutter" auf Amalies Grab muß wohl im Sinne von ‚Stiefmutter' von Parrots Kindern aus erster Ehe verstanden werden.

[21] Dies geschah nach der Ablehnung des dafür zunächst vorgesehenen Professors Beitler am 31.10.(12.11.)1800 (Bienemann: Der Dorpater Professor, S. 86).

gen über populäre Mechanik gab.²² Am 24.4.(6.5.)1802 wurde Parrot Dekan der Philosophischen Fakultät.²³ Mit einer idealistischen Rede begründete er am 22.5.(3.6.)1802, nur einen Monat nach der Eröffnung der Dorpater Universität, ein Freundschaftsverhältnis zu dem anwesenden Zaren Alexander I. Am 28.6.(10.7.)1802 wurde Parrot zum Prorektor für das künftige volle Amtsjahr (ab dem 1.(13.)8.1802) gewählt.²⁴ Er übernahm die Physikprofessur, die er bis zu seiner Emeritierung innegehabt hat.²⁵

Am 5.(17.)10.1802 reiste der Gelehrte nach St. Petersburg und wurde am 26.10.(7.11.)1802 erstmals vom Zaren zu einer Audienz empfangen. Er erreichte, daß Alexander ihm am 12.(24.)12., des Zaren 25. Geburtstag, eine Fundationsurkunde der Dorpater Universität unterzeichnete, welche eine Umwandlung der Landeshochschule in eine Reichsanstalt vorsah, und empfing diese bei seiner Abschiedsaudienz am 15.(27.)12.1802. Am 21.12.1802 (2.1.1803) traf Parrot wieder in Dorpat ein und wurde am folgenden Tag vom akademischen Rat einstimmig in das neugeschaffene Amt des Rektors gewählt. Am 9.(21.) Mai 1803 lehnte er seine Wiederwahl ab, ließ

---

²² In der Zwischenzeit war der Sitz der Universität durch „Namentlichen Befehl" vom 25.12.1800(6.1.1801) nach Mitau, und durch ebensolchen vom 12.(24.)4.1801 wieder zurück nach Dorpat verlegt worden (ebenda, S. 101f). Letzteres geschah durch den neuen Zaren Alexander I.
Parrot und Morgenstern wohnten *am Großmarkt nicht weit voneinander*, wobei Parrot *näher dem Embach in C.M.Lilienfelds Hause (heute Raekoje plats 6 und 18)* wohnte (I. Loosme; M. Rand: Georg Friedrich Parroti ja Karl Morgensterni kirjavahetus 1802-1803. Briefwechsel zwischen Georg Friedrich Parrot und Karl Morgenstern 1802-1803. Tartu (1992), S. 18). Der gebürtige Magdeburger Karl Morgenstern (1770-1852) wurde später Professor in Dorpat und Direktor der Universitätsbibliothek.
²³ Российский государственный исторический архив (Russisches staatliches historisches Archiv), 733-56-387-4f. Die zitierte Quelle ist ein formalisierter Lebenslauf (hier Послужной списокъ, meistens jedoch формулярный списокъ о службѣ и достоинствѣ genannt). Solch ein Dokument besteht aus mehreren geknickten Folioblättern, in die gemäß eines vorgedrucken Schemas die Lebensdaten der Person einzutragen waren. Der hier zitierte Lebenslauf ist vom damaligen Kurator des Dorpater Lehrbezirks Graf Karl Lieven, dem späteren Volksaufklärungsminister und Fürsten, unterzeichnet.
²⁴ Am 30.3.(11.4.)1802 war zunächst Ewers als provisorischer Prorektor für die Zeit bis zum Beginn des ersten „richtigen" Semesters gewählt worden. In „seinem" kurzen Semester vom 1.(13.)5.-1.(13.)7.1802 sollten nur methodologische und enzyklopädische Inhalte in den Vorlesungen vorkommen (Bienemann: Der Dorpater Professor, S. 111).
²⁵ Vorher war er Dekan der Philosophischen Fakultät! Als Physikprofessor begründete er ein Physikalisches Laboratorium in Dorpat. Von den 445 Instrumenten dieses Laboratoriums konstruierte Parrot 67 selbst (P. K. Prüller: G. F. Parrot - Physicist and First Head of the Chair of Physics of Tartu University (Summary). In: K. Kudu: G. F. Parroti 200-ndale süüni-aastapäevale pühendatud teadusliku konverentsi materjale. Tartu (1967), S. 92).

sich jedoch am 8.(20.)6.1803 zum Dekan der „naturwissenschaftlichen und technologisch-ökonomischen Klasse" wählen.[26]

Parrots zweite St. Petersburgreise ließ ihn im Sommer 1803 drei Monate in der russischen Metropole verweilen, bevor er am 18.(30.)9.1803 wieder Dorpat erreichte. Abermals durch Audienzen beim Zaren erreichte er diesmal die Annahme der Universitätsstatuten und -gesetze.

Zwischenzeitlich wurde er am 1.(13.)8.1803 wieder zum Dekan der Philosophischen Fakultät gewählt.[27] Als der Zar am 16.(28.)5.1804 zum zweiten Mal die Universität besuchte, wurde Parrot eine weitere Audienz gewährt. Am 30.5.(11.6.)1804 wurde der Physiker zum Mitglied der Schulkommission gewählt.[28] Von Anfang 1805 bis Ende Mai 1805 weilte er abermals in St. Petersburg sowie kurze Zeit in Wiborg, wo er eine Schulrevision durchführte. In St. Petersburg hatte er drei oder vier Audienzen beim Zaren, erreichte finanzielle Zusagen für die Universität und die Annahme seines Planes für die Kirchspielschulen; er versprach dem Zaren, sich um das Amt des Rektors zu bewerben, um neuerliche studentische „Unordnungen" abzuwenden, nachdem solche den Monarchen verärgert hatten.[29] Am 31.5.(12.6.)1805 wurde Parrot in Dorpat mit 15 gegen 6 Stimmen zum Rektor gewählt.

Im Januar 1806 fuhr er für drei Wochen privat nach St. Petersburg, *um dort einzig seiner ihn völlig erfüllenden Freundschaft zu leben.* Dort wurde er von Alexander empfangen.[30]

Schulangelegenheiten waren der Grund für Parrots vierte offizielle Reise in die Hauptstadt, die er im Dezember 1806 antrat. Sie dauerte drei Monate. Er wurde mindestens zwei Mal (27.12.(8.1.) oder 28.12.(9.1.) und 9.(21.)3.) vom

---

[26] Er hat zudem drei weitere Male das Dekanat bekleidet, nämlich 1808/09, 1813/14 und 1817/18 (Bienemann: Der Dorpater Professor, S. 201).

[27] ИА, 733-56-387-4f.

[28] Ebenda.

[29] Bienemann: Der Dorpater Professor, S. 224-231. Bienemann schreibt: *Welche Vorgänge den Ausbruch des Unwillens in der Universität so wohlgesinnten Monarchen hervorgerufen, vermag ich nicht anzugeben. Es verlautet von Ausschreitungen am 3. März, die an den Kaiser gelangt wären, infolge deren Rektor Gaspari sein Amt niederzulegen bereit ist; ob jene zusammenfallen mit dem in der Wohnung des stud.* Graf Otto Rehbinder *verübten Exzeß und worin dieser bestanden - das bleibt alles im Dunkeln* (S. 228). Hervorhebung von „stud." durch Bienemann. Der 3. März entspricht dem 15. März nach dem Gregorianischen Kalender.

[30] Ebenda, S. 233, 265. Bemerkenswert ist in diesem Zusammenhang die Tatsache, daß ein früherer Audienztermin aufgrund einer unglaublich großen Verspätung Parrots nicht zustande kam. Der Zar schrieb: *Ich habe Sie von 7 - 8 1/4 erwartet. Andere Beschäftigungen verhindern mich, es noch länger zu thun* (S. 264).

Zaren empfangen sowie mit dem Wladimir-Orden 4. Klasse ausgezeichnet.[31]
Am 2.(14.)7.1807 traf Alexander (von Tilsit über Riga kommend) Parrot auf der Poststation in Wolmar.[32]
In einem nie abgesandten Briefentwurf vom 15.(27.)7.1807 forderte der Physiker den Zaren auf: *Machen Sie mich zu Ihrem Privatsekretär, um Sie in Ihrer Arbeit zu unterstützen*[33].
Am 1.(13.)8.1808 wurde er abermals zum Dekan der Philosophischen Fakultät gewählt.[34] Am 3.(15.)9.1808 fuhr Alexander durch Dorpat. Im Januar 1809 reiste Parrot privat nach St. Petersburg, *nun ganz von Reichsangelegenheiten, in denen er dem kaiserlichen Freunde zu dienen gedachte, eingenommen*[35]. Am 25.1.(6.2.) und 31.1.(12.2.)1809 hatte er Audienzen beim Zaren, und am 2.(14.)2.1809 verließ der Professor wieder die Stadt.
Am 2.(14.)10.1810 traf er abermals in St. Petersburg ein. Diesmal blieb er circa zwei Wochen, wurde vom Zaren empfangen und schrieb seine Ratschläge am 15.(27.)10.1810 im *„Mémoire secret, très secret"* zusammen, *das unter allen seinen Denkschriften vielleicht die bedeutendste, in seinem diplomatischen und militärischen Teile mehr zur Wirkung gelangt ist als irgend eine andere. Die gegenüber der Pforte und Schweden empfohlene Politik ist ihrer Zeit genau so befolgt, die Ratschläge hinsichtlich Polens erscheinen als Keimzellen der in den Briefen des Kaisers an Czartoryski optimistisch entwickelten Pläne. Das weitaus Merkwürdigste in der Denkschrift ist aber ihr vierter Abschnitt über die Kriegführung. ... Erst Parrots handschriftlicher Nachlaß giebt vom genialen Strategen, der im Physikprofessor steckte, verspätete Kunde*[36].

---

[31] Ebenda, S. 237f., 269-272.

[32] Ebenda, S. 271-274.

[33] Ebenda, S. 274-277. Interessant ist, daß Bienemann 1894 noch glaubte, der Brief sei abgesandt worden. Sein Ansinnen sah der Zarenberater selbst als eine Art Opfer an. Bienemann fährt (1894) fort: *Alexander hat das Opfer abgelehnt, wohl nicht nur aus Freundschaft für Parrot, sondern, weil ihm der Gegner des Bündnisses mit Napoleon in seiner unmittelbaren Nähe unbequem gewesen wäre. Je gespannter das Verhältnis zum Alliirten wurde, desto mehr trat der alte Vertraute in die gewohnten Rechte* (F. Bienemann: Aus dem Briefwechsel Georg Friedrich Parrots mit Kaiser Alexander I. DRNL, 4 (1894), S. 326).

[34] ИА, 733-56-387-5f.

[35] Bienemann: Der Dorpater Professor, S. 246. Parrots Anliegen waren: sein Feldtelegraf, das Umschmelzen der Kupfermünze, eine notwendige Änderung im Ministerium der Volksaufklärung, die Entscheidung über die Kirchspielschulen und die Bitte, dem Generalsuperintendenten Sonntag das Gut Kolberg zu überlassen.

[36] Ebenda, S. 286-288. Das „Mémoire secret, très secret" ist im Anhang dieser Arbeit aufgeführt. Parrot rät in ihm, die Weite Rußlands zu nutzen, wie es schließlich 1812 auch

Am 4.(16.)12.1811 wurde er korrespondierendes Mitglied der St. Petersburger Akademie der Wissenschaften.[37]

Am 30.12.1811(11.1.1812) traf Parrot abermals in St. Petersburg ein. Dem Zaren schrieb er: *Außer den Sachen, die die Universität Dorpat und das Unterrichtswesen betreffen, wollte ich Ihnen die Telegrafen zustellen, die fast über meine Erwartung gelungen sind*[38]. Er hatte diesmal wieder mehrere Audienzen bei Alexander, darunter auch, in der Nacht vom 15.(27.) auf den 16.(28.)3.1812, die letzte in seinem Leben.[39]

Am 1.(13.)8.1812 trat Parrot wieder das Amt des Rektors der Dorpater Universität und am 1.(13.)8.1813 erneut das Amt des Dekans der Philosophischen Fakultät an.[40] Am 16.(28.)8.1814 kam er ein weiteres Mal nach St. Petersburg, wurde aber nicht empfangen. Am 12.(24.)12.1815 reiste er abermals in die Hauptstadt und blieb bis Anfang Februar dort, ebenfalls erfolglos.

Am 1.(13.)8.1817 trat Parrot wieder das Amt des Dekans der Philosophischen Fakultät an, und am 27.11.(9.12.)1819 wurde er zum Staatsrat ernannt.[41] Im Mai 1820 erhielt er vom Zaren für die Erfindung eines Telegrafen 15.000 Rubel als „Belohnung".[42] Am 5.(17.)11.1821 verließ der Physiker

---

(ungeplant) geschah.

In seiner „Ansicht der Gegenwart und der nächsten Zukunft" prognostiziert Parrot 1814 sogar die Durchsetzung der heute so genannten „Allgemeinen Wehrpflicht". Diese Schrift gibt den Inhalt seiner Rede, gehalten am 10.(22.)2.1814 beim Rektoratswechsel an der Dorpater Universität, wieder: *Der auf lange begründete Friede wird zunächst die Ueberzeugung bewürken, dass jene colossalen stehenden Heere, welche die Wohlfahrt des Landes und die Ruhe der Nachbarn untergraben, nicht die Schutzwehre des Staats sind, sondern seine Plage und der mächtigste Hebel des Eroberers. Dieser Krieg lehrt uns zum zweitenmale, was die Französische Revolution uns schon klar gezeigt hatte, dass jede Nation in sechs Wochen bewaffnet und geübt werden und Heldenschlachten liefern kann. Man wird die grosse[n] Armeen in kleine Massen verwandeln, die der plötzlich gewaffneten Nation zum Muster und Vereinigungspunkte dienen; jeder Bürger wird Soldat seyn. Ohne sein friedliches Gewerbe zu verlassen, wird jeder Jüngling sich freudig in den Waffen üben, um im Nothfalle, beim Rufe des Vaterlandes, zur Rettung zu eilen* (G. F. Parrot: Ansicht der Gegenwart und der nächsten Zukunft. Dorpat (1814), S. 23).

[37]Г. К. Скрябин (G. K. Skrjabin): Академия наук СССР (Die Akademie der Wissenschaften der UdSSR). 250 лет 1724-1974. Персональный состав, книга 1, 1724-1917, Москва (1974), S. 39.

[38]Brief vom 25.1.(6.2.)1812 in: Bienemann: Der Dorpater Professor, S. 291f.

[39]Hierauf wird in Abschnitt 4.1.6 ausführlich eingegangen.

[40]ИА, 733-56-387-5f.

[41]Ebenda.

[42]ИА, 733-56-387-6f.

die Schulkommission.[43] Sein Sohn Johann Jakob Wilhelm Friedrich wurde in diesem Jahr erster Inhaber des neugegründeten Lehrstuhls für Physiologie und Pathologie in Dorpat.

Im Januar 1825 fuhr Georg Parrot abermals nach St. Petersburg, wo er bis zum 22.2.(6.3.)1825 blieb, ohne jedoch Alexander wiederzusehen. Er reiste in die Hauptstadt, um *neben wichtigeren Geschäften doch auch die Eisenmassen zum Gehäuse des Frauenhoferschen Riesenrefraktors für die Dorpater Sternwarte unter seinen Augen gießen zu lassen*[44].

Der Gelehrte erbat bei Alexander seine Emeritierung zum 10.(22.)12.1825, dem 25jährigen Jubiläum seiner Tätigkeit als ordentlicher Professor. Am 19.11.(1.12.)1825 starb Alexander in Taganrog. Parrot erfuhr dies am 30.11.(12.12.)1825. Am 26.1.(7.2.)1826 genehmigte der neue Zar Nikolaus I. Parrots Emeritierung mit einer Jahrespension von 5000 Bankorubel.

Sein Sohn Johann Jakob Wilhelm Friedrich Parrot übernahm die Professur, während Georg Friedrich am 26.4.(8.5.) einstimmig zum Mitglied der Akademie der Wissenschaften in St. Petersburg berufen wurde,[45] in der er ordentlicher Akademiker für angewandte Mathematik war.[46]

Am 3.(15.)9.1827 wurde in der Versammlung des Organisationskomitées für die Lehreinrichtungen (засѣданіе Комитета устройства учебныхъ заведеній) das durch Staatssekretär Bludow vorgelegte Parrotsche Schriftwerk „Mémoire sur les universités de l'interieur de la Russie" behandelt.[47] Parrot forderte, russische Professoren durch Studium in Dorpat und anschließenden Auslandsaufenthalt auszubilden. In abgeschwächter Form wurde dieses Projekt als „Professoreninstitut" verwirklicht.

Am Ende des Jahres 1827 wurde ihm zum 25jährigen Universitätsjubiläum die Ehrendoktorwürde der Medizin verliehen.[48]

Im Jahre 1829 wurde für Parrot eine Wohnung im Hauptgebäude der Aka-

---

[43] Ebenda.

[44] Bienemann: Der Dorpater Professor, S. 253, 308f., 320.

[45] S. Kutorga (Censor): Die goldene Hochzeit-Feier von Georg Friedrich Parrot und Amalie Helene v. Hausenberg am 24. Februar 1846. St. Petersburg (1846), S. 9. Das Feierdatum entspricht dem 8.3.1846 gemäß dem Gregorianischen Kalender.

[46] Skrjabin: Die Akademie, S. 39.

[47] Е. В. Пѣтуховъ (Je. W. Petuchow): Императорскій Юрьевскій, бывшій Дерптскій, университетъ за сто лѣтъ его существованія (1802-1902) (Die Kaiserliche Jurjewsche, ehemals Dorpater, Universität nach hundert Jahren ihrer Existenz (1802-1902)). Томъ 1: Первый и второй періоды (1802-1865). Юрьевъ (1902), S. 486.

[48] П. К. Прюллер (P. K. Prüller): Физики Тартуского университета и Петербургская академия наук (Physiker der Tartuer Universität und die Petersburger Akademie der Wissenschaften). В книге: П. В. Мюрсепп (сост.): Петербургская Академия наук и Эстония. Таллин (1978), S. 47.

demie der Wissenschaften eingerichtet.⁴⁹

Am 24.3.(5.4.)1830 wechselte er innerhalb der Akademie in die physikalische Fakultät.⁵⁰ Seine einzige Privataudienz bei Nikolaus I. hatte der Physiker am 16.(28.) Dezember 1833.⁵¹ Akademiemitglied blieb er bis zu seinem Ausscheiden am 29.11.(11.12.)1840; am 29.12.1840(10.1.1841) wurde er zum Ehrenmitglied ernannt.⁵² Ab dem 19.2.(2.3.)1848 betrug Parrots Pension 1429,60 Silberrubel.⁵³ Nach dem Tod seiner Frau Amalie Helene am 22.2.(6.3.)1850 heiratete er noch einmal. Seine dritte Frau hieß Caroline.⁵⁴

Am 8.(20.) Juli 1852 verstarb er kurz vor seinem 85. Geburtstag in Helsingfors, elf Jahre nach dem Tod seines Sohnes Johann Jakob Wilhelm Friedrich. Parrot wurde am 24.9.(6.10.)1852 auf dem Smolensker Lutherischen Friedhof in St. Petersburg beigesetzt.⁵⁵

---

⁴⁹ИА, 733-12-389-11. Das Dokument ist ein Zaren-Ukas vom 17.(29.)7.1829 an den Volksaufklärungsminister Lieven.

⁵⁰Ostrowitjanow, Die Geschichte der Akademie, Bd. 2, Heft 3, Teil 4 (1961), S. 1505 und: Skrjabin: Die Akademie, S. 39.

⁵¹F. Bienemann: Ein Freiheitskämpfer unter Kaiser Nikolaus I. DRNL, 1 (1895), S. 100f.

⁵²Ostrowitjanow: Die Geschichte der Akademie, Bd. 2, Heft 3, Teil 4, S. 1505.

⁵³ИА, 733-56-387-65.

⁵⁴Möglicherweise Caroline Fahl, eine nahe Verwandte seiner zweiten Ehefrau, die sie im Kindesalter adoptiert hatte (Kutorga: Die goldene Hochzeit-Feier, S. 10f. Das Feierdatum entspricht dem 8.3.1846 des Gregorianischen Kalenders.)

⁵⁵Caroline Parrot schickte Jacobi eine gedruckte Einladungskarte: *Indem ich mit tiefer Betrübniss Ihnen hiermit anzeige dass mein innig verehrter Gatte Georg Friedrich Parrot, im 85-sten Lebensjahre, am 8-ten Juli d. J. zu Helsingfors sanft entschlummert ist, ersuche ich Sie der Bestattung seiner irdischen Hülle auf dem smolenker Friedhofe aus der Capelle daselbst, am 24 September um 10 Uhr Morgens, beizuwohnen* (AAH, 187-2-383-1). Das Grab trägt eine granitene Säule, die auf einem quadratischen Sockel steht. Auf der Säule stand früher vermutlich eine Skulptur. Auf der linken Seite des Sockels befindet sich die Inschrift: *Georg Friedrich Parrot geb. zu Mömpelgart den 23 Juni 1767 gestorben Helsingfors den 8 Juli 1852 Alt 85 Jahre und 15 Tage.* Auf der Vorderseite steht geschrieben: *Erster Rector und emeritirter Professor der Universität Dorpat Mitglied der Kaiserlichen Akademie der Wissenschaften Wirklicher Staatsrath und Ritter.* Auf der rechten Seite des Sockels findet sich die Inschrift: *Hier ruhet die irdische Hülle einer liebevollen Gattin und Mutter der Wirklichen Staatsräthin Amalie Helene Parrot geb. von Hausenberg geboren den 16 Januar 1777 gestorben den 22 Februar 1850.* Alle Daten folgen dem Julianischen Kalender. Der Unterschied zum Gregorianischen Kalender betrug im 18. Jahrhundert 11 Tage und im 19. Jahrhundert 12 Tage. Bei der Rückrechnung des Geburtsdatums von Parrot hat man sich verrechnet. Der 5.7.1767 entspricht nämlich dem 24.6.1767. Hier wurde nicht bedacht, daß die Kalender sich im 18. Jahrhundert nur um 11 Tage unterschieden. Die Rückseite des Sockels ist unbeschriftet. Es fällt auf, daß die Beschriftung der Seiten schlechter zu lesen ist als jene der Vorderseite.

4.1.2 Parrots Übersiedlung in das Russische Imperium

Der Grund dafür, daß Parrot Frankreich und Deutschland den Rücken kehrte, um nach Livland zu gehen, wurde bereits im Lebenslauf aus einem Zitat Bienemanns deutlich. In Deutschland fand er keine angemessene Arbeit, und in Frankreich herrschte ein ihn abschreckendes Regime.[56]

Daß er in Deutschland keine Anstellung fand, verwundert nicht, sondern ist geradezu typisch für die „Akademikerarbeitslosigkeit" im deutschsprachigen Teil Mitteleuropas. Schon Leonhard Euler verließ seine Schweizer Heimat, um eine Stelle in St. Petersburg anzunehmen.

Aufschlußreich ist Parrots Ablehnung des damaligen französischen Regimes. Das erste Angebot aus Livland bekam er zu einem Zeitpunkt, als in Frankreich gerade Ludwig XVI. enthauptet worden war (Hinrichtung am 21.1.1793), die Girondisten durch die Montanisten ausgeschaltet und hingerichtet worden waren (31.5.-2.6.1793) und Robespierre im Wohlfahrtsausschuß, der nun das zentrale Exekutivorgan bildete, die Führung übernahm (seit dem 27.7.1793 Mitglied des Wohlfahrtsausschusses). Parrot folgte dem Angebot,[57] brach aber nach dem Tod seiner Frau die Weiterreise noch in Deutschland ab. Nachdem Robespierre am 10.6.1794 mit dem „Grande Terreur" begann, nahm Parrot im folgenden Frühjahr ein zweites Arbeitsangebot aus Livland an.

Es bleibt fraglich, ob sich Parrot auch zu anderen Zeitpunkten als diesen grausamen Höhepunkten der Französischen Revolution dazu entschlossen hätte, so weit nach Osten zu ziehen.[58] Eine Rückkehr in seine Geburtsstadt wurde durch die Auswanderung nach Livland schließlich sehr unwahrscheinlich. Hätte er allein wegen seiner Affinität zum deutschen Kulturkreis dieses Opfer erbracht? Diese Frage kann niemand mehr sicher beantworten. Tatsache ist jedenfalls, daß Parrot fortging, als in Frankreich der Schrecken herrschte. Die Französische Revolution hatte die livländischen Angebote at-

---

[56] Bienemann: Der Dorpater Professor, S. 50. Diese Aussage bezieht sich auf das Jahr 1793.

[57] Storch terminiert Parrots Annahme des Angebotes wie folgt: *Im October 1793 verließ er Offenbach* (LVVA, 7350-1-15-29).

[58] Es muß hier zwischen den Idealen und den Schrecken bzw. Auswirkungen der Französischen Revolution unterschieden werden. Ersteren war Parrot möglicherweise zugewandt. Grau schreibt: *In Berücksichtigung des territorialen und geistigen Umfeldes, in dem Parrot nach der Französischen Revolution lebte, seines Bildungsganges und seines Wirkens in Rußland nach 1795 kann nicht ausgeschlossen werden, daß er zu den Sympathisanten der Französischen Revolution gehörte, wenngleich Beweise dafür bisher noch fehlen* (Grau: Wissenschaftsorganisation, S. 70).

traktiver gemacht. Die Beziehung zwischen Parrot und Zar Alexander macht deutlich, daß der Physiker nicht nur die Jakobinerherrschaft scharf ablehnte, sondern auch Napoleon Bonaparte.[59]
Mit seinem Fortgang ins Russische Imperium ließ Parrot offensichtlich auch weitgehend seine Beziehungen und Bindungen an „Europa" hinter sich. Seine deutsche Frau war gestorben, und das Ancien régime in Paris existierte nicht mehr. Bereits am 24.2.(6.3.)1796 heiratete Parrot eine Deutsch-Baltin. Womöglich verdrängte er von nun an seine Vergangenheit. Es sind praktisch keine persönlichen Beziehungen zwischen Parrot und Privatpersonen im Westen bekannt. Auch hatte Parrot keine nennenswerten Verbindungen zu ausländischen wissenschaftlichen Institutionen, während Jacobi und Lenz jeweils mehrfach zu korrespondierenden Mitgliedern anderer Akademien gewählt wurden.[60] Parrot blickte nicht zurück, sondern wandte schon nach wenigen Jahren seinen Blick noch weiter nach Osten, nach St. Petersburg, wo Alexander I. zu einem Fixpunkt seines Lebens wurde.

4.1.3 Lehrer und Physikprofessor

Parrot als Pädagoge

Als Lehrer und Pädagoge vertrat Parrot sehr liberale und seiner Zeit teilweise weit vorauseilende Ansichten. Er forderte junge Lehrer, die die Leidenschaften der Schüler auf „das Gute" richten sollten. Hierbei hätten sie auf die individuellen Eigenschaften des Schülers einzugehen.
Im Jahre 1793 erschien in Frankfurt am Main ein 54 Seiten umfassendes Werk Parrots unter dem Titel: *Esprit de l'éducation ou catéchisme des pères et des instituteurs.*[61]
Bienemann gibt die in dieser Arbeit formulierten Ansichten wieder: *Da die Erziehung eine sehr schwere Sache ist, müsse sie, meint man gewöhnlich, bejahrteren Personen von Erfahrung anvertraut werden. „Das ist nicht richtig", sagt Parrot. „Der Erzieher, der Lehrer, muß ein junger Mann sein, wenn er sich nicht auf das Stundengeben beschränken will. Nie wird ein Graubart das Vertrauen des Zöglings erlangen, … " … Die sittliche Erziehung hat zum Ziel die Lenkung der Leidenschaften durch die Bildung des Geistes. Auf die Anschauung von der gleichen Geneigtheit des Menschen zum Guten, wie zum Bösen und von seinem freien lenkbaren Willen gestützt,*

---

[59]Siehe Abschnitt 4.1.6.
[60]Siehe Abschnitte 4.2.1 und 4.3.1 (Lebensläufe).
[61]Bienemann: Der Dorpater Professor, S. 47.

ist Parrot der Meinung, die Leidenschaften nicht auszurotten, sondern sie auf das sittliche Gute, auf die Liebe zur Ordung zu richten.[62]
Weiter heißt es bei Bienemann: *Seine eigentliche Unterrichtsmethode gipfelt in der größtmöglichen Anpassung an die Individualität des Schülers und im Bestreben, ihn, was er lernen soll, liebgewinnen zu lassen. Vorbild ist ihm auch hier die Natur: sie redet zu jedem in seiner Sprache, nach seinem Verständnis, sie fesselt jeden nach seiner Weise; sie zwingt keinem eine Wahrnehmung auf, für die er noch nicht reif ist. So soll der Lehrer sein. Diese Methode verlangt nicht nur die Sorgfalt des Lehrers - das ganze Haus, Eltern, Verwandte, Freunde, Dienstboten müssen zu ihrer Vollendung mitwirken; alle werden Erzieher, sobald sie sich dem Zögling nähern.*[63]
Diese auf Individualität und Natur basierende Pädagogik entspricht weitgehend den Ansichten des aus Zürich stammenden Johann Heinrich Pestalozzi (1746-1827). Er schrieb bereits 1780: *Diese künstliche Bahn der Schule, die allenthalben die Ordnung der Worte der freien wartenden, langsamen Natur vordrängt, bildet den Menschen zu künstlichem Schimmer, der den Mangel innerer Naturkraft bedeckt, und Zeiten, wie unser Jahrhundert, befriedigt. Standpunkt des Lebens, Individualbestimmung des Menschen, du bist das Buch der Natur, in dir liegt die Kraft und die Ordnung dieser weisen Führerin, und jede Schulbildung, die nicht auf diese Grundlage der Menschenbildung gebaut ist, führt irre.*[64]
Nach Bienemann beendet Parrot seine Arbeit mit den Sätzen: „ ... *Führt ihn von da ab in die exakten Wissenschaften, dann in die moralischen ein. Haltet nur an den Grenzen der Urteilskraft eures Zöglings an. - Aber die Sprachen! die Sprachen! ruft man. - Ich habe Unrecht, ich gestehe es. Ich denke einen Menschen zu bilden. Ihr wollt einen Papagei. Ich bin fertig.*" [65]
Darüber urteilt Bienemann: *Dieses barsche Abbrechen bei der Geltendmachung eines anderen ihm unsympathischen Standpunktes, die Unmöglichkeit, eine andere Anschauung als die seine zu verstehen, geschweige zu würdigen, zeichnet so scharf die Schranken der Begabung und den Mangel im Charakter Parrots, wie der ganze idealistisch und großartig angelegte Mensch aus dem Gesamtinhalt des Büchleins hervortritt*[66].

---

[62] Ebenda, S. 48f.
[63] Ebenda, S. 49f.
[64] J. H. Pestalozzi: Die Abendstunde eines Einsiedlers. Zürich (1927), S. 10.
[65] Bienemann: Der Dorpater Professor, S. 50.
[66] Ebenda. Süss schreibt über Parrots Charakter: *Parrot kann zwar gelegentlich schmollen wie ein Weib, aber bei anderer Gelegenheit auch wieder in heroischem Pathos alles aufs Spiel setzen. Ich lese in dem Morgensternschen Manuskriptenband DCXXII ein Votum von Parrot vom 1. XI. 1806, das schliesst:* „*Ich schliesse mit der Forderung um*

In der Tat war Parrot nicht gerade ein Diplomat, sondern scheute keinen Konflikt, wenn es um die Durchsetzung der von ihm für gut befundenen Veränderungen ging. So handelte er z.B. anläßlich der Übernahme des Physikalischen Kabinettes der Akademie der Wissenschaften gegenüber Petrow (siehe Abschnitt 3.4.1) und auch gegenüber dem ritterschaftlichen Kuratorium bei der Umwandlung der Dorpater Universität in eine Reichsanstalt (siehe Abschnitt 4.1.5).

Physikprofessor der Praxis

Parrot war (zumindest für Lenz) in zweierlei Hinsicht ein Hochschullehrer mit starkem Bezug zur Praxis. Als Physikprofessor legte er besonderen Wert auf die experimentalphysikalische Ausbildung. Wie weiter unten gezeigt werden wird,[67] war dieser Ausbildungsschwerpunkt für die Entwicklung von Lenz als Experimentator von unschätzbaren Wert.

Als Voraussetzung für seine Lehrmethode schuf Parrot ein reichhaltiges Physikalisches Kabinett. Tabelle 4.1 gibt über den Physikgerätebestand in Dorpat Auskunft. Wie aus Tabelle 4.1 ersichtlich, schaffte Parrot nicht nur viele Instrumente an, sondern entwickelte auch selber etliche Geräte. Dabei kamen die neuen Erscheinungen der „chemischen Elektrizität", die über die klassischen einfachen Versuche mit geriebenem Bernstein u. ä. weit hinausgingen, nicht zu kurz.[68]

Aufrechterhaltung meines Rechts als gegenwärtiges Mitglied des Tribunals und mit der unwiderruflichen Erklärung, dass, wenn mir dieses Recht geweigert wird, ich weder Befehle noch Verweise noch Depeschen von irgendeiner Art aus dem Tribunal annehmen, noch weniger ihnen nachkommen oder gar je einer Sitzung dieses Gerichts beiwohnen werde. - Es sei Krieg, wenn man denn durchaus Krieg haben will. Ich stehe am Rubikon. Parrot". Der Streit war entstanden im Anschluss an die Behandlung einer Duellangelegenheit mit tödlichem Ausgang (Süss: Morgenstern, S. 180f). „Morgensternschen" und „Parrot" sind im zitierten Text wie folgt abgekürzt: „M.schen" und „P.". Süss macht leider keine näheren Angaben zum Anlaß des erwähnten Streites im akademischen Tribunal (Obergericht der Universität), sondern zeigt nur, wie Morgenstern *die Wendungen des Hitzkopfs pariert* (S. 181).

[67] Siehe Abschnitt 4.4.8.

[68] Auf Parrots Rolle als Leiter und Reorganisator des Physikalischen Kabinettes der Petersburger Akademie der Wissenschaften ist bereits in Abschnitt 3.4.1 eingegangen worden. Doch Parrot wirkte auch bei der Konstruktion physikalischer Großinstrumente mit. So wurde der Observatoriumsturm in Dorpat mit einer drehbaren Kuppel nach Parrots Vorschlägen gebaut (Prüller: Physiker, S. 46). In St. Petersburg wurde Parrot zusammen mit Wischnewski, P. Fuß, Lenz, Struve und Admiral Greig Mitglied der Projektkommission für das neue Observatorium außerhalb der Stadt. Als Standort hatte man den Pulkower Berg gewählt. Im November 1833 inspizierten Parrot, Wischnewski und Fuß diesen

Tabelle 4.1: Physikgerätebestand der Dorpater Universität

Отрасли физики[69] (Physikgebiet)	1809	1810-1826	1826	Изобретены Парротом (von Parrot erfunden)
VII. Электрические явления (Elektrische Erscheinungen)				
A. Трибоэлектричество (Reibungselektrizität)	25	14	39	2
Б. Химическое электричество (Chemische Elektrizität)	13	20	33	4
VIII. Явления магнетизма (Erscheinungen des Magnetismus)	5	4	9	-
Всего (Insgesamt)	301	144	445	67

Die zweite Form „praktischer" Tätigkeit Parrots, auf die hier eingegangen werden soll, war sein Wirken als Vermittler in akademischen Angelegenheiten, das auch Lenz' Karriere erst ermöglichte.

Parrot hatte gleich nach seiner Ankunft in Dorpat Kontakt mit einem deutschsprachigen ehemaligen Physiker der Petersburger Akademie der Wissenschaften. Es handelte sich um Franz Aepinus, der noch Mitglied der Schulkommission unter Katharina II. gewesen war und seine letzten Lebensjahre bis zu seinem Tod im Sommer 1802 in Dorpat verlebte. Mit Parrot

---

Vorstadthügel (Э. О. Куду (E. O. Kudu): Георг Фридрих Паррот и Петербургская академия наук (Georg Friedrich Parrot und die Petersburger Akademie der Wissenschaften). В книге: П. В. Мюрсепп (сост.): Петербургская Академия наук и Эстония. Таллин (1978), S. 79, unter Berufung auf: „Красный архив" („Das Rote Archiv"), 1939, No 4, S. 168).

[69] Tabelle aus: Prüller: Physiker, S. 44. Zusätzlich gibt es noch 36 extra aufgeführte Geräte, insgesamt also 481 Instrumente (S. 46). Bei diesen Angaben beruft sich Prüller auf die Inventarliste und das Übergabeprotokoll für das Physikalische Kabinett von Parrot an dessen Sohn am 30.9.(12.10.)1826. Das Original befindet sich in der Handschriftenabteilung der Tartuer Universitätsbibliothek (S. 44, Bildbeschreibung). Die genauere Bezeichnung lautet: „Verzeichnis der zu dem physikalischen Cabinett der Kaiserlichen Universität zu Dorpat gehörigen Apparate (1802-1826)" (S. 37, Anm.) und enthält mindestens 90 Seiten (Folgerung aus S. 45f).

Zum Physikalischen Kabinett siehe auch: E. Kõiv: Origins of Old Physical Instruments at Tartu University. Museum of Tartu University History Annual 1996, Tartu (1997).

verbanden ihn *gemeinsame Interessen*.[70]
Wegen Parrots ständigen Reisen in die Newametropole zur Pflege seiner Beziehung zum Zaren Alexander I. kann angenommen werden, daß Parrot dort auch Kontakte zu anderen Gelehrten knüpfte, wenngleich dieser Bereich aus Parrots Leben noch weitgehend unerforscht ist.
Im Jahre 1823 wurde er von Admiral Adam Johann Krusenstern nach einem Physiker für die von Kapitän Otto von Kotzebue geplante Weltumseglung gefragt. Auf diese Weise konnte Parrot seinem Zögling Lenz, der aus wirtschaftlichen Gründen das Physikstudium abgebrochen und ein Theologiestudium aufgenommen hatte, eine finanziell attraktive Physikerstelle in dessen Lieblingswissenschaft vermitteln. Auf der Weltreise hatte Lenz Gelegenheit sich glänzend zu bewähren und begründete damit seine wissenschaftliche Karriere. Doch mit der Stellenvermittlung war Parrots Starthilfe noch nicht beendet. Ganze zwei Monate lang hat Parrot aktiv an der Herstellung von 19 Geräten für die Reise mitgewirkt.[71]
Nach Beendigung der Weltreise unterstützte Parrot auch weiterhin seinen Schüler, nun jedoch in St. Petersburg, wo Lenz zunächst sogar bei Parrot wohnte. Schließlich schlugen P. Fuß und Parrot am 7.(19.)5.1828 in der Akademie vor, Lenz zum Adjunkten zu wählen.[72] Auf Vorschlag Parrots wurde nicht nur Lenz 1828 zum Adjunkten, sondern auch Theodor Girgensohn 1829 zum Mechaniker der Akademie der Wissenschaften gewählt. Letzterer hatte diese Stelle bis zu seinem Tode 1849 inne und arbeitete eng mit Parrot und Lenz zusammen.[73] Schließlich trug Parrot auch noch zum Aufbau der Beziehung zwischen Jacobi und Lenz bei, indem er ihre ersten Briefe übermittelte.[74]

---

[70] Kudu: Georg, S. 75. Aepinus (1724-1802) war von 1756 bis 1771 Akademiemitglied für Physik.

[71] Prüller: Physiker, S. 50.

[72] Ebenda, S. 54 (teilweise Anm.), unter Berufung auf: AAH, 1-2-1828-227.

[73] Kudu: Georg, S. 78, unter Berufung auf: В. Л. Чернакал (W. L. Tschernakal): Петербургские Мастера научных инструментов первой половины XIX века - выходцы из Прибалтики (Petersburger Wissenschaftsinstrumentenmacher der ersten Hälfte des XIX. Jahrhunderts - gebürtig aus dem Baltikum). Материалы VIII конференции по истории науки в Прибалтике. Тарту, 1970, S. 25f.

[74] Ebenda, S. 80. Kudu schreibt: *Die ersten Briefe von Lenz und Jacobi gingen ebenso durch die Vermittlung Parrots* (ebenda).

4.1.4 Die Physik Parrots

E. Oissar schreibt, daß Parrot *die damals herrschenden idealistischen naturphilosophischen Spekulationen entschieden abgelehnt hat. Die Naturwissenschaften, u.a. auch Physik, sind Erfahrungswissenschaften und müssen auf Erfahrung begründet werden.*[75]

Parrot bevorzugte Experimente (Erfahrungen). Gegen die Voltaische Theorie[76] führte er sogar ein „Experimentum crucis" an. Voltas Versuche erzeugen nur beim Vereinigen und Trennen von zwei Metallen Elektrizität, bei der Voltaischen Säule jedoch tritt sie während der gesamten Zeit der Vereinigung auf, das heißt: *völlig ohne mechanische Bewegung. Mithin muß auch ein einfaches Plattenpaar, so lange die Berührung dauert, die electrische Wirkung zeigen, wenn die voltasche Theorie richtig ist*[77]. Dies geschieht natürlich nicht. Parrot kommentierte: *Es folgt aus diesem entscheidenen Versuche, daß die von Volta angenommene Impulsion, die Störung des Gleichgewichts der Electricität heterogener Plattenpaare, nicht Statt findet, und daß überhaupt sich keine freie E[lektrizität] bei der wechselseitigen Berührung solcher Metalle zeigt, wohl aber bei dem Auflegen und Trennen derselben, welches Auflegen und Trennen aber bei der Säule nicht Statt findet*[78].

Neben seiner rationalen Betrachtungsweise der Natur war Parrot bemüht, ihre mathematische Beschreibbarkeit voranzutreiben. Lind schreibt hierzu: *Einen neuen Anstoß erhielten die Bemühungen um die Mathematisierung des Physikunterrichts, als die französische mathematische Physik zunehmend das Wissenschaftsbild der deutschen Physiker zu prägen begann. Frankreich war während des ganzen 18. Jahrhunderts das Zentrum der mathematischen Physik*[79] und weiter: *Voll zum Tragen kommt die neue Richtung zunächst nur in den Büchern einiger weniger Autoren, ... und des Dorpater Professors Georg Friedrich Parrot (1809/1811). Keiner von ihnen wirkte an einer der als Zentren der Physik bekannten Universitäten. Erst nach 1820 wird der*

---

[75] E. Oissar: Über G. F. Parrots Weltanschauung und seine pädagogischen Ansichten (Zusammenfassung). In: K. Kudu: G. F. Parroti 200-ndale süüni-aastapäevale pühendatud teadusliku konverentsi materjale. Tartu (1967), S. 159.

[76] Volta glaubte, daß Elektrizität durch den bloßen Kontakt zweier unterschiedlicher Metalle entstände.

[77] G. F. Parrot: Grundriß der Theoretischen Physic zum Gebrauche für Vorlesungen. Zweiter Theil. Dorpat (1811), S. 556.

[78] Ebenda.

[79] G. Lind: Physik im Lehrbuch 1700-1850. Zur Geschichte der Physik und ihrer Didaktik in Deutschland. Berlin, Heidelberg (1992), S. 234.

Einfluß der Mathematisierung auf die Anfängervorlesungen allgemeiner[80]. Es kann also festgehalten werden, daß Parrot die „französische" Mathematisierung der Physik dort, wo seine in Deutsch verfaßten Bücher gelesen wurden, also im deutschsprachigen Kulturraum, popularisierte. Er wirkte somit als Vermittler.

Nach Meinung von Lind *bleibt Parrot lieber bei der mehr geometrischen Betrachtungsweise der angewandten Mathematik. Seine „Theoretische Physic"* sei *in mancher Hinsicht das konservativste der drei Bücher*[81]. Lind schreibt, Parrot behandle *jedes Gebiet zunächst rein phänomenologisch-deskriptiv,* und dies sei *ihm offenbar die Hauptsache, denn er überschreibt die Kapitel mit „Phänomene der Wärme", „Phänomene des Lichts" usw.*[82] Diese konservative Vorgehensweise weist wiederum auf Parrots Neigung zu rationalen (gesicherten) Erklärungen hin. Selbst die Mathematisierung wird von ihm eher vorsichtig gebraucht. Er beschreibt die Erscheinungen hauptsächlich *phänomenologisch-deskriptiv* und geht somit den sicheren Weg.[83]

4.1.5 Das Professoreninstitut

Ohne der Schilderung der Beziehung zwischen Parrot und Nikolaus I. vorzugreifen, soll an dieser Stelle auf eine wissenschaftliche Innovation verwiesen werden, die der Dorpater Professor bei der Staatsführung erreichte, als er selbst schon als Emeritus in St. Petersburg lebte. Mit seiner Anregung, ein sogenanntes Professoreninstitut zu schaffen, hatte Parrot Erfolg.

Von 1827 bis 1838 konnten gebürtige Russen (природные русские), die sich an einer russischen Universität (Moskau, St. Petersburg, Charkow, Wilna oder Kasan) ausgezeichnet hatten, für drei Jahre in Dorpat studieren und dort Deutsch bis zur vollen Beherrschung erlernen, um dann zur weiteren Ausbildung für zwei Jahre ins westeuropäische Ausland, etwa an die Universitäten Berlin, Göttingen oder Paris, zu gehen. Danach sollten sie als Professoren

---

[80] Ebenda, S. 236.

[81] Ebenda. Zur Kennzeichnung des Konjunktivs wurde von mir „ist" durch „sei" ersetzt und deshalb nicht kursiv geschrieben.

[82] Ebenda, S. 245. Zur Kennzeichnung des Konjunktivs wurde wieder „ist" durch „sei" ersetzt. Jacobi und Lenz nennen ihre Arbeiten später „Ueber die Gesetze...".

[83] Trotz seiner konservativen Vorgehensweise unterliefen auch Parrot Fehler. Er war allerdings fähig, diese einzusehen. So schrieb er 1839 an die Pariser Akademie: *Messieurs, Je me hâte de vous signaler une erreur que j'ai commise dans la lettre que j'ai eu l'honneur de vous écrire au mois d'octobre dernier, erreur que je crois avoir partagée avec tous les physiciens* (G. F. Parrot: A l'Académie royale des sciences de Paris. Lettre de l'Académicien Parrot (lue le 12 avril 1839). BSA, 6, Saint-Pétersbourg (1846), S. 73f).

an russischen Universitäten lehren. Zu den insgesamt 26 Studenten des Professoreninstitutes gehörte auch der später berühmte Petersburger Chirurg Nikolaus Iwanowitsch Pirogow.[84]

Die Geschichte des Professoreninstitutes begann, als am 3.(15.)9.1827 in der Versammlung des Organisationskomitees für die Lehreinrichtungen (засѣданіе Комитета устройства учебныхъ заведеній) das durch Staatssekretär Bludow vorgelegte Parrotsche Schriftwerk „Mémoire sur les universités de l'interieur de la Russie" diskutiert wurde. Parrot forderte, Russen zu Lehrenden für die russischen Universitäten Moskau, Kasan und Charkow auszubilden und so das niedrige Unterrichtsniveau durch mehr Lehrkräfte zu heben (die Petersburger Universität war seiner Meinung nach nicht mehr zu retten). Es sollten 32 Professoren für jede der drei Universitäten sieben Jahre lang ausgebildet werden. Um eine Auswahl zu haben und wegen möglicher Todesfälle sollten sogar je 52 Kandidaten pro Universität ausgebildet werden. Die Ausgewählten, die schon eine russische Universität absolviert haben mußten, sollten nach Parrots Plan für fünf Jahre nach Dorpat und dann zwei Jahre ins Ausland (Berlin, Göttingen oder Paris) gehen. Als Gesamtkosten für 156 Auszubildende und sieben Jahre veranschlagte der Physiker insgesamt eineinhalb Millionen Rubel.[85] Die Petersburger Universität war von diesem Plan ausgenommen, denn, so Parrot, *bien des raisons font présumer, que l'Université de Pétersbourg ne reussira jamais bien*[86].

Obwohl die Teilnehmerzahl des Instituts stark verringert und die Petersburger Universität mit berücksichtigt wurde, setzte sich Parrots Plan in seinen wesentlichen Zügen durch. Aus den guten Erfahrungen mit der ersten Studentenschaft dieses Instituts resultierte die Entscheidung, eine zweite Gruppe auszubilden, so daß das Dorpater Professoreninstitut insgesamt elf Jahre bestand. Aus seinen Reihen kamen die vier (zum Teil korrespondierenden)

---

[84] Engelhardt: Die Deutsche Universität, S. 210. Wittram: Die Universität Dorpat, S. 203, beruft sich auf: G. Schmid: Das Professoren-Institut in Dorpat 1827-1838. In: Russische Revue, 19 (1881) und: N. I. Pirogow: Lebensfragen. Stuttgart (1894), S. 286f. Vgl. auch: V. Tamul: Das Professoreninstitut und der Anteil der Universität Dorpat/Tartu an den russisch-deutschen Wissenschaftskontakten im ersten Drittel des 19. Jahrhunderts. ZfO, Jg. 41 (1992).

[85] Petuchow: Die Kaiserliche, Bd. 1, S. 486f.

[86] С. В. Рождественский (ред.) (S. W. Roshdestwenski (Red.)): С.-Петербургскій университет в первое столетие его деятельности. 1819-1919 (Die St. Petersburger Universität in den ersten hundert Jahren ihrer Tätigkeit. 1819-1919). Том 1, Петроград (1919), S. 461, unter Berufung auf: 1 Отдѣленіе IV Секція, Дѣло 49521, картонъ 1548, „Mémoire" Паррота, welches sich wohl damals im Universitätsarchiv befand. Heute führt das Universitätsarchiv nur Dokumente aus neuerer Zeit.

Akademiemitglieder Pirogow, Sawitsch, M. S. Kutorga und Redkin.[87]

4.1.6 Parrot als Freund Alexanders I.

Die Beziehung des Physikprofessors Georg Friedrich Parrot zum russischen Zaren Alexander I. war von langjähriger Dauer und erheblicher Bedeutung. Zwar gab es schon vorher Kontakte zwischen Physikern und dem Herrscherhaus - so war z.B. Aepinus Lehrer des späteren Zaren Paul gewesen -, jedoch niemals so weitgehende. Parrot ging zeitweilig praktisch nach Belieben beim Zaren ein und aus und versuchte in Staatsangelegenheiten aller Art Einfluß zu nehmen.[88]

Der Beginn der Freundschaft

Mit einer Rede am 22.5.(3.6.)1802 in Dorpat, nur einen Monat nach der Eröffnung der dortigen Universität, begründete Parrot sein Freundschaftsverhältnis zu dem sich auf der Durchreise[89] befindenden Zaren, das ihm *unmittelbaren Zutritt zum Monarchen und ihm einen ganz ungewöhnlichen Einfluß gestattete.*[90] In seiner in französischer Sprache gehaltenen Rede formulierte er ein politisches Reformprogramm, dessen Kern die Forderung nach einer Verbesserung der bäuerlichen Lebensbedingungen war. Erstaunlich treffsicher sprach er dabei die ehrgeizigen Wünsche und den Reformwillen Alexanders I. an.[91] Die Universität wollte *Wortführerin sozialer Reformen werden.* Im selben Sommer entwarf Parrot einen Aktionsplan für die Abschaffung der Leibeigenschaft in den Ostseeprovinzen und für verbesserte Bildungschancen der Letten und Esten.[92]

---

[87] Kudu: Georg, S. 80.

[88] Bienemann widmet dieser Beziehung zunächst einige Artikel und dann ein ganzes Buch.

[89] Alexander reiste nach Memel, um dort den preußischen König Friedrich Wilhelm III. zu treffen.

[90] Wittram: Die Universität Dorpat, S. 197f.

[91] Die Rede ist im Anhang dieser Arbeit wiedergegeben.
Krause schreibt: *Das* (ritterschaftliche; Anm. P. H.) *Kuratorium kochte voll inneren Aergers, aber Parrot wurde der Mann des Tages, das Organ seiner Kollegen und aller Redlichen, die es mit der guten Sache wohlmeinten. Der Monarch schied wohlwollend gegen die Universität und besondere Aufmerksamkeit auf den kleinen, schmächtigen, schwarzlockigen Redner verwendend. ... Parrot stieg in der Meinung fast Aller über 100 Prozent* (J. W. Krause: Das erste Jahrzehnt der ehemaligen Universität Dorpat. Aus den Memoiren des Professors Johann Wilhelm Krause. BM, 53, Riga (1902), S. 241).

[92] Wittram: Die Universität Dorpat, S. 197, unter Berufung auf: Bienemann: Der Dorpater Professor, S. 119f., 332 und: Hoffmann: Volkstum, S. 84, 89.

Mit diesem 27seitigen Werk löste Parrot die der philosophischen Fakultät im April vom Zaren gestellte Aufgabe der Begutachtung eines Werkes von Zimmermann.[93] Dabei trat er dessen Warnung *vor der Aufhebung der Leibeigenschaft aus Furchtmotiven* entschieden entgegen und regte sogar Reformen an. Um die Lage der Letten und Esten zu verbessern, empfahl Parrot die *Verleihung des Eigentums an ihrer Person und an ihrem Boden*, eine *sehr weitgehende Beteiligung an der Rechtspflege* und daß der *Volksunterricht als der Weg in alle höheren Bildungsanstalten und in alle Berufe aufzusteigen* dienen müsse.[94]

Das Manuskript wurde mit einem französischsprachigen Begleitschreiben am 11.(23.)8.1802 amtlich vom Dekan direkt an den Zaren gesandt. Alexander reagierte am 24.8.(5.9.)1802 mit einem eigenhändigen Schreiben auf Parrots Arbeit (und nicht wie Engelhardt meint, auf dessen Rede vom 22.5.(3.6.)1802):[95] *Mr. le Procureur de l'Université de Dorpat! Le rapport que Vous m'avez présenté au nom de la Faculté de philosophie sur le travail dons je l'ai chargée est rempli d'idées aussi lumineuses que bienfaisantes. C'est une grande satisfaction pour moi de voir cette institution naissante se proposer, dès son origine, un but aussi noble que celui d'influer sur le bienêtre de la societé par le sage emploi des lumières. Portez aux membres de l'Université l'expression de ma reconnaissance et recevez, comme son digne chef, la part qui Vous en est due.*   *Alexandre*

Doch Parrots Hauptverdienst lag in der Regelung von Angelegenheiten, die ganz unmittelbar die Universität betrafen. Es gelang ihm, den Zaren dazu zu bewegen, Klinger zum Kurator der Dorpater Universität zu ernennen und, vor allem, die ritterschaftliche Universität in eine Reichsanstalt umzuwandeln; daraufhin wurde er vom akademischen Rat zum Rektor gewählt (siehe Lebenslauf).[96] Interessant ist hierbei, daß Parrot die Universitätsumwandlung zu einem außerordentlich günstigen Zeitpunkt, kurz nach

---

[93] Professor Eberhard August Wilhelm Zimmermann (1743-1815) schrieb den „Versuch eines Entwurfes zu einer in Livland zu errichtenden Universität".

[94] Bienemann: Der Dorpater Professor, S. 119f.

[95] Ebenda, S. 121-123 und: Engelhardt: Die Deutsche Universität, S. 40. Beide Autoren haben *dons* statt *dont* gelesen.

[96] Grau schreibt hierzu: *Entscheidend für die Vorgänge im Jahre 1802 war die Haltung Parrots gegenüber dem baltischen Adel, der bestimmenden Einfluß auf die Universität gewinnen wollte. Die Universität wiederum fand in dem Interesse der russischen Zentralgewalt an der Bewahrung der staatlichen Hochschulpolitik gegenüber einer regionalen eine feste Stütze. Diese Prozesse vollzogen sich ähnlich zur gleichen Zeit, wenn auch in anderen Formen und unter unterschiedlichen gesellschaftlichen Bedingungen, in Frankreich und in Preußen* (Grau: Wissenschaftsorganisation, S. 81).
Bienemann erklärt Parrots Vorgehen gegen die Kuratoren: *Da er „das Gute" wollte, - seine*

der Gründung des Volksaufklärungsministeriums am 8.(20.)9.1802 in Angriff genommen hat. Grau stellt hierzu fest: *Parrot erkannte offensichtlich das Interesse der Regierung in Petersburg an einer Zentralisierung der Verwaltung einschließlich des Bildungswesens und entschloß sich, am 5. Oktober 1802 in die Hauptstadt zu reisen.*[97] Parrots erste Audienz beim Zaren am 26.10.(7.11.)1802 diente also der Realisierung einer für beide Seiten wertvollen Maßnahme. Die Unterzeichnung der Fundationsurkunde für die Dorpater Universität am 12.(24.)12.1802, dem 25. Geburtstag des Zaren, zeigt die Verschmelzung von Staatsgeschäften und Privatem, welche die Beziehung zwischen Parrot und Alexander kennzeichnen sollte.[98]

Parrot beschreibt diese erste Audienz beim Zaren folgendermaßen: *Er ließ mich endlich rufen. Er war allein. Sein ganzes Wesen, besonders sein edles Gesicht, war Ausdruck des Wohlwollens. ,,Bon jour, Mr. Parrot, je suis bien charmé de Vous voir." Mit diesen Worten kam er mir entgegen, reichte mir die Hand. Ich faßte sie, um sie an mein Herz zu drücken. Schon gehörte ich ihm an. Er glaubte, ich wollte sie mit Unterthanenehrfurcht küssen und zog sie zurück. Ein gleichsam strafender Blick von mir unterrichtete ihn vom Gegenteil. Er reichte sie mir wieder. Ich drückte sie mit einem unaussprechlichen Gefühl an mein Herz. Er nahm meine Rechte, umschloß sie*

Meinung war ihm stets ,,das Gute" schlechtweg; wer ihm in einer ,,Sache der Menschheit" auch nur widersprach, gar nicht sein Gegner überhaupt war, wollte ,,das Böse" - die Kuratoren aber sicherlich nicht den von ihm beabsichtigten Weg gebilligt hätten, hielt er es für sittlich erlaubt, die von ihm erstrebte Ausgestaltung der Universität mit der Sache der Menschheit zu identifizieren, und diese wiederum als seine eigene persönliche Wohlfahrtsangelegenheit anzusehen und so zu bezeichnen wird ihm als sein gutes Recht erschienen sein, ob dessen in diesem Falle verschwiegene Beanspruchung jemand täuschen mochte oder nicht. In Parrots ganzem Leben verrät keine Andeutung, daß er je mit Reue an den Gebrauch diese Sophismus zurückgedacht habe; aber es ist nicht ausgeschlossen, daß er sie in seiner Seele Innerstem in späteren Jahren doch empfunden (Bienemann: Der Dorpater Professor, S. 139f).

Bienemann schrieb dieses Buch 1902 nach der Russifizierung der Ostseeprovinzen. Parrot konnte jedoch hundert Jahre früher nicht wissen, daß die von ihm betriebene Umwandlung der Dorpater Universität später einen Russifizierungsprozeß erleichtern würde. Er handelte im Sinne des aufgeklärten Absolutismus (siehe auch Anmerkung 98). Bienemanns ,,Reue"-Bemerkung erklärt sich also aus der Zeit, in der das Buch entstanden ist.

[97] Grau: Wissenschaftsorganisation, S. 82. Das Datum entspricht dem 17.10.1802 nach dem Gregorianischen Kalender.

[98] Flynn schreibt über Parrots Erfolg: *The reform* (die von Parrot 1802 erreichte Umwandlung der Dorpater Universität in eine Staatsinstitution; Anm. P. H.) *made a particularly clear example of enlightened absolutism in practice: the use of state power against the traditional rights of established elites, in pursuit of both utilitarian and moral goals, all for the good of society* (Flynn: The university reform, S. 42).

Parrot als Freund Alexanders I.

mit Zärtlichkeit in seine beiden Hände und führte mich ein paar Schritte von dem Punkte dieser Szene. - O Natur! Es gibt keine Schranken, die Herzen, die dir angehören, nicht niederreißen könnten. Wie schön verstanden wir uns! - ,,Vous êtes détesté parce que Vous servez l'humanité. Vos ennemis travaillent sans relâche contre Vous. Mais comptez sur mois. Nous avons les mêmes principes; nous sommes sur le même chemin." Noch hatte ich kein Wort gesagt. Auch darauf konnte ich nichts antworten[99].

Die politischen Ergebnisse der Freundschaft

Außer seinen hochschulpolitischen Anliegen, die vor allem in der oben beschriebenen Umwandlung der Landeshochschule in eine Reichsanstalt gipfelten und die Universität Dorpat so vom baltischen Adel unabhängig machten,[100] verfolgte Parrot noch andere politische Ziele durch Einflußnahme auf den Zaren.

Bienemann hat sich dieses Themas angenommen und kommentiert Parrots Schreiben an Alexander ausführlich, so daß er hier nur auszugsweise zitiert werden soll.[101] So hat Parrot anläßlich einer Audienz am 27.5.(8.6.)1805 dem Zaren eine Denkschrift vorgelesen, in der er ihn zu volksnahen Auftritten riet: *Besuchen Sie die öffentlichen Institute, die Hospitäler, Kasernen, die Gefängnisse.*[102] Das Ergebnis resümiert Bienemann: *Am 11. Juni konnte Parrot seiner Freude darüber Ausdruck geben, daß Alexander den Hospitälern der Residenz seinen ersten Besuch gemacht habe.*[103] Ob dieser

---

[99] Bienemann: Der Dorpater Professor, S. 150. Leider gibt Bienemann nicht an, wo die seiner Meinung nach einzigen von Parrot hinterlassenen Aufzeichnungen zu finden sind, aber er druckt sie auf den Seiten 145-169 vollständig ab.

[100] Engelhardt gibt die Stimmung wieder, wenn er schreibt: *Das erste Jahrzehnt der Universität stand ganz und gar im Zeichen der vergötternden Freundschaft Parrots zu Kaiser Alexander, dem Heros nicht nur Rußlands, sondern Europas. Vollends nach dem Rückzug Napoléons und seiner Truppenreste aus Rußland erschien er als Retter Europas. Er war der große Repräsentant der Humanität und des Liberalismus unter den Herrschern Europas. Für alle die unter dem Bann seiner Person, d.h. seiner idealisierten Gestalt standen, gab es keinen ausgesprochenen Gegensatz zwischen den Nationen, kein besonderes Vorrecht des einen Volkstums gegenüber dem andern. Die Wissenschaft und ihre Anstalten hatten die einzige Aufgabe, dem humanen Gedanken eine Stätte zu bereiten, die Völker Europas zu bilden* (Engelhardt: Die Deutsche Universität, S. 68f).

[101] So hat Parrot insgesamt 190 Schreiben an Alexander gesandt (Bienemann: Der Dorpater Professor, S. 361-364), von denen das letzte, am 14.(26.)10.1825 abgeschickt, den Zaren wohl nicht mehr erreicht hat (S. 321f). Alle Schriften wurden französisch verfaßt. Die Übersetzungen stammen von Bienemann.

[102] Bienemann: Aus dem Briefwechsel, S. 171.

[103] Ebenda, S. 172.

Entschluß Alexanders eine Folge der Parrotschen Denkschrift war, bleibt jedoch ungeklärt.

In der Außenpolitik vertrat Parrot, wie Bienemann feststellt, die Ansicht, *daß Rußland nicht zum Kriege der dritten Koalition schreiten solle. Der Kaiser war ganz seiner Ansicht. Aber die Minister traten ihm einstimmig gegenüber. Alexander veranlaßte eine Zusammenkunft Parrots mit dem Leiter der auswärtigen Angelegenheiten Rußlands, dem Fürsten Adam Czartoryski, um diesen und durch ihn die übrigen Minister für die Neutralität zu gewinnen. Der Versuch schlug fehl und Parrot bekannte, den sonst nur als Muster der Selbstbeherrschung und Höflichkeit bekannten Magnaten im Eifer des Redekampfes das einzige Mal zornig gesehen zu haben.*[104]

Ob dieses Treffen zwischen Parrot und Czartoryski wirklich stattgefunden hat, ist ungewiß, da es allein von Bienemann erwähnt wird.[105] Allerdings gibt es auch keinen Grund, daran zu zweifeln, daß es zu solch einer Zusammenkunft gekommen ist. Auch wenn Bienemann mit dem Satz: „*Der Kaiser war ganz seiner Ansicht*" die Übereinstimmung zwischen Alexander und Parrot möglicherweise übertreibt, war der Meinungsunterschied zwischen dem Kaiser und Czartoryski in dieser Frage deutlich ausgeprägt. Während der Fürst in einem Krieg Chancen für eine Neuordnung seiner polnischen Heimat sah, betrachtete der Zar den Krieg nur als äußersten Notfall. Grimsted interpretiert Alexanders zögerliches Handeln als Ausdruck seiner Einstellung, daß Krieg nur aus dem Scheitern der Diplomatie resultieren dürfe. Während Czartoryski Rußland in den Krieg gegen Napoleon führte, war für Alexander, so Grimsted, die Koalition mehr ein Abschreckungs- als ein Kriegsbündnis.[106] Ein klärendes Gespräch zwischen Parrot und Czartoryski hätte theoretisch eine Möglichkeit zur Kriegsvermeidung aufzeigen können. Diese Episode stellt, sollte sie tatsächlich stattgefunden haben, einen Höhepunkt Parrotscher Einmischung in die russische Außenpolitik dar. Alexanders Interessen vertretend, sollte Parrot möglicherweise Czartoryski, trotz des Bündnisses mit England gegen Frankreich, von einem Krieg abraten. Dieser erhoffte wohl eine Wiedervereinigung Polens unter russischer Oberherrschaft infolge der Kriegsereignisse. Die erwähnte Zusammenkunft ist in der modernen Geschichtsforschung bisher nicht beachtet worden.[107] Dies

---

[104] Ebenda.

[105] In Czartoryskis Memoiren fand ich keine Erwähnung Parrots (Czartoryski: Mémoires).

[106] P. K. Grimsted: The Foreign Ministers of Alexander I. Berkeley, Los Angeles (1969), S. 105f., 140.

[107] So findet sich bei Zawadzki in seinem 26 Seiten umfassenden Kapitel *The Tortuous Path to Austerlitz* keine Erwähnung Parrots (W. H. Zawadzki: A man of honour: Adam

verwundert nicht, da sie ohnehin keinen Einfluß auf die damaligen Geschehnisse hatte. Immerhin hätte sie aber dem Dorpater Physikprofessor die Chance geboten, auf den Lauf der Weltgeschichte zu wirken.

Nachdem er dieses erste Mal keinen Erfolg gehabt hatte, unternahm Parrot später weitere Versuche, auf die Außenpolitik Rußlands Einfluß zu nehmen. Sein bedeutendstes Werk war in diesem Kontext das bereits erwähnte „Mémoire secret, très secret" vom 15.(27.)10.1810.[108] Darin stellte Parrot Forderungen, die weitgehend befolgt worden sind: Frieden mit dem Osmanischen Reich, Persien und Schweden; die Wiederherstellung Polens im Falle des Krieges mit Napoleon. Letzeres wurde zwar nicht umgesetzt, jedoch von Alexander in Briefen an Czartoryski weiterentwickelt und somit rezipiert. Der interessanteste Punkt des militärischen Teils des Mémoires ist jedoch Parrots Plädoyer gegen den Stellungskrieg (Festungskrieg) und für den Bewegungskrieg (Magazinkrieg), wobei die Weiten Rußlands zum Rückzug ausgenutzt werden sollten.[109] Tatsächlich verfolgten die Heerführer des Zaren während des Rußlandfeldzugs von Napoleon im Jahre 1812 diese Strategie, allerdings nicht aufgrund von Parrots Mémoire, sondern aus zwingenden Gründen: Sie konnten vor der Vereinigung ihrer durch Napoleons Einmarsch getrennten Armeen keine Schlacht annehmen, obwohl sie es wollten. Erst nach der Zerstörung von Smolensk und nachdem der Oberbefehl über die russischen Truppen an Kutusow übertragen worden war,[110] nahmen sie am 26.8.(7.9.)1812 bei Borodino eine offene Feldschlacht mit dem Feind an, bei der jedoch die eigenen Verluste höher waren als jene Napoleons. Borodino ist nicht nur ein Beweis dafür, daß Alexander die Parrotsche Defensivtaktik nicht umsetzen ließ, sondern auch dafür, daß sie richtig gewesen wäre. So beziffert Palmer die russischen Verluste mit *mehr als 43000*, die napoleonischen dagegen mit *über 30000*. Die Verluste hätten sogar *ein Drittel der*

Czartoryski as a statesman of Russia and Poland, 1795-1831. Oxford (1993), S. 111-136).

[108] Es ist im Anhang abgedruckt.

[109] Bienemann weist auf eben diese Fakten schon 1894 hin (Bienemann: Aus dem Briefwechsel, S. 332f). 1902 schreibt er über das „Mémoire secret, très secret", *daß unter allen seinen* (Parrots; Anm. P. H.) *Denkschriften vielleicht die bedeutendste, in seinem diplomatischen und militärischen Teile mehr zur Wirkung gelangt ist als irgend eine andere. Die gegenüber der Pforte und Schweden empfohlene Politik ist ihrer Zeit genau so befolgt, die Ratschläge hinsichtlich Polens erscheinen als Keimzellen der in den Briefen des Kaisers an Czartoryski optimistisch entwickelten Pläne. Das weitaus Merkwürdigste in der Denkschrift ist aber ihr vierter Abschnitt über die Kriegführung. ... Erst Parrots handschriftlicher Nachlaß giebt vom genialen Strategen, der im Physikprofessor steckte, verspätete Kunde* (Bienemann: Der Dorpater Professor, S. 286-288).

[110] Vorher hatte der Deutsch-Balte Michael Barclay de Tolly den Oberbefehl.

Streitkräfte Kutusows betragen,[111] ein unnötiges Opfer, das schließlich doch nach dem Rückzugsplan von Parrot endete.[112]
Außer den militärischen Ratschlägen beinhaltet das Mémoire noch innenpolitische und den Zaren persönlich betreffende Vorschläge. Auf sie wird im folgenden Abschnitt über das Ende der Beziehung zwischen Parrot und Alexander eingegangen werden.
Abschließend sei noch nach dem Grund für die rund zehn Jahre währende Freundschaft zwischen einem Professor und dem Regenten des größten Landes der damaligen Welt gefragt. Entscheidend war zum einen die charakterliche Verwandtschaft zweier Männer von Welt, die sich für aufklärerischorientierte Reformen engagierten. Dabei waren beide bereit, den jeweiligen Gegner zu verteufeln. So wie Parrot die ritterschaftlichen Kuratoren der Dorpater Universität als Vertreter des Bösen charakterisierte,[113] sah Alexander in Napoleon den Antichristen, den es zu bekämpfen galt.[114] Zum anderen vermied es Parrot, die zeitweise sehr enge Freundschaft durch persönliche Forderungen finanzieller Art oder in Form von Auszeichnungen und Posten zu belasten. Parrot schrieb am 15.(27.) Mai 1805 dem Zaren: *Ich kenne den Ehrgeiz nicht, und der feste Entschluß, nie meine glückliche Mittellage gegen eine politische Laufbahn zu vertauschen, muß Sie der Reinheit meiner Gesinnung versichern.*[115] Die Tatsache, daß Parrot den Briefentwurf vom 15.(27.)7.1807, in welchem er sich selbst als Alexanders Privatsekretär an-

---

[111] A. Palmer: Alexander I. Gegenspieler Napoleons. Esslingen (1982), S. 220.

[112] Es soll hier erwähnt werden, daß auch andere Personen ähnliche Gedankengänge wie Parrot gehabt hatten. Nach Bienemann behauptet M. Bogdanowitsch, unter Berufung auf Fr. v. Smitt, daß Barclay de Tolly sie *schon 1807 in Memel ausgesprochen* habe. Auch Wolzogen habe sie, gemäß Bienemann, 1809 schon formuliert, *jedoch seiner Ansicht die Spitze dadurch abgebrochen, daß er den nach Parrots Wort dem Feinde preiszugebenden Boden viel zu knapp bemessen hatte* (Bienemann: Aus dem Briefwechsel, S. 332). Auch ist zu bemerken, daß Borodino zwar militärisch ein Desaster, innenpolitisch und psychologisch jedoch ein wichtiger Meilenstein auf dem Weg zum Siege Alexanders über Napoleon gewesen ist. Für viele Russen war der permanente Rückzug der eigenen Armee eine unerträgliche Schande gewesen, die durch Borodino beendet wurde.

[113] Siehe Anm. 96.

[114] Bienemann schreibt: „Rußland und die Menschheit", sagte er zu Parrot, „erwarten von mir, daß ich den Tyrann Europas niederschlage. Ich bin jung; kann ich mich mit der Verantwortung belasten, es nicht gewollt zu haben?" (ebenda, S. 172).
Parrots Leidenschaft stand jener Alexanders in nichts nach. Petuchow schreibt: *(Dem) Lieven schien Parrot „ein feuriger (leidenschaftlicher) Kopf, mit einem heißen, empfindsamen (sentimentalen) menschenfreundlichen Herz"* (Petuchow: Die Kaiserliche, Bd. 1, S. 423f. und S. 331, unter Berufung auf die Briefe Karl Lievens, mitgeteilt von Bienemann in: BM, 42 (1895), S. 267).

[115] Bienemann: Aus dem Briefwechsel, S. 166.

empfohl, niemals abgeschickt hat,[116] unterstreicht wiederum seine Zurückhaltung in diesen Dingen, auch wenn sie ihm schwer gefallen sein mag. Parrot ging mit seiner Freundschaft zu Alexander sehr sorgfältig um.

Das Ende der Freundschaft

Das Ende dieser langjährigen Beziehung trat so plötzlich ein wie die Ungnade, in die Michael Speranski fiel, der bedeutendste russische Staatsmann und Reformer unter Alexander. Diese beiden Ereignisse liefen zeitgleich ab und standen miteinander in einem Bezug.
Speranskis Reformprojekte hatten ihm viele Feinde eingebracht, und diese Gegner des „Emporkömmlings" warteten nur darauf, ihn zu Fall bringen zu können.[117] Da Speranski sich bei seinen Rechtskodifizierungsvorhaben auch am Code Napoléon orientierte, lag es nahe, ihn als französischen Agenten und somit als Verräter zu denunzieren. Der Reformer, der damals auf Freunde keinen besonderen Wert legte, sondern sich voll und ganz auf seine gute Beziehung zum Zaren verließ, konnte aufgrund des Vertrauens, das er bei Alexander genoß, zunächst allen Rufmordkampagnen widerstehen. Bienemann schreibt darüber: *Da führte in der Mitte des März eine Unvorsichtigkeit Speranskis dazu, den Kaiser an die Wahrheit der ihm zugeflüsterten Anschuldigungen glauben zu machen. Speranski hatte sich eigenmächtig aus der Kanzlei des auswärtigen Amts zwei wichtige Depeschen nach Hause geben lassen. Im tiefsten Schmerz über diesen scheinbaren Beweis des geplanten Verrats seines bis dahin für treu gehaltenen Mitarbeiters sandte er am 27. (15.) März abends nach dem bewährten alten Freunde, nach Parrot. Ihm warf er sich Rates und Trostes bedürftig in vollem Vertrauen an die Brust. Bis nach Mitternacht währte die Unterredung.*[118] In der auf die Audienz folgenden Nacht äußerte sich Parrot in einem Brief an Alexander zum Fall Speranski: *Lorsque vous m'aviez confié votre douleur amère sur la trahison*

---

[116] Siehe Lebenslauf 4.1.1.

[117] Selbst eine Zarenschwester zählte zu Speranskis Feinden. Nikolaus Michailowitsch schreibt über Jekaterina Pawlowna: *Ihrem Einfluß schrieb man später den Fall (Niedergang) Speranskis zu, und es gibt keine Zweifel, daß sie eine bedeutende Rolle in der Plejade von Personen gespielt hat, welche dem verhaßten Reformer den Hals zu brechen beschlossen hatten* (Николай Михаиловичъ (Nikolaus Michailowitsch): Императрица Елисавета Алексѣевна, супруга Императора Александра I (Kaiserin Elisabeth Alexejewna, Gemahlin des Kaisers Alexander I.) Т. 1 (1908), Т. 2, Санкт-Петербург (1909), Bd. 2, S. 215).

[118] Bienemann: Aus dem Briefwechsel, S. 333. Die Daten nach Julianischem bzw. Gregorianischem Kalender wurden hier in umgekehrter Reihenfolge angegeben.

de Spéransky, vous étiez passionné. J'espère qu'à présent vous ne songerez plus à le faire fusiller. J'avoue que les faits que vous m'avez allégués le chargent fortement. Mais vous n'êtes pas dans la situation d'âme nécessaire pour juger de leur vérité.[119] Parrot riet dem Zaren deshalb von endgültigen Handlungen ab. Erst nach dem anstehenden Krieg gegen Napoleon werde Alexander die Zeit haben, um ein gutes Gericht bestimmen zu können. Parrot schrieb deshalb: *Mon avis est qu'il soit éloigné de Pétersbourg et si bien surveillé qu'il ne puisse entretenir aucune communication avec l'ennemi.*[120] So geschah es dann auch, wobei sogar die von Parrot als Verbannungsort vorgeschlagene Stadt Nishni Nowgorod gewählt wurde.[121] Alexander antwortete Parrot *nach wenigen Tagen* schriftlich und versicherte ihm: *Croyez-moi pour*

---

[119] Н. К. Шильдеръ (N. K. Schilder): Императоръ Александръ Первый (Kaiser Alexander der Erste). T. 3, Санкт-Петербург (1897), S. 488. Bienemann übersetzt den Inhalt folgendermaßen: *Als Sie mir gestern den tiefen Kummer Ihres Herzens über Speranskis Verrat vertrauten, da sah ich Sie in der ersten Glut leidenschaftlicher Aufwallung und hoffe, daß Sie jetzt den Gedanken, ihn erschießen zu lassen, schon völlig von der Hand gewiesen haben. Ich kann nicht leugnen, daß, was ich gestern von ihnen über Speranski gehört, dunkle Schatten auf ihn wirft, aber sind Sie jetzt in der Gemütsverfassung, die Wahrheit oder Unwahrheit jener Beschuldigungen abzuwägen?* (Bienemann: Aus dem Briefwechsel, S. 334. Der Brief wurde am 17.(29.)3.1812 fertiggestellt.)

[120] Schilder: Kaiser Alexander, Bd. 3, S. 488. Bienemann gibt den Inhalt in deutscher Sprache folgendermaßen wieder: *Nach meiner Ansicht wird es vollständig genügen, ihn aus Petersburg zu entfernen und so zu beaufsichtigen, daß er kein Mittel habe, mit dem Feinde in Verkehr zu treten* (Bienemann: Aus dem Briefwechsel, S. 334).

[121] Der erste Rector der Dorpater deutschen Universität. Livländischdeutsche Hefte, 1 (1876), S. 26, unter Berufung auf: Das Leben des Grafen Speransky, von Baron M. von Korff. BM, 4 (1861), einer Rezension des Buches: М. А. Корфъ (M. A. Korff): Жизнь графа Сперанскаго (Das Leben des Grafen Speranski). 2 Тома, Санкт-Петербург (1861). Der gesamte Artikel basiert auf dieser Berufungskette. Daß Nishni Nowgorod von Parrot als Verbannungsort Speranskis vorgeschlagen wurde, geht aus dem Artikel in der Baltischen Monatsschrift allerdings nicht hervor. Später kam Speranski nach Perm, dann nach Pensa und schließlich nach Sibirien.
Parrot stellte seinen Einfluß auf Alexander in einem Brief vom 8.(20.)1.1833 an Zar Nikolaus I. als entscheidend dar. « ... *J'eus le bonheur de le calmer, de le détourner d'une action violente dictée par une passion juste en apparence, de conserver un homme marquant ... L'Empereur me remercia de mon conseil avec effusion de coeur et le suivit ponctuellement*» (Schilder: Kaiser Alexander, Bd. 3, S. 490). Es gibt folgende deutsche Übersetzung des Inhaltes: „ ... *Ich war so glücklich den geliebten Monarchen zu besänftigen, ihn von der furchtbaren Maßregel abzubringen, zu der er in seinem, dem Anschein nach gerechten Zorne greifen wollte ... , und so den würdigen Staatsmann zu retten, ... Der hochselige Kaiser dankte mir von Herzen für meinen Rath und befolgte ihn in allen Stücken.*" (Das Leben, S. 487. Nicht ganz exakt wiedergegeben in: Der erste Rector, S. 25f). Parrot überschätzte möglicherweise seinen Einfluß auf Alexander maßlos.

toujours tout à vous.[122]
Doch ob Alexander Parrots Rat befolgte oder unabhängig von ihm zum gleichen Schluß kam, ist ungewiß. Zudem ist unklar, ob der Zar Speranski wirklich hinrichten lassen wollte oder eine möglicherweise in dieser Richtung geäußerte Bemerkung gar nicht so ernst gemeint hat. Großfürst Nikolaus Michailowitsch jedenfalls glaubt nicht an erstere Möglichkeit und sieht in dem Physikprofessor jemanden, der zu maßlosen Übertreibungen neigt: *Man sagte, daß Alexander im Eifer der Entrüstung über seinen Liebling die höchste Strafe auf ihn anwenden wollte, mit anderen Worten - die Todesstrafe. Wir geben diesem Gerücht wenig Glauben, welches infolge des bekannten Briefes des Prorektors der Dorpater Universität Parrot umging, welcher leicht der augenblicklichen Stimmung nachgab und oft die Ereignisse übertrieb.*[123]
Eine weitere Erklärung, aus der hervorgeht, daß Speranski ohne Parrots Hilfe überlebt habe, bietet Schilder an. Er spricht dem Brief Parrots an Alexander schlicht jedwede Einflußmöglichkeit auf die Entscheidung des Kaisers ab, Speranski zu verbannen. Baron Korff habe in seiner Speranski-Biographie,[124] die in der Historiographie in weitem Maße rezipiert worden ist, die Daten verwechselt, und Alexander habe den Brief erst nach Speranskis Verbannung erhalten. Die Audienz, so Schilder, habe nicht in der Nacht vom 15.(27.) auf den 16.(28.) März, sondern in jener vom 16.(28.) auf den 17.(29.) stattgefunden, und der Brief sei nicht in der Nacht vom 16.(28.) auf den 17.(29.), sondern in der darauffolgenden vom 17.(29.) auf den 18.(30.) März geschrieben worden.[125] Der von Schilder als Anlage wiedergegebene Brief beginnt mit *Dimanche soir*,[126] was Schilders Behauptung untermauert, denn der 17.(29.)3.1812 war ein Sonntag. Aber auch in der Audienz, die in jedem Fall vor Speranskis Verbannung stattgefunden hat, gab, nach Schilders folgendem Quellenauszug, Parrot dem Kaiser keinen Rat, den dieser befolgt haben könnte. Schilder zitiert aus einem Briefentwurf Parrots an Nikolaus I. in der Anlage zum dritten Band seines Werkes über Kaiser Alexander I. In diesem Entwurf berichtete Parrot über seine letzte Audienz bei Alexander, sandte den Brief vom 1.(13.)1.1845 dann jedoch ohne diese Passage ab. Alexander, so Parrot, *dit: «Je suis décidé à le faire fusiller dès*

---
[122] Bienemann: Aus dem Briefwechsel, S. 336. Der Autor gibt kein Datum des Briefes an.
[123] Николай Михаиловичъ (Nikolaus Michailowitsch): Императоръ Александръ I (Kaiser Alexander I.) Санкт-Петербургъ (1912), Bd. 1, S. 103.
[124] Korff: Das Leben.
[125] Schilder: Kaiser Alexander, S. 38, 40, 368, Anm. 69.
[126] Ebenda, S. 487.

*demain et c'est pour avoir votre avis là-dessus que je vous ai invité à venir».
Je lui répondis qu'il était dans un état passionné et que cet état de son âme
m'avait trop ému pour lui répondre sur le champ et que j'avais besoin de
quelques heures pour pouvoir lui donner un conseil sage.*[127]
Letztlich kann wohl nicht mehr mit Sicherheit geklärt werden, ob Alexander
Speranski zunächst hinrichten lassen wollte, ob Parrots Rat früh genug beim
Zaren ankam und ob, für den Fall, daß der Ratschlag rechtzeitig bei einem
die Todesstrafe wünschenden Kaiser eintraf, dieser überhaupt entscheidend
für des Kaisers Meinungsänderung war. Es ist möglich, daß der Dorpater
Hochschullehrer das Leben des russischen Reformers rettete; wahrscheinlich
ist dies jedoch nicht. Insbesondere das „*Dimanche soir*" bei Schilder wiegt
schwer.[128] Auch wurde die mögliche Rettung Speranskis durch Parrot in der
neueren Forschung nicht einmal am Rande erwähnt.[129]
Unabhängig von dieser Frage hatten die Audienz beim Zaren und die schriftliche Antwort Alexanders auf Parrots Brief noch eine andere Bedeutung. Es
scheint zunächst überraschend, daß dieser Brief die letzten Zeilen des Kaisers waren, die Parrot von ihm empfing. Auch sollte er ihn niemals wieder
persönlich treffen. Parrot wurde keine Audienz mehr gewährt. Der Dorpater Physikprofessor setzte sich für Speranski ein, der in Sibirien und später
während des nikolaitischen Systems in St. Petersburg noch wichtige Reformen (z.B. die Rechtskodifizierung) durchführen sollte, und wurde danach
vom Zaren gemieden.
Zwei Erklärungen gibt es in der Historiographie für diesen Bruch. Bienemann, der sich wie kein anderer Historiker mit der Beziehung zwischen
Parrot und Alexander beschäftigt hat, vertritt die folgende: Der Zar, der sich
von Speranski persönlich gekränkt gefühlt und deshalb dessen Erschießung
gewollt habe, könnte mit einem schlechten Gewissen zurückgeblieben sein.
Bienemann urteilt deshalb über die „letzte" Audienz: *Mir liegt es näher, in
ihr eine dramatische Szene zu sehen, in der der Held eine Schuld auf sein
Gewissen lud, die ihm, dem Feinfühlenden, aber gegen sich selbst Schwachen,
wehrte, dem ahnungslosen Zeugen seiner Belastung jemals wieder schriftlich,
geschweige persönlich vor Augen zu treten.*[130]

---

[127] Ebenda, S. 491.
[128] Die Datierungen in vorliegender Arbeit folgen trotzdem den häufiger anzutreffenden früheren Daten. Damit soll aber keinerlei Wertung verbunden sein.
[129] So findet sich in Raeffs Speranski-Biographie überhaupt keine Erwähnung eines Parrot (Raeff: Michael Speransky). Es kann aber angenommen werden, daß Raeff Parrots Audienz beim Zaren bekannt war, da er Nikolaus Michailowitschs Werk über Alexander I. zitiert.
[130] Bienemann: Der Dorpater Professor, S. 303.

Parrot als Freund Alexanders I.

Gegen die hier angenommenen Gewissensbisse des Zaren spricht jedoch die Tatsache, daß Alexander in einem Ukas an den Senat vom 30.8.(11.9.)1816 offiziell seinen Irrtum in dieser Angelegenheit bekannt hat: *Nach meiner Rückkehr* (aus dem Krieg; Anm. P. H.) *schritt ich zu aufmerksamer und strenger Prüfung ihres* (Speranskis und Magnizkis; Anm. P. H.) *Benehmens und fand, daß keine zwingenden Verdachtsgründe vorlagen.*[131]
Eine andere Erklärung für den Bruch zwischen Parrot und dem Zaren bietet Großfürst Nikolaus Michailowitsch an. Er schreibt: *Aber es gab Leute, die, diesbezüglich überhaupt kein Recht habend, sich für das Schicksal Elisabeths interessierten und sich erdreisteten, dem Herrscher selbst brieflich Gedanken zu diesem Anlaß vorzubringen.*
Solche Einmischungen reizten Alexander nur und erreichten das völlig entgegengesetzte Ziel. ... Zunächst belustigte diese Korrespondenz offenbar Alexander, aber bald wurden die Aufdringlichkeit und die übermäßige Offenheit Parrots dem Kaiser lästig und führten zum endgültigen Bruch zwischen ihnen im Jahr 1812, als Parrot auf den taktlosen Einfall kam, für den in Ungnade gefallenen Speranski einzutreten.[132]
In der Tat mischte sich Parrot nicht nur einmal in die intimeren Verhältnisse seines Freundes ein. Insbesondere zur Rolle Elisabeths,[133] des Zaren Ehefrau, erlaubte sich Parrot immer wieder, Ratschläge zu erteilen, die Alexander gekränkt haben müssen. Parrot vergötterte beide und schlug Elisabeth zur Regentin im Kriegsfall vor, ohne dabei von dem Mißtrauen zu wissen, das Alexanders Verhältnis zu seiner Gattin bestimmt haben muß. Elisabeth hatte höchstwahrscheinlich ihren Mann betrogen und war außerdem in jener Nacht vor Ort anwesend, in der Zar Paul I. ermordet wurde und Alexanders Trauma begann.
Über ihren vermuteten Betrug erfährt man bei Roach: *In fact, Elisabeth is believed to have fallen in love with Czartoryski whom Paul quietly removed by sending him as his representative to the Court of Sardinia.*[134]

---

[131] Das Leben, S. 495. Auch in: Der erste Rector, S. 24. Michael Magnizki, ein Freund und Vertrauter Speranskis, wurde desgleichen verbannt.
[132] Nikolaus Michailowitsch: Kaiserin Elisabeth, Bd. 2, S. 231f.
[133] Geborene Luise von Baden (1779-1826).
[134] Roach: The Origins, S. 322, unter Berufung auf: Schilder: Kaiser Alexander, S. 24, M. Kukiel: Czartoryski and European Unity. Princeton, N. J. (1955), S. 21 und: M. Paléologue: The Enigmatic Czar. New York (1938), S. 28f. Aus letzterem Werk zitiert Roach in einer Anmerkung weiter, daß Elisabeth im Mai 1799 *gave birth to a daughter, Marie Alexandrovna, whose resemblance to Czartoryski was all too striking. As soon as he was told, the Emperor Paul burst into one of his furies. His first impulse was to send the Pole to Siberia. Yet as he had a certain affection for his daughter-in-law, he altered his first decision and*

Zu Elisabeths klugem und kühlem Verhalten in der schrecklichen Nacht des Attentats zitiert Nikolaus Michailowitsch den Fürsten Adam Czartoryski: *„Parmi les membres de la famille impériale, au milieu de l'horrible confusion qui régnait dans tout le château, la jeune Impératrice fut, au dire de tout le monde, la seule qui conserva de la présence d'esprit. L'Empereur Alexandre le répétait souvent. Elle s'efforça de le consoler, de lui rendre du courage et de l'aplomb. Elle ne l'avait pas quitté de la nuit, et ne s'absentait par instants d'auprès de lui que pour aller par ses soins calmer, autant que possible, sa belle mère, la retenir dans l'intérieur de ses appartements, la faire renoncer à des emportements qui auraient pu devenir dangereux, tandis que les conjurés, ivres de succès, et qui savaient combien ils avaient à redouter de ses vengeances, étaient maîtres du château. En un mot, dans cette nuit de trouble et d'horreur, où chacun, chaque acteur, était diversement agité, les uns se glorifiant de leur triomphe, les autres plongés dans la douleur et le désespoir, l'impératrice Elisabeth fut en quelque sorte le seul pouvoir qui, en exerçant une influence intermédiaire accueillie par tous, devint un véritable médiateur de consolation, de trève ou de paix entre son époux, sa belle-mère et les conjurés".*[135]

Elisabeth behielt die Nerven und vermittelte nach der Tat zwischen den Anwesenden. Sie spielte damit gewissermaßen eine Hauptrolle in Alexanders Trauma, das ihn wohl daran gehindert hat, jene Reformen in Rußland durchzuführen, die er selbst so gerne verwirklicht und die das Land so nötig gebraucht hätte.

Parrot aber empfahl Alexander in seinem „Mémoire secret, très secret" (siehe Anhang) im Oktober 1810 sogar, seine Gattin während der Zeit des Krieges zur Regentin zu machen, so daß Alexander ungestört das Heer führen könne. Doch erscheint dieser Ratschlag noch moderat im Vergleich zu Parrots Aufforderung an den Zaren, auf seine Seitensprünge (*écarts*) zu verzichten. Eine derartige Einmischung[136] muß Alexander irritiert haben, zumal Parrot diese Beziehungen mit Hinweis auf die öffentliche Meinung mißbilligte.

Als Parrot nun im März 1812 für Speranskis Verbannung eintrat, ging er in seinem Schreiben vom 17.(29.) des Monats nicht nur auf diesen Fall, sondern

---

charged Czartoryski with a diplomatic mission to the Court of Sardinia, with the command to leave at once. And the newly-made diplomat left that very evening (S. 322, Anm. 18, unter Berufung auf: Paléologue: Czar, S. 28f).

[135] Nikolaus Michailowitsch: Kaiserin Elisabeth, Bd. 1, S. 267f.

[136] Erstaunlich ist auch, daß Parrot sich schriftlich derart offen äußerte. Czartoryski beispielsweise schrieb Alexander niemals in derartigen Fragen.

auch wieder auf die politischen Verwendungsmöglichkeiten der Kaiserin ein. *Pour le cas où, dénué de moyens vous espérez en vain le succès du zèle du pince et de l'activité des ministres, autorisez-moi à électriser l'impératrice pour l'idée de vous servir sans autre autorité que celle que lui donnent la nature et son coeur.*[137]

Dieses hartnäckige Engagement für die Zarin und die penetrante Einmischung in seine allerintimsten Angelegenheiten haben Alexander nicht unberührt gelassen. Sie haben die Beziehung zwischen Zar und Wissenschaftler belastet, waren aber gewiß kein zwingender Grund für deren Auflösung. Noch weniger war Parrots „taktloser Einfall", für Speranski einzutreten, ein Grund; hier irrt sich Nikolaus Michailowitsch. Die letzte Audienz und der daran anschließende Brief zeichnen den Dorpater Professor als politischen Berater aus, während seine persönlichen Ratschläge ihn eher blamieren.

Einen eindeutigen Grund für den Abbruch der Freundschaft gibt es nicht. Vielmehr bietet sich eine Kombination aus mehreren Gründen an. Neben den oben genannten Beweggründen der Irritation wegen der Einmischung ins Private finden sich noch weitere Gründe. Zum einen führte der Krieg gegen Napoleon zu einer drastischen Zeiteinschränkung des allrussischen Herrschers und zum anderen könnte die Beratung im Fall Speranski bei Alexander die Angst vor einem zu großen Einfluß Parrots auf ihn hinterlassen haben. Der Zar ging wichtigeren Beschäftigungen nach, die ihn schließlich bis nach Paris führten. Als er wieder Zeit für andere Dinge hatte, sah er keinen Grund, den von seiner Seite eingestellten Kontakt wieder aufzunehmen.[138] Außerdem durchlebte Alexander eine Art religiöser Konversion, die ihn dem Mystizismus annäherte.[139] Parrot, als Vertreter des aufgeklärten Absolutismus, verlor vielleicht auch deshalb die kaiserliche Gunst.

Zudem ist der Zar während des Feldzugs gereift. Mit einem nicht gekannten Zuwachs an Macht und Selbstvertrauen führte er nun seine Staatsgeschäfte, ohne auf die Ratschläge des Wissenschaftlers aus der Provinz angewiesen zu sein. Möglicherweise zerbrach auch des Zaren Erfolg die Freundschaft.

---

[137] Schilder: Kaiser Alexander, S. 489f. Bienemann gibt den Inhalt folgendermaßen wieder: *Für den Fall, daß Sie, von Mitteln entblößt, vergeblich auf Erfolge des Eifers des Prinzen und der Thätigkeit der Minister hoffen, ermächtigen Sie mich, die Kaiserin für den Gedanken zu elektrisiren, Ihnen ohne andere Autorität zu dienen, als die, welche ihr die Nation und ihr Herz verleiht* (Bienemann: Aus dem Briefwechsel, S. 336). Bei dem Prinzen handelt es sich um Peter Friedrich Georg von Holstein-Oldenburg (1784-1812), den Parrot irrtümlich für den Präsidenten des Reichsrates hielt.

[138] Parrot schrieb ihm weiter Briefe.

[139] Siehe hierzu: Palmer: Alexander, S. 227f., 285-287 und: McConnell: Tsar Alexander I., S. 134f.

Warum genau die Beziehung 1812 endete, ist wohl nicht mehr zu klären. Gewiß ist nur, daß der Bruch von Alexander ausging und der Dorpater Professor lange brauchte, um eben diesen Bruch und die Wandlung des Kaisers zu erkennen. Schilder schreibt: Парротъ не сразу понялъ переломъ, совершившійся въ воззрѣніяхъ и чувствахъ императора Александра послѣ 1812 года; онъ только постепенно усвоилъ себѣ печальную истину, что отнынѣ императоръ и профессоръ лишены возможности понимать другъ друга, что воззрѣнія ихъ уже раздѣляетъ пропасть, что воскресить прошлое представляется невозможнымъ, и что оно должно быть предано забвенію.[140] Deutsche Übersetzung: *Parrot verstand nicht sofort die Wendung, die sich in den Ansichten und Gefühlen des Kaisers Alexander nach dem Jahr 1812 vollzog; er eignete sich nur allmählich die traurige Wahrheit an, daß der Kaiser und der Professor von nun an bar der Möglichkeiten waren, einander zu verstehen, daß schon ein abgrundtiefer Unterschied ihre Ansichten trennte, daß das Wiederbeleben des Vergangenen unmöglich erschien und daß es der Vergessenheit anheimfallen mußte.*

Parrots Wechsel nach St. Petersburg

Zur Zeit des Regentschaftswechsels von Alexander I. zu Nikolaus I. zog Parrot von Dorpat nach St. Petersburg um. Der Dorpater Physikprofessor erbat seine Emeritierung noch beim alten Zaren zum 10.(22.)12.1825, dem 25jährigen Jubiläum seiner Professorentätigkeit. Am 30.11.(12.12.)1825 erfuhr Parrot vom Tode Alexanders, und am 26.1.(7.2.)1826 genehmigte schließlich der neue Zar Nikolaus I. Parrots Emeritierung.
Bienemanns Buch schließt mit Alexanders Tod und Parrots Kündigung. Gründe für letztere nennt er nicht. Es kann weitestgehend ausgeschlossen werden, daß Parrot um seine Emeritierung bat, um nach St. Petersburg zu „seinem" Alexander zu ziehen. Zumindest sind keine diesbezüglichen Quellen erhalten bzw. bekannt.
Wahrscheinlich wollte der mittlerweile 58jährige Gelehrte eine neue wissenschaftliche Herausforderung annehmen. Kaum in St. Petersburg angelangt, wurde Parrot ordentliches Akademiemitglied, und wenig später reorganisierte er das Physikalische Kabinett der Akademie der Wissenschaften, wobei er keinen Streit scheute.[141] Zweifelsohne fand er eine neue, interessantere Auf-

---
[140] Schilder: Kaiser Alexander, Bd. 4, S. 290.
[141] Siehe Abschnitt 3.4.1.

gabe, als sie die 25jährige Hochschullehrertätigkeit darstellte.[142] Dies wird auch daran deutlich, daß er trotz seines beachtlichen Alters noch Dutzende von wissenschaftlichen Schriften verfaßte.[143]

Hinzu kam der Umzug aus einer kleinen Provinzstadt mit ca. 4000 Einwohnern in die Metropole des größten Staates Europas. Insgesamt bedeutete der Umzug für Parrot also einen Gewinn.[144]

4.1.7 Parrot als Berater Nikolaus' I.

Die Tatsache, daß Parrot nicht nur Alexander, sondern auch dessen Bruder und Nachfolger Nikolaus mit Briefen überhäufte, weckt zunächst den Verdacht, daß Parrot sich nach dem Tode des ersten nun dem anderen andienen wollte. Dies war offensichtlich nicht der Fall. Bienemann schreibt, daß Nikolaus I. Parrot *durch den Kurator der Petersburger Universität S. Uwarow am 17. Februar (1. März) 1827 um seine Ansicht über einige uns unbekannt gebliebene Fragen ersuchte.*[145] Weiter erfährt man von Bienemann, daß, nachdem Parrot sein „Mémoire sur les universités de l'interieur de la Russie" vorgelegt hatte, welches die Idee des Dorpater Professoreninstituts beinhaltete, der Kaiser ihn über Graf Benckendorff auffordern ließ, weitere Denkschriften abzufassen. *Dieser Einladung ist Parrot in weitem Maße nachgekommen, so daß die Zahl der dem Kaiser bis 1849 eingereichten Denkschriften und Briefe das zweite Hundert übersteigt und diese sich über nahezu alle Seiten des Staatslebens verbreiten. Wie Benckendorff Parrots Sendungen dem Kaiser übermittelte und dieser sie in seiner Gegenwart laut zu lesen pflegte, ... so meldete derselbe auch oftmals schriftlich oder mündlich Parrot die Antwort des Monarchen. Nur einmal in dreiundzwanzig Jahren und zwar in einer rein technischen Frage hat Nikolaus den Wunsch Parrots, ihm in einer Privataudienz seine Gedanken mündlich darlegen zu dürfen, am 16./28. Dezember 1833 erfüllt; eine Zeile von des Herrschers Hand hat Parrot nie erhalten.*[146]

---

[142] Als Lehrer arbeitete Parrot sogar schon seit 1786, und in Petersburg blieb er zumindest der Hochschulpolitik treu, indem er das Professoreninstitut anregte.

[143] Siehe Literaturverzeichnis.

[144] Auch wirtschaflich erging es ihm nach dem Wechsel nicht schlecht. Neben seiner Professorenpension in Höhe von 5000 Rubeln bezog er noch 2200 Rubel, das Gehalt eines ordentlichen Akademikers.

[145] Bienemann: Ein Freiheitskämpfer, S. 100. Uwarow war nur von 1810 bis 1821 Kurator, jedoch von 1818 bis 1855 Präsident der Akademie der Wissenschaften. Die Bezeichnung „Freiheitskämpfer" im Titel des Artikels von Bienemann erklärt sich aus der Tatsache, daß Bienemann diese Arbeit 1895, nach der Russifizierung der Ostseeprovinzen, schrieb und sein „Held" sich für den Schutz der deutschen Sprache im Baltikum engagierte.

[146] Ebenda, S. 100f.

Nikolaus übernahm den Berater seines Bruders, der seine Versuche der Einflußnahme nun stärker auf die Innenpolitik (Bildung und Verwaltung) fokussierte. Zwar äußerte sich Parrot nach wie vor auch zu außenpolitischen Themen, wie z.B. dem polnischen Aufstand von 1830/31, aber seine bedeutendsten Anliegen waren der Kampf *gegen das System des Unterrichtsministers Grafen Uwarow*[147] und die Anregung des Systems „Künstliche Öffentlichkeit" in den Ministerien.

War letzterem wenigstens ein mäßiger Erfolg beschieden, so muß der Kampf gegen Uwarow als gescheitert angesehen werden. Mit über 16 Jahren stand Graf Uwarow dem Volksaufklärungsministerium länger vor als jeder andere „Bildungsminister" im Russischen Imperium.

Parrots Engagement in diesem Konflikt diente vor allem dem Schutz der deutschen Sprache in den Ostseeprovinzen des Russischen Imperiums. Am 8.(20.) März 1839, nach der Lektüre eines Berichtes von Volksaufklärungsminister Uwarow vom 7.(19.) Juni 1838, schrieb Parrot in einem Brief an den Zaren: *Der Verfasser des Berichts will die Bevölkerung der baltischen Provinzen in drei Jahren zum Russischsprechen bringen. Glaubt er denn wirklich infolge seines Plans die russische Nationalität den Provinzen aufzupfropfen, daß die russische Sprache als solche dem Herrscher und dem Vaterlande ergebene Unterthanen mache? Dann hätten ja alle die Verräter, die der denkwürdige 14. Dezember enthüllt hat, kein Wort Russisch verstehen müssen. ...*

Ich wiederhole: die russische Sprache wird in die gebildeten Klassen der baltischen Bevölkerung von selbst eindringen, aber langsam und im Verhältnis zum Fortschritt der Wissenschaft und Literatur in Rußland. Gewaltmaßregeln können nur den Eintritt dieser Epoche verzögern. ... Wenn also der Verfasser des Berichtes die Annäherung der baltischen Provinzen an die Kultur derjenigen wünscht, die er als russisch par excellence betrachtet, will er, daß die Liv-, Kur- und Esthländer einen Teil ihrer deutschen Kultur opfern, um sich den anderen Provinzen zu assimilieren. Es kommt ihm nicht in den Sinn, daß es gerade umgekehrt seine Pflicht sei, dahin zu arbeiten, daß die Kultur des übrigen Rußlands sich auf die Stufe der baltischen Provinzen hebe. Der Undankbare vergißt, daß er seine eigene Bildung einer deutschen Hochschule verdankt.[148]

---

[147] Ebenda, S. 101.
[148] Ebenda, S. 228, 231. Mit den „Verrätern" sind die Dekabristen gemeint. Ihr Aufstand fand am 14.(26.)12.1825 statt. Uwarow studierte von 1803 bis 1806 in Göttingen. Der Bericht des Ministers ist in der deutschen „Allgemeinen Zeitung" vom 21.2.1839 abgedruckt, wie aus einem Brief Parrots vom 8.(20.)3.1839 an Nikolaus I. hervorgeht (ebenda, S. 226f).

Mit solcher Polemik griff Parrot Uwarow an, der für den westlichen Aufklärer ohnehin ein Feindbild par excellence abgab, sprach er sich doch dogmatisch für die Leibeigenschaft aus.[149] Parrot verstärkte die Intensität seines Angriffes. Am 1.(13.)6.1843 schrieb er dem Kaiser in einem Brief: *Der Slave will Europäer werden, glaubt sogar es schon zu sein, und Sie stützen einen verachteten Minister, der die Slaven sich zu versöhnen glaubt, indem er die Quelle der russischen Bildung trocken legt.*[150]

Doch Parrots Attacken konnten gar keinen Erfolg haben. Schließlich hatte Uwarow, sich den politischen Gegebenheiten im nikolaitischen System beugend, eine weitgehend an den Interessen des Zaren orientierte Politik vertreten, die kaum Anlaß für eine Entlassung bieten konnte. Stökl schreibt, Uwarow *war freilich auch ein Karrierist, der als Minister unter Nikolaus I. gewiß nicht mehr daran dachte, daß er als Petersburger Kurator noch öffentlich die Freiheit als die beste Gabe Gottes bezeichnet hatte, der zuliebe >man die Verwicklungen nicht fürchten dürfe, die mit einer konstitutionellen Verfassung verbunden sind.<*[151] Ob er noch daran dachte, ist fraglich, gewiß ist jedoch, daß er keinen politischen Selbstmord plante und deshalb derartige Aussprüche tunlichst unterließ.

Erfolgversprechender als der aussichtslose Kampf gegen den Minister war Parrots im November 1827 übergebene „Denkschrift über die Organisation der Ministerien", in der der Gelehrte autokratieverträgliche Verwaltungsreformen empfahl.[152] Konkret waren dies *die Bildung eines Conseils des Ministeriums, aber eines wahren Ratskollegiums*,[153] in welchem Abstimmungen innerhalb der Ressorts erfolgen sollten, außerdem Verlagerungen der

---

[149] Rjasanowski zitiert Uwarow: *„Political religion, just as Christian religion, has its inviolable dogmas; in our case they are: autocracy and serfdom."* (Riasanovsky: Nicholas I, S. 140, unter Berufung auf: Н. Барсуков (N. Barsukow): Жизнь и труды М. П. Погодина (Leben und Arbeiten M. P. Pogodins). Санкт-Петербург (1888-1910), Bd. 4, S. 38).

[150] Bienemann: Ein Freiheitskämpfer, S. 232.

[151] Stökl: Russische Geschichte, S. 482.

[152] Dabei bekannte sich Parrot eindeutig zur Alleinherrschaft in Rußland: *Ich bin weit entfernt, dem Kaiser Nikolaus zu raten, heute in Rußland eine konstitutionelle Monarchie aufzurichten. Ich habe den Kaiser Alexander davon abgelenkt, weil eine solche Monarchie nicht für ein Volk von Sklaven paßt, nicht für ein Reich, das aus dreißig bis vierzig noch wenig miteinander verbundenen Völkerschaften zusammengesetzt ist und in dem es beinahe keine Bürger giebt. Aber es ist nicht minder wahr, daß die absolute Monarchie die ist, wo der Herrscher die größte Verantwortlichkeit trägt* (F. Bienemann: Verfassungspläne unter Kaiser Nikolaus I. DRNL, 4 (1897), S. 190f). Parrot sah im aufgeklärten Absolutismus das beste System für das damalige Rußland.

[153] Ebenda, S. 192.

Zuständigkeiten der Ministerien und ein Vorschlag zur Einteilung der Tageszeit des Zaren.[154] Der wichtigste Punkt, die Schaffung der Ratskollegien, war der Versuch, zu einer Form von kontrollierter Partizipation zu gelangen, da der Minister gegen die Mehrheit hätte entscheiden können.[155] Dennoch glaubte Parrot hiermit die Selbstherrlichkeit der Minister einschränken zu können, zumal jedes Ratsmitglied den Vermerk seiner gegensätzlichen Meinung im Protokoll einfordern können sollte. Macht sollte somit von den Ministern an deren direkte Untergebene abgetreten werden.

Das Grundprinzip dieser Form von Partizipation wurde damals, so Lincoln, als „Künstliche Öffentlichkeit" bezeichnet. Dialoge und Meinungsäußerungen sollten angeregt, jedoch kontrolliert und in den für die Autokratie annehmbaren Grenzen gehalten werden. So waren gemäßigte Reformen vorstellbar. Großfürst Konstantin Nikolajewitsch praktizierte dieses System in den Diskussionen über die Reform der russischen Marine im Jahre 1853 mit einem gewissen Erfolg. Dabei gestattete er den Marineoffizieren, die bevorstehende Reform der Dienstvorschriften in dem Journal „Naval Collection" zu erörtern.[156]

Insgesamt jedoch hat sich das von Parrot vorgeschlagene Prinzip nicht durchgesetzt. Das nikolaitische System war schon zu verkrustet, um auch nur kleine Reformen zuzulassen. Fraglich ist zudem, ob die „Künstliche Öffentlichkeit" überhaupt längerfristig in wesentlichem Maße nutzbringend gewesen wäre. So griff Zar Alexander II. (1855-1881) zwar auf dieses Prinzip zurück, doch waren seine großen Reformen in den sechziger Jahren des 19. Jahrhunderts (Aufhebung der Leibeigenschaft, Modernisierung des Justiz- und Verwaltungswesens) nicht ausreichend, um den Reformstau im Russischen Imperium abzubauen.[157]

---

[154] Im November 1828 ergänzte Parrot seine Denkschrift durch einen zweiten Teil, der eine Reform des Reichsrates beinhaltete, jedoch von Bienemann nicht mitgeteilt wird.

[155] In diesem Fall sollte dies jedoch unbedingt ins Protokoll aufgenommen werden.

[156] Lincoln: Nikolaus, S. 237, 472, unter Berufung auf: М. Е. Мардарьевъ (M. Je. Mardarjew): Императоръ Николай I и академикъ Парротъ (Kaiser Nikolaus I. und Akademiemitglied Parrot). Русская старина, 7 (1898), S. 145f. und: А. В. Головнинъ (A. W. Golownin): Краткій очеркъ дѣйствій Великаго Князя Константина Николаевича по Морскому Вѣдомству, со времени вступленія въ управленіе онымъ по январь 1858 г. (Kurze Übersicht der Wirksamkeit des Großfürsten Konstantin Nikolajewitschs im Seewesen vom Zeitpunkt des Eintritts in die Führung jenes bis Januar 1858). Российская национальная библиотека, отдел рукописей, фонд 208, No 2, S. 269f.

[157] Ebenda, S. 472f.

Parrots Rolle im nikolaitischen System

Nachdem die Rollen Parrots in Dorpat und St. Petersburg beschrieben wurden, soll jene im nikolaitischen System bewertet werden. Es wurde deutlich, daß Parrot sowohl als Dorpater Professor zur Regierungszeit Alexanders I., wie auch als Petersburger Akademiemitglied im nikolaitischen System wissenschaftlich arbeitete, den jeweiligen Zaren zu beeinflussen suchte und sich in der Bildungspolitik reform- und konfliktbereit zeigte.[158] Blieb sein Einfluß auf die Staatsführung Rußlands auch nach dem Regierungswechsel von 1825 erhalten?

Parrots tatsächliche oder vermeintliche Rettung Speranskis steigerte das Selbstvertrauen des Weltmannes. Nach dem Tode Alexanders bot sich ihm erneut die Chance der politischen Einflußnahme auf den Zaren, die er zumindest ab 1827 konsequent zu nutzen suchte. Nach 13 Jahren der Unterbrechung von Kontakten zum Hof des Zaren (1812-1825) dürfte die Aufforderung Nikolaus' an Parrot aus dem Jahre 1827, ihn in Staatsdingen zu beraten, den Gelehrten beflügelt haben. Als danach auch noch regelmäßig Danksagungen Benckendorffs im Auftrag des Zaren bei Parrot eintrafen - z.B. auf die „Denkschrift über die Organisation der Ministerien" am 28.11.(10.12.) 1827 mit den Worten: *„diese ungeschminkte Wahrheit liebt Seine Majestät zu hören und ihr leiht er so gern sein Ohr"* [159] -, begann dieser auch die Möglichkeiten seiner Einflußnahme auf Nikolaus maßlos zu überschätzen. Bienemann, der Parrots Einfluß auf Alexander nicht untertreibt, negiert ihn jedoch in Bezug auf dessen Nachfolger. So urteilt Bienemann über Nikolaus' Wertschätzung für Parrots Ratschläge folgendermaßen: *Viel spricht dafür, daß er die wohldurchdachten Darlegungen einer ihm so achtungswerten Persönlichkeit, wie Parrots, als höchst schätzbare Gesichtspunkte für seine eigene Beurteilung des Staatswesens und seiner Verwaltung gar nicht mehr missen mochte, aber freilich weit entfernt war, ihnen maßgebenden Einfluß auf seine Regierungsweise einzuräumen.*[160]

Es war Parrot, der des Kaisers Anerkennung für seine Gedanken als Gewähr für deren Umsetzung fehlinterpretierte. Bienemann zitiert Parrots Antwort vom 2.(14.) Dezember 1827: *„Aber ich gestehe, daß ich nicht ganz den Sinn dieser gnädigen Erwiderung fasse. Ich hatte den Wunsch bezeigt, des Glückes*

---

[158] Beispiele: Entmachtung des ritterschaftlichen Kuratoriums, Kampf um das Physikkabinett der Akademie der Wissenschaften (siehe Abschnitt 3.4.1), Angriffe auf Uwarow.

[159] Bienemann: Verfassungspläne, S. 199f. Mardarjew datiert diesen Brief auf den 12.(24.)11.1827 (Mardarjew: Kaiser, S. 149).

[160] Bienemann: Verfassungspläne, S. 200.

teilhaft zu werden, mit Ew. Majestät persönlich die Denkschrift diskutieren zu dürfen. Denn nur in der mündlichen Erörterung treten die Unvollkommenheiten eines Plans deutlich hervor und lassen sich ausgleichen." Bienemann meint dazu: *Aus der Anerkennung seiner* (Parrots; Anm. P. H.) *Arbeit und des aus ihr redenden Geistes schloß er gleich auf die Absicht ihrer praktischen Verwertung.*[161]

Parrots Rolle im nikolaitischen System konnte gar nicht mehr jene sein, die er unter Alexander gehabt hatte. Zwar war er selbst weitgehend „der Alte geblieben", aber das zaristische Regime war ein anderes geworden und befand sich auch weiterhin in diesem Wandlungsprozeß. Konnte Parrot sich früher bei wichtigen politischen Fragen einbringen und gelang es ihm, die ritterschaftliche Dorpater Universität in eine Reichsanstalt umzuwandeln, so war seine bedeutendste Innovation im neuen System nur noch das Professoreninstitut. Der Systemwechsel vom liberalen Alexander zum reaktionären Nikolaus läßt sich also auch am schwindenden Einfluß dieses Gelehrten erkennen.

---

[161] Ebenda. Mehr zu diesem Mißverständnis führt Mardarjew aus (Mardarjew: Kaiser, S. 149-152).

4.2 Emil Lenz

4.2.1 Lebenslauf

Heinrich Friedrich Emil Lenz[162] stammt aus Dorpat, wo er am 12.(24.) Februar 1804 als Sohn des Stadtmagistratsobersekretärs Christian Lenz geboren wurde. Nach dem frühen Tod des Vaters versuchte die Mutter, Emil und seinem jüngeren Bruder Robert (geb. 1808) eine höhere Bildung zukommen zu lassen. Schon im Alter von sechs Jahren besuchte Emil Lenz eine Privatschule, später das Gymnasium, an dem schon in den ersten Klassen in Naturwissenschaften und Mathematik unterrichtet wurde. Als bester Schüler erreichte er 1820 den Abschluß und inskribierte auf Rat seines Onkels, des Chemieprofessors Ferdinand Giese, an der Dorpater Universität.[163] Ein Jahr lang studierte Lenz unter der Leitung seines Onkels und dessen Freundes Georg Parrot. Er erwarb die Fertigkeiten, physikalische Geräte zu handhaben, die bei ihrem Gebrauch erreichbare Meßgenauigkeit abzuschätzen und die Ursachen von Fehlern zu suchen.[164]

Nach dem Tod Gieses 1821 verlor Lenz' Familie dessen finanzielle Unterstützung, so daß er sich genötigt sah, wider seinen Interessen von der naturwissenschaftlichen in die theologische Fakultät zu wechseln. Nur die Theologie versprach für später ein geregeltes Einkommen. Doch setzte Lenz unter Parrots Leitung und Ermunterung seine Beschäftigung mit der Physik fort.[165] Zudem lernte er die estnische Sprache und Hebräisch; Lateinisch und

---

[162] Sein Rufname war Emil.

[163] Lenz war seit dem 20.12.1820(1.1.1821) Student der Philosophischen Fakuktät und ab dem 17.(29.)1.1822 bis zum 20.6.(2.7.)1823 Student der Theologie (Prüller: Physiker, S. 49).

[164] Leshnjowa; Rshonsnizki: Lenz, S. 7, Anm. 1, S. 8. Die Autoren beziehen alle biographischen Daten ihres Werkes aus zwei Dokumenten im разряд V, опись Л., дело No 18 (Э. Х. Ленц) des Archives der Akademie der Wissenschaften. Ein Dokument sei von G. P. Helmersen (Akademiemitglied und Bruder von Lenz' Frau), das andere gar nicht unterzeichnet. Bei letzterem handelt es sich wahrscheinlich um AAH, разряд V-Л.-18-29.

[165] Leshnjowa; Rshonsnizki: Lenz, S. 9. Eine interessante Quelle zur Lenzschen Biographie stellt der bereits erwähnte handschriftliche Lebenslauf dar (AAH, разряд V-Л.-18-29). Wahrscheinlich von einer ihm nahestehenden Person nicht zu Ende geführt, gibt dieses Dokument einige interessante Auskünfte: *Giese starb bald nach seiner Abreise* (ins Ausland). Lenz lernte während seines Theologiestudiums Hebräisch und Estnisch, weil er dachte, im estnischen Teil Livlands Pfarrer werden zu können.
Ob Lenz wirklich nur aus ökonomischen Gründen Pfarrer werden wollte oder ob seine Entscheidung, in die theologische Fakultät zu wechseln, aus einer Kombination seiner Versorgungsinteressen und anderer Gründe resultierte, bleibt unklar. Gewiß hätte er auch als Arzt oder Jurist Berufschancen gehabt. Leshnjowa/Rshonsnizki mußten dem vorrevolu-

Griechisch beherrschte er bereits.[166]
Vom 28.7.(9.8.)1823 bis zum 10.(22.)7.1826 nahm Lenz an einer Weltreise mit dem Schiff Предпріятіе (Unternehmen) teil. Parrot hatte ihm eine Stelle auf dieser Expedition unter dem Kommando von Kapitän Otto von Kotzebue besorgt.[167] Die Reise ging von Kronstadt, der St. Petersburg im Finnischen Meerbusen vorgelagerten Festungsinsel, nach Rio de Janeiro und führte dann an Kap Horn vorbei durch den Stillen Ozean nach Petropawlowsk auf Kamtschatka. Von Sibirien ging es weiter nach Nowoarchangelsk (heute Sitka) in Russisch-Amerika, von dort nach San Francisco und dann zu den Hawaii-Inseln. Von dort ging die Reise wieder nach Nowoarchangelsk, danach durch die Hawaii-Inseln und durch die Sundastraße zwischen Sumatra und Java, um das Kap der Guten Hoffnung herum, zur St. Helena-Insel,[168] von dort nach Portsmouth und schließlich wieder nach Kronstadt.[169]
Während dieser Reise hat sich Lenz als Wissenschaftler glänzend bewährt und zudem sein Wissen auf den Gebieten der physikalischen und mathematischen Wissenschaften erweitert. Konkret wurden auf See Meerwassertem-

---

tionären Bildungssystem ein Armutszeugnis ausstellen, um dadurch die „Errungenschaften des Sozialismus" aufzuwerten.

[166] Gogoberidse: Lenz, S. 3 und: ААН, разряд V-Л.-18-29.

[167] Leshnjowa; Rshonsnizki: Lenz, S. 9, 11, 19. *Der Gedanke seine Lieblingsstudien mit sicheren Hoffnungen auf die Zukunft wieder aufnehmen zu können wirkte auf E. L. so überwältigend, daß er bei Parrots Vorschlag* (an der Weltumseglung teilzunehmen; Anm. P. H.) *in Ohnmacht fiel*, schreibt ein anonymer Autor (eventuell Jacobi) über Lenz (ААН, разряд V-Л.-18-29). Sein Gehalt wird, wie das des Astronomiegehilfen Preuss, 150 Dukaten pro Jahr plus 40 Piaster pro Monat plus 50 Dukaten zur Reiseeinrichtung betragen haben (ИА, 733-56-462-17, 20). Bemerkenswert ist, daß das Schiff ursprünglich als Frachter und für den Kampf gegen Piraten für die Russisch-Amerikanische Kompanie vorgesehen war. Als diese sich für ein eigenes Frachtschiff samt schützender Fregatte entschied, wurde die Weltumseglung kurzfristig zu einer wissenschaftlichen Expedition umfunktioniert (Leshnjowa; Rshonsnizki: Lenz, S. 11).

[168] Auf dieser Insel war Napoleon kurz zuvor verstorben.

[169] Л. С. Берг (L. S. Berg): Заслуги Э. Х. Ленца в области физической географии (Die Verdienste E. Ch. Lenz' auf dem Gebiet der Physikalischen Geographie). В книге: Э. Х. Ленц: Избранные труды. Ленинград (1950), S. 458f. und: Leshnjowa; Rshonsnizki: Lenz, S. 19. Oberländer schreibt, daß *bis 1864 insgesamt 65 Schiffe nach Alaska fuhren, wobei es sich bei 23 dieser Fahrten um Weltumseglungen handelte, deren Kapitäne und wissenschaftlichen Begleiter zum Teil in hervorragender Weise zur näheren Kenntnis des Pazifiks beitrugen.* Der Seeweg führte dabei von St. Petersburg/Kronstadt über Kap Horn bzw. um das Kap der Guten Hoffnung und wurde *1803 erstmals erprobt.* Erstaunlich ist bezüglich Alaska insbesondere, daß *der russische Bevölkerungsanteil ... zwischen 1799 und 1867 nie mehr als 812 vorwiegend männliche Personen* betrug (Oberländer: Rußland, S. 675f., unter Berufung auf: S. G. Fedorova: The Russian Population in Alaska and California. (1973)).

peraturmessungen in verschiedenen Tiefen mit Hilfe des Batometers und des Glubomers durchgeführt.[170] Beide Geräte hatte der Wissenschaftler gemeinsam mit Parrot für die Reise entwickelt. Die Eigenschaften des Meerwassers (Dichte, Elastizität) wurden untersucht, barometrische und hygrometrische Messungen durchgeführt, Gewitter und andere atmosphärische Erscheinungen beschrieben, Elastizitätsmessungen verschiedener Stoffe (z.B. Quecksilber) unter hohem Meerwasserdruck durchgeführt. Chemische Reaktionen versuchte man, in großen Tiefen nur durch Druck auszulösen. Zu Lande wurden Höhenmessungen, gravimetrische Messungen mit Hilfe des Pendels sowie Beobachtungen von Naturphänomenen wie Gewitter, Vulkanismus und Nordlichter durchgeführt.[171] Hierfür hatte Parrot ein ständiges Pendel entwickelt, daß mit Hilfe von F. G. W. Struve gefertigt worden war.[172]
Wenige Tage nach seiner Rückkehr wurde Lenz am 15.(27.)7.1826 der Wladimir-Orden 4. Klasse verliehen.[173] Wieder in Rußland angekommen, fuhr der Wissenschaftler sofort zu seiner Mutter nach Dorpat, wo er den Rest des Jahres dazu verwandte, Untersuchungen im Bereich der Chemie unter Leitung von Professor Osann durchzuführen. Im Januar 1827 fuhr Lenz nach St. Petersburg,[174] wo er das ganze Jahr an seinem Bericht über die Weltreise arbeitete.[175] Ab Herbst 1827 unterrichtete er in der privaten St. Petri-Schule

---

[170] Die Geräte ermöglichten die Wasserprobenentnahme aus verschiedenen Tiefen. Es handelte sich um eine spezielle Kammer und einen speziellen Kran.

[171] Leshnjowa; Rshonsnizki: S. 12.

[172] Ebenda, S. 13. Über die Konstruktion des Pendels ist mir leider nichts bekannt.

[173] ИА, 733-120-66-5f. Es handelt sich bei der Quelle um einen formalisierten Lebenslauf.

[174] In Э. Х. Ленц (E. Lenz): Избранные труды (Ausgewählte Arbeiten). Ленинград (1950), S. 20 wird der Januar 1826 angegeben. Es handelt sich um einen Fehler, da Lenz zu dieser Zeit noch auf Weltreise war. Zu diesem Schluß kommen auch Leshnjowa; Rshonsnizki: Lenz, S. 20.

[175] Gogoberidse schreibt in einem Artikel, daß Lenz 1826 zur Dissertationsverteidigung nach Heidelberg gefahren sei und 1827 den Titel eines Doktors der Philosophie der Heidelberger Universität erhalten habe (Gogoberidse: Lenz, S. 6). Baumgart behauptet ebenfalls, Lenz habe einen Heidelberger Doktortitel geführt (К. К. Баумгарт (K. K. Baumgart): Эмилий Христианович Ленц (Emili Christianowitsch Lenz). В книге: Э. Х. Ленц: Избранные труды. Ленинград (1950), S. 450). Leshnjowa/Rshonsnizki schreiben: *In der Literatur trifft man auf die falsche Angabe, daß E. Lenz im Herbst 1826 ins Ausland nach Heidelberg wegfuhr, wo er angeblich im Frühling 1827 seine Dissertation verteidigte, den Doktortitel der Philosophie erhielt. Diese Behauptung widerspricht den eigenen Ahgaben Lenz' über seine Beschäftigungen im Herbst 1826 und im Frühling 1827. Zudem gibt es keine Mitteilung, weder in einem formalen Lebenslauf noch in anderen Lenzschen Dokumenten, über den Erhalt eines Philosophiedoktortitels der Heidelberger Universität* (Leshnjowa; Rshonsnizki: Lenz, S. 20). Leshnjowa/Rshonsnizki haben recht. Wie die Ruprecht-Karls-Universität Heidelberg mir schriftlich mitteilte, taucht der Name Emil Lenz *weder in der*

und führte gleichzeitig bis zum Frühling 1828 seine Berichte zu Ende.[176] Seine materielle Lage war schwierig und auch der nach St. Petersburg übersiedelte Parrot erwies ihm nur wenig finanzielle Hilfe.[177] Am 7.(19.)5.1828 schlugen P. Fuß und Parrot in der Akademie vor, Lenz zum Adjunkten zu wählen;[178] am selben Tag wurde er zum Adjunkten für Physik ernannt.[179] Im Jahre 1829 wurde für ihn eine Wohnung im Hauptgebäude der Akademie eingerichtet.[180]

Im selben Jahr 1829 nahm Lenz an einer weiteren Expedition teil. Diesmal führte ihn die Reise in den Kaukasus, zum Berg Elbrus. Dem Physiker waren Messungen des Erdmagnetismus in der Umgebung des Elbrus, barometrische Höhenmessungen, Schwerkraftmessungen mit Hilfe des kontinuierlichen Pendels in Abhängigkeit von der äußeren Gestalt der Erde und der Hangneigung der Berge, sowie Temperaturmessungen von Quellen aufgetragen worden.[181] Danach reiste er nach Nikolajew, wo er geophysikalische und astronomische Beobachtungen durchführte, und schließlich nach Baku,[182] wo er die „heiligen Feuer" beschreiben sollte. Von dieser Reise kehrte der Gelehrte am 23.5.(4.6.)1830 nach St. Petersburg zurück, wo ihn die Nachricht erreichte, daß er am 24.3.(5.4.)1830 zum außerordentlichen Akademiemitglied gewählt worden war.[183]

Im Sommer 1830 heiratete er die gebürtige Dorpaterin Anna von Helmer-

---

gedruckten Matrikel der Universität Heidelberg, noch in den Akten der Philosophischen Fakultät Heidelberg von 1826 und 1827 (H-IV-102/21 und 22) auf (Der Brief vom 26.8.1996 von Dr. Keßler aus dem Universitätsarchiv befindet sich in meinem Besitz.)

[176] Leshnjowa; Rshonsnizki: Lenz, S. 19f.

[177] Ebenda, S. 21. Dennoch war Parrot für Lenz eine wertvolle Hilfe: *Die erste Zeit in Petersburg lebte E. L. bei Parrot, der sich seines Günstlings auf freundlichste annahm. Im Anfange hatte E. L. mit vieler Noth zu kämpfen u. bate sich manche Nacht hungrig zu Bette, bald jedoch erhielt er durch Parrots Einfluß Privatstunden u. wurde 1828 ... zum Adjunkten ... erwählt* (AAH, разряд V-Л.-18-29).

[178] Prüller: Physiker, S. 54 (teilweise Anm.), unter Berufung auf: AAH, 1-2-1828-227.

[179] Skrjabin: Die Akademie, S. 40.

[180] ИА, 733-12-389-11. Das Dokument ist ein Zaren-Ukas vom 17.(29.)7.1829 an den Volksaufklärungsminister Lieven.

[181] Leshnjowa; Rshonsnizki: Lenz, S. 26f.

[182] Nur widerwillig ließ sich Lenz nach dem Elbrus-Abenteuer durch eine von Parrot erwirkte Weisung der Akademie auf eine Reise nach Baku schicken, obwohl ihm dieser eine Wohltat erweisen wollte. Lenz machte während der winterlich-beschwerlichen Reise seinem Ärger in einem Brief Luft: *Es ist doch ein infamer Despotismus, jemanden wider Willen zu beglücken* (E. Lenz: Die Ersteigung des Elbrus i. J. 1829. (1879 oder später), S. 20). Der Brief wurde am 2.(14.)1.1830 in Stawropol geschrieben.

[183] ИА, 733-120-66-6f.

Lebenslauf 139

sen.[184] Ab dem 5.(17.)9.1834 war Lenz ordentliches Akademiemitglied,[185] und am 1.(13.)1.1835 wurde er Physiklehrer der Offiziersklassen des Seekadettenkorps (Морской Кадетскій Корпусъ).[186] Ab dem 31.12.1835(12.1.1836) war er ordentlicher Professor der Petersburger Universität[187] für Physik und Physikalische Geographie.[188] Am 7.(19.)1.1840 wurde Lenz für vier Jahre zum Dekan der 2. Abteilung der physikalischen Fakultät.[189] Ab September 1840 durfte er sich als Physik- und Mathematiklehrer der Kaiserlichen Hoheiten Fürst Konstantin Nikolajewitsch, Fürstin Olga Nikolajewna und Fürstin Alexandra Nikolajewna bezeichnen.[190] Am 8.(20.)10.1840 empfing er von der Alexander-Universität in Helsinki die Doktorwürde der Philosophie,[191] und am 16.(28.)4.1841 wurde dem Physiker der Stanislaw-Orden 2. Klasse verliehen.[192] Im Jahre 1842 wurde der Gelehrte korrespondierendes Mitglied der Turiner Akademie der Wissenschaften, und am 29.12.1842(10.1.1843) stand er als Ehrenmitglied der Physikalischen Gesellschaft in Frankfurt am Main zur Wahl.[193] Am 4.(16.)4.1843 erhielt Lenz

---

[184] Leshnjowa; Rshonsnizki: Lenz, S. 29. Aber: *Im Jahre 1829 heiratete er Anna* und 3 von 4 Kinder starben vor ihrem Vater (ААН, разряд V-Л.-18-29). Es erscheint mir jedoch plausibler, daß Lenz erst nach seiner Kaukasusreise, also 1830, heiratete. Die vier gemeinsamen Kinder waren: Robert (geb. 16.(28.)11.1833), Alexander (geb. 30.7.(11.8.)1838), Emma (geb. 12.(24.)7.1840) und Olga (geb. 30.4.(12.5.)1845); Mutter und Kinder waren evangelischer Konfession; im September 1863 wohnte Olga bei ihrem Vater (ИА, 733-120-66-6f).

[185] Ostrowitjanow: Die Geschichte der Akademie, Bd. 2, Heft 3, Teil 4, S. 1505 und: Skrjabin: Die Akademie, S. 40.

[186] ИА, 733-120-66-7f.

[187] Списокъ профессоровъ и преподавателей физико-математическаго факультета Императорскаго, бывшаго Петербургскаго, нынѣ Петроградскаго Университета, съ 1819 года (Verzeichnis der Professoren und Dozenten der Physikalisch-mathematischen Fakultät der Kaiserlichen, ehemals Petersburger, jetzt Petrograder Universität, vom Jahre 1819). Петроградъ (1916), S. 33.

[188] ИА, 733-120-66-8f.

[189] ИА, 733-120-66-9f.

[190] Ebenda.

[191] Verzeichnis der Professoren, S. 32 und: В. В. Григорьевъ (W. W. Grigorjew): Императорскій С.Петербургскій университетъ въ-теченіе первыхъ пятидесяти лѣтъ его существованія (Die Kaiserliche St. Petersburger Universität im Verlauf der ersten 25 Jahre ihrer Existenz). Санкт-Петербургъ (1870), S. 192. Gogoberidse schreibt, daß es ein „honoris causa"-Doktortitel gewesen sei (Gogoberidse: Lenz, S. 21). Die Quellen bestätigen diese „h.c.-These" nicht. In einem Lebenslauf (формулярный списокъ) aus dem Jahre 1863 wird ebenfalls von einem Doktortitel der Philosophie berichtet (ИА, 733-120-66-9, 10, 11).

[192] ИА, 733-120-66-11f.

[193] Gogoberidse: Lenz, S. 21.

den Anna-Orden 2. Klasse,[194] und am 7.(19.)1.1844 wurde er für weitere vier Jahre Dekan der 2. Abteilung der physikalischen Fakultät.[195] Abermals für vier Jahre Dekan der 2. Abteilung der physikalischen Fakultät wurde er am 28.12.1847(9.1.1848),[196] und ab März 1848 war er Physiklehrer in den Offiziersklassen der Artillerieschule (Артиллерійское Училище).[197] Am 31.12.1849(12.1.1850) wurde Lenz Wirklicher Staatsrath.[198] Ab dem 22.4.(4.5.)1850 wurde er mit „der hohen Gunst beehrt" (удостоенъ Высочайшаго благоволенія) Physik-, Chemie- und Mechaniklehrer der Kaiserlichen Hoheiten Fürst Nikolaus Nikolajewitsch und Fürst Michael Nikolajewitsch zu sein.[199] Vom 24.6.(6.7.)1850 bis zum 1.(13.)9.1850, sowie vom 21.10.(2.11.)1850 bis zum 4.(16.)11.1850, außerdem vom 19.(31.)5.1856 bis zum 1.(13.)9.1857, sowie vom 12.(24.)6.1858 bis zum 2.(14.)8.1858 war Lenz Rektor der Petersburger Universität.[200] Am 18.(30.)7.1851 wurde er ordentlicher Physikprofessor am Hauptpädagogischen Institut (Главный Педагогическій Институтъ),[201] am 31.12.1851(12.1.1852) wurde er wieder für vier Jahre zum Dekan gewählt; diesmal von der physikalisch-mathematischen Fakultät;[202] am 6.(18.)12.1852 wurde ihm der Wladimir-Orden 3. Klasse verliehen.[203] Vom 8.(20.)12. bis zum 16.(28.)12.1852 war der Physiker auf Dienstreise in Dorpat, um am 50jährigen Jubiläum der Universität teilzunehmen.[204] Am 12.(24.)2.1853 wurde er korrespondierendes Mitglied der Deutschen Akademie der Wissenschaften zu Berlin[205] und am 9.(21.)4.1855 Ehrenmitglied der Kasaner Universität.[206] Den Stanislaw-Orden 1. Klasse erhielt Lenz am 17.(29.)4.1856[207] und die bronzene „Medaille zum Gedenken an den Krieg der Jahre 1853-56", für sein Manifest vom 26.8.(7.9.)

---

[194] ИА, 733-120-66-11f.
[195] Ebenda.
[196] ИА, 733-120-66-12f.
[197] Ebenda.
[198] ИА, 733-120-66-13f.
[199] ИА, 733-120-66-14f.
[200] ИА, 733-120-66-14f., 19, 20, 21, 22. Grigorjew schreibt, daß Lenz vom 24.6.(6.7.)1853 bis zum 1.(13.)9.1853 sowie vom 21.10.(2.11.)1853 bis zum 4.(16.)11.1853 Rektor gewesen sei (Grigorjew: Die Kaiserliche, S. 72). Vermutlich ist die Verwechslung des Jahres 1850 mit dem Jahr 1853 ein Druckfehler.
[201] ИА, 733-120-66-15f.
[202] Ebenda.
[203] Ebenda.
[204] ИА, 733-120-66-16f.
[205] E. Amburger: Deutsche Akademie der Wissenschaften zu Berlin. Berlin (1960), S. 69.
[206] Gogoberidse: Lenz, S. 21.
[207] ИА, 733-120-66-19f.

Lebenslauf 141

1856, am 5.(17.)1.1857.[208] Am 16.(28.)1.1858 wurde er Ehrenmitglied der Charkower Universität,[209] am 12.(24.)4.1859 wurde ihm der Anna-Orden 1. Klasse verliehen[210] und am 30.6.(12.7.)1859 beendete er seinen Dienst im Hauptpädagogischen Institut.[211] Vom 28.4.(10.5.)1859 bis zum 28.8.(9.9.)1859 wurde er auf eine Auslandsstudienreise geschickt.[212] Am 23.12.1859 (4.1.1860) wurde Lenz wieder zum Dekan der physikalisch-mathematischen Fakultät für den Zeitraum bis zum 1.(13.)1.1861 gewählt.[213] Ab dem 31.12.1860(12.1.1861) war er verdienter Professor der Petersburger Universität.[214] Vom selben Tag an erhielt er eine Pension in Höhe von 1429,60 Rubel im Jahr.[215] Am 14.(26.)5.1863 wurde der Gelehrte abermals auf eine viermonatige Auslandsstudienreise geschickt[216] und am 5.(17.)9.1863 mit 22 gegen drei Stimmen zum Rektor der Petersburger Universität gewählt, die nach fast zweijähriger Pause wieder geöffnet wurde.[217] Geheimer Staatsrath (Geheimrat) wurde er am 1.(13.)1.1864.[218]
Am 21.8.(2.9.)1864 wurde dem Physiker ein einjähriger Urlaub im Ausland bewilligt, um sich dort einer seiner Gesundheit förderlichen Behandlung zu unterziehen.[219] Er war an den Augen erkrankt. Seine Abfahrt erfolgte am 13.(25.)10.1864.[220] Jedoch verstarb Lenz in Rom am 9/10. Februar 1865 plötzlich an einer Herzerkrankung. Er wurde in Rom begraben.[221]

---

[208] ИА, 733-120-66-20f. Über das Manifest ist mir weiter nichts bekannt.
[209] Ebenda.
[210] ИА, 733-120-66-21f.
[211] Ebenda.
[212] ИА, 733-120-66-21, 22, 23.
[213] ИА, 733-120-66-22f.
[214] Verzeichnis der Professoren, S. 33.
[215] ИА, 733-120-66-24f.
[216] ИА, 733-125-3-51f. Es handelt sich bei der Quelle um einen formalisierten Lebenslauf.
[217] Gogoberidse: Lenz, S. 28; auch abgedruckt in Сенатскія Вѣдомости No 80 vom 4.(16.)10.1863, gemäß: ИА, 733-120-66-32.
[218] ИА, 733-125-3-52f. und: ААН, разряд V-Л.-18-17-33f.
[219] ИА, 733-125-3-52f.
[220] ААН, разряд V-Л.-18-17-35. Ein anonymer Lenzbiograph schreibt über einen Auslandsaufenthalt von Lenz: *In Rom haben ihm die Ausgrabungen das größte Interesse gewährt u. sein nächster Wunsch war die Ausgrabungen Pompejis zu sehen* (ААН, разряд V-Л.-18-29). Es ist allerdings nicht klar, ob es sich dabei um diesen letzten Auslandsaufenthalt handelt.
[221] Prüller: Physiker, S. 55.

4.2.2 Zögling Parrots

Die Entwicklung Lenz' zum Physiker wurde maßgeblich durch den Dorpater Physikprofessor Parrot beeinflußt. Bei ihm studierte Lenz unmittelbar nach seinem Universitätseintritt und während seiner Zeit als Theologiestudent. Mit ihm bereitete er die Weltreisenteilnahme vor. In St. Petersburg lebte Lenz zunächst bei Parrot, welcher ihm Privatstunden als Verdienstmöglichkeit vermittelte und ihn zum Adjunkten der Akademie der Wissenschaften vorschlug.

Es bleibt unklar, inwieweit hierbei eine „Vater-Sohn-Beziehung" bestanden hat. Lenz hatte seinen Vater früh verloren, und Parrots eigene Kinder hatten den Verlust eines Elternteils überwinden müssen. Es ist deshalb gut vorstellbar, daß Parrot sich viel Mühe gab, Lenz eine Leitfigur zu sein, zumal er durch seine Freundschaft mit dem Chemieprofessor Giese, Lenz' Onkel, der Familie verbunden war.

Nachdem Lenz zum Akademieadjunkten geworden war, bot sich ihm ein zweites Mal die Möglichkeit einer Teilnahme an einer größeren Reise und damit der Entfernung von seiner Heimatprovinz und von Parrot. So wie die Weltumseglung Kapitän Otto von Kotzebues kurzfristig einen wissenschaftlichen Autrag erhalten hatte, so wurden nun der Kaukasusexpedition General Emanuels ebenfalls einige Wissenschaftler zur Seite gestellt. Lenz war einer von ihnen.

4.2.3 Lenz am Elbrus

Im Jahre 1829 nahm Lenz an einer Expedition in den Kaukasus teil, in deren Verlauf er im wahrsten Sinne des Wortes den „Höhepunkt" seines Lebens erreichen sollte.

Nachdem sich der Kommandeur der Kaukasus-Streitkräfte (командующій войсками на Кавказской линіи), General Emanuel, mit dem Projekt einer Expedition in die Elbrusregion an den Hauptstab gewandt und jener den Minister für Volksaufklärung, Fürst Lieven, nach dessen Interesse an einer Teilnahme gefragt hatte, unterbreitete der einstige Kurator des Dorpater Lehrbezirkes am 24.3.(5.4.)1829 dem Zaren seinen Vorschlag, diese Expedition zu wissenschaftlichen Zwecken zu nutzen.[222]

---

[222] К. Сивков (K. Siwkow): Кавказская экспедиция Академии Наук в 1829 г. (Die Kaukasusexpedition der Akademie der Wissenschaften im Jahre 1829). BAH, No 7-8, Москва, Ленинград (1935), S. 61, unter Berufung auf: Российский государственный военно-исторический архив (Russisches staatliches militärhistorisches Archiv), Materialien des ehemaligen Военно-учёный архив (Militärwissenschaftliches Archiv), 846-1-1014.

Die Expedition hatte alleine eine Infanteriestärke von 600 Mann.[223] Dazu kamen noch Artillerie, Offiziere und Wissenschaftler. Gnilowskoi schreibt, daß General Emanuel 1000 Kosaken bei sich hatte.[224] Lenz hingegen nennt nur *etwa zweihundert Mann Infanterie, hundert Kosaken und uns verbündeten Tscherkessen,*[225] wobei sich diese Angabe auch auf eine Teilmenge beziehen könnte. Die genauesten Angaben über die militärische Stärke fand ich bei Siwkow: *Hier wurde Ende Juni eine spezielle Armeeabteilung aus 650 Mann Infanterie, 350 Linienkosaken und 2 Geschützen (3-Pfünder) vereinigt.*[226] Als wissenschaftliche Gruppe wurden der Expedition zwei Akademiemitglieder und ein Dorpater Universitätsangehöriger beigegeben, und zwar das ordentliche Akademiemitglied für Mineraloge Adolf Theodor Kupffer als Leiter, der Physikadjunkt Lenz, der Dorpater Botaniker Meyer und der Zoologe Menetrie. Der im wesentlichen militärischen Expedition, die das schwer zugängliche Gebirge als Festung für den nächsten Krieg mit dem Osmanischen Reich erkunden sollte, wurde eine vergleichsweise kleine Gruppe von Gelehrten angeschlossen, die, wie ihre Berufe schon zu erkennen geben, zu Grundlagenforschungen (Beschreibungen, Klassifizierungen, Bestimmungen, etc.) eingesetzt werden sollten. Auf die Art der Lenzschen Forschungsaufgaben soll später noch zurückgekommen werden.

In dem Heft „Die Ersteigung des Elbrus i. J. 1829" sind Briefe Lenz' abgedruckt. Leider hat der Herausgeber Hermann von Samson-Himmelstjerna nirgendwo Angaben gemacht, an wen die abgedruckten Briefe geschrieben wurden, aber es gibt Anzeichen, daß sie alle oder teilweise an Lenz' Verlobte Anna von Helmersen, die er nach seiner Rückkehr geheiratet hat, gerichtet sind. Dafür sprechen das duchgehende „Du", das Schillersche Zitat *all' mein Sehnen will ich, all' mein Denken in der Lethe stillen Strom versenken, aber meine Liebe nicht*[227], die Bemerkung *Robert prophezeit mir, das heilige Feuer in Baku werde mein Fegfeuer sein zur Reinigung vor dem Eintritt in's Paradies ... Brauche ich Dir zu sagen, was er mit dem Paradiese gemeint hat?*[228] und schließlich die einleitende Bemerkung des Herausgebers, daß

---

[223] J.-Ch. de Besse: Voyage en Crimée, au Cavcase, en Géorgie, en Arménie, en Asie-Mineure et à Constantinople, en 1829 et 1830; pour servir à l'histoire de Hongrie. Paris (1838), S. 63.
[224] В. Г. Гниловской (W. G. Gnilowskoi): Занимательное краеведение (Unterhaltsame Heimatkunde). Ставрополь (1974), S. 185.
[225] Lenz: Die Ersteigung, S. 3.
[226] Siwkow: Kaukasusexpedition, S. 64.
[227] Lenz: Die Ersteigung, S. 17.
[228] Ebenda, S. 18.

die Briefe an eine Lenz *nahestehende Persönlichkeit* gerichtet waren, wobei darauf hingewiesen werden muß, daß gerade diese Geheimniskrämerei auf Lenz' Verlobte als Empfängerin hinzuweisen scheint. Wäre Lenz' Mutter die Empfängerin, so wäre weit weniger Diskretion nötig gewesen.
Lenz selber berichtet: *Elbrusgipfel am 10. Juli 1829. (Bleistift-Zettel). Diese Zeilen schreibe ich Dir auf einer der Spitzen des Elbrus. Sie ist erstiegen und gemessen! Von dieser entsetzlichen Höhe sende ich Dir warmen Gruß. Unter mir ist die Welt in Wolken gehüllt; wir allein sehen die Sonne und den Mond durch den dunkeln Himmel*[229]. Am 26. Juli (7. August) schreibt Lenz: *Um $\frac{1}{2}$3 Uhr waren wir alle auf den Beinen, und nachdem wir den Frost durch ein Glas warmen Thee's mit Rum vertrieben hatten, machten wir uns auf den Weg. ... Um 11 Uhr gelangten wir zu einer nackten Felspartie, die bis nahe zur Spitze hinansteigt; hier blieben die Uebrigen zurück, aus Ermüdung; die Höhe war 13575 pariser Fuß (4411,875 m; Anm. P. H.). ... So erreichte ich schließlich das letzte Ende der Felsenkammer, gleichsam ein Vorgebirge der letzten blos mit Schnee bedeckten Spitze. Weiter konnte ich nicht, - bei meiner Ermüdung wäre es zu spät geworden. Für die Bestimmung der Höhe ist aber nichts verloren; denn erstlich war der Rest nicht über 600 Fuß nach dem Augenmaß, und dann haben wir ihn von unten wirklich messen können und 595 Fuß gefunden, also fast genau so wie ich ihn geschätzt hatte. Mein letzter Punkt ist 14765 pariser Fuß (4798,625 m; Anm. P. H.) hoch, also der ganze Elbrus 15365 Fuß (4993,625 m; Anm. P. H.).*[230]
In den „Barometrischen Höhenmessungen im Kaukasus"[231] spart Lenz leider die Elbrusbesteigung völlig aus.
Über das Lenzsche Meßverfahren gibt in einer Petersburger Zeitung ein auf Russisch abgedruckter Brief an Parrot vom 26.7.(7.8.)1829 aus Gorjatsche-

---

[229] Ebenda, S. 7. Nach dem Gregorianischen Kalender war Lenz also am 22.7.1829 „oben".

[230] Ebenda, S. 10-12. Es muß hier hervorgehoben werden, daß die Lenzschen Briefe die wichtigste Quelle zu diesem Thema darstellen. Einige der unten angeführten Fehlinterpretationen der von Lenz am Elbrus erreichten Höhe basieren auf der Unkenntnis dieser in Deutsch verfaßten, in der Tartuer Universitätsbibliothek sich befindenden Quelle und basieren dafür auf einer leichter zugänglichen französischsprachigen Quelle, namentlich dem Kupfferschen Bericht, der sich in der Bibliothek der Akademie der Wissenschaften in St. Petersburg befindet.

Nur scheinbar gibt Lenz verschiedene Resultate seiner Untersuchungen an. Am 14. (26.)10.1829 schreibt er in einem Brief aus Nikolajew, daß der Elbrus 16.330 Fuß hoch sei (AAH, 2-1-1829-4-78); dies wären allerdings 5307,25 m, wenn es sich abermals um Pariser Fuß handeln würde. Es ist jedoch nur die Umrechnung der alten Angabe in Englische Fuß. 1 Pariser Fuß = 0,325 m; 1 Englischer Fuß = 1 Russischer Fuß = 0,3048 m.

[231] E. Lenz: Barometrische Höhenmessungen im Kaukasus, angestellt von C. Meyer und E. Lenz, berechnet von E. Lenz. BSA, 1, No 1, Saint-Pétersbourg (1836).

wodsk bei Konstantinogorsk Aufschluß.²³² Мы стали взбираться на конусъ съ сѣверовосточной стороны и я полагаю, что снѣжная граница начинается непосредственно позади помянутаго холма. Изъ наблюденій, сдѣланныхъ мною и Г-номъ Конради въ сей же самый день и почти въ тотъ же часъ въ Горячеводскѣ, явствуетъ, что вышина оной надъ симъ мѣстомъ составляетъ 1511,03 тоазовъ. Жилище Г-на *Конради* я привелъ посредствомъ особой нивеллировки въ сообщеніе съ однимъ пунктомъ на рѣкѣ Подкумкѣ на Югъ отъ Константиногорской крѣпости и нашёлъ оное 11,7 тоазами выше сего пункта. Пунктъ же сей на рѣкѣ Подкумкѣ есть тотъ самый, коего высота по нивеллировкѣ вашего сына и Г-на Профессора *Энгельгардта* означена 207,9 тоазовъ; изъ сего слѣдуетъ, что домъ Г-на *Конради* 219,6 тоазовъ, а снѣжная граница 1730,6 тоазовъ выше поверхности Чернаго моря. Сынъ вашъ показалъ высоту Касбека въ 1647,4, итакъ 83,2 тоазами ниже, каковое различіе должно приписать особеннымъ обстоятельствамъ. ... Основываясь на семъ показаніи, я, по сличеніи моихъ наблюденій съ наблюденіями, сдѣланными въ тоже время Г-номъ *Конради* въ Горячеводскѣ, нахожу слѣдующія высоты: Вышина вершины Элборуса надъ Чернымъ моремъ 15,365 Пар. ф. или 16,376 Англ.- Вышина достигнутаго мною пункта 14,765 Пар.- или 15,736 Англ.- Вышина снѣжнаго предѣла 10,384 Пар.- или 11.067 Анг.- *Deutsche Übersetzung: Wir begannen von der Nordostseite zum Konus hinaufzusteigen und ich glaube, daß die Schneegrenze unmittelbar hinter dem bekannten Hügel beginnt. Aus den Beobachtungen, die ich und Herr Conradi in Gorjatschewodsk an ein und demselben Tag und fast zur selben Stunde gemacht haben, wird deutlich, daß ihre Höhe über diesem Ort 1511,03 Toises* (2946,51 m; Anm. P. H.) *beträgt. Die Behausung von Herrn* Conradi *führte ich mittels einer besonderen Nivellierung in Verbindung mit einem Punkt auf dem Fluß Podkumok im Süden der Konstantinogorsker Festung an und fand sie 11,7 Toises* (22,82 m; Anm. P. H.) *höher als diesen Punkt. Dieser Punkt auf dem Fluß Podkumok ist genau jener, dessen Höhe durch die Nivellierung Ihres Sohnes und des Herrn Professors* Engelhardt *auf 207,9 Toises* (405,41 m; Anm. P. H.) *bedeutet wurde; daraus folgt, daß das Haus des Herrn* Conradi *219,6 Toises* (428,22 m; Anm. P. H.)*und die Schneegrenze 1730,6 Toises* (3374,67 m; Anm. P. H.) *höher als die Oberfläche des Schwarzen Meeres ist. Ihr Sohn zeigte die Höhe des Kasbek auf 1647,4* (3212,43 m; Anm. P. H.)*, also 83,2 Toises* (162,24 m; Anm. P. H.) *niedriger, welchen Unterschied man besonderen Umständen zuschreiben muß. ... Auf diese Ergebnisse be-*

---

²³²Санктпетербургскія Вѣдомости (St. Petersburger Mitteilungen), 118, 2.10.(14.10.)1829, S. 687. In der deutschsprachigen Ausgabe obiger Zeitung, der „St. Petersburgischen Zeitung" findet sich leider in No 118, 2.10.(14.10.)1829 kein Abdruck des ursprünglich gewiß in deutscher Sprache verfaßten Briefes.

gründet, finde ich, durch den Vergleich meiner Beobachtungen mit den Beobachtungen, die zur selben Zeit Herr Conradi *in Gorjatschewodsk gemacht hat, folgende Höhen: Gipfelhöhe des Elbrus über dem Schwarzen Meer 15,365 Par. F. oder 16,376 Engl.- Höhe des von mir erreichten Punktes 14,765 Par.- oder 15,736 Engl.- Höhe der Schneegrenze 10,384 Par.- oder 11.067 Eng.-*[233]

Für seinen außergewöhnlichen bergsteigerischen Erfolg hat Lenz eine erstaunlich einfache Erklärung: *Meinem vorzüglichen Schuhwerk verdankte ich es, auf dem steil ansteigenden, hartgefrorenen Schnee den Uebrigen weit voraus zu kommen; sie mußten sich an vielen Stellen erst Stufen herstellen lassen; ja oft mußten Kosaken und Tscherkessen ihnen unter die Arme greifen. Ich kann mich rühmen, ganz ohne die geringste fremde Hilfe hinauf und herab gekommen zu sein; das verdanke ich den harten Sohlen meines vortrefflichen Schusters.*[234]

Kupffer schreibt in seinem Rapport: *Nous nous mîmes à l'abri du vent sous un blos énorme de trachyte noir, qui forme le premier échelon de la série de rochers dont je viens de parler. Il y a ici un petit espace dépourvu de neige; je détachai quelques morceaux du rocher pour ma collection. Nous étions ici à une hauteur de 14,000 pieds au-dessus de la mer; il fallait encore s'élever de 1400 pieds, pour atteindre le sommet de l'Elbrouz. ... Accompagné de deux Tcherkesses et d'un Kosaque, il* (Lenz; Anm. P. H.) *avança toujours en escaladant l'échelle de rochers dont j'ai parlé plus haut. Arrivé au dernier échelon, il se vit encore séparé du sommet par une surface de neige qu'il fallait franchir, et la neige se trouvait tellement ramollie, qu'on enfonçait jusqu'aux genoux à chaque pas; on risquait d'être enseveli. ... M. Lenz se décida donc enfin à retourner, sans avoir atteint le sommet, qui cependant, comme nous avons vu plus tard, n'était élevé au-dessus de sa dernière station que de 600 pieds à peu près*[235].

Ein Vergleich mit den von Lenz gemachten Angaben zeigt, daß Kupffer Pariser Pariser Fuß angibt.

Der Botaniker Meyer schreibt lediglich: *Am 9ten (21ten) kletterten wir über nackte, zertrümmerte Felsen bis zur Schneegränze (10,200 p. F.) hinan. Am*

---

[233] 1 Toise = 6 Pariser Fuß = 1,95 m. Dabei bezieht sich Lenz auf die Meßwerte Friedrich Parrots von dessen Kaukasusreise im Jahre 1811 mit Otto Engelhardt. Es soll hier nicht unerwähnt bleiben, daß Friedrich Parrot 1829 der Erstbesteiger des Ararat war.

[234] Lenz: Die Ersteigung, S. 11.

[235] A. Th. Kupffer: Voyage dans les environs du mont Elbrouz dans le Caucase, entrepris par ordre de Sa Majesté l'Empéreur en 1829. Saint-Pétersbourg (1830), S. 34f.

10ten (22ten) unternahmen wir die Ersteigung des Elbruz[236].
Der Reisende Jean-Charles de Besse[237] veröffentlicht in seinem 1838 in Paris erschienenen Bericht folgende Angaben[238] (Besse hat die Höhenangaben

	Pieds russes ou anglais.
Hauteur des eaux chaudes au dessus de niveau de l'Océan.	1,400
Hauteur du camp sur la Malka.	8,000
——- de la limite des neiges.	11,000
Hauteur de l'endroit où MM. Kupffer, Ménétriés, Meyer et Bernadacci sont parvenus.	14,000
Hauteur de l'endroit jusqu'où M. Lenz a monté.	15,000
——- de l'Elbrouz.	16,330

in Russischen bzw. Englischen Fuß angegeben). Am Platz des Basislagers in 8000 Fuß Höhe befindet sich ein Gedenkstein, dessen russische Inschrift von Besse in seinem Buch vollständig wiedergegeben wird. Auf ihm wird die Elbrushöhe ebenfalls mit 16.330 Fuß, jedoch die von Lenz erreichte Höhe mit 15.700 Fuß angegeben, was zweifellos einer korrekteren Umrechnung der von Lenz ermittelten Höhe entspricht. Überhaupt scheint sich Besse bei der Wiedergabe der Höhenangaben keine besondere Mühe gegeben zu haben. So sind die von Kupffer und anderen erreichten rund 14.000 Pariser Fuß erheblich mehr als die von Besse angeführten 14.000 Russischen oder Englischen Fuß.

Die Schwierigkeit einer exakten barometrischen Höhenbestimmung erkannte Kupffer und schrieb im Januar 1831 an die „Conferenz": *aber wenn man ein Barometer mit dem andern vergleicht, so zeigen diese Instrumente zuweilen so grosse und unerklärliche Verschiedenheiten, dass an die Bestimmung eines <u>absoluten</u> Werthes ... noch nicht zu denken ist*[239].

So viel sei zunächst aus den Quellen berichtet. In der wissenschaftlichen Li-

---

[236] C. A. Meyer: Verzeichnis der Pflanzen, welche während der, auf Allerhöchsten Befehl, in den Jahren 1829 und 1830 unternommenen Reise im Caucasus und in den Provinzen am westlichen Ufer des Caspischen Meeres gefunden und eingesammelt worden sind. St. Petersburg (1831), S. 5f.

[237] Lenz berichtet in einem Brief vom 8.(20.)7.1829 von *einen Zeltgefährten, einen Ungarn und großen Parleur, den Herrn Besse, der hier unter den Gebirgsvölkern den Ursprung seiner Nation finden will* (Lenz: Die Ersteigung, S. 7).

[238] Besse: Voyage, S. 98.

[239] AAH, 1-2-1831-3§44*-1f. Unterstreichung in der Quelle.

teratur finden wir unterschiedliche Deutungen der von Lenz erreichten Höhe am Elbrus.[240]

Leshnjowa/Rshonsnizki erwähnen, daß Lenz sich dem Gipfel des Elbrus (5621 m) bis auf 600 Höhenfuß näherte,[241] wobei sie die Gipfelhöhe mit 5630 m angeben und die Größe Fuß nicht näher bezeichnen, so daß der Eindruck entstehen kann, es seien 600 Englische Fuß (ca. 183 m), obwohl Lenz 600 Französische Fuß (195 m) meinte. Rshonsnizki/Rosen geben an, daß Kupffer, der mittels eines Höhenmessers seine eigene Höhe auf 4267,2 m[242] beziffert haben soll, diesen Gipfelabstand von Lenz später errechnet habe.[243] Dabei ist man damals noch von einer Höhe des Ostgipfels von nur 4899 m ausgegangen, während die tatsächliche Höhe 5621 m (Westgipfel 5642 m) beträgt.[244] Rshonsnizki/Rosen behaupten deshalb, daß Lenz und seine Begleiter nur eine Höhe von circa 4710 m erreicht haben.[245] Obwohl ein Expeditionsteilnehmer bis auf den Gipfel gelangte (Киллар Хаширов/Killar Chaschirow), ist diese Fehleinschätzung des noch anstehenden Resthöhenunterschiedes um den Faktor 5 durchaus vorstellbar, wie mir aus eigener alpinistischer Erfahrung bekannt ist. Gussew hingegen schreibt, daß Kupffer und andere eine Höhe von 4800 m erreichten, Lenz mit drei Begleitern sogar den Punkt Седловина (Sattel) erstieg.[246] Die Höhe des Sattels beträgt allerdings 5344 m. Chrgian schreibt, daß Kupffer eine Höhe von 14.400 Fuß (angeblich 4723 m, tatsächlich jedoch 4680 m) erreicht habe und Lenz 600 Fuß (angeblich 197 m) bis unterhalb des angeblich 5630 m hohen Gipfels gelangt sei.[247] Gogoberidse behauptet gar, daß Kupffer den Седловина-Sattel betreten habe und Lenz weiter gestiegen sei.[248]

Einige Autoren gehen auf die Elbrusexpedition von 1829 ausführlicher ein.

---

[240] Siehe hierzu auch: P. Hempel: Die Erstbesteigung des Elbrus. St. Petersburgische Zeitung, 11-12 (55-56), St. Petersburg (1995).

[241] Leshnjowa; Rshonsnizki: Lenz, S. 28.

[242] Offensichtlich haben Rshonsnizki/Rosen die von Kupffer angegebene Höhe von 14.000 Pariser Fuß als Englische Fuß (30,48 cm) fehlinterpretiert, denn $14.000 * 0,3048 = 4267,2$.

[243] Б. Н. Ржонсницкий (B. N. Rshonsnizki); Б. Я. Розен (B. Ja. Rosen): Э. Х. Ленц. Замечательные географы и путешественники (E. Ch. Lenz. Hervorragende Geographen und Forschungsreisende). Москва (1987), S. 85f.

[244] Ebenda, S. 89.

[245] Ebenda.

[246] А. М. Гусев (A. M. Gussew): Эльбрус (Elbrus). Москва (1948), S. 14.

[247] А. Х. Хргиан (A. N. Chrgian): Очерки развития метеорологии (Studien zur Entwicklung der Meteorologie). Том 1, Ленинград (1959), S. 308f. Ferner bezeichnet Chrgian den Elbrus als den höchsten Punkt Europas, was zumindest umstritten ist (S. 309). Der Brockhaus z.B. gibt die Manytsch-Niederung als Kontinentalgrenze an.

[248] Gogoberidse: Lenz, S. 7.

So schreibt Rototajew über die Aufstiegsroute: *An der Staniza* (Kosakensiedlung; Anm. P. H.) *Kamennomostskaja angekommen und von dort auf das Plateau Bermamyt auf dem nordwestlichen Ausläufer des Elbrus' aufgestiegen, schlug sie* (die Expedition; Anm. P. H.) *hier ihr Lager auf. ... Wie sich herausstellte, gelangten zum Sattel der Akademiker E. Lenz, der Kosak P. Lysenkow und beide (Berg-)Führer. Lenz und Lysenkow warf die Höhenkrankheit um. ... Und Killar erreichte den Gipfel. So betrat am 29. Juli 1829 der erste Mensch den Ostgipfel des Elbrus'. Dieses Ereignis ist dokumentiert und bestätigt in dem Bericht General Emanuels, dem Bericht Kupffers und in Besses Buch geschildert.*[249]

Siwkow schreibt unter Berufung auf den Bericht General Emanuels im Moskauer Militärhistorischen Archiv:[250] *In der Nacht zum 10. um 3 Uhr bewegten sie sich weiter, aber ,,aufgestiegen weit mehr als die Hälfte des Berges (auf die Höhe 12.500), fanden sie sich notgedrungen durch die schon späte Zeit, die große Ermüdung und die Lockerheit des unter den Füßen einbrechenden Schnees zum Lager zurückzukehren. Nur einer aus der Anzahl freier Kabardiner stieg um 11 Uhr morgens auf den Gipfel des Elbrus, auf welchen er den Stock aufrichtete, den er bei sich hatte, und, ihn mit Steinen bedeckend, stieg er zurück, aufzeigend (fügt der Autor des Berichtes hinzu) die erste Möglichkeit, auf dem höchsten der Berge in Europa zu sein, der sich bisher als unbezwingbar erachtete".*[251]

Siwkow zitiert allerdings nicht Emanuel, wie er selbst angibt, sondern dessen Leutnant Щербачев (Schtscherbatschew) bezüglich der Höhenangabe von 12.500 Fuß.[252] Emanuel selbst gibt in seinem sehr ähnlich formulierten Bericht keine Höhe an, sondern schreibt lediglich, daß die Akademiker, достигнувъ выше половины Эльбруса, обратились назадъ; deutsche Übersetzung: *mehr als die Hälfte* (der Höhe; Anm. P. H.) *des Elbrus' erreichend, umkehrten*[253].

Rykatschow schreibt 1899: Съ величайшимъ трудомъ поднявшись на конусъ до 14400 ф., Купферъ, Мейеръ, Менетріе и архитекторъ Бернардаци вынуждены были остановиться ... между тѣмъ Ленцъ, съ барометромъ, съ двумя черкеса-

---

[249] П. С. Ротоtaev (P. S. Rototajew): К вершинам. Хроника совецкого альпинизма (Zu den Gipfeln. Chronik des sowjetischen Alpinismus). Москва (1977), S. 28f. Rototajew irrt sich bezüglich des Datums. Der Gipfeltag fiel auf den 10.(22.).7. und nicht auf den 29.7.1829.
[250] ВИА-ВУА, 846-1-1014.
[251] Siwkow: Kaukasusexpedition, S. 65.
[252] ВИА-ВУА, 846-1-1014-44.
[253] ВИА-ВУА, 846-1-1014-40.

ми и казакомъ, поднялся выше къ выдающимся здѣсь скаламъ, пока не достигъ ещё одной ступени, на которой пелена снѣга отдѣляла его отъ вершины. ... пока Ленцъ дѣлалъ наблюденія. Впослѣдствіи оказалось, что Ленцъ былъ на 600 ф. ниже верхушки горы[254]. Deutsche Übersetzung: *Mit großer Anstrengung den Kegel auf 14.400 Fuß erreichend, wurden Kupffer, Meyer, Menetrie und der Architekt Bernardazzi gezwungen, anzuhalten ... unterdessen Lenz, mit Barometer, mit zwei Tscherkessen und (einem) Kosaken, höher zu (mehreren) vorstehenden Felsen stieg, vorläufig keine weitere Stufe erreichte, auf welcher ihn die Schneedecke vom Gipfel trennte ... während Lenz Beobachtungen machte. Später stellte sich heraus, daß Lenz 600 Fuß unterhalb der Spitze des Berges war.*

Fürst Golizyn schreibt in seiner 1851 erschienenen „Biographie des Kavalleriegenerals Emanuel": всё это дѣлало восхожденіе для академиковъ весьма затруднительнымъ на возвышеніи 14,000 футовъ, и даже совершенно невозможнымъ; оставалось имъ ещё, по ихъ разсчёту, 1,400 футовъ до самой вершины. ... Однако Г. Ленцъ, въ сопровожденіи двухъ Черкесъ и огного казака, домогался ещё достичь до самаго верха, и отправился было въ путь, но пройдя довольное пространство и не доходя до послѣдней вершины, какъ полагаетъ, на 600 футъ, онъ долженъ былъ также отказаться отъ дальнѣйшаго восхожденія.[255] Deutsche Übersetzung: *alles das machte den Aufstieg von der Höhe von 14.000 Fuß für die Akademiker sehr schwer und sogar vollkommen unmöglich; es verblieben ihnen noch, nach ihren Berechnungen, 1400 Fuß bis zum nämlichen Gipfel. ... Doch Herr Lenz, in Begleitung von zwei Tscherkessen und einem Kosaken, strebte noch, die höchste Höhe zu erreichen, und machte sich auf den Weg, aber eine zufriedenstellende Fläche zurücklegend und den letzten Gipfel nicht erreichend, wie man glaubt auf 600 Fuß, mußte er ebenfalls vom weiteren Aufstieg Abstand nehmen.*

Nicht nur betreffs der Höhenangaben ergeben sich aus obigen Berichten Widersprüche. Während Rototajew behauptet, daß Killar mit Lenz den Sattel erreichte und dann weiterstieg, schreibt Fürst Golizyn, daß Killar von den anderen getrennt aufgestiegen war und schon den Abstieg vom Gipfel begonnen hatte, als Lenz sich noch ausruhte. Rototajew jedoch meint, daß Lenz

---

[254] М. А. Рыкачёвъ (M. A. Rykatschow): Историческій очеркъ Главной физической обсерваторіи за 50 лѣтъ ея дѣятельности (1849-1899) (Historische Studien des Hauptphysikalischen Observatoriums der 50 Jahre seiner Tätigkeit (1849-1899)). Часть 1, Санктъ-Петербургъ (1899), S. 42f.

[255] Князь Н. Б. Голицынъ (Fürst N. B. Golizyn): Жизнеописаніе генерала отъ кавалеріи Емануеля (Die Lebensbeschreibung des Kavalleriegenerals Emanuel). Санктъ-Петербургъ (1851), S. 88-90.

schon den Abstieg begonnen hatte, bevor Killar den Gipfel erreichte.
Sehr entschieden schreibt Anissimow 1930: *Es erreichte nicht nur niemand aus der Expeditionsgruppe den Gipfel, auch näherte sich ihm niemand.*[256]
Korsun begründet seine Skepsis und schreibt 1938: *Aber auf einer Höhe von ungefähr 4270 m zogen drei Menschen und Kupffer dem Aufstieg den Abstieg vor. Weiter ging, mit einem Kosaken und zwei Führern, von den Wissenschaftlern nur Lenz.* General Emanuel beobachtete aus dem Basislager mit Hilfe eines Fernrohrs, so Korsun, wie der Führer Killar zum Gipfel des Elbrus aufstieg. *Später wurde bewiesen, daß es nicht möglich ist, diesen Gipfelhang vom Lagerplatz zu sehen. Außer Emanuel hat niemand die Gestalt des Führers gesehen ... Es gibt keinen Beweis für die Glaubhaftigkeit dieses Aufstieges.*[257]
Besse schreibt jedoch: *Nous vîmes également très distinctement que trois de ces hommes, ..., se reposèrent sur la neige, tandis qu'un seul homme continuait sa marche d'un pas ferme*[258]. Damit wäre die Behauptung, außer Emanuel hätte niemand Killar gesehen, in Frage gestellt. In Pjatigorsk versicherte mir übrigens ein Bergführer, daß der Gipfelhang sehr wohl vom Lagerplatz aus sichtbar sei. Zweifellos hat auch Korsun die Höhenangabe von 4270 m durch die falsche Annahme, daß die von Kupffer erstiegenen rund 14.000 Fuß Englische oder Russische seien, erhalten. Und schließlich war es nicht Anfang Juli, sondern gemäß unserer heutigen Zeitrechnug Ende Juli. Das bedeutet, daß mancher Autor Angaben anderer einfach übernommen hat, ohne den Sachverhalt zu überprüfen.
Zu den interessanteren Darstellungen der Expedition zählt jene von Kudinow. Er schreibt: *Kupffer, Menetrie, Meier und Bernardazzi mit einer Gruppe Kosaken konnten nur bis zur Höhe 4270 steigen, von wo sie zurückkehrten - es wirkte sich die Höhe und die fehlende Akklimatisation aus. ... Den Sattel erreichend (5300 Meter), kehrten Lenz, Lysenkow und Sottajew zurück und begannen ins Lager abzusteigen.*[259] Und in einer Anmerkung schreibt Kudinow: *In der Mitte der fünfziger Jahre entdeckte die Gruppe von K. Tolstow beim Aufstieg auf den Elbrus auf der Route der Erstbesteiger unweit von der Schneegrenze den Basislagerplatz der Emanuelschen Expedition mit der in den Fels geschlagenen Inschrift: „1829", und höher, auf dem Weg zum Gipfel, fand sie eine große dreizähnige Gabel. Sie nahmen an, daß die Gabel*

---

[256] С. Анисимов (S. Anissimow): Эльбрус (Elbrus). Москва, Ленинград (1930), S. 45.
[257] В. Корзун (W. Korsun): Эльбрус (Elbrus). Пятигорск (1938), S. 54.
[258] Besse: Voyage, S. 95.
[259] В. Ф. Кудинов (W. F. Kudinow): Эльбрусская летопись (Elbruschronik). Нальчик (1976), S. 79f. Die erste Höhenangabe ist tatsächlich ohne Einheit.

als Eispickel benutzt wurde, aber später stellte sich heraus, daß sie als ein primitives geodätisches Instrument jener Zeit diente.[260]
Doch im Bericht von K. Tolstow[261] sind einige Angaben etwas anders. Tolstow stieg mit seinen drei Gefährten im Juli 1948 auf. Die Inschrift „1829" fanden sie dort, wo sie auch die Gabel fanden, nämlich in 4800 m Höhe. Die Gabel selbst hatte nur zwei Zähne und war nur 30 Zentimeter lang.
Es soll hier noch bemerkt werden, daß Tolstow nicht besonders wissenschaftlich vorging. So scheint es ihm an genauen Informationen über die Emanuelsche Expedition zu fehlen, wenn er beispielsweise behauptet, daß Emanuel in 4800 m Höhe bei der Zahl „1829" und daß Lenz auf dem Elbrussattel gewesen sei, was beides definitiv nicht stimmt. Vor allem aber zieht Tolstow aus seinen Funden in 4800 m Höhe den Schluß, daß Killar Chaschirow der Erstbesteiger des „höchsten Berges Europas" war.
Ähnliche Angaben wie die von Kudinow findet man auch bei Gnilowskoi. Er schreibt über den Aufstieg: *Ein Teil der Expedition erreichte nur die Höhe 4800 Meter. Hier wurde ein georgisches Kreuz und die Zahl 1829 in Stein geschlagen. Diese Inschrift fand im Jahre 1949 eine Gruppe sowjetischer Alpinisten der Vereinigung „Nauka". ... Lenz und dem Kosaken Lysenkow gelang es den Sattel zu erreichen*[262].
Als letztes Beispiel sei hier noch eine besonders motivierte Version angeführt: Freshfield, ein erfahrener Alpinist (Dent Blanche, Ararat, Montblanc), der gerne selbst als Erstbesteiger des Elbrus gelten wollte, beschreibt 1869 seine Eindrücke vom Elbrusgipfel.[263] Um jedoch als Erstbesteiger des Elbrus

---

[260] Ebenda, Anm.
[261] К. Толстов (K. Tolstow): Восхождение на Эльбрус (Aufstieg auf den Elbrus). Огонёк, 3 (1950). Ein Bild der Jahreszahl unter einem georgischen Kreuz befindet sich in dem Zeitungsartikel (S. 29).
[262] Gnilowskoi: Unterhaltsame, S. 186. Gnilowskoi gibt übrigens die Sattelhöhe mit 5320 m an (ebenda, S. 177.), und Gussew beziffert die Höhe der Sattelhütte mit 5300 m (Gussew: Elbrus, S. 37). Das erwähnte Kreuz und die Jahreszahl existieren tatsächlich. Als ich im Juni 1996 in Pjatigorsk weilte, wurde ich mit einem Architekten namens Igor Gorislawski bekannt gemacht, der sich schon seit zehn Jahren mit der Emanuelschen Expedition beschäftigte und ein (noch nicht veröffentlichtes) Buch über den an der Expedition teilnehmenden Architekten Bernardazzi vorbereitete. Er gab mir eine Fotografie (von I. Jewsejew) eben dieses sich in ca. 4800 m Höhe am unteren Ende der Felsenkammer befindlichen Kreuzes. Seiner Meinung nach hatte Bernardazzi die Fertigkeiten eines Steinmetzes und meißelte dieses Kreuz in den Stein.
[263] *Beginning in the east, the feature of the panorama was the central chain between ourselves and Kazbek. I never saw any group of mountains which bore so well being looked down upon as the great peaks that stand over the sources of the Tcherek and Tchegem. The Pennines from Mont Blanc look puny in comparison with Koschtantau and his neighbours from Elbruz. The Caucasian groups are finer, and the peaks sharper, and there was*

Tabelle 4.2: Expeditionskosten

Купферу[264] (Dem Kupffer)	4.455	
Ленцу (Dem Lenz)	2.531	25
Итого издержекъ на содержаніе и подъёмъ (Gesamtkosten für Gehalt und Aufstieg)	18.598	75
Путевыя издержки (Reisekosten)	10.373	
Содержаніе и подъёмъ путешественниковъ (Gehalt und Aufstieg der Reisenden)	18.598	75
Покупка Инструментовъ (Gerätekäufe)	7.510	
На непредвидимыя издержки (Für unvorhergesehene Kosten)	1.518	25
Всего (Insgesamt)	38.000	

gelten zu können, mußte Freshfield Killar Chaschirows Erstbesteigung negieren. Dies tat er, indem er im Anhang seines Buches über die Expedition aus dem Jahre 1829 schrieb: *At first all went smoothly, but as the steepness of the slopes and the heat of the sun increased, their progress became more laborious, until - at a point which was determined to be 14,000 French (14,921 English) feet above the sea, and therefore* really *3,600 English feet, though estimated by them to be 1,492 English feet below the summit - M. Kupffer and three of his companions fairly knocked up.* Und über Emanuels Fernrohrbeobachtungen: *It is difficult even for practised eyes to distinguish a solitary man on a snowslope broken by crags 10,000 feet in vertical height above the observer, and in such cases men often see what they both wish and look for. ... If, however, both the General's good faith and his telescope are thought above suspicion, the only fact proved is that a Tcherkess reached the foot of rocks, which looked from below like the top, and was then lost in clouds. In default of better evidence we can scarcely be expected to regard Killar as the Jacques Balmat of Elbruz*[265].

---

a suggestion of unseen depth in the trenches separating them, that I never noticed so forcibly in any Alpine view (D. W. Freshfield: Travels in the Central Caucasus and Bashan including visits to Ararat and Tabreez and ascents of Kazbek and Elbruz. London (1869), S. 367). Die Gipfelhöhe gibt Freshfield mit 18526 (Englischen) Fuß an (S. 500), was ein beachtenswert gutes Ergebnis ist (5646,54 m).

[264] ВИА-ВУА, 846-1-1014-12f. In der Tabelle finden sich die angenommenen Expeditionskosten der Akademikergruppe in Rubel und Kopeken (27.2.(11.3.)1829).

[265] Ebenda, S. 497-499. Jacques Balmat und Michel Gabriel Paccard waren die Erstbesteiger des Montblanc im Jahre 1786.

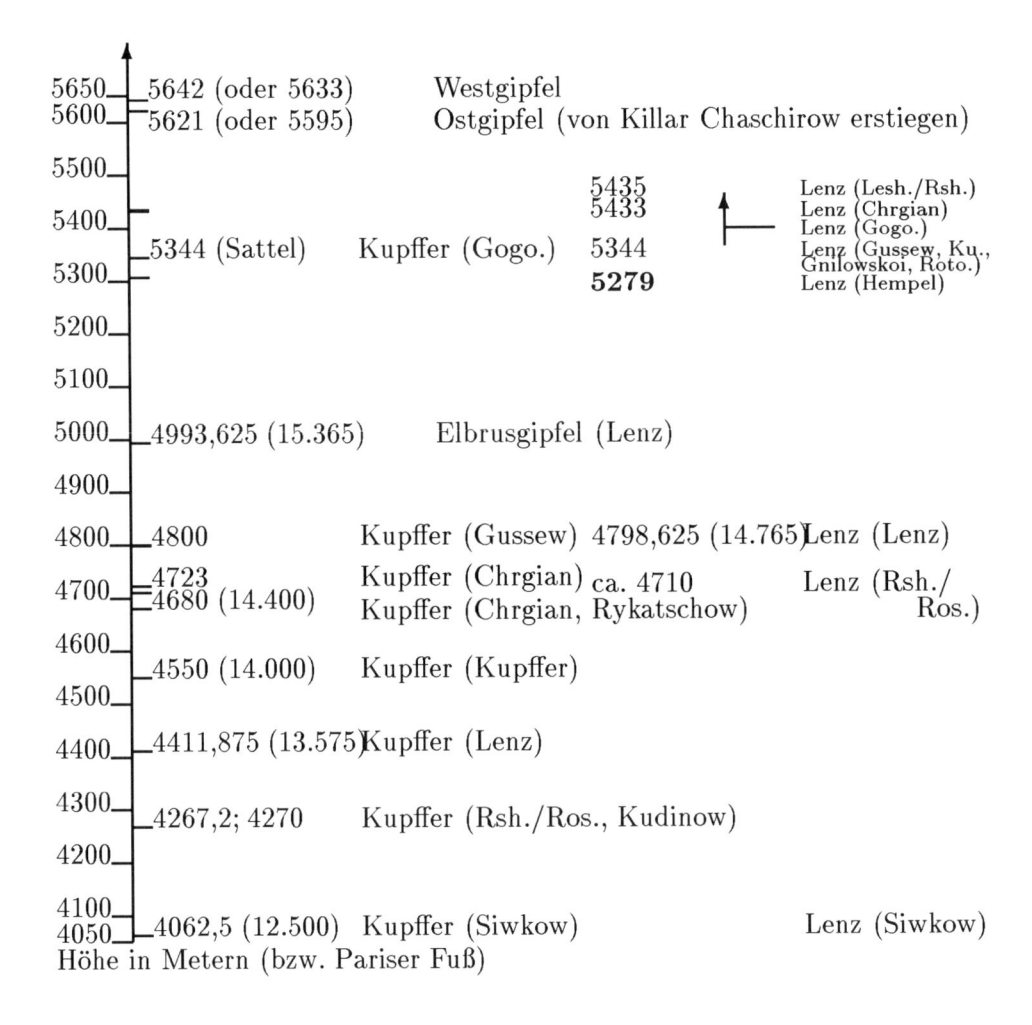

```
5650 ┬ 5642 (oder 5633)    Westgipfel
5600 ┼ 5621 (oder 5595)    Ostgipfel (von Killar Chaschirow erstiegen)
5500 ┤
                                              5435              Lenz (Lesh./Rsh.)
5400 ┤                                        5433              Lenz (Chrgian)
     ┤ 5344 (Sattel)       Kupffer (Gogo.)    5344              Lenz (Gogo.)
5300 ┤                                                          Lenz (Gussew, Ku.,
                                                                Gnilowskoi, Roto.)
                                              5279              Lenz (Hempel)
5200 ┤
5100 ┤
5000 ┼ 4993,625 (15.365)   Elbrusgipfel (Lenz)
4900 ┤
4800 ┼ 4800                Kupffer (Gussew)  4798,625 (14.765) Lenz (Lenz)
     ┤ 4723                Kupffer (Chrgian) ca. 4710          Lenz (Rsh./
4700 ┼ 4680 (14.400)       Kupffer (Chrgian, Rykatschow)            Ros.)
4600 ┤
     ┤ 4550 (14.000)       Kupffer (Kupffer)
4500 ┤
4400 ┼ 4411,875 (13.575) Kupffer (Lenz)
4300 ┤
     ┤ 4267,2; 4270        Kupffer (Rsh./Ros., Kudinow)
4200 ┤
4100 ┤
4050 ┴ 4062,5 (12.500)     Kupffer (Siwkow)                    Lenz (Siwkow)
```
Höhe in Metern (bzw. Pariser Fuß)

Abbildung 4.1: Darstellung der von Lenz und Kupffer erreichten Höhen am Elbrus gemäß den Angaben verschiedener Autoren (Gogo. = Gogoberidse, Lesh. = Leshnjowa, Ku. = Kudinow, Ros. = Rosen, Roto. = Rototajew, Rsh. = Rshonsnizki). Der Pfeil symbolisiert, daß Lenz, laut Gogoberidse, „höher" als der Elbrussattel gestiegen ist. Chrgian gibt für Kupffer 14.400 Fuß an und behauptet, dies seien 4723 m; er wird hier deshalb zweimal angeführt.

Bestimmung der von Lenz am Elbrus erreichten Höhe

Um die Frage zu klären, welche Höhe von Lenz 1829 am Elbrus erreicht wurde, beschloß ich, mich auf die Reise zu machen und die von Lenz erstiegene und beschriebene „nackte Felspartie" zu suchen. Um vergleichbare Schneeverhältnisse zu haben, wollte ich mich, genau wie Lenz, im Monat Juli auf die Hänge des Elbrus begeben, und mein russisches Stipendium wurde auf meinen diesbezüglichen Antrag um diesen Monat verlängert. Lenz' Messungen zufolge sollte die nackte Felspartie von ca. 4400 m Höhe bis ca. 4800 m Höhe reichen. Da er sich aber gleichzeitig nur ca. 200 m unter dem 5600 m hohen Elbrusostgipfel glaubte, ist anzunehmen, daß er sich vielleicht erheblich höher befand, als er das Ende der Felsen erreichte. Durch Auswertung von Kartenmaterial[266] und Fotografien[267] kam ich zu dem Schluß, daß es sich bei der von Lenz beschriebenen Felspartie um einen Felsrücken handeln muß, welcher ungefähr von ca. 4800 bis 5200 m Höhe reicht. General Emanuel und seine rund 1000 Mann starke Expedition, an der Lenz teilnahm, näherten sich damals dem Elbrus von Norden her. Da eine Besteigung des Elbrus von Norden wegen der fehlenden Infrastruktur (Dörfer, Hütten, etc.) schwieriger ist und weil ich keine Expedition leiten konnte, welche mir Zelte und Lebensmittel in größere Höhen hätte befördern können, bevorzugte ich es, einen Besteigungsversuch des Elbrussattels (5300 m) von Süden her zu unternehmen. Von ihm aus ist es prinzipiell möglich, nach Norden zu den Lenzfelsen abzusteigen. Am 30.6.1996 fuhr ich in die Kabardino-Balkarische Republik nach „Nejtrino", wenige Kilometer vom Fuße des Elbrus entfernt. Hier traf ich, wie verabredet, meinen Bergführer Wiktor Skljarow. Am nächsten Tag, dem ersten Juli, bestiegen wir zur Akklimatisation den Tscheget (ca. 3500 m). Von ihm hatten wir einen herrlichen Blick auf den Elbrus. Am folgenden Tag bestiegen wir den Gumatschi (ca. 3800 m). Während des Aufstiegs konnte ich die Lenzfelsen am Elbrus sehen und fotografieren. Am vierten Juli stiegen wir zu den Pastuchowfelsen am Elbrus auf. Sie liegen in ca. 4700-4800 m Höhe und sind ein beliebtes Akklimatisationsziel auf der Südseite des Elbrus. Anschließend verbrachten wir die erste Nacht im „Prijut odinnadzati" und stiegen am darauffolgenden Tag wieder ab. Nach einem Ruhetag stiegen wir erneut zur Hütte auf, schliefen dort, und begaben uns

---

[266] In den Bergsteigerkarten Западный Кавказ (Westkaukasus) und Центральный Кавказ (Zentralkaukasus), beide vom „Komitee für Vermessungskunde und Kartographie" (Комитет Геодезии и Картографии СССР, Москва (1991)) herausgegeben, ist am Nordhang des Ostgipfels jeweils nur eine in Frage kommende Felszone eingezeichnet.

[267] Z.B. beinhaltet Rototajew: Zu den Gipfeln, S. 28, eine Fotografie des Elbrus von Nordwesten, auf dem die „Lenzspitze" trotz schlechter Bildqualität erkennbar ist.

am nächsten Tag zu neuen Höhen. Wir erreichten den Elbrussattel und die zerstörte Hütte „Prijut Sedlowina". Bei ihr glich ich meinen Höhenmesser auf die Höhe 5300 m ab. Die Sattelkante lag noch fünfzig Meter höher. Von ihr hofften wir, die Lenzfelsen sehen zu können. Aber die Hoffnung war vergebens. Wiktor nahm meinen Höhenmesser und stieg dem Gipfel entgegen, um eine bessere Übersicht zu haben. Als er die Lenzfelsen gefunden hatte, stieg er zu ihnen ab und maß ihre Höhe (5240 m). Außerdem maß er die Ostgipfelhöhe zu 5564 m. Währenddessen begann ich schon den Abstieg, da meine Akklimatisation eine Gipfelbesteigung noch nicht zuließ. Beim Abstieg ins Tal holte Wiktor mich dann wieder ein.[268]
Aus dem Meßwert erhielt ich (nach einigen Rechnungen) das Ergebnis, daß Lenz sich 1829 in 5279+/-18 m Höhe befand. Dies ist wohl das erste Mal in der Wissenschaftsgeschichte, daß die von Lenz erreichte Höhe vor Ort nachgemessen wurde.

Wenn man aus den üblichen Angaben der Ostgipfelhöhe (5595 m und 5621 m)[269] das arithmetische Mittel bildet, so erhält man 5608 m. Da Wiktor jedoch 44 m weniger gemessen hat, ist anzunehmen, daß auch die Ruine der Sattelhütte entsprechend höher liegt. Somit erhalten wir abschließend folgende Ergebnisse:
Höhe der Sattelhütte: 5344 m
Höhe der Sattelkante: 5394 m
Höhe der Lenzfelsen (heute): 5284 m
Höhe der Lenzfelsen (1829): 5279 m
Das letzte Ergebnis folgt aus den Erkenntnissen von georgischen Geophysikern und Geodäten, denen zufolge sich der Elbrus um ca. dreißig Milimeter pro Jahr anhebt.[270]
Lenz' Meßfehler betrug nur ca. neun Prozent, sein Schätzfehler ca. 40%. Das

---

[268] Eine ausführlichere Beschreibung meiner Elbrusexpedition findet sich in: P. Hempel: Unternehmen Elbrus. St. Petersburgische Zeitung, 1-2 (63-64), St. Petersburg (1997).
[269] 5595 m findet man z.B. in: Meyers Enzyklopädisches Lexikon in 25 Bänden. Mannheim (1973), Bd. 7, S. 614f.; Der Große Brockhaus in zwölf Bänden. Wiesbaden (1978), Bd. 3, S. 393; The New Encyclopaedia Britannica in 30 Volumes. Chicago (1984), Bd. 3, S. 827. 5621 m findet man z.B. in: Schweizer Lexikon 91 in sechs Bänden. Luzern (1992), Bd. 2, S. 370; Большая советская энциклопедия (Die Große Sowjetische Enzyklopädie). Москва (1978), Bd. 30, S. 151.
[270] W. Rietdorf: Kaukasusreise. Westkaukasus, Swanetien, Elbrusregion. Leipzig (1990), S. 27. Das heißt, daß die Höhe des Elbrus zur Zeit Lenz' rund 5 Meter geringer war, einen gleichmäßigen Auffaltungsprozeß vorausgesetzt. Da dies aber nicht sicher ist, wird bei der Fehlerbetrachtung der Fehler des „Auffaltungssummanden" mit seinen vollen 5 m

sind beeindruckend niedrige Werte sowohl für eine barometrische Höhenmessung, als auch für eine Höhenschätzung durch einen alpin völlig unerfahrenen Menschen.

Beantwortung der Fragestellungen

Lenz' Karriere hat nach seinem Kaukasusaufenthalt einen positiven Verlauf genommen. Am selben Tag, an dem Parrot zum (zweiten) ordentlichen Akademiemitglied für Physik (neben Petrow) ernannt wurde, erfolgte auch die Beförderung von Lenz (in Abwesenheit) zum außerordentlichen Akademiker, gerade so, als wollte man diese „Formalität" gleich mit abhaken. Zwar war es nicht besonders erstaunlich, daß ein Adjunkt nach nur zwei Jahren zum außerordentlichen Akademiemitglied aufsteigen konnte,[271] andererseits war es aber auch alles andere als selbstverständlich. Manche Adjunkte warteten erheblich länger auf ihre Beförderung.[272] Da Lenz zwischen 1828 und 1830 keine anderen wesentlichen Unternehmungen oder Forschungen betrieben hat, kann die direkte Beförderung als Folge seines Einsatzes am Elbrusnordhang betrachtet werden.

Die wissenschaftliche Aufgabenstellung für die Gelehrten war, wie oben schon bemerkt, eher im Bereich der Grundlagenforschung angesiedelt. Lenz waren Messungen des Erdmagnetismus in der Umgebung des Elbrus, barometrische Höhenmessungen, Schwerkraftmessungen mit Hilfe des kontinuierlichen Pendels in Abhängigkeit von der äußeren Gestalt der Erde und der Hangneigung der Berge, sowie Temperaturmessungen von Quellen aufgetra-

---

angenommen. Für die einfache Summandengleichung:

$$5279m = 5240m + (5608m - 5564m) - 5m$$

erhalten wir somit nach dem Fehlerfortpflanzungsgesetz:

$$\begin{aligned}Fehler &= \sqrt{((1*8m)^2 + (1*13m)^2 + (-1*8m)^2 + (-1*5m)^2)} \\ &= \sqrt{(64m^2 + 169m^2 + 64m^2 + 25m^2)} = \sqrt{(322m^2)} < 17{,}95m,\end{aligned}$$

wobei der Meßfehler des Präzisionshöhenmessers Alpin EL vom Hersteller Eschenbach in Nürnberg mit +/-8 m angegeben wird und der Literatur(mittel)wert 5608 m einen Fehler von +/-13 m hat. Der verwendete Höhenmesser wurde vom Deutschen Berg- und Skiführerverband empfohlen.

[271] Z.B.: W. Ja. Bunjakowski, G. H. Hess, P. Köppen, M. W. Ostrogradski, W. W. Petrow.
[272] K. J. Frizsche (6 Jahre), P. H. Fuß (5 J.), C. A. Meyer (5 J.), O. Struve (4 J.). Erwähnenswert ist insbesondere, daß der Botaniker der Dorpater Universität, Meyer, überhaupt erst 1833 korrespondierendes Mitglied der Petersburger Akademie der Wissenschaften wurde.

gen worden.[273]
Beeindruckende wissenschaftliche Ergebnisse waren also nicht zu erwarten und wurden auch nicht erzielt. Als einziges wirklich nennenswertes wissenschaftliches Ergebnis kann die Bestimmmung der Elbrushöhe durch Lenz gelten. Auch wenn sie um rund 10 Prozent[274] vom tatsächlichen Wert abwich, so wurde dennoch der Elbrus erstmalig „von (fast ganz) oben" barometrisch vermessen und bei entsprechender Kontinentalgrenzziehung als höchster Berg „Europas" bestätigt. Das Lenzsche Meßverfahren ist hierbei zu erwähnen. Lenz erhielt seine Ergebnisse durch Vergleich mit den Höhen bereits vermessener Punkte. Dabei konnte er auf einen nützlichen Meßwert Friedrich Parrots aus dem Jahre 1811 zurückgreifen. Erwähnenswert ist in diesem Zusammenhang das äußerst schlechte Meßergebnis F. Parrots von der Kasbekhöhe. Daß F. Parrot einen über 5000 m hohen Berg auf nur 3212,43 m bestimmte, zeigt deutlich, welche Größenordnungen von Fehlern möglich waren.
Lenz bemühte sich auch, Fehler zu vermeiden, indem er wetterbedingte Luftdruckänderungen bei seinen Messungen auszuschließen versuchte. So führte er fast zeitgleich Messungen mit Conradi durch.
Siwkow schreibt über die Expeditionsergebnisse: *Über ihre wissenschaftlichen Errungenschaften sagt General Emanuel in seiner Arbeit nichts, und die Berichte von Kupffer und seinen Begleitern beinhalten nichts in dieser Sache.*[275]
Der nichtmilitärische Wert der Expedition lag vielmehr in der Erschließungs- und Besteigungsleistung am Elbrus. Den für unbezwingbar gehaltenen höchsten Berg „Europas" nun doch erstiegen und nur wenig unterhalb des Gipfels barometrisch die Höhe bestimmt zu haben, so daß die Gipfelhöhe geschätzt werden konnte, ist zweifellos ein Erfolg, der der russischen Führung wie auch der Akademie der Wissenschaften einen kaum zu unterschätzenden Prestigeerfolg bescherte. Das Unternehmen knüpfte an eine Tradition von Sibirienexpeditionen der Akademie im 18. Jahrhundert und von Weltreisen an. Tradition ersetzte den konkreten wissenschaftlichen Nutzen.
Beim Vergleich der Lenzschen alpinistischen Leistung mit zeitgenössischen Erstbesteigungen muß bedacht werden, daß es grundsätzlich einfacher ist,

---

[273] Leshnjowa; Rshonsnizki: Lenz, S. 26f.
[274] Lenz maß für seinen Ort 90,90 % der tatsächlichen Höhe und erhielt für den Ostgipfel 89,12 % der wirklichen Höhe. Sein Resthöhenschätzwert von 600 Fuß bedeutet 60,19 % der realen Resthöhe.
[275] Siwkow: Kaukasusexpedition, S. 66.

Tabelle 4.3: Erstbesteigungen

Jahr	Berg	Höhe in m
1786	Montblanc	4807
1800	Großglockner	3798
1804	Ortler	3899
1811	Jungfrau	4158
1820	Zugspitze	2962
1841	Großvenediger	3674
1850	Piz Bernina	4049
1855	Dufourspitze	4634
1865	Matterhorn	4478
1874	Elbruswestgipfel	5642
1880	Chimborazo	6267
1889	Kilimandscharo	5895

eine Höhe am geschützten Hang als einen Gipfel zu erreichen.[276] Dennoch spricht der Vergleich mit der Erstbesteigungstabelle 4.3 für sich. Lenz hatte weit über 5000 m Höhe erreicht, als die Zugspitze gerade und der Großvenediger noch gar nicht bestiegen worden waren. Erst 1869 gelangten wieder Menschen (Freshfield) in Lenzsche Höhen am Elbrus und darüber hinaus.

4.2.4 Ein Schüler wird erwachsen - Lösung von Parrot

Die Lenzsche Kaukasusreise dauerte noch bis ins folgende Jahr 1830, da Lenz zunächst nach Nikolajew fuhr und schließlich aufgrund von Parrots Einflußnahme auch noch nach Baku geschickt wurde. Samson-Himmelstjerna, der Herausgeber der Lenzschen Briefe aus dem Kaukasus, berichtet: *In Nikolaew wurde Lenz höchst unliebsam überrascht durch die, von Parrot angeregte, Weisung der Akademie: er solle von Nikolaew, nach Beendigung der dortigen Arbeiten, nach Baku reisen zur Beschreibung der ,,heiligen Feuer" - welche kurz vorher durch Parrot(s Sohn; Anm. P. H.) selbst schon beschrieben worden waren. Parrot hat offenbar hauptsächlich dem von ihm geschätzten Kollegen eine weitere Gelegenheit, sich auszuzeichnen, gewähren*

---
[276] So erreichten beispielsweise Engländer in den 20er Jahren unseres Jahrhunderts am Mount Everest Höhen von weit über 8000 m; trotzdem wurden erst in den 50er Jahren die ersten Gipfel von Achttausendern bestiegen.

wollen, und an dieser Absicht hat er eigensinnig festgehalten auch nachdem Lenz in Privatbriefen dringend gebeten hatte: man möge ihn von diesem aussichtslosen Auftrage entbinden, - auch festgehalten, nachdem es darüber im Konseil der Akademie zu sehr erregten Auftritten zwischen Parrot und Kupffer gekommen war, welcher Letztere die wohlmotivirten Wünsche von Lenz vertreten hatte. Als Lenz von diesen Zwistigkeiten erfuhr, war er untröstlich darüber, gegen die Baku-Reise Einwendungen erhoben zu haben.[277] Allerdings empfand Lenz seinen Auftrag keinesfalls als „aussichtslos". Er betrachtete ihn vielmehr als sinnlos. Lenz schrieb in einem Brief vom 2.(14.) 1.1830 aus Stawropol: *Und komme ich nach Baku, so sehe ich, was Parrot*(s Sohn; Anm. P. H.) *soeben schon besehen hat, merke mir an, was in seinem Tagebuche darüber steht, - das ist dann die Ausbeute!*[278]

Völlig glaubwürdig ist hingegen, daß Lenz sich über seine eigenen *Einwendungen* gegen die Reise später *untröstlich* gezeigt habe. Lenz war ein vollkommener Diplomat, wie aus folgender Begebenheit ersichtlich ist. In einem Brief vom 29.10.(10.11.)1829 aus Nikolajew berichtet er, daß Marinearzt Siwald bei einem Seegefecht mit den Türken nur knapp einer Kanonenkugel entkommen ist. Er schreibt: *Wenn er kommt, will ich machen, als wüßte ich nichts von der Sache, damit er doch die Freude hat, sein Abentheuer meiner aufhorchenden Phantasie mit den schönsten Farben vormalen zu können. Das muß doch den Helden der schönste Lohn sein, wenn das Volk der Erzählung ihrer Thaten mit gespannter Neugier zuhorcht.*[279] Diese geschickten Umgangsformen werden maßgeblich dazu beigetragen haben, daß Lenz später geradezu routinemäßig zum Dekan oder sogar zum Rektor der Petersburger Universität gewählt wurde. Als solcher erwies er sich als ein ausgezeichneter Administrator.

Auf der Reise nach Baku kam Lenz nun ein weiteres Mal durch Stawropol, wo er am 2.(14.)1.1830 den oben erwähnten Brief schrieb, in welchem er seinem Ärger über Parrots penetrante Art, ihn zu fördern, Ausdruck gab: *Ich muß meinem Aerger etwas Luft machen, sonst frißt er sich gar zu tief ein! Ich habe aber auch ein Gelübde gethan, mich zu keiner Reise mehr herzugeben, mag sie noch so glänzend sein: kaum ist man fort, so fangen sie an, eine Sauce zum letzten Gericht zu brauen, bei der man würgen möchte. Aber das alles ist aus gutem Willen geschehen und zu meinem Besten, und ich muß mich noch bedanken! Das ist, die Pest zu bekommen! Die Menschen*

---

[277] Lenz: Die Ersteigung, S. 15.
[278] Ebenda, S. 20.
[279] Ebenda, S. 16.

hier wollen sich toll über mich wundern: was mir einfalle, zur besten Jahreszeit von hier fortzureisen, und dann im Winter wiederzukommen, wann jeder nur bei der allerdringendsten Noth nach Tiflis reist; und ich habe alle Mühe, das „вѣленно" (russ.: *„befohlen";* Anm. P. H.) *recht scharf zu betonen, damit man nicht mich für einen Narren halte ... Hoffentlich ist bei meiner Rückreise aller Groll wieder verraucht, der sich in meiner Seele, trotz allen Ankämpfens gegen ihn, doch etwas eingenistet hat. Es ist doch ein infamer Despotismus, jemanden wider Willen zu beglücken*[280]. Dieser gescheiterte Unterstützungsversuch von Parrot war nicht sein letzter, jedoch der letzte, den Lenz sich gefallen ließ.

Im Jahre 1833 erschien ein Aufsatz über Versuche, chemische Reaktionen unter hohem Druck zu erzeugen. Lenz und Parrot hatten diese Experimente gemeinsam durchgeführt, aber Parrot hatte sie alleine ausgewertet und auch den Artikel selbst geschrieben. Trotzdem versah er den Artikel mit beiden Namen, wogegen Lenz Einspruch erhob. Interessant ist hierbei, daß Lenz überhaupt keinen konkreten inhaltlichen Einwand nannte, sondern ausschließlich seine Namensnennung zurückwies. Den „Expériences de forte compression sur divers corps" der beiden Physiker wurde deshalb ein Zusatz von Lenz beigefügt: *Avis. Comme je ne partage point l'opinion de l'illustre auteur de ce mémoire au sujet de plusieurs conséquences et assertions qui y sont exposées, je ne croit point superflu de déclarer ici que je me suis fait un plaisir et un devoir d'assister mon respectable maître dans les expériences qui font l'objet de ce mémoire, mais que je n'ai pris aucune part ni à la déduction des résultats, ni à la rédaction du mémoire même. Par cette déclaration formelle je désire prévenir l'erreur dans laquelle le lecteur superficiel peut être induit par l'inspection du titre répété à la tête de chaque page: Parrot et Lenz - Expériences de forte compression.*
L'Académicien extraordinaire E. Lenz.[281]
Wawilow kommentiert: *Diese achtungsvolle Polemik in den Seiten des akademischen „Bulletin" zeigt genügend klar den Übergang von der etwas phantastischen und romantischen Physik des alten Parrot zum neuen strengen/genauen Stil des jungen Lenz.*[282]

---

[280] Ebenda, S. 20.

[281] E. Lenz; G. F. Parrot: Expériences de forte compression sur divers corps. MA, T. 2 (1833), S. 630.

[282] С. И. Вавилов (S. I. Wawilow): Краткий очерк истории физического кабинета, физической лаборатории, физического института Академии Наук СССР (Kurzer Abriß der Geschichte des Physikalischen Kabinettes, Physikalischen Laboratoriums, Physikalischen Institutes der Akademie der Wissenschaften der UdSSR). В книге: Физиче-

Wawilow überzeichnet hier die „Stile" der beiden Petersburger Physiker. Zwar war Parrot tatsächlich romantischer eingestellt als Lenz, aber auch er verwendete mathematische Darstellungen, ja er führte sie sogar maßgeblich in Dorpat ein, wie im Abschnitt 4.1.4 gezeigt wurde.

Wie bereits bemerkt, führte Lenz in diesem konkreten Fall keinerlei thematische Diskussion, sondern grenzte sich vielmehr von Parrot als Autor grundsätzlich ab.[283]

Ungefähr gleichzeitig, 1834, schrieb Lenz eine Rezension, aus welcher seine Sicht der Physik deutlich wird. Nach Leshnjowa/Rshonsnizki ist diese Lenzsche Rezension des Werkes von Pawlow sogar der einzige Artikel, in dem er seine Ansichten auf dem Gebiet der „Physikphilosophie" mitteilte.[284] So erschien kurz nach seinem brüsken Protest eine konstruktive Meinungsäußerung; für den diplomatischen Lenz eine seltene Festlegung.

Lenz behandelte die Physikbücher Pawlows und Perewoschtschikows und beschrieb dabei seine eigene Sicht dieser Wissenschaft: *In der unorganischen Natur geschieht einmal Alles nach mechanischen Gesetzen, also wird die Mechanik, als reine Lehre von der Bewegung und vom Gleichgewicht, auch die Gesetze für jeden besondern Fall in sich enthalten; ... ; aber die Anwendung* (der allgemeinen Gesetze; Anm. P. H.) ... , *und die Vergleichung der Theorie mit der Erfahrung, dies alles gehört in die Physik, ja ist eben ihr eigentliches Wesen; die Physik ist also allerdings nach unserer Ansicht eine angewandte Mechanik, wie die Astronomie, und hat drei Aufgaben zu lösen, nämlich: 1) die Erforschung der Erscheinung, 2) die Combinirung derselben*

ский институт им. П. Н. Лебедева. Труды физического института, Т. 3, Вып. 1, Москва (1945), S. 14 und: Wawilow: Das Physikalische Kabinett, S. 38.

[283] Die Lenzsche Anmerkung ist übrigens auch völlig überflüssig. Denn schon aus der Überschrift geht hervor, daß Lenz Parrot nur bei den „Beobachtungen" assistiert hatte. Sie lautet: *Expériences de forte compression sur divers corps; par M. Parrot, conjointement avec M. l'académicien extraordinaire Lenz pour les observation* (Lenz; Parrot: Expériences, S. 595). Lenz' Zusatz erscheint noch krasser, wenn man den ihm gegenüber sehr freundlich gehaltenen Beginn der Parrotschen Abhandlung liest: *Les expériences qui font l'objet de ce mémoire exigeaient nécessairement deux observateurs. Mon collège, M. Lenz, a eu la bonté de se prêter à ce travail qui se prolongé plus long-temps que nous n'avions espéré, par les difficultés d'exécution que l'appareil a offertes. Je lui en témoigne ma reconnaissance avec d'autant plus de satisfaction, que l'affaiblissement de ma vue et de tout mon physique pendant cet hiver m'a forcé de lui abandonner les observations les plus délicates et les plus fatigantes. C'est une jouissance douce pour la vieillesse d'avoir formé de jeunes savans qui nous remplacent et nous assistent avec l'aménité et la complaisance dont M. Lenz m'a déjà donné plus d'une preuve* (ebenda). Der Rechtschreibfehler „savan(t)s" wurde beibehalten.

[284] Leshnjowa; Rshonsnizki: Lenz, S. 50. Sie verwenden den Begriff „Physikphilosophie" (философии физики), auch wenn der Begriff „Wissenschaftstheorie der Physik" moderner ist.

zu einem allgemeinen Gesetz, und 3) gleichsam die Probe des Exempels, die Construction der einzelnen Erscheinungen aus dem allgemeinen Gesetz.[285] Und weiter: *Wir haben uns schon weiter oben dahin ausgesprochen, dass die Auseinandersetzung der Versuche einen Haupttheil eines jeden die Physik abhandelnden Werkes ausmacht, und dass es daher eine wesentliche Forderung an ein solches sei, die Versuche so darzustellen, dass der Lernende ihren wahren Sinn fasse, die Nebenumstände, welche auf dieselben störenden Einfluss haben können, kennen und beseitigen, und dadurch endlich auch den wahren Werth eines jeden beurtheilen lerne.*[286]
Lenz maß also der Mechanik und der experimentellen Überprüfung besonders große Bedeutung zu.[287] Wie bereits im Abschnitt 3.1 bemerkt wurde, hielten sich mechanische Modellvorstellungen noch weit ins 19. Jahrhundert (z.B. im Viktorianischen England) und auch die Betonung der Experimentalphysik verwundert kaum, wenn man den Parrotschen Ausbildungsschwerpunkt in experimenteller Physik an der Dorpater Universität bedenkt. Auf ihn wird in Abschnitt 4.4.8 besonders eingegangen.
Es kann also zusammengefaßt werden, daß sich Lenz auch in diesem einzigen Artikel mit wissenschaftstheoretischen Bekenntnissen in keiner Weise thematisch von Parrot abgrenzte. Es ist auch nicht bekannt, daß er überhaupt irgendwann irgendeinen erwähnenswerten physikalischen Dissens oder thematischen Konflikt mit seinem Lehrer gehabt hat; ihm ging nur dessen aufdringliche Art zu weit.
Übrigens waren Parrot und Lenz nicht nur durch ihre gemeinsame Zeit in Dorpat (zwangsweise) miteinander verbunden gewesen, sondern auch durch ihre Beziehung zur deutschen Kultur. So war sich Lenz der Bedeutung deutscher Werke für die Physik durchaus bewußt, wie seine Kritik an einer russischen Arbeit zeigt: *Allein der wesentlichste Mangel der Quellen-Litteratur ist der, dass Deutsche Werke durchaus gar nicht benutzt worden sind, ein Mangel, der seinen schädlichen Einfluss besonders auf die Lehre vom Galvanismus ausgeübt hat.*[288] Neuerungen, in diesem Fall der Galvanismus, kamen meistens aus dem Westen. Slawophile, oder zumindest russisch-patriotisch

---
[285] E. Lenz: 1. Основанія Физики Михаила Павлова. Часть I. Москва 1833. d. i. *Elemente der Physik von Pawlow.* 2. Руководство къ опытной физикѣ. (Перевощикова.) Москва 1833. d. i. *Handbuch der Physik von Perewoschtschikow.* LIDJ, 1 (1834), S. 146. Der Artikel ist in deutscher Sprache verfaßt. Nur sein Titel enthält russische Wörter.
[286] Ebenda, S. 151.
[287] In ihrem noch vor dem Tode Stalins erschienen Buch werten Leshnjowa/Rshonsnizki diese Rezension als ein Bekenntnis Lenz' zum mechanischen Materialismus (Leshnjowa; Rshonsnizki, S. 51).
[288] Lenz: Elemente der Physik, S. 153.

gesinnte Gelehrte waren häufig geneigt, dies zu verdrängen. Parrot und Lenz befanden sich in jenem Kreis der scientific community, in dem die Behauptung russischen Stolzes und die Entwicklung nationaler wissenschaftlicher Ebenbürtigkeit keine Rolle spielten. Ein Zusammengehörigkeitsgefühl der „aufgeklärten Westler" könnte bestanden haben.[289]
Nun war aber Parrot nicht der einzige aus Westeuropa stammende Wissenschaftler in St. Petersburg, und manches, was Lenz mit ihm verband, war auch in Beziehungen zu anderen deutschsprachigen Gelehrten möglich. Ein solcher Ersatz für den etwas lästig gewordenen „Übervater" sollte nicht lange auf sich warten lassen. Mit Moritz H. Jacobi bekam Lenz schon bald einen Kollegen, der seinen Vorstellungen entsprach. Nun konnte Lenz seinen eigenen Weg beschreiten und dadurch teilweise der Physik in Rußland seinen Charakter aufprägen.
Lenz' Einfluß auf die Physik(-lehre) in Rußland mußte zwangsläufig Schüler hervorbringen. Nicht zuletzt auch durch seine Lehrtätigkeit am Seekadettenkorps und als Universitätsprofessor konnte er seine physikalischen Anschauungen an die nächste Generation weitergeben. Gogoberidse schreibt über die Lenzsche „Schule": *Diese Physikerschule (Physikrichtung) bestimmte fast das ganze 19. Jahrhundert (hindurch) den Charakter der Physikentwicklung in Petersburg und partiell in ganz Rußland.*[290] Lenz' Schüler waren A. S. Saweljew, M. I. Talysin, W. I. Kaidanow, M. I. Ptschelnikow, M. F. Spasski, F. F. Petruschewski, P. van der Flint, D. A. Latschinow und sein Sohn Robert Lenz;[291] allerdings wurde keiner auch nur annähernd so berühmt wie Emil.

---

[289] Auch Lenz wurde später als „russischer" Physiker bezeichnet, so z.B. in dem Physikerlexikon von Chramow (Ю. А. Храмов (Ju. A. Chramow): Физики (Physiker). Москва (1983), S. 195, 380). Zudem wird seine historische Bedeutung „vergrößert", indem man das Joulesche Gesetz in Rußland als Joule-Lenzsches Gesetz bezeichnet. Gogoberidse schreibt, daß die Leute es *wenigstens bei uns in Rußland Joule-Lenzsches Gesetz nennen* (Gogoberidse: Lenz, S. 22). Dabei hatte Joule dieses Gesetz schon 1841 aufgestellt und Lenz erst 1843/1844 seine Abhandlung „Ueber die Gesetze der Wärme-Entwicklung durch den galvanischen Strom" publiziert. Das Joulesche Gesetz berechnet die Joulesche Wärme als Produkt aus dem Widerstand, der Zeit des Stromflusses und des Quadrates des elektrischen Stromes.

[290] Gogoberidse: Lenz, S. 26.

[291] Leshnjowa; Rshonsnizki: Lenz, S. 180.

Lebenslauf 165

4.3 Moritz Jacobi

4.3.1 Lebenslauf

Moritz Hermann Jacobi[292] wurde am 21. September 1801 in Potsdam als Sohn des jüdischen Kaufmanns Simon Jacobi und dessen Ehefrau Rachel, geb. Lehmann, geboren. Um ihn vor antisemitischen Diskriminierungen zu schützen und später auf eine Hochschule schicken zu können, ließ Simon Jacobi seinen Sohn (wie auch seine übrigen drei Kinder) lutherisch taufen.[293] Wilhelm Lehmann, Rachels Bruder, übernahm die Schulausbildung des Jungen, an der auch Moritz' Bruder Carl Gustav Jacob Jacobi häufig teilnahm. Dabei lehrte Lehmann die Grundlagen der Mathematik, Latein, Altgriechisch, Französisch und Englisch, *daß die Brüder schließlich nicht nur lesen und sprechen gelernt hatten, sondern außerdem frei in diesen Sprachen zu schreiben.*[294] W. Lehmann förderte das Selbststudium der Brüder sowie das Entwickeln und Formulieren eigener Gedanken. Die Brüder lasen in- und ausländische Weltliteratur wie Homer, Vergil, Lessing, Goethe, Schiller, Heine, Shakespeare und Cervantes.[295] Jarozki schreibt: *Großen Einfluß auf die Entwicklung ihrer Denkweisen erwies Goethes ,,Faust" - Symbol des ewigen menschlichen Strebens nach Erkenntnis.*[296]

Im April 1819 wurde Jacobi zum Militärdienst bei der preußischen Artillerie eingezogen. Dem Wunsch seiner Eltern folgend, wandte er sich danach der Baukunst zu. Vom 10.2. bis zum 1.8.1821 war er als Student der Kameralwissenschaft an der Universität Berlin immatrikuliert. Ab dem Wintersemester (1821/22) setzte er sein Studium in Göttingen fort, wo er 1829 das Diplom und die Bezeichnung ,,Architekt" erwarb. Bereits 1825 und 1830 übersetzte Jacobi Baukunstbücher. Er war zunächst preußischer Baubeamter (Regierungs-Conducteur) in Potsdam, wo er sich in seiner Freizeit mit

---

[292] Im Russischen wurde ,,Moritz" durch ,,Boris" ersetzt. Geadelt wurde Jacobi 1842. Außerordentlich viele Angaben zum Leben Jacobis finden sich bei Nowljanskaja: Jacobi, S. 204-280 auf 76 Seiten. Dabei gibt sie jeden Punkt seines Lebenslaufes durchaus knapp, jedoch mit Quellenangabe an. Neben diesen ,,tabellarischen Lebenslauf" findet man bei ihr ein Verzeichnis aller bis 1953 über Jacobi verfaßten Schriften (S. 105-203), welches 571 Posten enthält und eine Liste seiner Veröffentlichungen (inclusive seiner Übersetzungen von 1825 und 1830) (S. 43-104), welche aus 176 Posten besteht.

[293] А. В. Яроцкий (A. W. Jarozki): Борис Семёнович Якоби 1801-1874 (Boris Semjonowitsch Jacobi 1801-1874). Москва (1988), S. 11f.

[294] Ebenda, S. 12.

[295] Ebenda.

[296] Ebenda.

Hegels Logik und Steffens' Anthropologie beschäftigte,[297] und ab dem Jahreswechsel 1832/33 Baumeister in Königsberg.
Hier konstruierte er bereits 1834 einen ersten Elektromotor und führte ihn in der Königsberger Universität vor. Die Königsberger Philosophische Fakultät verlieh dem Gelehrten im Juni 1835 den Ehrendoktortitel.
Als außerordentlicher Professor der Zivilbaukunst war Jacobi vom 4.(16.)7. 1835 bis zum 28.9.(10.10.)1835 an der Universität Dorpat tätig.[298] In den folgenden beiden Jahren hielt er vom 12.(24.)1.1836 bis zum 19.(31.)12.1837 Vorlesungen zur praktischen Mathematik und physikalisch-mathematischen Theorie der Maschinen. Vom 13.(25.)1.1838 bis zum 24.6.(6.7.)1840 (seinem Fortgang) hielt er keine Vorlesungen mehr.[299]
In Dorpat baute der Architekt die neue Domberg- oder Engelsbrücke sowie einen Flügel des Universitätsgebäudes und die Universitätskirche.[300] Die Bauzeit der Brücke dauerte von 1836 bis 1838.
Am 15.(27.)1.1836 heiratete Jacobi Anna Grigorjewna Kochanowskaja.[301] Mit ihr hatte er acht Kinder, von denen jedoch fünf früh verstarben.[302]
Im März 1837 erstellte er die erste galvanoplastische Kopie.[303] Dann wurde er nach St. Petersburg berufen und begann nach seiner Ankuft die Arbeiten zur Verbesserung seines Elektromotors. Einem „Lebenslauf über Dienst und Würde" zufolge war Jacobi vom 31.5.(12.6.) bis zum 21.7.(2.8.)1837 auf Dienstreise in St. Petersburg.[304] Seine zweite Abreise aus Dorpat nach St. Petersburg erfolgte am 25.8.(6.9.)1837.[305] Am 13.(25.)9.1838 fuhr bereits ein

---

[297] Ahrens: Briefwechsel, S. 4. Brief vom 5.10.1826 aus Potsdam an seinen Bruder C. G. J. Jacobi.
[298] ИА, 733-12-518-6. Es handelt sich bei der Quelle um einen formalisierten Lebenslauf.
[299] Prüller: Physiker, S. 58, 61, jeweils unter Berufung auf: Verzeichniss, der vom 15. Januar 1823 bis 19. Dec. 1849 zu haltenden halbjährigen Vorlesungen auf der Kaiserlichen Universität zu Dorpat. Dorpat (1822-1847), S. 23, welches bei Prüller (S. 37, Anm.) erwähnt wird.
[300] Jarozki: Boris, S. 38.
[301] ИА, 1343-34-1554-45.
[302] Ahrens: Briefwechsel, S. 218. Am 1.(13.)6.1840 schreibt Jacobi, *dass ich gegenwärtig im Besitze zweier Söhne bin von denen der älteste „Wladimir" am 14' October 1836 in Dorpat und der jüngere „Nicolai" am 17' November 1839 hier in St. Petersburg geboren ist* (EEA, 402-3-2043-97). Nach dem Gregorianischen Kalender wurden die Kinder am 26.10.1836 und 29.11.1839 geboren. Der dritte „Überlebende" hieß wie sein Vater „Boris" und wurde am 23.1.(4.2.)1841 geboren (ИА, 1343-34-1554-45).
[303] Im Moskauer Polytechnischen Museum befinden sich zur Jacobischen Galvanoplastik Relikte; sie wurden aber (1995) nicht ausgestellt.
[304] ИА, 733-12-518-6. Ein anderes ebensolches Dokument nennt den 13.(25.)5.1837 als Anreisetag (ИА, 733-12-518-23).
[305] ИА, 733-12-518-23.

Lebenslauf 167

Boot auf der Newa, welches mit einem Jacobischen Elektromotor ausgestattet war.
Eine Woche nachdem P. Fuß, Ostrogradski und Lenz ihn am 14.(28.).12.1838 in der Akademie als korresponierendes Mitglied vorgeschlagen hatten, wurde er zu einem solchen gewählt.[306] Am 17.(29.)Juli 1839 wurde Jacobi offiziell zur Verbesserung der galvanischen Minen herangezogen. Außerdem begann er in dieser Zeit seine Arbeiten an der Elektrotelegrafie und organisierte am 8.(20.) August die zweite Erprobung eines Elektrobootes auf der Newa.[307] Im September folgten weitere Fahrten. Der Anna-Orden 3. Klasse wurde ihm am 23.9.(5.10.)1839 verliehen.[308] Am 15.(27.) Oktober 1839 wurde der Gelehrte zur Arbeit in einem von der Militärbehörde eingesetzten Komitee herangezogen, welches sich mit Unterwasserexperimenten beschäftigte,[309] und am 29.11.(11.12.)1839 Adjunkt der Petersburger Akademie der Wissenschaften für praktische Mechanik und Theorie der Maschinen.[310] Auf Erlaß des regierenden Senates vom 23.12.1839(4.1.1840) wurde Jacobi ab dem 4.(16.)7.1838(!) Hofrat.[311] 1840 erhielt er für die Erfindung der Galvanoplastik die Demidowprämie.[312] Am 20.6.(2.7.)1840 begannen die Explosionsexperimente galvanischer Unterwasserminen.[313] Im August 1840 wurde er zum Ehrenmitglied der Polytechnischen Gesellschaft in Leipzig gewählt,[314] und am 9.(21.)11.1840 wurde der Gelehrte Mitglied der Londoner Gesellschaft der nützlichen Künste.[315] Im selben Jahr sprach Jacobi vor der Versammlung britischer Naturforscher zu Glasgow und traf sich in London mit Professor Wheatstone.[316] Der preußische Orden des Roten Adlers 3. Klasse

---

[306] Jarozki: Boris, S. 66.
[307] Ebenda, S. 205. Auf dieser und der folgenden Seite gibt Jarozki einen tabellarischen Lebenslauf Jacobis an.
[308] ИА, 733-12-518-24.
[309] Jarozki: Boris, S. 205.
[310] ИА, 733-12-518-24.
[311] Ebenda.
[312] Jacobi *machte den zu kopierenden Stich, oder die Münze zur negativen Elektrode in einer Zersetzungszelle, in welcher das Elektrolyt eine Kupfervitriollösung war* (Hoppe: Geschichte, S. 299).
[313] Jarozki: Boris, S. 205.
[314] ИА, 733-12-518-24.
[315] Ebenda.
[316] M. H. Jacobi: Ueber die Principien der elektro-magnetischen Maschinen. APC, 51 (1840), S. 358, 364. In Glasgow war Jacobi im September 1840, wo man ihm den Verdienst zusprach, als erster seine Entdeckung der Galvanoplastik publiziert zu haben, was den Prioritätsstreit mit Thomas Spencer zu Jacobis Gunsten entschied. *Zeugen bescheinigten später, daß Jacobi schon im Frühjahr 1837 den Abdruck eines Zweikopekenstückes*

wurde ihm im Dezember 1840 verliehen,[317] und am 25.1.(6.2.)1841 wurde er korrespondierendes Mitglied der Turiner Königlichen Gesellschaft.[318] Am 13.(25.) Oktober 1841 wurde Jacobi aufgetragen, eine unterirdische Telegrafenlinie zwischen dem Winterpalast und dem Hauptstab zu erstellen,[319] und am 18.(30.) März 1842 begannen unter seiner Leitung die Arbeiten zur Schaffung der unterirdischen Telegrafenleitung von St. Petersburg nach Zarskoje-Selo,[320] der damals längsten der Welt, über eine Entfernung von mehr als 23 Werst (knapp 25 km).
Außerordentliches Akademiemitglied für angewandte Mathematik mit einem Jahresgehalt von 1000 Rubeln wurde Jacobi am 7.(19.)5.1842. Seine Wahl war mit 23 zu 4 Stimmen erfolgt.[321]
Zum Mitglied der Physikalischen Gesellschaft in Frankfurt am Main wurde der Gelehrte am 10.(22.)1.1843 gewählt,[322] und am 22.3.(3.4.)1843 empfing er den Wladimir-Orden 4. Klasse.[323] Am 14.(26.) Oktober 1843 wurde die Telegrafenlinie nach Zarskoje-Selo in Betrieb genommen, und am 10.(22.) Oktober 1844 wurden die Versuche über die „telegrafischen" Minen in Oranienbaum erfolgreich beendet.[324] 1846 wurde Jacobi Staatsrat. Der Anna-Orden 2. Klasse wurde ihm am 8.(20.)12.1846 verliehen.[325]
Am 6.(18.)3.1847 wurde der Physiker ordentliches Mitglied der Akademie der Wissenschaften in St. Petersburg für Technologie und angewandte Chemie.[326] Eine Demonstration Jacobischer Elektrominen am 15.(27.) Juli 1847 führte zu deren Aufnahme in die Seeverteidigung.[327] Am 23.4.(5.5.)1848 nahm Jacobi die russische Untertanenschaft an,[328] und am 28.8.(9.9.)1848

---

hergestellt hatte. Die russische Regierung kaufte ihm für 25000 Silberrubel die Erfindung ab, und die Akademie in Petersburg bedachte ihn mit einem Preis von 5000 Rubel, die Jacobi für wissenschaftliche Zwecke spendete (H. Lindner: Strom. Reinbek (1985), S. 111).

[317] ИА, 733-12-518-24f.
[318] ИА, 733-12-518-25.
[319] Die Entfernung betrug 363 m.
[320] Jarozki: Boris, S. 205.
[321] ИА, 733-12-518-32f. Bei der Quelle handelt es sich um einen Brief von P. Fuß an Uwarow vom 16.(28.).5.1842.
[322] ИА, 1343-34-1554-13f.
[323] Ebenda.
[324] Jarozki: Boris, S. 205.
[325] ИА, 1343-34-1554-15f.
[326] Ostrowitjanow: Die Geschichte der Akademie, Bd. 2, Heft 3, Teil 4, S. 1509 und: Skrjabin: Die Akademie, S. 47. Vorgeschlagen wurde Jacobi von Lenz, Hess und Kupffer.
[327] Jarozki: Boris, S. 145, 205.
[328] ИА, 733-120-302-153f. Es handelt sich bei der Quelle um einen formalisierten Lebenslauf. Vorher war Jacobi preußischer Untertan.

empfing er ein Diplom, das ihm den Titel „Doktor der freien Künste und der Philosophie" gewährte,[329] sowie am 3.(15.)10.1848 den Wladimir-Orden 3. Klasse.[330]

Das Ingenieursamt schickte den Akademiker am 16.(28.) Juli 1851 auf eine mehrmonatige Reise nach Deutschland, Frankreich und England zwecks Beurteilung der technischen Fortschritte im Westen.[331]

1852 wohnte Jacobi zwischen der 15. und 16. Linie auf der Wassili-Insel in St. Petersburg.[332] Am 20.12.1852(1.1.1853) erhielt er das Prädikat „Excellenz" mit dem Rang eines Wirklichen Staatsrates.[333] 1853 baute der Gelehrte eine galvanische Pendeluhr. Im Mai 1856 wurde er zum Ehrenmitglied der Holländischen Gesellschaft der Wissenschaften in Haarlem gewählt,[334] am 26.8.(7.9.)1856 wurde ihm der Stanislaw-Orden 1. Klasse verliehen,[335] und am 1.(13.) Mai 1857 wurde Jacobi zum Mitglied des Führungskomitees (Комитетъ Правленія) der Akademie der Wissenschaften gewählt.[336] Zum Ehrenmitglied der Charkower Universität wurde der Physiker am 16.(28.) Januar 1858 gewählt,[337] zum korrespondierenden Mitglied der Königlichen Akademie der Wissenschaften in Berlin am 7.(19.)4.1859[338] und erneut zum Mitglied des Führungskomitees der Akademie der Wissenschaften am 12.(24.) 8.1859, diesmal für drei Jahre.[339] Am 17.(29.) August 1859 fuhr er nach Paris, um dort mit Saint-Claire Deville und Jean Henri Debrau über Platinen zu arbeiteten.[340] Den Anna-Orden 1. Klasse erhielt Jacobi am 1.(13.) 1.1861.[341]

Im Januar 1861 wohnte er in der *Offizierstraße Nr. 53 an der Ecke des engl. Prospects*[342]. Nach Ablauf seiner Wahlperiode verließ der Gelehrte am

---

[329] Ebenda.
[330] ИА, 733-120-302-154f.
[331] Jarozki: Boris, S. 147, 206.
[332] AAH, 187-2-383-1. Adresse auf der Einladung Jacobis zu Parrots Beerdigung.
[333] Ahrens: Briefwechsel, S. 141, Anm. 7.
[334] ИА, 733-120-302-157f.
[335] Ebenda.
[336] ИА, 733-120-302-159f.
[337] Ebenda.
[338] ИА, 733-120-302-161f.
[339] ИА, 733-120-302-162f.
[340] Jarozki: Boris, S. 206.
[341] ИА, 733-120-302-163f.
[342] AAH, 187-1-2-44. Bei der Quelle handelt es sich um eine Zeitungsannonce aus dem Jahre 1861, in der Jacobi alle Galvanoplastikanwender auffordert, sich bei ihm zu melden. Die Offizierstraße (Офицерская улица) heißt heute Straße der Dekabristen (улица Декабристов). Der Englische Prospekt (Английский проспект) hieß zeitweilig Mak-

22.8.(3.9.)1862 das Führungskomitee der Akademie der Wissenschaften,[343] und am 3.(15.)12.1864 wurde er zum korrespondierenden Mitglied der Göttinger Königlichen Gesellschaft der Wissenschaften gewählt.[344] Im März 1865 wurde Jacobi Direktor des Physikalischen Kabinettes der Akademie der Wissenschaften[345] und am 26.10.(7.11.)1865 ordentliches Akademiemitglied für Physik.[346] Am 8.(20.)5.1866 erhielt er die Komturzeichen des Ordens der Muttergottes von Guadeloupe (Командорскіе знаки Ордена Гваделупской Богоматери).[347] Vom 9.(21.)3.1867 bis zum 9.(21.)10.1867 war er auf einer Parisreise,[348] besuchte die Weltausstellung und nahm als russischer Delegierter am Internationalen Komitee für Maße und Gewichte teil. Auf der Weltausstellung wurden ihm die erste Prämie und die große Goldmedaille für die Erfindung der Galvanoplastik verliehen.[349]

Im Jahre 1867 lebte Jacobi im Haus der Akademie an der Ecke 7. Linie und Nikolaus-Kai auf der Wassili-Insel,[350] an dem sich heute eine Gedenktafel befindet.[351] Am 4.(16.)12.1867 wurde er Korrespondent der Rotterdamer Wissenschaftsgesellschaft und ausländisches Mitglied der Königlich Belgischen Akademie der Wissenschaften,[352] am 1.(13.)1.1867 Geheimrat.[353]

---

linprospekt (проспект Маклина), wurde aber inzwischen zurückbenannt. Die Straßen befinden sich auf der Großen Seite unweit der Englischen Uferstraße (Англійская набережная), in der Otto von Bismarck als preußischer Gesandter von 1859 bis 1862 wohnte. Für den Fußweg von Jacobis zu Bismarcks ehemaligem Wohnsitz (Nr. 50) benötigte ich 14 min. (Messung vom 13.2.1996 bei geschlossener Schneedecke und kaum Schneefall). Ob die beiden sich kannten, konnte nicht geklärt werden. In seinen „Gedanken und Erinnerungen" (O. von Bismarck: Gedanken und Erinnerungen. Stuttgart, Berlin (1928)) erwähnt Bismarck Jacobi nicht.

[343] ИА, 733-120-302-163f.
[344] ИА, 733-120-302-164f.
[345] Ebenda.
[346] AAH, 187-1-295-21f. Es handelt sich bei der Quelle um einen formalisierten Lebenslauf. Ostrowitjanow gibt den 21.9.(3.10.)1865 als Datum für Jacobis Wechsel in die Physik an (Ostrowitjanow: Die Geschichte der Akademie, Bd. 2, S. 715).
[347] AAH, 187-1-295-22f.
[348] AAH, 187-1-295-25f.
[349] AAH, 187-1-295-26f. und: Jarozki: Boris, S. 206.
[350] AAH, 4-4a-13*-1f. Bei der Quelle handelt es sich um ein Adressbuch der Akademie der Wissenschaften. Der Nikolaus-Kai (Николаевская набережная) heißt heute Leutnant-Schmidt-Kai (набережная Лейтенанта Шмидта).
[351] Die Tafel trägt die Aufschrift: *Hier lebte das Akademiemitglied Boris Semjonowitsch Jacobi 1801-1874 Hervorragender Physiker und Elektrotechniker. Erfinder der Galvanoplastik, des elektrischen Telegrafen, elektrischer Motorboote, elektrischer Minen.* Am Haus befinden sich noch weitere Gedenktafeln anderer berühmter Bewohner.
[352] AAH, 187-1-295-26f.
[353] Ahrens: Briefwechsel, S. 141, Anm. 7.

Lebenslauf 171

Vom 18.(30.)7.1869 bis zum 26.10.(7.11.)1869 war der Physiker auf einer Auslandsreise.[354] Er wurde vom Ministerium für Volksaufklärung nach Frankreich, England und Deutschland geschickt, um Gespräche über die Einberufung einer Internationalen Kommission für die metrischen Maße zu führen. Am 1.(13.)1.1870 erhielt Jacobi den Wladimir-Orden 2. Klasse,[355] und am 3.(15.)4.1870 wurde er als Vertreter Rußlands in die Kommission für die metrischen Maße nach Paris geschickt,[356] wobei er vom 18.(30.)6.1870 bis zum 5.(17.)9.1870 auf dieser Reise war.[357]
Jacobi gehörte auch dem Manufakturrat beim Finanzministerium als Mitglied an.[358] Am 1.(13.)1.1874 wurde ihm der Orden des Weißen Adlers (орден Бѣлаго Орла) verliehen,[359] und am 15.(27.) Januar 1874 legte er der Akademie der Wissenschaften einen ausführlichen Bericht über die Arbeiten der letzten Jahre zur Erforschung der Erscheinungen der Polarisation und der Induktion vor.[360]
Moritz Hermann von Jacobi verstarb am 27.2.(11.3.)1874[361] nach einem Herzanfall.[362]
Heinrich Wild, das aus Zürich stammende Mitglied der Petersburger Akademie der Wissenschaften für Physik, schreibt zwei Jahre nach Jacobis Tod, daß bereits 1870 erste Krankheitssymptome aufgetreten waren, daß er den Herbst 1872 im Bett verbrachte und in der Nacht vom 26.2.(10.3.) auf dem

---

[354] AAH, 187-1-295-27f.
[355] AAH, 187-1-295-28f.
[356] Jarozki: Boris, S. 206.
[357] AAH, 187-1-295-29f.
[358] Möglicherweise ab dem 17.(29.)5.1872.
[359] AAH, 187-1-295-32f.
[360] Jarozki: Boris, S. 206.
[361] AAH, 187-1-295-32f.
[362] Sein Grab auf dem Smolensker Lutherischen Friedhof (Смоленское лютеранское кладбище) in St. Petersburg ist erhalten geblieben, allerdings fehlt die Büste. Die Aufschrift der Vorderseite lautet: Борисъ Семёновичъ Якоби. род.9 Сентября 1801. сконч.27 Февраля 1874. Deutsche Übersetzung: *Boris Semjonowitsch Jacobi. Geb. am 9. September 1801. Verschieden* (als abgekürztes Wort; Anm. P. H.) *am 27. Februar 1874.* Der 9. September entspricht hierbei dem 21. September nach Gregorianischem Kalender. Auf der Rückseite des granitenen Grabsteinsockels steht geschrieben: Незабвенному другу жена и дѣти. Deutsche Übersetzung: *(Dem) unvergesslichen Freund (die Ehe-) Frau und Kinder.*
In den Büchern von Radowski befinden sich zwei verschiedene Bilder des Grabes mit Büste (М. И. Радовский (M. I. Radowski): Борис Семёнович Якоби (Boris Semjonowitsch Jacobi). Биогр. очерк., Москва, Ленинград (1953), S. 233 und: М. И. Радовский (M. I. Radowski): Борис Семёнович Якоби (Boris Semjonowitsch Jacobi). Москва, Ленинград (1949), S. 122).

27.2.(11.3.)1874 verstorben ist.[363] Während der letzten zwei Jahre seines Lebens führte der durch Krankheit geschwächte Jacobi seine physikalischen Experimente zu Hause durch.[364] Sein letztes Gesamtgehalt betrug 6985 Rubel 92 Kopeken jährlich (davon 1800 Rubel als Akademiemitglied).[365]
Zur weiteren Erörterung über Jacobis Lebenslauf sei auf Abschnitt 4.3.5 verwiesen.

4.3.2 Jacobis Motor und Boot

Der Jacobische Elektromotor

Die beeindruckend erfolgreiche Karriere Jacobis begann 1834 mit der Konstruktion des ersten Elektromotors, der sowohl eine nutzbare Leistung, als auch eine direkte Kreisbewegung hervorbrachte. Daß Jacobi nicht als Erfinder des Elektromotors gilt, liegt daran, daß zu dieser Zeit verschiedene Personen unterschiedliche elektromagnetische Maschinen bauten, welche alle im weitesten Sinne Elektromotoren waren, wenn auch nicht solche wie wir sie heute kennen. Als erster stellte der britische Wissenschaftler Peter Barlow 1824 ein Demonstrationsmodell vor, das Barlowsche Rad, welches zwar eine direkte Kreisbewegung, aber keine brauchbare Antriebsleistung erzeugte. Andere Konstrukteure bauten elektromagnetische Wippen oder Demonstrationsgeräte, ähnlich dem Barlowschen Rad (z.B.: Joseph Henry, Salvatore dal Negro, William Sturgeon).

Jacobi war von seiner Ausbildung her eher Ingenieur als Wissenschaftler, und so verwundert es nicht, daß es ihm mehr um die Nutzbarmachung einer neuen Kraft als um die Darstellung eines Naturphänomens ging. Sein Motor war auf Leistung ausgelegt, erregte schnell viel Aufsehen und wurde 1838 in einer weiterentwickelten Version zu experimentellen Zwecken in ein kleines Boot eingebaut.

Eine Kopie des ersten Motors von 1834 steht im Moskauer Polytechnischen Museum.[366] Sie sieht dem Nachbau in der Oldenburger Arbeitsgruppe

---

[363] Г. И. Вильдъ (H. Wild): О жизни и учёныхъ трудахъ академика Б. С. Якоби (Über das Leben und die wissenschaftlichen Arbeiten des Akademiemitgliedes B. S. Jacobi). ЗИАН, Т. 28, кн. 1 (1876), S. 62f.

[364] Wawilow: Das Physikalische Kabinett, S. 42.

[365] AAH, 187-1-295-3.

[366] Er steht im Государственный политехнический музей in der zweiten Etage (erster Stock nach unserer Zählweise) und ist wie folgt beschrieben: *Elektromotor B. S. Jacobis aus dem Jahr 1834. Kopie. Erster Elektromotor auf der Welt, eine Drehbewegung machend. Erfunden vom russischen Wissenschaftler Boris Semjonowitsch Jacobi. Leistung - 5 Wt. Stromversorgung aus einer galvanischen Batterie.*

"Hochschuldidaktik und Wissenschaftsgeschichte" des Fachbereichs Physik der Universität Oldenburg sehr ähnlich.[367]

Über die experimentellen Erfahrungen mit seinem Motor schreibt Jacobi: *Le mouvement de mon appareil magnétique a toujours été fort rapide au commencement, mais la vitesse en décroissait promptement, et cessait entièrement après un laps de temps qui ne surpassait jamais une heure. En employant des plaques de zinc amalgamées, j'ai réussi à trois diverses reprises à faire travailler l'appareil de suite pendant 20, 22 et 24 heures, sans absolument rien changer à la pile. ... La vitesse était toujours d'abord de 120 à 122 révolutions par minute, et décroissait après environ une demi-heure, jusqu'à 62 tours, ce qu'on a dû attribuer au commutateur qui n'avait pas encore la construction actuelle. Pendant le reste du temps le mouvement de l'appareil fut d'une uniformité remarquable en faisant 58 à 62 révolutions par minute*[368]. Und weiter berichtet er: *En effet, en me servant de 12 couples voltaïques, chacun de 1/2 pied carré, au lieu de 4 auges de cuivre, chacune de 2 pieds carrés de surface, que j'avais employées jusqu'ici, la vitesse de rotation monta au moins à 250-300 révolutions par minute, nombre que je n'ai pu qu'apprécier, n'ayant pas été à même de les compter. ... L'effet mécanique de l'appareil, correspondant à la vitesse de 250 à 300 tours par minute, a été évalué à une demi-force d'homme. Je lui appliquerai plus tard un appareil dynamométrique exact*[369]. Über den Verbrauch des Motors schreibt Jacobi: *Pour l'entretien de cette action, pendant huit heures, à peine une demi-livre de zinc est-elle requise, tout étant bien disposé!*[370]

Eine besondere technische Herausforderung stellte der Bau des Kommutators dar. Dieses Teil des Elektromotors diente der Umkehr der Stromrichtung. Über die Wechselstromfrequenz berichtet Jacobi 1839: *En effet, dans quelques-unes de ces machines qui font 2000 à 3000 tours par minute, il s'agit de changer la direction du courant électrique 8000 à 12000 fois dans le même temps, ou environ 200 fois par seconde*[371].

Lenz schreibt im selben Jahr, daß *Jacobi fünf verschiedene grössere Modelle von Maschinen nach fünf verschiedenen Principien construiren* habe *lassen*

---

[367] Der Nachbau wurde für eine 1991 fertiggestellte Examensarbeit angefertigt und wird in der genannten Arbeitsgruppe des Fachbereichs Physik der Universität Oldenburg aufbewahrt.

[368] M. H. Jacobi: Sur l'application de l'électro-magnétisme au mouvement des machines. AE, T. 3 (1843), S. 262f.

[369] Ebenda, S. 277.

[370] Ebenda, S. 234.

[371] M. H. Jacobi: Lettre de M. Jacobi à M. Fuss. BSA, T. 5 (1839), S. 319.

Tabelle 4.4: Vergleich der Repliken des Jacobi-Motors

Maße in cm	Moskauer Kopie	Oldenburger Replik	Replik in % zur Kopie
Länge	82,5	76	92,12
Breite	46	43,4	94,35
Höhe	45	56,8	126,22
Achsenlänge	ca. 82	73,5	89,63
Scheibendurchmesser	ca. 33	ca. 42	127,27
Scheibendicke	2,4	2,8	116,67
Magnetstablänge	17,5	16,5	94,29
davon Holzspitze	1,5	ohne	0,00

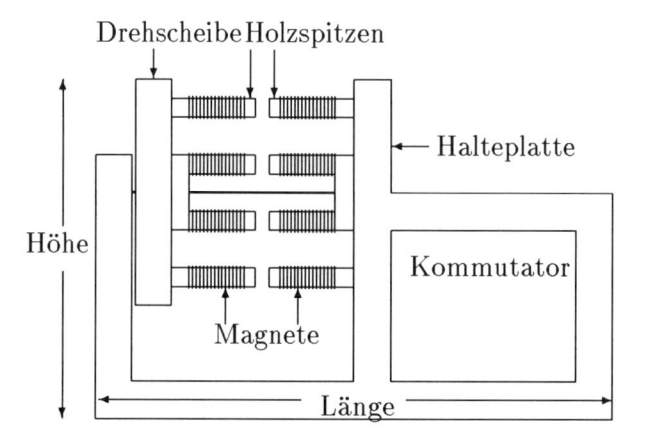

Abbildung 4.2: Schematische Darstellung des Jacobi-Motors von 1834

Jacobis Motor und Boot

und dabei die Construction der Commutatoren ebenfalls vielfach modificirt habe.[372] Mit verschiedenen Prinzipien sind unterschiedliche Anordnungen der Elektromagnete gemeint. Lenz fuhr auch selbst mit dem Jacobi-Boot und zeigte sich optimistisch, daß bald eine *Maschine in grösserem Maassstabe, von etwa 5 bis 10 Pferdekräften* gebaut werden könne.[373]

Das Jacobische Elektroboot

Das Jacobische Elektroboot wurde im Ishora-Werk (Ижорский завод) in Kolpino bei St. Petersburg gefertigt.[374] Sein Antrieb erfolgte durch Schaufelräder backbord und steuerbord des Rumpfes, die von einem Jacobi-Motor angetrieben wurden. 1839 wurde ein gegenüber 1838 verbesserter Motor verwandt. Dabei wurde die Leistung von 0,2 bis 0,25 PS um das drei- bis vierfache (also auf 0,6 bis 1 PS) gesteigert.[375]
Jacobi selbst spricht 1840 vor der Versammlung britischer Naturforscher zu Glasgow von: *einem Boote von 28 Fuss Länge $7\frac{1}{2}$ Fuss Breite und $2\frac{3}{4}$ Fuss Tiefe im Wasser, welches 14 Personen trug, und auf der Newa mit einer Geschwindigkeit von $2\frac{1}{4}$ engl. Meilen in der Stunde fortgetrieben wurde. Die Maschine, welche einen sehr kleinen Raum einnahm, wurde in Bewegung gesetzt durch eine Batterie von 64 Plattenpaaren, Zink und Platin, jede Platte von 36 Quadratzoll Oberfläche, und geladen nach Angabe des Hrn. Grove mit Salpetersäure und Schwefelsäure.*[376] *Obwohl diese Resultate vielleicht nicht die übertriebenen Erwartungen einiger Personen befriedigen mögen, so muss doch daran erinnert werden, dass im ersten Jahre, nämlich 1838, als ich dieses Boot durch dieselbe Maschine und eine mit Kupfervitriollösung geladene Batterie von 320 Plattenpaaren, jede Platte von 36 Quadratzoll, bewegte, nur die Hälfte dieser Geschwindigkeit erreicht wurde. Diese ungeheure Batterie nahm einen bedeutenden Raum ein, und die Handhabung derselben*

---

[372] E. Lenz: Über die practischen Anwendungen des Galvanismus. St. Petersburg (1839), S. 58.

[373] Ebenda, S. 59f.

[374] In einem Buch von Wirginski befindet sich ein Bild des Jacobi-Bootes (В. С. Виргинский (W. S. Wirginski): Творцы новой техники в крепостной России (Schöpfer neuer Technik im Rußland der Leibeigenschaft). Москва (1957), S. 292), ebenso bei Jelissejew (Jelissejew: Jacobi, S. 33). Lindner bringt ein Bild einer aus dem Jahre 1868 stammenden Zeichnung, die das Jacobi-Boot auf der Newa zeigen soll (Lindner: Strom, S. 96), jedoch handelt es sich bei der Stadt im Hintergrund weder um St. Petersburg noch um eine andere russische Stadt, wie man an dem Baustil (vor allem der Kirchen) unschwer erkennen kann.

[375] Botscharowa: Die Elektrotechnischen, S. 56f.

[376] *Ihre Kraft war gleich $\frac{3}{4}$ bis 1 Pferdekraft* (Anm. im zitierten Text; P. H.)

war äusserst beschwerlich. Richtige Veränderungen in der Vertheilung der Stäbe, in der Einrichtung des Commutators und zuletzt in den Principien der Volta'ischen Batterie führten zu dem erfolgreichen Resultat des folgenden Jahres 1839. So fuhren wir auf der Newa mehr als einmal, den ganzen Tag über, theils mit, theils gegen den Strom, mit einer Gesellschaft von 12 bis 14 Personen, und mit einer Geschwindigkeit nicht geringer als die des ersten Dampfboots. Mehr, glaube ich, kann nicht von einer mechanischen Kraft erwartet werden, deren Daseyn erst seit 1834 bekannt ist, als ich die ersten Versuche in Königsberg machte, und es mir gelang durch eben diese elektro-magnetische Kraft ein Gewicht von etwa zwanzig Unzen zu heben[377].
Doch trotz der erstaunlichen Leistungsfähigkeit des Jacobischen Motors blieb das Batterieproblem ungelöst. Bis heute gibt es keine Akkumulatoren, die größere Elektroenergiemengen über längere Zeit verlustarm speichern können. Zudem war die Dynamomaschine als Stromproduzent noch nicht entwickelt worden. Deshalb mußte der Strom auf chemische - das heißt teure - Weise erzeugt werden. Wild schreibt 1876, daß Elektroenergie damals zwölfmal teurer war als Dampfenergie.[378]
Die Gesamtkosten des Jacobi-Bootes waren beachtlich und zeigen deutlich, daß die nikolaitische Staatsführung an der Entwicklung nützlich erscheinender Technik interessiert war. Konkrete Angaben über die erwarteten Kosten des Unternehmens sind in einem Aufsatz von 1903(!) über das Jacobi-Boot zu finden. Ihm zufolge sollen 1837 unter anderen folgende Kostenvoranschläge in Rubeln gemacht worden sein:[379]

4. Электромагнитическая машина большого размѣра для приведенія въ движеніе судна извѣстной величины 15000

6. 12 волластоновыхъ столбовъ, каждый изъ 12 паръ 3000

13. На подъёмъ Профессору Якоби и на проѣздъ его изъ Дерпта въ С.-Петербургъ и обратно въ Дерптъ 1500.

Deutsche Übersetzung:

4. Ein Elektromotor größerer Ausführung zum Antrieb eines Schiffes bekannter Größe 15.000

6. 12 wollastonsche Säulen, jede aus 12 Paaren 3000

13. Zur Motivation des Professors Jacobi und für seine Beförderung aus Dorpat nach St. Petersburg und zurück nach Dorpat 1500.

---

[377] Jacobi: Ueber die Principien, S. 365f.
[378] Wild: Jacobi, S. 76.
[379] Н. Б. Я. (N. B. Ja., höchstwahrscheinlich Nikolaus Borissowitsch Jacobi, der Sohn des Konstrukteurs): Электромагнитный ботъ Б. С. Якоби (1837-1842гг) (Das elektromagnetische Boot B. S. Jacobis (1837-1842)). ЗРТО, 37/2 (1903), S. 122.

4.3.3 Weitere elektrotechnische Arbeiten

Die Elektrotelegrafie

Eine bedeutende technische Errungenschaft stellte für das nikolaitische System die Elektrotelegrafie dar. Vorher gab es nur die optische Telegrafie mit Hilfe von Semaphoren, und ihr Ausbau war in Rußland im Vergleich zu anderen Staaten zurückgeblieben. Erst 1839 wurde eine längere Telegrafenverbindung, von St. Petersburg nach Warschau, in Betrieb genommen, die 220 Semaphorenstationen umfaßte, während in Frankreich schon zu Zeiten Napoleons der Telegrafenbau im ganzen Land erfolgt war.

Jacobi baute nicht nur Telegrafenapparate, sondern leitete auch die Verlegung von unterirdischen Telegrafenleitungen. Der Vorteil von solchen verborgenen Linien ist offensichtlich, sie können nicht so leicht sabotiert werden. Allerdings stellte die korrekte Isolation ein erhebliches ingenieurstechnisches Problem dar, welches von Jacobi einigermaßen befriedigend gelöst wurde.

Trotz der umfangreichen Arbeiten Jacobis mit Telegrafenapparaten und Telegrafenleitungen findet sich im Moskauer Polytechnischen Museum in der Abteilung über Elektrotelegrafie kein Exponat von oder über Jacobi, jedoch der erste elektromagnetische Telegraf überhaupt, ein Gerät von Baron Schilling von Canstatt.[380] Das zweite Original befindet sich im Petersburger Museum für Fernmeldewesen „Popow".[381] In diesem Museum sind auch drei von Jacobi gebaute Telegrafen ausgestellt und wie folgt deklariert:

Elektromagnetischer Telegrafenschreiberapparat B. S. Jacobis mit Elektromagnet im Empfänger. 1839.

Horizontaler Zeigertelegrafenapparat B. S. Jacobis mit elektromagnetischem Antrieb 1845.

Zeigertelegrafenapparat mit Gewichtsantrieb. B. S. Jacobi, 1844.

Diese Geräte beeindrucken durch ihre Größe, die der eines kleinen Schreibtisches vergleichbar ist, und durch ihre Komplexität. Sie wurden nicht nur für den Gebrauch gebaut, sondern sollten zugleich schön sein.

Obwohl sich derartige künstlerisch-ingenieurstechnische Leistungen besser zur Ausstellung in Museen eignen, liegt die beachtenswertere Innovation im Bereich der Elektrotelegrafie auf dem Gebiet der Leitungsverlegung. Als Jacobi 1842/43 die damals längste unterirdische Telegrafenleitung der Welt von St. Petersburg nach Zarskoje-Selo über eine Entfernung von knapp 25 km

---

[380] Es ist folgendermaßen bezeichnet: *Sechsfachmultiplikatortelegrafenapparat des P. Schilling Jahr 1832 Original Erster elektromagnetischer Telegraf der Welt. Die erste Vorführung fand am 9 (21) Oktober 1832 in Petersburg statt.*

[381] Центральный музей связи им. А. С. Попова.

verlegen ließ, benutzte er den Erdboden als zweite Leitung, quasi als Masse. Allerdings war die Entdeckung der Benutzbarkeit der Erde als zweiten metallischen Faden einer elektrischen Leitung schon 1838 vom Conservator Steinheil zu München gemacht worden, wenngleich nicht über eine so große Entfernung wie die von St. Petersburg nach Zarskoje-Selo. Steinheil kam *auf den Gedanken, die eisernen Schienen* (der Eisenbahn; Anm. P. H.) *als Leitung benutzen zu wollen. ... Im Jahre 1838 stellte er zu dem Zweck auf der Linie Nürnberg-Fürth Versuche an und fand hierbei, daß der Strom oft durch die Erde hin von einer Schiene zur andern ging, das enthüllte ihm die Aussicht, die Erde selbst als Rückleiter benutzen zu können. Er sagte in Bezug darauf: Es ist möglich auch sogenannte schlechte Leiter, wie die Erde einer ist, zur Leitung des Stromes zu benutzen.*[382] Als nun Jacobi die Ergebnisse seiner Versuche über die Verwendbarkeit des Erdbodens als zweite Phase einer Telegrafenleitung öffentlich machte, ohne den Namen des Wissenschaftlers Steinheil und dessen Anspruch auf diese Entdeckung hinreichend zu erwähnen, kam es zu einem öffentlichen Streit zwischen den beiden Forschern. Der halbanonyme Autor „Dr. S." - wahrscheinlich Steinheil selbst - rügte Jacobi in der Augsburger „Allgemeinen Zeitung" vom 24. Juni 1844, nachdem dieser in seiner „Notice préliminaire sur le Télégraphe électromagnétique entre St.-Pétersbourg et Tsarskoïé-Sélo" [383] folgendes konstatiert hatte: *meine Versuche in den letzten Jahren haben nachgewiesen dass die Erde selbst den 2ten Faden der ganzen Leitung ersetzen kann.* Dr. S. schrieb: *Nun gehört aber unglücklicherweise diese glückliche Erfindung keinem der beiden genannten Herren* (der andere ist Fardelp; Anm. P. H.)*, sondern sie wurde von Conservator Steinheil zu München schon im Jahr 1838 gemacht, bei seinem damals erbauten Telegraphen in Anwendung gebracht, und nicht nur in seiner Rede „über Telegraphie, gelesen am 25 August 1838" S. 16 und 17, sondern auch im Schumacher'schen Astronomischen Jahrbuche für 1839 S. 172 ff. nach allen ihren wesentlichen Theilen theoretisch entwickelt und erläutert. ... Wir glaubten der Welt diese Thatsachen nicht vorenthalten zu dürfen, damit nicht etwa diese interessante Entdeckung gar noch zum viertenmale gemacht werde*[384]. Daraufhin rechtfertigte sich Jacobi in der „St. Petersburger Zeitung" [385] Nr. 147 vom 1.(13.).7.1844,

---

[382] Hoppe: Geschichte, S. 580f.

[383] M. H. Jacobi: Notice préliminaire sur le Télégraphe électromagnétique entre St.-Pétersbourg et Tsarskoïé-Sélo. BPMA, T. 2 (1844).

[384] Dr. S.: Elektro-magnetische Telegraphen. AZ, 24.6. (1844), S. 1403.

[385] Als Preisbeispiel: Ein Jahresabonnement kostete 1844 11 Rubel 45 Kopeken mit Beilagen, und 7 Rubel 15 Kopeken ohne Beilagen. Die Versendung kostete 2 Rubel und

übrigens gleich auf der zweiten Seite in der Nachrichtenrubrik *Wissenschaft und Kunst*, indem er bemerkte, daß auch schon vor Steinheil Versuche über die Leitungsfähigkeit des Erdbodens angestellt worden waren und indem er auf die Besonderheit der Telegrafenleitung zwischen St. Petersburg und Zarskoje-Selo hinwies: *Erwähnung verdient es, daß bei der hiesigen Anlage, die nur mit Kautschuck bedeckte Drahtleitung, nicht wie es an anderen Orten geschehen ist, über der Erde auf Pfosten, sondern im feuchten Erdreiche selbst, und ohne Anwendung von Röhren fortgeführt worden ist*[386]. Auch Fardelp äußerte sich, allerdings in der Augsburger „Allgemeinen Zeitung", und erklärte: *wer auch der Entdecker gewesen ist, ich mache keinen Anspruch darauf*[387]. Nachdem Steinheil die Antwort Jacobis gelesen hatte, schrieb er einen Beschwerdebrief an den Präsidenten der Petersburger Akademie, in welchem er Jacobis Strategie der Rechtfertigung ansprach: *In seiner ersten Rechtfertigung in der St. Petersburger Zeitung Nr.147 d. J., die wohl eher in der Augsburger Allgemeinen Zeitung zu erwarten gewesen wäre, weil ihn diese des Plagiates anklagt, bezeichnet er die Leitungsfähigkeit des Bodens als eine bekannte Tatsache, sucht also davon abzubringen, dass es sich hier nur darum handle, wer dieses bekannte Faktum zuerst nutzbar für galvanische Telegraphen gemacht habe.* Daraufhin gab Jacobi seiner wissenschaftlichen Klasse der Akademie einen Bericht, in dem er die Ansicht Steinheils, daß Jacobi sich den Verdienst der Entdeckung der Nutzbarkeit des Erdbodens für Telegrafenleitungen selbst zugeschrieben und so Steinheil seiner Entdeckung beraubt habe, einem Übersetzungsfehler aus dem Französischen zuschrieb. In dem französischsprachigen „Bulletin", in dem er seine Versuche darlegte, schrieb Jacobi nämlich: *Mais les expériences antérieures,..., ont démontré, que la terre pourrait elle-même remplacer le second fil, même à de grandes distances*[388]. Ins Deutsche übersetzt heißt das: *Aber die vergangenen Versuche,..., haben gezeigt, daß die Erde selbst den zweiten Faden (Draht) ersetzen konnte, auch über große Entfernungen.* Nun ist aber von „Dr. S.", der den Artikel in der Augsburger „Allgemeinen Zeitung" schrieb, keine wirklich sinnentstellende Übersetzung (siehe oben) vorgelegt worden.
Nach Jacobis Bericht fixierte seine Klasse, in der er freilich Heimvorteil hat-

---

die Zustellung ins Haus 2 Rubel 85 Kopeken (St. Petersburger Zeitung, 147, 1.(13.) Juli (1844), S. 661).

[386] M. H. Jacobi: Einige Bemerkungen zu dem Aufsatze über electro-magnetische Telegraphen, in der A. a. Zeitung vom 24. Juni 1844. St. Petersburger Zeitung, 147, 1.(13.) Juli (1844), S. 662.

[387] F. Fardelp: Elektromagnetische Telegraphen. AZ, 15.7. (1844), S. 1570.

[388] Jacobi: Notice préliminaire, S. 259.

te, in ihrem Protokoll, daß unter bestimmten Bedingungen gelte: *que chaque auteur est libre de citer les autres*, und Jacobi veröffentlichte die „Acten eines gegen mich erhobenen Prioritätsstreites" in einem „Bulletin".[389]
Dieser internationale Streit zeigt deutlich, daß die Entdeckung der Verwendbarkeit des Erdbodens als Nulleiter einen wesentlichen Fortschritt in der Telegrafie darstellte, an welchem beteiligt gewesen zu sein den jeweiligen Forscher ehrte.
Jacobis Errungenschaften auf dem Gebiet der Elektrotelegrafie werden bis heute in Rußland geachtet. Sein Name wird häufig zitiert, auch wenn dies thematisch nur wenig Sinn macht.[390] Selbst zu Zeiten Stalins, kurz nach dem Ende des Zweiten Weltkrieges, als die Erinnerung an die Deutschen vor allem im während des Krieges 900 Tage lang blockierten Leningrad kaum positiv gewesen sein konnte, druckte die Leningrader Zeitung auf ihrer Titelseite einen Artikel, in dem es heißt: *Wie bekannt ist, gehört die Priorität in der Einrichtung der Telegrafenverbindung den zwei hervorragenden russischen Wissenschaftlern P. L. Schilling und B. S. Jacobi. ... Der Fund im Bezirk des Moskauer Bahnhofs erlaubt zu glauben, daß dies eine der ersten Glieder der Jacobischen Linie ist.*[391]
Die Bezeichnung Jacobis und Schillings als „Russen" ist nicht untypisch für russische Texte, obwohl es in der russischen Sprache den Begriff des „Rußländers" gibt. Sie verhindert beim Leser jedoch nicht die Erkenntnis, daß es sich um Ausländer handelt, wie vor allem bei Jacobis Namen offensichtlich ist, entzieht er sich doch jedweder russischen Deklinierbarkeit.[392]

---

[389] M. H. Jacobi: Acten eines gegen mich erhobenen Prioritätsstreites. BPMA, T. 3 (1845). Hieraus sind die obigen Zitate entnommen.
[390] Z.B. in dem Taschenbuch: Е. И. Нефёдов (Je. I. Nefjodow): Радиоэлектроника наших дней (Radioelektronik unserer Tage). Москва (1986), S. 5.
[391] И. Иванов (I. Iwanow): Интересная находка (Interessanter Fund). Вечерний Ленинград, 27.11. (1949), S. 1. Der Moskauer Bahnhof befindet sich in St. Petersburg.
[392] Erstaunlich ist die Ehrung Jacobis zu Sowjetzeiten noch aus einem anderen Grund; legte er doch zu Zeiten der Deutschen Revolution 1848 in einem Brief vom 19.6.(1.7.) des Jahres an seinen Bruder C. G. J. Jacobi deutlich seine gegenrevolutionäre Gesinnung dar. Er schrieb: *Das Verfassungswerk, wenn es noch dazu kommen sollte, muss durchaus dahin arbeiten, alle communistischen Elemente auszuschliessen und die festeste unauflöslichste Verbindung zwischen dem Gouvernement und dem Besitzstande zu bilden; wozu auch gehört, dass alle Antipathie zwischen Adel und Bourgoisie verschwinde* (Ahrens: Briefwechsel, S. 194).

Die Elektromine

Während des Krimkrieges wurden im Juni 1855 vier englische Kriegsschiffe durch Jacobische Minen bei Kronstadt im Finnischen Meerbusen versenkt. Vor der „Großen Kronstadter Reede" befanden sich insgesamt 200 Jacobi-Minen im Wasser, auf vier Reihen verteilt.[393]
Die Qualität Jacobischer Elektrominen wird daran deutlich, daß von 301 Minen, welche fünf Monate im Meerwasser lagen, nur bei einer die Ladung feucht wurde.[394] Jacobi selbst wurde für seine Verdienste die Bronzemedaille am Andreasband zum Gedenken an den Krimkrieg verliehen. Zudem bekam er eine lebenslange Rente von 2000 Rubeln jährlich.[395]
Im Petersburger Kriegsmarinemuseum ist ein Modell einer Jacobischen Mine ausgestellt und wie folgt beschriftet: *Galvanische Faßankermine Jacobischer Konstruktion. Prädestiniert für die Explosionszerstörung des Unterwasserteils des Schiffsrumpfes. Bestehend aus: Rumpf, Anker und Ankertau. Zum Erreichen der positiven Schwimmfähigkeit befand sich der Minenkörper in dem Traggerippe aus hölzernen (Vierkant-)Blöcken. Beim Stoß des Schiffes auf die Mine schloß der Elektrokontaktzünder den Stromkreis, und Strom aus dem am Ufer befindlichen Batterieblock trat über Kabel zu dem Kohlenzünder im Minenkörper, welcher eine Explosion der Pulverladung hervorrief.*[396]

Bewertung der Jacobischen Konstruktionen

Aus naturwissenschaftlich-technischer Sicht waren Jacobis Elektromotor, -boot, -telegrafen und -minen allesamt wichtig. Welche Bedeutung hatten aber seine Erfindungen für das nikolaitische System?
Die russische Regierung lockte Jacobi wegen seines Elektromotors und des damit zu konstruierenden Bootes nach St. Petersburg. Hiervon versprach sie sich viel. So hätte die ganze russische Flotte gegebenenfalls gleich auf

---

[393] Jarozki: Boris, S. 162f.

[394] Ebenda, S. 161. Außer Kronstadt wurde auch Lissi Nos vermint (S. 163). Die Fahrrinne zwischen dem Festland (Lissi Nos) und der Insel Kotlin (Kronstadt) wird heute durch einen Fahrdamm überbrückt.

[395] Ebenda, S. 167.

[396] Dem Museumsführer: М. А. Фатеев (M. A. Fatejew): Центральный Военно-морской музей (Das Zentrale Kriegsmarinemuseum). Ленинград (1979, 1984) entnimmt man (S. 40): *In einer der Zeichnungen ist das Auflaufen englischer Schiffe auf bei Kronstadt ausgelegte Minen im Juni 1855 dargestellt. Die Galvanische Mine wurde vom russischen Akademiemitglied B. S. Jacobi erfunden. Das in der Ausstellung befindliche Minenmodell wurde nach Originalzeichnungen, befindlich im Archiv der Akademie der Wissenschaften der UdSSR, ausgeführt.*

Elektrolinienschiffe umgestellt werden können, wenn sich die Jacobische Innovation als dafür verwendbar herausgestellt hätte. Die „Zwischenstufe" Dampfschiff wäre somit übersprungen, England überrundet, und der Krimkrieg vielleicht gewonnen worden. Doch das Batterieproblem zerstörte diese Träume. Dennoch wurden Jacobis Konstruktionen zu wichtigen militärischen Hilfen. Die Elektrotelegrafie revolutionierte die Kommunikation, und seine Minen schützten die Hauptstadt. Wären das Telegrafennetz und die Eisenbahn 1853 in Rußland weiter entwickelt gewesen, dann hätte die „russische Dampfwalze" schwerlich den Krimkrieg verloren. Kommunikation und Transport waren die Schlüsselprobleme, die es - vor allem zwischen St. Petersburg und Sewastopol - zu lösen galt. Jacobis Hilfe war dabei nicht ausreichend.

4.3.4 Die Beziehung zwischen Jacobi und Lenz

Die beiden Petersburger Physiker Jacobi und Lenz muß eine enge Beziehung miteinander verbunden haben, andernfalls hätten sie nicht über viele Jahre hindurch gemeinsame wissenschaftliche Arbeiten und Experimente durchführen können. Dennoch braucht diese Verhältnis keineswegs besonders persönlich oder sogar herzlich gewesen zu sein. Im folgenden soll es deshalb genauer untersucht werden.

Die Beziehung zwischen Jacobi und Lenz begann zunächst auf der schriftlichen Ebene. So schrieb Lenz am 25.11.(7.12.)1835 in St. Petersburg in einem Brief an Jacobi: *Zugleich benutze ich diese Gelegenheit Ihnen für Ihr Mémoire sur l'application de l'Electro-Magnétisme, von dem mir Hr. Akad. Parrot* (gemeint ist Johann Jacob Wilhelm Friedrich; Anm. P. H.) *(vier unleserliche Wörter), meinen (unleserlich) Dank abzustatten*[397].

Wie im Abschnitt 4.4.1 noch deutlich werden wird, waren selbst internationale Kontakte zwischen Wissenschaftlern damals keine Besonderheit. Insbesondere las man die Veröffentlichungen der Kollegen in den entsprechenden Publikationsorganen. So antwortete z.B. Jacobi auf eine Arbeit Lenz' mit einem offenen Brief.

Lenz beginnt seine 1836 publizierten „Bemerkungen über einige Punkte aus der Lehre des Galvanismus" mit folgenden einleitenden Sätzen: *Es gehört gewiss zu den auffallendsten Erscheinungen in der Physik, dass eine Reihe von Phänomenen, wie die des Galvanismus, seit mehr als 40 Jahren der beständigen eifrigen Bearbeitung einer grossen Anzahl von Naturforschern*

---

[397] AAH, 187-1-52-24.

unterworfen war, unter denen wir die ausgezeichnetsten Namen finden, und dass wir dennoch in der Nachweisung der eigentlichen Quelle der Erscheinungen uns noch eben so sehr im Dunkeln finden, als zu Anfange. In der That, nachdem Volta durch Aufbauung seiner berühmten Säule die Quelle dieser Erscheinungen dem belebten Organismus entzogen und sie dem unorganischen Reiche zugewiesen hatte, theilte sich die Ansicht der Physiker über den eigentlichen Sitz der sogenannten electromotorischen Kraft der galvanischen Kette in zwei verschiedene Meinungen, wovon die ältere diese Kraft der Berührung heterogener Leiter zuschrieb, die andere aber, gleich in ihrem Entstehen von einem unserer Collegen eifrig vertheidigt, sie in der chemischen Wirkung der flüssigen auf die festen Körper, die mit jenen in Berührung stehen, suchte. In gegenwärtigem Augenblicke sind der letztern chemischen Theorie des Galvanismus sehr gewichtige Autoritäten, wie z.B. Faraday, de la Rive, Becquerel etc. beigetreten, obgleich fast alle in der weiteren Entwickelung ihrer Ansicht wiederum von einander abweichen. Wenn mich nun meine eigenen, in nicht geringer Anzahl angestellten Versuche dennoch der älteren Ansicht Volta's zugeführt haben, so macht es mir die grosse Autorität jener Namen doch zur Pflicht, nicht eher mit diesen meinen Versuchen aufzutreten, als sie mir den Grad von Zuversicht zu gewähren scheinen, welcher zu einer definitiven Entscheidung nothwendig ist[398]. Im folgenden beklagt er, daß ihm noch immer ein hinreichend präzises Strommeßgerät fehle - welches er aber prinzipiell im Nervanderschen Multiplicator gefunden zu haben glaube -, um seine Ansicht zu überprüfen. Er führt deshalb lediglich einige „Bemerkungen" an, welche die chemische Theorie des Galvanismus in Frage stellen.

In seinem offenen Brief an Lenz, in dem er eine von ihm geschaffene galvanische Kette vorstellte, schrieb Jacobi: *Ew. erlaube ich mir ganz ergebenst eine Mittheilung zu machen, die für Sie von einigem Interesse sein möchte, da sie in das Gebiet der Untersuchungen gehört, mit denen Sie gegenwärtig beschäftigt sind, wie ich aus dem interessanten Aufsatze ersehe, der sich in der 22sten No. des Bulletin befindet* (den „Bemerkungen über einige Punkte aus der Lehre des Galvanismus"; Anm. P. H.). *Es betrifft nämlich die galvanische Kette, dieses ungelöste Problem, an das schon so viele Mühe und Arbeit verschwendet worden ist. Für den Erfolg meiner Bemühungen den Electromagnetismus zu einer praktischen Application zu bringen, ist die galvanische Kette allerdings eine Lebensfrage, die aber jetzt, wie ich glaube,*

---

[398] E. Lenz: Bemerkungen über einige Punkte aus der Lehre des Galvanismus (Notes). BSA, T. 1, No 22 (1836), S. 169.

zu Gunsten des Problems gelöst ist, in sofern es aus dem Gebiet des Princips in das der technischen Manipulation übergegangen ist. Faraday's tiefe Untersuchungen über die galvanische Kette haben die Aufgabe zwar nicht gelöst, sie zeigten aber den sichern Weg an, den man zu befolgen habe, um zu schönen Resultaten zu gelangen.[399]

Es fällt auf, daß sich Lenz mehr mit der Interpretation des Galvanismus beschäftigte, die bei Jacobi wiederum kein Interesse fand. Ihm erschien nur die praktische Nutzung elektromagnetischer Kräfte wichtig. Jacobi war mehr Ingenieur, Lenz hingegen war ganz Naturwissenschaftler.

Doch trotz dieser offensichtlich unterschiedlichen Interessen setzte Jacobi große Hoffnungen auf eine künftige Zusammenarbeit mit Lenz. In einem Brief an seinen Bruder schrieb er am 10.(22.)8.1837 aus Dorpat: *An Lenz hoffe ich eine bedeutende Stütze zu erhalten, denn dieser freut sich sehr so manche Versuche gemeinschaftlich mit mir anzustellen, und ist der Sache vollkommen mächtig; ich werde das Meinige thun, und der Himmel wird, hoffe ich, Gedeihen schenken.*[400]

Bevor nun auf die tatsächliche Beziehung zwischen den beiden Physikern während ihre jahrelangen gemeinsamen Arbeiten in St. Petersburg eingegangen wird, soll dem interessierten Leser ein „Quellenexkurs" angeboten werden. Jacobi hinterließ viele und reichhaltige Schriften,[401] während von Lenz nur relativ wenig Dokumente erhalten sind. Diese sind zudem häufig schwer auswertbar, da Lenz eine sehr unleserliche Handschrift hatte.

Quellenexkurs: Jacobis Korrespondenz und seine „Journale"

Jacobi listete seine „Rechnungen und Quittungen, Briefe, Vermischte Notizen, Zeitungsnotizen, Offizielle Schreiben, Copien und Entwürfe offizieller und Privatschreiben, Maaße, Gewichte und Münzen" in Katalogen handschriftlich auf. Im St. Petersburger Archiv der Akademie der Wissenschaften befinden sich vier solche Kataloge, die von den Archivaren als журналы („Journale")[402] benannt worden sind. Zwei große Kataloge listen die Objekte 1 bis 1891 sowie 1892 bis 3173 auf.[403] Sie sind leider nicht datiert. Ein

---

[399] M. H. Jacobi: Extrait d'une lettre de M. le professeur Jacobi à Dorpat à M. Lenz. BSA, T. 2 (1837), S. 60. Der Brief wurde am 3.(15.)2.1837 in der Akademie gelesen.

[400] Ahrens: Briefwechsel, S. 46.

[401] So gibt es im Archiv der Akademie der Wissenschaften in St. Petersburg einen Jacobi-Fonds, aber keinen Lenz- oder Parrot-Fonds. Auch das Archiv des Museums für Fernmeldewesen „Popow" hat einen Jacobi-Fonds (siehe Archivverzeichnis).

[402] Es wird hier eine morphologische Übersetzung angegeben. Frei übersetzt könnte man von „Findbüchern" sprechen.

[403] AAH, 187-1-379*, 380*.

Die Beziehung zwischen Jacobi und Lenz

kleiner Katalog listet 590 Objekte aus den Jahren 1851-1853 auf. In ihm ist fast jede Eintragung durchgestrichen und viele Eintragungen sind mit einander sich wiederholenden Zahlen versehen.[404] Ein mittelgroßer Katalog umfaßt 2408 Eintragungen und beginnt um das Jahr 1840. Aus ihm folgt hier ein Auszug:

749 Schumacher Rechnung
750 Zeitungsquittung,
751 Brief von Ch. Winberg
752 Zeitungs-Verzeichnis
753 Brief von Wansowitsch,
754 Brief von Lenz,
755 Bericht von Meyer über Ville,
756 Brief von Fritsche
757 " vom Astronomen Schweizer,
758 Schreiben an Lenz,
759 Schreiben von Gill,[405]

Auch in diesem Katalog sind manche Eintragungen durchgestrichen.
Es bleibt festzuhalten, daß Jacobi seine Korrespondenz umfassend katalogisiert hat. Dabei trug er zum Leidwesen des Wissenschaftshistorikers keine Angaben über den Inhalt oder das Datum der Korrespondenz ein. Auch scheint Jacobi für seine Eintragungen keine festen Regeln eingehalten zu haben; so wechseln Vokabeln wie „Brief" oder „Schreiben" anscheinend willkürlich und werden Kommata eher zufällig gesetzt (siehe oben).
Im reichhaltigen Nachlaß Jacobis finden sich auch Briefe von Lenz. So beinhaltet z.B. „die Angelegenheit" 187-2-313 acht solche Briefe.
Bei Nr. 13 deutet viel darauf hin, daß es sich um einen Formulierungsvorschlag für eine Veröffentlichung handelt. Alle anderen sieben Briefe zeigen unverkennbare Gemeinsamkeiten: die stets fehlende Jahresangabe, die kurzgehaltene Ausführung und die (im Kontrast zum Französischen) weniger formale deutsche Sprache weisen auf einen gewissen Vertrautheitsgrad zwischen den beiden Forschern hin. Zeitangaben wie „Dienstag früh" steigern diesen Eindruck.

---

[404] AAH, 187-1-382*.
[405] AAH, 187-1-381*.

Tabelle 4.5: Briefe von Lenz an Jacobi

Nr.[406]	Datum	Unterschrift	Sprache	Seiten
1	18. Juli	ja	Deutsch	1
2	u.Z. D.o.J.	ja	Deutsch	1
4	u.Z. 17. April	ja	Deutsch	1
6	fehlt	ja	Deutsch	1
8	Freitag	ja	Deutsch	1
10	Montag	ja	Deutsch	1
11	Dienstag früh	ja	Deutsch	1
13	fehlt	nein	Franz.	2

Jacobi und Lenz in St. Petersburg

Aus einem, für Lenz' Art zu schreiben, erstaunlich leserlichen, jedoch undatierten Brief an Jacobi erfährt man etwas über ihre Beziehung zueinander und über ihre Art, miteinander zu arbeiten: *No 69. Wenn es zur Vervollständigung unserer Arbeit nötig sein sollte, noch eine oder die andere Versuchsreihe aufzustellen, so bin ich gewiss gern dazu bereit; ich werde daher so gegen 6h Abends zu Ihnen kommen und wir wollen das Nöthige besprechen; heute kann ich unmöglich die Versuche machen, weil ich erstlich am Calorimeter nothwendig beschäftigt bin und weil ich zweitens meinen Multiplicator noch heute in Ordnung haben muß. Wir können dann morgen die Versuche einrichten und Freitag, wo ich den ganzen Tag von 10 an frei bin die Sache abmachen. Ihr* (unleserliches Wort; Anm. P. H.) *E. Lenz Dienstag früh*[407].

Dieser Brief ist sachlich, knapp und dennoch höflich. Er zeigt auch die enge Zusammenarbeit in privaten Räumen. Es ist also, auch von dieser Perspektive aus betrachtet, gerechtfertigt, wenn Jacobi und Lenz häufig gemeinsam genannt werden. Dies war übrigens auch schon zu ihren Lebzeiten so. In einem Выписка изъ журнала Министерства Народнаго Просвѣщенія часть XXII

---

[406] In der Tabelle bedeutet „u.Z." einen „unleserlichen Zusatz" (z.B. eine Wochentagsabkürzung) und „D.o.J." „Datum ohne Jahresangabe". Alle Briefe sind im Quartformat geschrieben. Die Nummern entstammen der Archivsignatur innerhalb des „Delo" 187-2-313.

[407] AAH, 187-2-313-11. Unterstreichungen in der Quelle.

за 1839 годъ, deutsche Übersetzung: *Auszug aus dem Journal des Volksaufklärungsministeriums Teil XXII des Jahres 1839,* heißt es: Долгомъ считаемъ присоединить къ этимъ замѣчаніямъ, что не меньше достойны вниманія и уваженія важные труды нашихъ Русскихъ Учёныхъ Г. г. Ленца и Якоби, объ открытіяхъ которыхъ было говорено нѣсколько разъ въ разныхъ мѣстахъ нашего Журнала и между прочимъ, въ Отчётъ Императорской С.-Петербургской Академіи Наукъ (Апрѣль, 1838.)[408] Deutsche Übersetzung: *Wir betrachten es als Pflicht, mit diesen Bemerkungen zu verbinden, daß keine weniger verdiente Beachtung und Ehrerbietung den wichtigen Arbeiten unserer russischen Gelehrten, den Herren Lenz und Jacobi, über die Eröffnungen, über welche einige Male an verschiedenen Stellen unseres Journals und unter anderem im Bericht der Kaiserlichen St. Petersburgischen Akademie der Wissenschaften (April, 1838) die Rede war, gilt.*

Ihre enge Zusammenarbeit manifestierte sich auch dadurch, daß der eine von dem anderen Entwicklungen übernahm. In einem 1839 von Jacobi geschriebenen offenen Brief an P. Fuß heißt es: *Il y a plus de deux ans que M. Lenz m'écrivit à Dorpat, qu'il avait appliqué mon nouveau commutateur à la machine de Pixii*[409].

Doch trotz dieser erheblichen gemeinsamen wissenschaftlichen Interessen waren Jacobi und Lenz keineswegs „ein Herz und eine Seele". Lenz stimmte 1839 gegen Jacobis Wahl zum Adjunkten und hielt 1840 die Verleihung der Demidowprämie an Jacobi für statutenwidrig.[410] In einem Brief an seinen Bruder schrieb Jacobi (vermutlich im Juni/Juli) 1840 aus St. Petersburg zu diesem Thema: *Während dieser Zeit erhoben sich Stimmen welche meine Demidoffsche Concurrenz für unzulässig und den Statuten zuwider erklärten, welche die Academiker von der Concurrenz ausschlössen. Ich wurde dadurch veranlasst förmlich bei der Academie in dieser Beziehung anzufragen und mich auf die an mich ergangene Aufforderung als auf ein praecedens zu berufen. Die Entscheidung der Academie fiel zu meinen Gunsten aus mit 21 Stimmen gegen 3, unter welchen letztern sich natürlich die meiner Freunde Baer und Lenz befanden. ... ich bat ... die Academie den mir zuzuerkennenden Preis zur Förderung der Theoretischen und practischen Untersuchungen über Electromagnetismus bestimmen zu dürfen. ... Diesmal befand sich Lenz unter den weissen, Baer aber immer noch unter den schwarzen, was meiner*

---

[408] AAH, 187-1-52-38f.
[409] Jacobi: Lettre, S. 319f. Es handelt sich hierbei um einen „Stromrichtungswechsel" für Elektromotoren.
[410] Jacobi hatte sie für die Entdeckung der Galvanoplastik bekommen.

Liebe zu ihm indessen keinen Eintrag thut.[411]
Wie dieses Zitat zeigt, stimmte Lenz nicht immer gegen Jacobi, sondern auch für ihn. Später setzte sich Lenz sogar aktiv für Jacobis Karriere ein, indem er ihn erfolgreich für eine Stelle als ordentliches Akademiemitglied vorschlug. Am 1.(13.)4.1847 berichtete Jacobi seinem Bruder aus St. Petersburg: *Nachdem nun Fuss die Einwilligung des Ministers der sehr bereitwillig war, [erlangt hatte,] machten Hess, Lenz und Kupffer den Antrag bei der Classe, mir die Stelle für technische Chemie zu verleihen.*[412]
Zusammenfassend kann festgestellt werden, daß zwar zweifellos das Fruchtbare in der Verbindung zwischen Jacobi und Lenz überwog, daß jedoch eine Freundschaft sehr in Frage zu stellen ist.[413] Feinde waren sie jedenfalls nicht. Sie waren zwei unterschiedliche Charaktere, die ein gemeinsames Interesse verband: der Elektromagnetismus.

4.3.5 Die Förderung von Jacobi (und Lenz) durch den russischen Staat

Jacobi fand in Rußland nicht nur sofort deutschsprachige „Freunde", sondern auch wichtige Bekannte, die in unmittelbarer Beziehung zu den höchsten Kreisen der Petersburger Gesellschaft und sogar zum Kaiser selbst standen. In einem Brief aus Dorpat vom 10.(22.)8.1837 an seinen Bruder schrieb er über seine neue Bekanntschaft mit Baron Schilling von Canstatt: *Ich solle gleich mit ihm reisen meinte der Baron, er kehre zwar nicht directe nach Petersburg zurück und würde einige Tage auf dem Gute seines Vetters des Grafen von Benkendorff bei Reval zubringen, aber die Bekanntschaft des Grafen würde mir nicht allein interessant sondern auch nützlich sein können. ... In Folge der Empfehlung eines so nahen Verwandten des Hauses wurde ich in Fall (der Namen des Gutes) mit der vorzüglichsten*

---

[411] Ahrens: Briefwechsel, S. 73f. Ahrens ergänzt in einer Anmerkung zu von Baers und Lenz' Gegenstimmen: *Als Gewährsmann hierfür gibt das Tagebuch (17. Dec. 1839) Ostrogradskij an. Dieselben beiden Akademiker hatten auch gegen M. H. Jacobis Wahl zum Adjunkten der Akademie ... gestimmt resp. gesprochen (Tagebuch v. 2. und 21. Dec. 1839)* (S. 74, Anm. 3). Die Daten entsprechen im Gregorianischen Kalender dem 29.12.1839, 14.12.1839 und 2.1.1840.

[412] Ebenda, S. 149. Alle namentlich erwähnten Personen waren übrigens deutschsprachig, und der Minister Uwarow sprach Deutsch als Fremdsprache. Schon 1837 war Jacobi in „deutschsprachiger Gesellschaft" gewesen, wie in Abschnitt 2.1.3 gezeigt wurde.

[413] Zwar bezeichnete Jacobi im oben zitierten Brief Lenz als seinen Freund, jedoch bleibt offen, ob eine echte (private) Freundschaft oder nur die Unterscheidung „Freund oder Feind" gemeint war.

Gastfreundschaft aufgenommen und brachte daselbst 5 sehr angenehme Tage zu, die mir unvergesslich bleiben werden. Von Reval reisten wir auf dem Dampfbote nach St. Petersburg. - Du wirst es mir ersparen Dir die Stadt und den Eindruck den sie auf mich machte, zu schildern [;] er war in jeder Beziehung grossartig, aber ich fühlte mich in Petersburg nicht fremd, ja gewissermassen heimisch, einmal weil in Bezug auf allgemeine Physionomie Petersburg und Berlin sehr viel Aehnlichkeit haben, dann auch, weil eine gewisse Grossartigkeit der Umgebung mir von je ein inneres Bedürfniss war.[414]

Es beeindruckt, wie vorteilhaft sich die Verhältnisse für Jacobi im Russischen Imperium von Anfang an gestalteten. Er lernte den Chef der zaristischen Geheimpolizei auf dessen Gut kennen, vermittelt durch den Elektrotelegrafenkonstrukteur Baron Schilling von Canstatt (unmittelbar vor dessen Tod am 25.7.(6.8.)1837), er empfand seine neue Heimatstadt St. Petersburg als Berlin ganz ähnlich,[415] trat in der Newametropole in eine deutschsprachige scientific community ein,[416] bekam, wie gleich noch gezeigt werden wird, im Laufe seiner Karriere Orden und Ränge (gemäß Rangtabelle) und wurde von Anfang an geradezu fürstlich entlohnt (auch dies wird im folgenden dargelegt).

Vergleicht man die von Jacobi und Lenz erreichten Ordensstufen, so fällt auf, daß der jüngere Lenz, der Untertan des russischen Zaren war, fast immer vor dem Ausländer Jacobi den jeweiligen Orden bekam. Nur einmal, als er gerade die russische Untertanenschaft angenommen hatte, erlangte der gebürtige Preuße eine Ordensstufe vor dem aus Livland stammenden Gelehrten (siehe Abbildung 4.3).

Auch bei den höchsten von den beiden Physikern erreichten Rangstufen lag der Deutsch-Balte vor dem Einwanderer. Den 4. Rang (Wirklicher Staatsrat) erhielt Lenz am 31.12.1849(12.1.1850), während der ältere Jacobi ihn erst am 20.12.1852(1.1.1853) erlangte. Ebenso bekam er am 1.(13.)1.1864 den 3. Rang (Geheimrat), den höchsten Rang den beide in ihren Leben innehatten, vor Jacobi, der ihn am 1.(13.)1.1867 erreichte.[417]

---

[414] Ahrens: Briefwechsel, S. 43. „Physiognomie" ohne g nach Ahrens.

[415] Auch Potsdam, Jacobis Geburtsstadt, hat eine gewisse Ähnlichkeit mit St. Petersburg. Es wurden sogar zeitgleich die Nikolaikirche in Potsdam (1830-1850) und die Isaakskathedrale in St. Petersburg (1819-1858) gebaut. Jacobi kam von einer Großbaustelle zur anderen (die Isaakskathedrale ist einer der größten sakralen Kuppelbauten der Welt).

[416] Siehe Abschnitt 2.1.3.

[417] Die vorhergehenden Ränge wurden von allen Gelehrten spätestens beim Erreichen von entsprechenden wissenschaftlichen Stellungen sozusagen automatisch erlangt. So war ein Adjunkt Kollegien-Assessor (8. Rang), ein außerordentliches Akademiemitglied oder ein

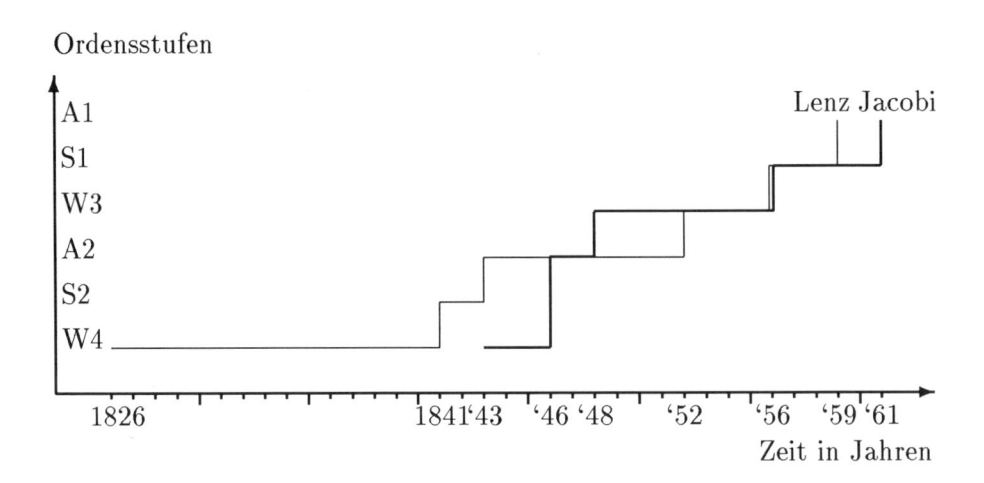

Abbildung 4.3: Die von Lenz und Jacobi erlangten Ordensstufen. W=Wladimir-Orden; S=Stanislaw-Orden; A=Anna-Orden; 1,2,3,4 bezeichnet die Klasse. Nur einmal, nämlich unmittelbar nach Annahme der russischen Untertanenschaft, erreichte Jacobi eine Ordensstufe vor Lenz.

Zwar begründete Lenz seine Karriere bereits 1823 mit seiner Teilnahme an der Kotzebueschen Weltumseglung, während Jacobi erst 1834 mit der Präsentation des ersten brauchbaren Elektromotors in Königsberg Aufmerksamkeit erregte und 1835 nach Dorpat ging, als er bereits 15 Jahre älter war als Lenz beim Antritt seiner Weltreise, jedoch waren die technischen Konstruktionen Jacobis (Motor, Mine, Telegraf, etc.) für das autokratische System wesentlich bedeutsamer als die naturwissenschaftlichen Beobachtungen und physikalischen Grundlagenforschungen Lenz', die lediglich dem Prestige des Russischen Imperiums nutzten. Trotzdem wurde Lenz generell vor Jacobi befördert. Dies erklärt sich durch die Untertanenschaften und durch die Tatsache, daß das verkrustete System - vor allem das nikolaitische in seinem Endstadium - in erster Linie loyale Diener stützte, da es von diesen wiederum systemstabilisierendes Verhalten erwarten konnte. Ein Ausländer stand diesbezüglich zunächst unter Generalverdacht. Nahm er die russische Untertanenschaft an, verschmolz er also mit dem „orthodoxen, autokratischen und volkstümlichen Rußland", so verschwand dieser Verdachtsmoment au-

---

Universitätsprofessor Hofrat (7. Rang), ein ordentliches Akademiemitglied Kollegien-Rat (6. Rang) und der Rektor einer Universität Staatsrat (5. Rang).

genblicklich.

Ein anderes Kriterium für den Grad von Anerkennung und Förderung Jacobis und Lenz' in Rußland stellt die finanzielle Unterstützung sowohl der Gelehrten, als auch ihrer Arbeiten dar. Bevor nun konkrete Zahlen aufgeführt werden, kann der interessierte Leser sich im folgenden Exkurs über Preise und Umtauschkurse informieren.

Exkurs: Geldwert in Rußland

In diesem Exkurs soll ein Eindruck von den Preisen in der Newametropole und vom Wert des Rubels in der Zeit nach den Napoleonischen Kriegen vermittelt werden.

Die Lübeckerin Fanny Tarnow schreibt über die Preise in St. Petersburg: *Die ersten Lebensbedürfnisse, Wohnung, Holz, Brod, Fleisch, Fische, Wild, sind hier billig, ja zum Theil gegen die, selbst in kleineren Städten Norddeutschlands stattfindenden Preise derselben, wohlfeil und doch reicht man hier kaum mit dem Doppelten von dem aus, was man in ähnlicher Lage in Deutschland gebrauchen würde. Wie soll man sich das nun erklären? Erstlich ist die Kleidung hier ein sehr theurer Artikel, dann die Dienstboten, und dann alle gesellschaftlichen Vergnügungen, so wie alle Luxusartikel.*[418] Konkret seien Melonen preiswerter (12-16 fl. deutschen Geldes pro große schöne Melone), Kochbutter preiswert (5-6 fl. pro Pfund, welches aber 4 Lot leichter sei), für Rindfleisch bezahle man 2-3 fl. pro Pfund, eine Flasche Rum koste 5 Mark und Champagner 1 Louisdor. Der Dienstmädchenlohn betrage 12-15 Louisdor jährlich, zuzüglich *alle Monat* 1 Pfund Kaffee, 1 Pfund Zucker, 1 Pfund Tee, sowie zum Namenstag, Ostern und Neujahr Geschenke.[419]

Interessant ist neben den Preisen in St. Petersburg auch der Wechselkurs des Rubels. Nachdem bereits in Abschnitt 3.2.1 der Verfall des Papierrubels dargelegt wurde, soll nun die wichtigste Kurantgeldwährung des Russischen Imperiums, der Silberrubel, näher betrachtet werden. Das Verhältnis zwischen Bankorubel und Silberrubel war in der für diese Arbeit wesentlichen Zeit weitgehend konstant und lag bei 3,5 bis 4 Papierrubel für einen Silberrubel. Der Wochenzeitung Сѣверный Муравей (Nördliche Ameise) ist zu entnehmen, daß 1830-33 der Kurs von Silber- und Goldrubel zwischen 3,5 und 4 Rubeln lag, wobei der Kurs des Goldrubels stets um circa 15 Kopeken über dem des Silberrubels lag.

---

[418] Tarnow: Briefe, S. 127f. Der undatierte Brief wurde im Buch zwischen Briefen aus dem September 1816 und Januar 1817 aufgeführt.

[419] Ebenda, S. 123, 125f., 128, 132. In der Quelle steht „ßl."; gemeint ist wohl „fl.", also Florin bzw. Gulden.

Noback gibt den Silberrubel *jetzt* (1833) mit 1,076431 Taler preußisch Kurant an. Eine *Cöllnische Mark* Feinsilber koste *jetzt* 13,00585 Silberrubel.[420] Betrachtet man den Kurswert des Silberrubels von der Zeit Peters des Großen an, so erkennt man seine weitgehende Geldwertstabilität. Der Silberrubel fiel laut Noback von 1,453639 T. p. K. (1704) auf 1,079194 (1805) bzw. 1,0766602 (1810 und 1813). Gleichzeitig erhöhte sich der Preis der *Cöllnischen Mark* in Silberrubeln um über 50 Prozent. Gemäß Noback stieg die *Cöllnische Mark* Feinsilber von 8,293 Silberrubel (1704) auf 11,287478 (1810 und 1813) bzw. 13,0031746 (*jetzt*).[421] Anders als der Assignatenrubel war der Silberrubel also praktisch eine „harte" Währung.

Die konstanten Wechselkursverhältnisse waren für die ausländischen Wissenschaftler durchaus wichtig, schließlich kehrten manche nach einigen Jahren in ihre Heimat zurück oder gingen auf Auslandsreisen. Ersparnisse behielten also ihren Wert auch wenn sie später in Taler oder Mark umgetauscht wurden. Die angeführten Währungen waren z.B. für den Preußen Jacobi genauso wichtig wie für den Eidgenossen Leonard Euler, der zwischen seinen beiden Petersburg-Aufenthalten in Berlin wirkte.[422]

Die Quellenlage zu Jacobis Einkünften ist nicht nur durch Archivmaterialien, sondern auch durch die Ahrenssche Edition der Korrespondenz zwischen den beiden Jacobibrüdern ausgesprochen gut. Schon bei seinem Ruf nach St. Petersburg stieg Jacobis Einkommen erheblich. So berichtete er am 10.(22.)8.1837 in einem bereits zitierten Brief aus Dorpat an seinen Bruder: *ich solle zwar Professor in Dorpat bleiben, aber während meines Aufenthalts in P. auf 12000 Rbl. = 3600 nß gestellt werden, solle noch 1500 Rbl. zur Equipage erhalten etc. etc. Das musste den Potsdammer der gewohnt war, wenn er wie ein Pferd gearbeitet hatte, sich dennoch seine Diäten erbetteln oder erkämpfen zu müssen, wirklich etwas verblüffen, und er konnte nur antworten, dass er fürchte, man werde auch seine Ansprüche hiernach steigern.*

---

[420] Ch. Noback: Vollständiges Handbuch der Münz-, Bank- und Wechsel-Verhältnisse aller Länder und Handelsplätze der Erde. Erste Abtheilung. Rudolstadt (1833), S. 325f. Eine *Cöllnische Mark* entsprach übrigens rund 14 Talern.

[421] Ebenda, Zweite Abtheilung., S. 870-877, unter Berufung auf: M. R. B. Gerhardt den Aelteren, P. F. Bonneville (in 1806), den englischen Münzwardein Robert Bingley in 1819 und 1820 und nach der neueren Ausmünzung seit 1810 und 1813.
Das hier angegebene Verhältnis zwischen Mark und Rubel wird von Noback (verglichen mit dem von ihm auf S. 325 angeführten und von mir im vorhergehenden Absatz zitierten) als „das Richtigere" erklärt.

[422] Siehe Abschnitt 1.2.

Die Förderung von Jacobi (und Lenz) durch den Staat 193

Nein, sagte der Minister, ultra posse nemo obligetur.[423]
Zudem hatten schon damals die Wissenschaftler die Möglichkeit, Erfindungen zu vermarkten oder zu verkaufen und sich so einen erheblichen Zusatzverdienst zu verschaffen. Beispielsweise kaufte die russische Regierung Jacobi die Nutzungsrechte an der Galvanoplastik für 25.000 Silberrubel ab.[424] Auch Ausländer außerhalb Rußlands schätzten die russischen Einkommensverhältnisse für Gelehrte, sofern sie diese kannten. So schrieb der Berliner Physiker Heinrich Wilhelm Dove, der einen Ruf nach Dorpat ablehnte, M. Jacobi am 8.4.1841: *Über die grossartige Anständigkeit russischer Professuren bin ich erstaunt. Wenn man die Hungerleiderei in Deutschland 15 Jahre mit angesehen hat, so glaubt man zu träumen wenn man sieht, was dort geschieht. Etwas jünger, sans femme, sans enfants wäre ich blos hingegangen, um mich an dieser Anständigkeit einmal zu freuen.*[425]
Das nikolaitische System war, wie jedes autokratische Regime, an technischen Errungenschaften, die seine militärische Macht stärken konnten, interessiert. Es verwundert daher nicht, daß das Russische Imperium Jacobi für die von ihm entwickelten Elektrominen belohnte. In einem Brief vom 25.12.1844(6.1.1845)-1.(13.)1.1845 aus St. Petersburg schrieb Jacobi an seinen Bruder über seine Erfolge mit den galvanische Minen: *Zur Belohnung dafür und mit Rücksicht auf meine zahlreiche Familie hat Se Majestät der Kaiser auf Vorstellung des Grossfürsten Michael mir eine jährliche Gehaltszulage von 2000 Rbl. Silber = circa 2200 nß zu bewilligen die Gnade gehabt.*[426] Doch es gab auch den umgekehrten Fall, daß Jacobi nicht

---

[423] Ahrens: Briefwechsel, S. 45. Mit „nß" sind „Thaler preußisch Courant" gemeint. Der erwähnte (Volksaufklärungs-)Minister ist Sergej Uwarow.
Allerdings beziffert N. B. Ja., bei dem es sich höchstwahrscheinlich um Jacobis Sohn Nikolaus Borissowitsch handelt, die Einkommenserhöhung nur mit ein paar hundert Rubel: Профессору Якоби прибавочное жалованье къ окладу его по званію экстраординарнаго Профессора Дерптскаго Университета 400 р. Ему же на наёмъ квартиры съ мебелью 200" (Jacobi: Das elektromagnetische Boot, S. 122). Deutsche Übersetzung: *Dem Professor Jacobi ein zusätzliches Gehalt zu seinem Gehalt als außerordentlicher Professor der Dorpater Universität 400 R. Ihm auch zur Miete einer möblierten Wohnung 200".* Verwunderlich ist auch, daß Jacobi, **nach** seiner Wahl zum ordentlichen Akademiemitglied, in einem Brief vom 1.(13.)4.1847 aus St. Petersburg an seinen Bruder die mit seiner Beförderung verbundene Gehaltszulage nicht genau beziffern konnte. Er schrieb: *Dieses Ereigniss, ... vermehrt beiläufig meine Revenuen um 5-600 R. Silber* (Ahrens: Briefwechsel, S. 149).
[424] Ahrens: Briefwechsel, S. 63. Undatierter Brief von C. G. J. Jacobi aus Königsberg an seinen Bruder Moritz (Poststempel vom 8.4.1840).
[425] Ebenda, S. 83, Anm. 2.
[426] Ebenda, S. 122.

nachträglich belohnt wurde, sondern aktiv Gelder anforderte, da die tatsächlichen Kosten eines Unternehmens die angenommenen überstiegen. So forderte er im November 1844 zu den bereits erhaltenen 600 Silberrubel für den Bau neuer elektromagnetischer Telegrafen noch weitere 600.[427]
Es kann also konstatiert werden, daß die wirtschaftlichen (und anderen) Rahmenbedingungen für Jacobis Arbeiten im Russischen Imperium geradezu optimal waren. Es fehlte buchstäblich an nichts. Auch seinen Kollegen ging es finanziell gut. Wer zum Adjunkten gewählt worden war, hatte ausgesorgt. Zwar muß eingeräumt werden, daß in der rund 200jährigen Geschichte der Petersburger Akademie der Wissenschaften während des Zarentums unterschiedliche Herrscher das Reich regierten, und nicht alle Autokraten immer das gleiche Interesse an der Wissenschaft zeigten, jedoch schuf gerade die kurze Verbindung zwischen der Obrigkeit und der Akademie für die Gelehrten stets die Möglichkeit, Gelder zu erhalten. Eben weil es in Rußland nur eine Akademie der Wissenschaften und ein paar Universitäten gab, und gerade weil die Anzahl der hochkarätigen Wissenschaftler klein und damit überschaubar war, konnte die Wissenschafts- und Hochschulpolitik weitgehend flexibel gehandhabt werden. Auf diesem Gebiet herrschte in der Autokratie keine Bürokratie.
Jacobis und Lenz' wissenschaftliche und technische Leistungen waren erstklassig und großartig. Beide Physiker wurden mit Orden, Rängen und Geldern üppig belohnt. Das Verhältnis zwischen Arbeit und Anerkennung stimmte bei ihnen also.
Ihre Karrieren waren individuell, das Prinzip ihres gesellschaftlichen Aufstiegs jedoch war durchaus typisch. War ein Gelehrter durch seine bisherigen Leistungen positiv aufgefallen, so wurde ihm unter Umständen ein attraktives Angebot unterbreitet. Hierbei konnten internationale Beziehungen den Weg ebnen. So bekam Jacobi 1835 seinen Ruf nach Dorpat *auf Betreiben des ihm von Königsberg her bekannten Zoologen Karl Ernst v. Baer, der 1834 seine Königsberger Professur aufgegeben hatte und einem Rufe an die Petersburger Akademie gefolgt war*[428]. War der Gelehrte erst einmal in Rußland

---

[427] ИА, 1289-1-729-1. Abschrift in: Fonds Jacobi-1-533-32. Das am 28.11.(10.12.)/30.11.(12.12.)1844 eingegangene Schreiben ist an einen Grafen gerichtet. Höchstwahrscheinlich handelt es sich um den Hauptchef (главноначальствующій) der Postverwaltung Wladimir Adlerberg. Ob Jacobi das Geld auch bekommen hat, kann leider nicht festgestellt werden. Jacobis Schreiben zeigt aber die direkte Verbindung zwischen Verwaltung und innovativer Nutzung von Wissenschaft und Technik.

[428] Ahrens: Briefwechsel, S. 24, Anm. 2, unter Berufung auf die Autobiographie bzw. den „Nekrolog auf Boris Semjonowitsch Jacobi" in: Nowoje Wremja, 59, 3.(15.)3.1874.

angekommen, so waren internationale Kontakte für seinen gesellschaftlichen Aufstieg nicht mehr nötig.[429]

Jacobis Lebenslauf zeigt in eindrucksvoller Weise, wie ein ausländischer Gelehrter zum vertrauenswürdigen Untertan der russischen Autokratie werden konnte. Hierfür war die Entscheidung seines jüdischen Vaters, die Kinder lutherisch taufen zu lassen, eine wichtige Voraussetzung. Jacobis technische Entwicklungen und seine physikalischen Forschungen brachten ihm nicht nur Geld und Ruhm, sondern auch das Vertrauen der russischen Staatsführung ein, das er genoß, als er 1870 in Paris als Vertreter Rußlands in der Kommission für die metrischen Maße mitwirkte. Aus einem Immigranten wurde ein Delegierter.

Es ist erstaunlich, wie Jacobi geradezu routinemäßig seine Beschäftigung wechselte und diverse Berufe und Tätigkeiten ausübte. Er war Soldat, Architekt, preußischer Beamter, Ingenieur, Universitätsprofessor, Wissenschaftler und eben auch russischer Delegierter. Das hängt auch damit zusammen, daß im 19. Jahrhundert die Allgemeinbildung der Gelehrten im Verhältnis zu ihrem Fachwissen generell besser als heute war.

Zudem ist aus Jacobis Lebenslauf ersichtlich, daß nationale oder staatliche Zugehörigkeit für die damalige Wissenschaft keine Rolle spielte. Jacobi wurde nicht nur in Rußland, sondern auch in Westeuropa geehrt. Nicht nur die Fachgrenzen, sondern auch die Ländergrenzen waren für die Wissenschaft weniger bedeutend als heute. So wichtig die Frage nach Jacobis Untertanenschaft für das zaristische System gewesen ist, so unbedeutend war sie für die scientific community.

---

[429] Im folgenden Abschnitt 4.4.1 wird gezeigt, daß internationale Beziehungen für den wissenschaftlichen Informationsaustausch gepflegt wurden.

4.4 Die Physik von Jacobi und Lenz

4.4.1 Internationale Informationswege, Kontakte und Beziehungen

Als wichtigste Informationsquellen zum Stand der Physik und der anderen Wissenschaften im Ausland dienten den Petersburger Akademiemitgliedern Bücher und Periodika. In ihnen waren wissenschaftliche Abhandlungen über neue Entdeckungen in ausführlichen Darstellungen, häufig sogar mit Abbildungen, zu finden. Natürlich ist es unmöglich, heute den genauen Erkenntnisstand eines Wissenschaftlers zu eruieren. Zwar kann man (wenn die Quellenlage es erlaubt) herausfinden, welche Bücher etc. in den Bibliotheken vorhanden waren, und unter Umständen sogar erschließen, welche Werke von einer bestimmten Person ausgeliehen oder gelesen wurden, aber wie diese Person die Inhalte verstanden und welche Schlüsse sie daraus gezogen hat, ja vor allem zu welchen Modellvorstellungen die Lektüre fremder Forschungsergebnisse bei ihr führte, kann oft nur gemutmaßt werden. Hierbei muß insbesondere bedacht werden, daß das häufig auf eine Neuaufnahme von Informationen folgende wissenschaftliche Gespräch mit anderen Lesern den Prozeß der Erkenntnisgewinnung wesentlich mitbeeinflussen kann. Eine exakte Eruierung des Erkenntnisstandes von Jacobi oder Lenz ist weder möglich noch Gegenstand dieser Arbeit. Trotzdem soll die Frage, über welche Informationen sie verfügten, nicht übergangen werden. Einen Eindruck vom Ausmaß des Wissenstransfers aus dem Ausland in das Russische Imperium vermitteln einige noch erhaltene Accessions-Kataloge der Akademie der Wissenschaften. Beispielhaft seien hier aus dem „Accessions Catalog" für den Zeitraum 20.1.(1.2.)1837-13.(25.)12.1839 die möglicherweise für die Jacobischen und Lenzschen Untersuchungen interessanten Erwerbungen der Bibliothek der Akademie der Wissenschaften im Jahre 1837 aufgeführt:[430]
Mémoire de l'Institut Roy. de France. T. X (1833), T. XII (1836), S. 4, 20.1.(1.2.)37

---

[430] AHH, 158-1-298. Es sind freilich nur Schriften ab dem 20.1.(1.2.)1837 angegeben. Bis zum Jahresende wurden für die Bibliothek insgesamt 962 Werke akzessioniert. In meiner Liste sind die Seitenzahl der Quelle, sowie das Datum des Erhalts für jedes Buch mit angegeben. RS = Royal Society.
Die Bibliothek der Akademie der Wissenschaften bezog im 19. Jahrhundert ausländische Bücher durch einen Buchaustausch zwischen der Petersburger Akademie und (um die Jahrhundertmitte) 180 ausländischen Organisationen (Akademien, wissenschaftliche Gesellschaften, Universitäten) (Ostrowitjanow: Die Geschichte der Akademie, Bd. 2, S. 238, 240).

Transactions of the RS of Edinburgh Vol. XIII., Edinb. 1836, S. 5, 11.(23.) 2.37

Dove, Repertorium der Physik, Bd. I, Berlin 1837, S. 5, 18.2.(2.3.)37

Mémoire de la Société de Physique et d'Histoire naturelle de Genève T. VII., Genève 1836, S. 6, 12.(24.)3.1837

Bericht über die Verhandlungen der naturforschenden Gesellschaft in Basel vom Aug. 1834 bis Juli 1835 I., Basel 1835, S. 8 , 6.(18.)5.1837

Joh. Gottl. Schneider: Eclogae Physicae historiam et interpretationem corporum et rerum naturalium continentes ex scriptoribas praecipue graecis excerptae. Vol. I, Jena+Leipzig 1807, S. 18, 10.(22.)6.37

Joh. Gottl. Schneider: Anmerkungen und Erläuterungen über die Eclogas Physicas. Jena+Leipzig 1807, S. 18, 10.(22.)6.37

Joh. Müller: Kurze Darstellung des Galvanismus. Nach Turner, mit Benutzung der Original-Abhandlungen Faraday's bearbeitet von Müller. Darmstadt 1836, S. 18, 10.(22.)6.37

Joh. Gehler: Physikalisches Wörterbuch, Bd. VIII, Leipzig 1836, S. 20, 10.(22.)6.37

Karsten: Über Contact Electricität. Schreiben an Herrn Alexander von Humboldt. Berlin 1836, S. 24, 8.(20.)7.37

Transactions of the American Philosophical Society. Vol. V-N.S. V.II-III, Philadelphia 1835-37, S. 26, 18.(30.)8.37

Natuurkundige verhandelingen van de Hollandsche Maatschappis der Wetenschappen te Haarlem XIII-XXIII, Haarlem 1824-36, S. 29, 13.(25.)9.37

Abhandlungen der Königlichen AdW zu Berlin 1835, Berlin 1837, S. 31, 24.9.(6.10.)37

Philosophical Transactions of the RS of London Part. I., 1836, S. 31, 24.9.(6.10.)37

Gehler: Physikalisches Wörterbuch Bd. II, Abth. 3 Me-My, Leipzig 1837, S. 42, 11.(23.)11.37

Bulletin des concours. Paris, S. 42, 25.11.(7.12.)37

Memorie della reale Accademia delle Scienze di Torino Tomo XXXX, Torino 1836, S. 42, 25.11.(7.12.)37

Paul Einbrodt: Considérations sur la théorie electro-chimique, Moscou 1836, S. 44, 14.(26.)12.37

Proceedings of the Royal Irish Academy for 1836, Part. I, Dublin 1837, S. 46, 15.(27.)12.37

Proceedings of the Royal Society N.28-29, London, 1836-37, 2 Cahiers, S. 47, 15.(27.)12.37

Interessanter als einzelne Monographien, Jahrbücher oder Sammelbände

waren regelmäßig bezogene Periodika. Auch hierüber fand ich einen „Accessions-Catalog" aus dem September 1839.[431] Aus ihm seien hier ebenfalls die nach meinem Ermessen wesentlichen Posten aufgeführt:[432]
Comptes rendus (1838-45 fast alle), *Institut* (viel), *Journal des savant, Bibliothèque universelle* (viel), (S. 2)
Edinburgh Review, Institut: Chronique Scientifique, (S. 3)
Gilliman American Journal, Berichte der Berliner Akademie, Wiener Jahrbücher, Heidelberger Jahrbücher, (S. 3)
Halle-Leipzig Allgemeine Literaturzeitg., (S. 4)
Crelle Journal für Mathe (viel), *Pogg. Annalen d. P.* (1839-45 praktisch alle), (S. 6)
Baumgartner Zeitschrift für Physik, Annales de Chemie et Physique (viel), *Erdmanns Journal* (viel), *London+Edinb. Philosophical Magazine* (viel), (S. 7)
Annales des sciences natur. (viel), (S. 8)
ISIS (viel), *Froriepsche Notizen* (viel), (S. 8)
The British foreign review, Annales des mines, Sturgeon: Annals of electricity, magnet(ism; Anm. P. H.) & *chemistry* (VIII-X 1842/43), (S. 12)
Bulletin der Münchener Königl. AdW, Bulletin de l'Acad. de Bruxelles, (S. 14)
Monatsblätter z. Ergänzung d. allg. Zeitung, (S. 16)
Potet: Journal du Magnetisme (1845, 1-8), *Annuaire de l'Académie de Bruxelles*, (S. 17)
Hierbei scheint mir bemerkenswert, daß Lenz 1837 bei der Konferenz der Akademie der Wissenschaften den Bezug von Poggendorffs „Annalen" beantragt hat[433] und in einem Brief an Fuß, der wahrscheinlich ebenfalls aus dem Jahre 1837 stammt, das „London and Edinburgh Philosophical Magazine", sowie die „Annals of Electricity, Magnetism and Chemistry" von Sturgeon *der Journalliste hinzugefügt wünschte*[434].
Neben einer reichhaltigen Sammlung von Monographien, von denen die Petersburger Akademie manche sogar noch in ihrem Erscheinungsjahr erhielt, standen den Akademiemitgliedern viele wichtige Periodika zur Verfügung. Die Informationslage der Petersburger Physiker war also, wie die obigen Aufzählungen beweisen, sehr gut. Keineswegs waren sie vom Westen ab-

---

[431] AHH, 158-1-341. Er enthält insgesamt Angaben zu 149 Periodika.
[432] Angaben mit Seitenzahl des Katalogs, sowie Bemerkungen zur Quantität/Vollständigkeit der Bände. Rechtschreibfehler wurden korrigiert.
[433] ААН, разряд V Л. 18-4.
[434] ААН, разряд V Л. 18-5.

geschnitten. Sie brauchten nicht einmal länger auf die Mitteilung neuer Entdeckungen zu warten als beispielsweise ein Italiener, Deutscher oder Engländer auf Neuigkeiten aus Frankreich.

Direkte Verbindungen

Von 1797 bis 1811 wählte die Petersburger Akademie der Wissenschaften 48 und von 1812 bis 1835 127 ausländische Ehrenmitglieder und Korrespondierende Mitglieder, darunter Carl Friedrich Gauß, Georges Cuvier, Pierre Simon Laplace, Siméon Denis Poisson, Dominique François Jean Arago, Joseph Louis Gay-Lussac, Jean Baptiste Joseph Fourier und André Marie Ampère.[435] Die internationale Vernetzung der Petersburger Akademie war durchaus beachtenswert. Korrespondierende Mitglieder sandten von ihnen verfasste wissenschaftliche Abhandlungen in die russische Hauptstadt und konnten zudem als Botschafter bei ihren Heimatakademien, in denen sie in der Regel Mitglieder waren, fungieren. Aber auch die Petersburger Physiker waren Korrespondierende Mitglieder von ausländischen wissenschaftlichen Gesellschaften oder Akademien.[436]

Für die von Lenz bzw. später von Jacobi und Lenz gemeinsam durchgeführten Versuche, auf die im folgenden ausführlich eingegangen wird, spielt die schnelle Rezeption des Faradayschen Induktionsgesetzes durch Lenz eine wesentliche Rolle.

Mit Faraday hatte Jacobi nur wenig, Lenz vermutlich gar keinen Kontakt. Faraday ist in der Wissenschaftsgeschichte gut erforscht. So liegen auch seine Briefe als Quellenedition vor. Nur ein Brief vom 21.6.1839 von Jacobi an Faraday und ein Antwortbrief vom 17. August desselben Jahres finden sich hier, wobei aus letzterem hervorgeht, daß Lenz und Faraday vor 1839 keinen Kontakt zueinander aufgenommen hatten.[437]

Eine nicht zu unterschätzende Rolle im internationalen wissenschaftlichen Gedankenaustausch spielten die indirekten Berichterstattungen in Briefen dritter Personen. Besonders Jacobi hatte eine gute „Quelle" in „Europa"

---

[435] Komkov; Levšin; Semenov: Geschichte der Akademie, S. 198.
[436] Siehe Lebensläufe von Jacobi und Lenz.
[437] F. A. J. L. James (Editor): The Correspondance of Michael Faraday. Volume 2, 1832-December 1840, Letters 525-1333, London (1993), S. 590-593, 601f. Beim Datum des ersten Briefes ist nicht klar, um welchen Kalender es sich handelt. Jacobi sandte Faraday zwei galvanoplastische Kopien mit seinem Brief (S. 590). Faraday bat Jacobi: *Will you do me the favour to mention me to M M. Lenz & Parrot as also to M Fuss. I do not know them personally or by letter but by their labours I do - and beg to present my sincere respects* (S. 601). An oder von Lenz geschriebene Briefe finden sich in dieser Quellenedition nicht.

- seinen Bruder C. G. J. Jacobi. Dieser stand mit vielen Wissenschaftlern in Kontakt, darunter mit Heinrich Wilhelm Dove, Carl Friedrich Gauß, Alexander von Humboldt, Hans Christian Ørsted, Johann Christian Poggendorff und Wilhelm Eduard Weber, und unterhielt mit Moritz Jacobi einen regen Briefwechsel.[438] So bittet z.B. M. H. Jacobi in einem Brief vom 21.-30.11.(3.-12.12.)1845 an seinen Bruder: *Schreibe mir doch sobald Du etwas Näheres über die neue Faradaysche Entdeckung vernimmst.*[439] Im (wahrscheinlich) nächsten Brief vom 10.(22.) Januar 1846 schreibt Moritz Jacobi: *Lenz und ich wir glauben nicht an Faraday's Entdeckung. Mir wäre es wichtiger wenn dieselbe sich so auslegen liesse: Alle Substanzen erfahren durch den Magnetismus oder die Electricität mehr oder weniger starke Molecularveränderungen, die eben beim Glase am leichtesten wahrgenommen werden können. Bei den andern Substanzen würde bis dato noch das Reagens fehlen.*[440] Darauf antwortet C. G. J. Jacobi noch am 24. Januar aus Berlin: *Faradays Entdeckung ist bei Magnus zu sehen, aber in so schwacher Farbennuance, dass er gesteht, er würde es nicht bemerkt haben, wenn er es auch gesehn hätte, wenn er nicht darauf aufmerksam gemacht worden wäre. Wahrscheinlich hat Faraday Mittel, es palpabler darzustellen.*[441] Am 1.(13.) Februar 1848 schreibt M. H. Jacobi seinem Bruder: *Zu Dove's schöner, die Faraday'sche umkehrende Entdeckung, meinen herzlichsten Glückwunsch. Nur Dove konnte es einfallen und gelingen durch abgelenktes polarisirtes Licht Electromagnete hervorzubringen.*[442]

Zusammenfassend kann konstatiert werden, daß St. Petersburg von „Europa" nicht isoliert war. Trotz zahlreicher Bücher und Periodika spielten direkte Kontakte eine wichtige Rolle.

Schnelle Rezeption des Faradayschen Induktionsgesetzes

Faraday gliederte seine wissenschaftlichen Arbeiten in „Paragraphen". Dabei nummerierte er alle von ihm verfassten „Paragraphen" konsequent durch.[443] Das nach ihm benannte Gesetz wird in der ersten, 120 Paragraphen umfassenden Abhandlung aufgezeigt, welche 1832 in den *Philosophical*

---

[438] 48 Briefe von C. G. J. an M. H. und 28 Briefe von M. H. an C. G. J. sind ediert in Ahrens: Briefwechsel.

[439] Ebenda, S. 129. Gemeint ist die Drehung der Polarisationsebene des Lichtes unter magnetischer oder elektrischer Einwirkung (S. 130, Anm. 12).

[440] Ebenda, S. 131.

[441] Ebenda, S. 132.

[442] Ebenda, S. 166.

[443] Ein Paragraph entspricht einem Absatz.

Transactions abgedruckt wurde, nachdem sie am 24. November 1831 der Royal Society vorgestellt worden war.[444]

Lenz' auf die Faradaysche Entdeckung basierende Versuche wurden schon am 7.(19.) November 1832 in der Akademie bekanntgemacht,[445] so daß sich die Frage stellt, wie er so schnell in die Kenntnis der *Hauptversuche Faraday's* gelangen konnte, die er *wiederholt hatte*.[446]

Faraday selbst schreibt in einer Anmerkung über die Verbreitung dieses Werkes: *In consequence of the long period which has intervened between the reading and printing of the foregoing paper, accounts of the experiments have been dispersed, and, through a letter of my own to M. Hachette, have reached France and Italy. The letter was translated (with some errors), and read to the Academy of Sciences at Paris, 26th December, 1831. A copy of it in Le Temps of the 28th December quickly reached Signor Nobili, who with Signor Antinori, immediately experimented upon the subject, ... These results by Signori Nobili and Antinori have been embodied in a paper dated 31st January 1832, and printed and published in the number of the Antologia dated November 1831, ... It is evident the work could not have been then printed; ... Signor Nobili, in his paper, has inserted my letter as the text of his experiments*[447]. Folglich kann Lenz seine Kenntnis von den Faradayschen Experimenten nicht nur direkt aus England bekommen haben, sondern genauso aus Paris oder Italien. Er selbst schreibt, daß auf dem Gebiet des Elektromagnetismus *hier im Norden nur die Arbeiten von* Becquerel, Ampère, Nobili *und* Antinori *und* Pohl *bekannt geworden* sind.[448] Da

---

[444] M. H. Shamos: Great Experiments in Physics. Firsthand accounts from Galileo to Einstein. New York (1959), Reprint: Dover (1987), S. 131.

[445] E. Lenz: Ueber die Gesetze nach welchen der Magnet auf eine Spirale einwirkt wenn er ihr plötzlich genähert oder von ihr entfernt wird und über die vortheilhafteste Construction der Spiralen zu magneto-electrischem Behufe. MA, T. 2, Saint-Pétersbourg (1833), S. 427.

[446] Ebenda, S. 428. „Faraday's" ist von Lenz hervorgehoben worden. Bereits im Mai 1831, also ein halbes Jahr vor Bekanntgabe der Faradayschen Entdeckung, hatte Lenz von der Akademie 300 Rubel für seine Versuche auf dem Gebiet der Elektrizitätslehre erhalten, die zunächst eine Überprüfung der Ohmschen Schlußfolgerungen und eine Erfahrungssammlung mit der Coulombschen Drehwaage vorsahen (O. A. Лежнёва (O. A. Leshnjowa): Научная деятельность Э. Х. Ленца в области физики (Die wissenschaftliche Tätigkeit E. Ch. Lenz' auf dem Gebiet der Physik). Статья в книге: Труды Института истории естествознания АН СССР, Т. 4, Москва, Ленинград (1952), S. 115, Anm. 50, unter Berufung auf: ААН, Протоколы конференции (Konferenzprotokolle), 1831, §251).

[447] Shamos: Great Experiments, S. 141. Physikprofessor Leopoldo Nobili hatte 1825 das astatische Nadelpaar im Schweiggerschen Multiplikator eingeführt. Es sollte das zentrale Meßgerät der Lenzschen Versuche werden.

[448] Lenz: Ueber die Gesetze nach welchen der Magnet, S. 427. Die Namen im Zitat sind von Lenz hervorgehoben.

Lenz Nobili und Antinori mit einem „und" verbindet, wird er die in der Faradayschen Anmerkung erwähnte gemeinsame „Arbeit" gemeint haben. Somit kann gefolgert werden, daß Lenz zumindest auf dem Umweg über Italien von den dem Faradayschen Induktionsgesetz zugrundeliegenden Versuchen erfahren hat. Es ist jedoch gut möglich, daß Lenz zudem noch auf anderem Wege in den Besitz derselben Informationen gelangt ist. Wie man aus der Faradayschen Anmerkung entnehmen kann, wurde sein Brief am 26.12.1831 vor der Pariser Akademie verlesen. Damit kann es als sehr wahrscheinlich betrachtet werden, daß auch André Marie Ampère von der Faradayschen Entdeckung erfuhr. Ampère war aber seit 1830 Ehrenmitglied der Akademie der Wissenschaften in St. Petersburg, und Lenz führt seinen Namen unter jenen auf, deren Arbeiten *im Norden* bekannt sind. Ob nun Lenz über Ampère oder über andere Verbindungspersonen, ja womöglich irgendwie über Deutschland in den Besitz von für ihn redundanten Informationen über die Faradayschen Versuche kam, bleibt offen, ist aber vor allem im Falle von Ampère sehr gut vorstellbar. Eine direkte Verbindung zwischen Faraday und Lenz hat jedenfalls nicht bestanden.

Nachdem nun Lenz zumindest in den Besitz der „Arbeit" von Nobili und Antinori gekommen war, wiederholte er die Faradayschen *Hauptversuche* und überprüfte so das Faradaysche Induktionsgesetz.

4.4.2 „Ueber die Gesetze der Electromagnete"

Schon 1833 erscheint die Lenzsche Arbeit „Über die Gesetze nach welchen der Magnet auf eine Spirale einwirkt wenn er ihr plötzlich genähert oder von ihr entfernt wird und über die vortheilhafteste Construction der Spiralen zu magneto-electrischem Behufe", in der er nach entsprechenden Versuchen[449] konstatiert, daß sich: *Die electromotorische Kraft, welche der Magnet in der Spirale erregt, bei gleicher Grösse der Windungen und bei gleicher Dicke und gleicher Substanz des Drathes, direct wie die Anzahl der Windungen verhalte*[450], daß: *die electromotorische Kraft, welche der Magnetismus in den ihn umgebenden Spiralen erregt, bei jeder Grösse der Windungen die-*

---

[449]Ein Magnet wird schnell von einem Anker getrennt, so daß in der den Anker umgebenden Spule ein Induktionsstrom entsteht, welcher am Multiplikator einen Nadelausschlag hervorruft, der wiederum durch ein Fernrohr vom Orte der Magnettrennung abgelesen werden kann. Durch die Verwendung unterschiedlicher Spulen kann ermittelt werden, welche Spule den stärksten Zeigerausschlag bewirkt (zum Versuchsaufbau siehe Abbildungen 4.4 und 4.5).

[450]Lenz: Ueber die Gesetze nach welchen der Magnet, S. 439.

"*Ueber die Gesetze der Electromagnete*" 203

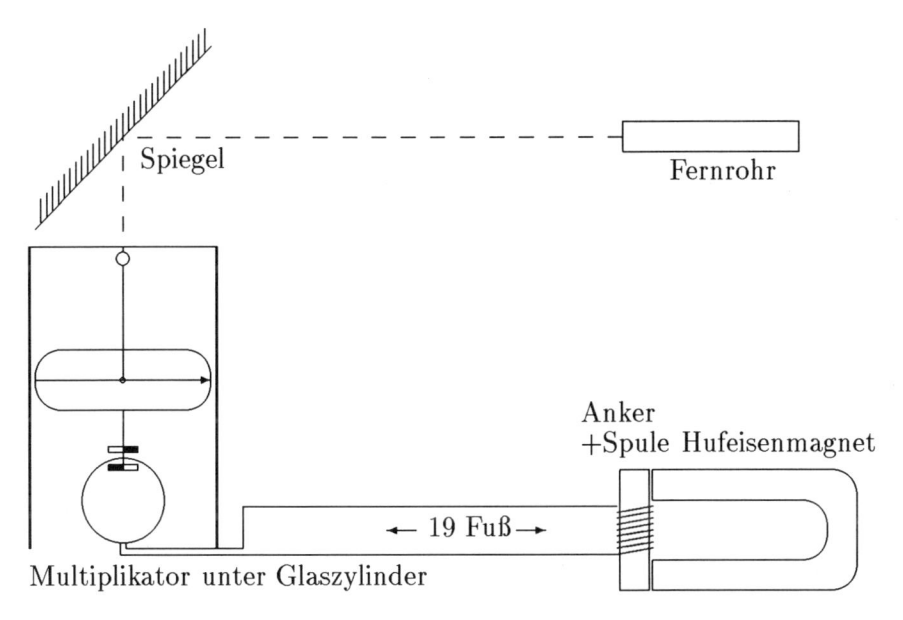

Abbildung 4.4: Lenz' Versuchsanordnung aus dem Jahre 1832 mit einem Hufeisenmagnet

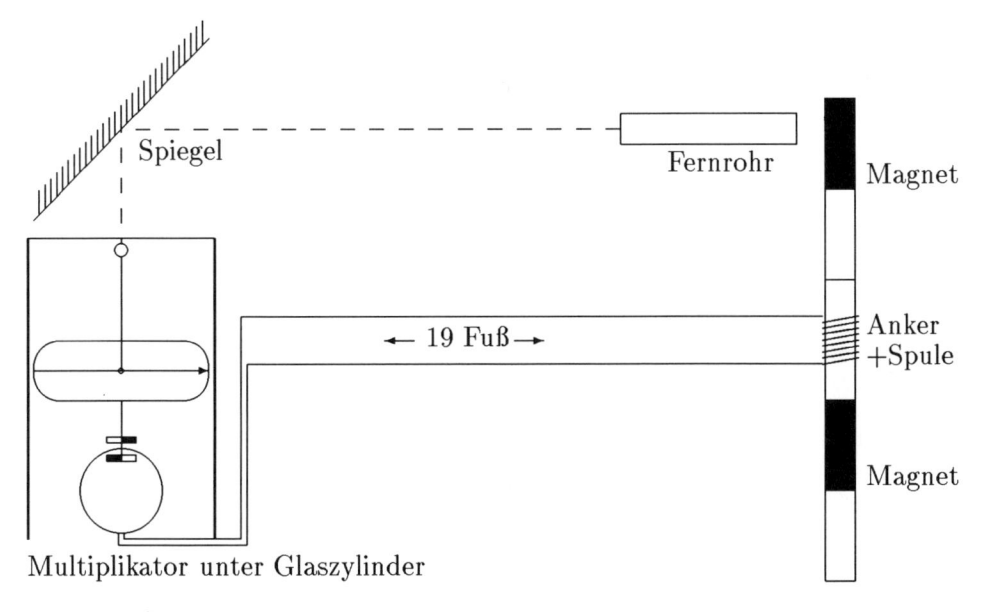

Abbildung 4.5: Lenz' Versuchsanordnung zur Messung der Wirkung verschiedener Windungsweiten (1832)

selbe ist[451]*, daß: die, durch den Magneten in der Spirale hervorgerufene, electromotorische Kraft für jede Dicke der Drähte dieselbe bleibt, oder von ihr unabhängig sei*[452] *und: dass die electromotorische Kraft, welche der Magnet in Spiralen aus Dräthen von verschiedenen Substanzen, die sich aber sonst unter ganz denselben Umständen befinden, erregt, für alle diese Substanzen vollkommen gleich sei.*[453]
Außerdem veröffentlicht Lenz noch eine Reihe von Folgerungen. Vor allem aber beschreibt er den Multiplikator[454] relativ ausführlich, so daß in der

---

[451]Ebenda, S. 441.
[452]Ebenda, S. 444.
[453]Ebenda, S. 447.
[454]Der Begriff Multiplikator wurde in der damaligen Zeit sowohl als Bezeichnung für ein komplettes Galvanometer als auch für den Leiterschleifenring von Galvanometern und Galvanoskopen benutzt (z.B.: W. Weber: Zur Galvanometrie. AKGG, Bd. 10, Göttingen (1862), S. 7, 27), wodurch es zu Mißverständnissen kommen kann. Jacobi und Lenz benutzten den Begriff in letzterem Sinne (*Multiplikator ..., der eine astatische Doppelnadel umgab* (M. H. Jacobi; E. Lenz: Ueber die Gesetze der Electromagnete. BSA, T. 4, No 22/23 (94/95), Saint-Pétersbourg (1838), S. 341)).
Professor Erman beschreibt den Poggendorffschen Multiplikator wie folgt: *Ein kupferner, ungefähr $\frac{1}{10}$ Linie dicker, mit Seide umsponnener Draht wird 40 bis 50 Mal dicht neben und über einander in Kreisen von einer solchen Grösse umher geführt, dass sich die Magnetnadel, für welche er bestimmt ist, in den innern freien Raum dieser Kreise stellen lässt; dann werden diese Drahtgewinde einer fest an den andern geschnürt, so dass sie einen einzigen Ring bilden, und dieser wird durch Zusammendrücken elliptisch gestaltet. Es bleibt auf diese Art für eine Magnetnadel, wenn sie in demselben steht, Raum genug sich frei zu bewegen ohne irgenwo die innern Gewinde zu berühren, ohne sich doch über 2 Linien weit von ihnen zu entfernen* (Erman: Untersuchungen über den Magnetismus des geschlossenen Voltaischen Kreises. GA, Bd. 67, Leipzig (1821), S. 423).
Der Physikprofessor Raschig hat sich einen Poggendorffschen Multiplikator mit einer eineinhalb Zoll langen Magnetnadel *bereitet* und meint: *Dieses Instrument scheint von Wichtigkeit zu werden; es läßt sich für 1 Thaler höchstens* anfertigen (Raschig: Versuche mit dem electrisch-magnetischen Multiplicator, und über Herrn Prechtl's Entdeckung. GA, Bd. 67, Leipzig (1821), S. 427).
Piel bemerkt: *Die Stärke des magnetischen Feldes eines Stromes ist proportional den „Amperewindungen" pro cm; diesem Umstande verdankt der Apparat seinen Namen.* Die von Biot und Savart vorgeschlagene Gebrauchsweise des Multiplikators gibt Piel wieder. Für vier Schwingungen einer Magnetnadel um die Feldlinien des Erdmagnetfeldes gebe Fechner die Anzahl der benötigten *Zeitteile* mit n an. Wirkt auf die Nadel zu dem natürlichen noch ein zusätzliches, künstliches elektrisches Feld, so verringere sich die Anzahl der Zeiteinheiten auf n', so Piel. *Dann ist nach der Schwingungslehre die Feldstärke der Erde proportional* $\frac{1}{n^2}$, *diejenige von Erde und Strom proportional* $\frac{1}{n'^2}$, *so daß die Feldstärke des Stromes allein gesetzt werden kann:*

$$H = \frac{1}{n'^2} - \frac{1}{n^2} = \frac{n^2 - n'^2}{n^2 n'^2} \quad .$$

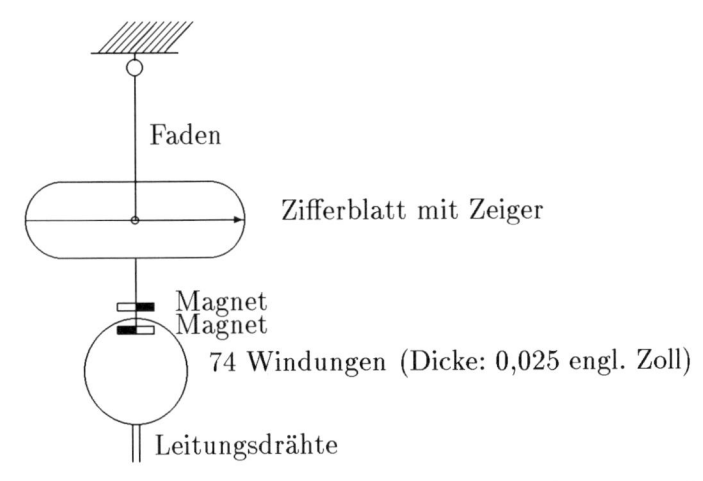

```
          ////////
             |
             ○
             |
           Faden
       ┌─────────┐
      (     •────▶)     Zifferblatt mit Zeiger
       └────┬────┘
          ▬■  Magnet
          ■▬  Magnet
         ╱         ╲
        │           │  74 Windungen (Dicke: 0,025 engl. Zoll)
         ╲         ╱
           ║
           ║ Leitungsdrähte
```

Abbildung 4.6: Lenz' Multiplikator aus dem Jahre 1832 (schematisch)

späteren gemeinsamen Arbeit mit Jacobi „Ueber die Gesetze der Electromagnete"[455] auf diese frühere Arbeit verwiesen wird. Es handelt sich hierbei um einen *Multiplicator (mit empfindlicher Nobilischer Doppelnadel) von 74 Windungen eines 0,025 englische Zoll dicken Kupferdrathes*. Dabei war der Multiplikatorzeiger *ein dünnes Holzstäbchen, welches an dem Drathe, der den beiden Multiplikatornadeln als gemeinschaftliche Axe diente, mittels etwas Wachses befestigt war und einen Durchmesser des getheilten Kreises bildete*, während die Multiplikatornadeln an Coconfäden hingen. Der Mul-

---

Fechner nimmt $\frac{1}{n^2}$ als Einheit und berechnet:

$$H = \frac{n^2 - n'^2}{n'^2}$$

als Maß der „Kraft des Stromes" (C. Piel (Hrsg.): Das Grundgesetz des elektrischen Stromes. Drei Abhandlungen von Georg Simon Ohm (1825 und 1826) und Gustav Theodor Fechner (1829). Leipzig (1938), S. 44).

Meine Suche nach noch erhaltenen Exemplaren eines solchen historischen Meßgerätes (Schweiggerscher Multiplikator mit Nobilischer astatischer Doppelnadel) war erfolgreich. Ich fand ein Exemplar aus dem Jahre 1857 im Physikdepartement der Universität Neapel (Internetseite: http://www.na.infn.it/Museum/galast.html), mehrere in Florenz, welche ungefähr aus dem Jahre 1830 stammen (Museo di Storia della Scienza. Catalogo a cura di Mara Miniati. Instituto e Museo di Storia della Scienza. Firenze (1991), S. 254) und eines am St. Patrick's College in Maynooth (Irland), welches ungefähr aus dem Jahre 1850 stammt (Ch. Mollan; J. Upton: The scientific apparatus of Nicholas Callan and other historic instruments. Maynooth, Blackrock (1994), S. 41).

[455] Jacobi; Lenz: Ueber die Gesetze, S. 342.

tiplicator war schließlich *nicht mit einer Glasglocke, sondern mit einem an beiden Seiten offenen gläsernen Cylinder* abgedeckt, wobei dieser jedoch *mittels einer Spiegelglasplatte* verschlossen wurde. Von einem über dem Multiplicator befindlichen 45 Grad geneigten Spiegel konnte *mittels eines guten Münchener Telescops* der Meßwert abgelesen werden.[456]

Die gemeinsamen Arbeiten von Jacobi und Lenz

Seitdem durch Sturgeon zuerst bekannt geworden, dass dem weichen Eisen durch galvanische Spiralen ein Grad von Magnetismus ertheilt werden könne, der den Magnetismus der gewöhnlichen Stahlmagnete bei weitem übertrifft, sind in Europa und Amerika die mannichfaltigsten Versuche angestellt worden, Electromagnete von ausserordentlicher Stärke anzufertigen und man staunte nicht mit Unrecht, als es Henry und Ten-Eyk in Nord-Amerika gelang deren solche herzustellen, die mehr als 2000 Pfund zu tragen vermochten. Wenn man aber nachforscht, nach welchen Principien die einzelnen Elemente z.B. die Dimensionen des Eisens, die Art der Umwicklung, die Dicke des Drathes, die Stärke der volta'schen Säulen u.s.w. zur Hervorbringung so starker Magnete bestimmt wurden, so findet man bald, dass hierin viel Willkürlichkeit herrschte, und dass man sich nur mit einem rohen Tatonnement begnügte. Es war daher Bedürfnis der Wissenschaft, die wahren Gesetze hierfür durch eine Reihe genauer Versuche festzustellen; es war aber auch eine gehietende (wahrscheinlich 'gebietende'; Anm. P. H.) *practische Nothwendigkeit dazu vorhanden, sobald es sich darum handelte, den erregten Magnetismus im weichen Eisen als bewegende Kraft zu benutzen, da in diesem Falle alles darauf ankommt, mit dem zu Gebote stehenden Material den grösstmöglichsten Nutzeffect hervorzubringen. Beides, sowohl das wissenschaftliche, als das practische Interesse des Gegenstandes, veranlasste uns eine Reihe von Versuchen über denselben anzustellen, deren Resultate wir hiermit der Akademie in einem Auszuge vorzulegen die Ehre haben.* Mit diesen Sätzen beginnen Jacobi und Lenz ihr Werk „Ueber die Gesetze der Electromagnete",[457] dessen erster Teil 1838 im „Bulletin" erscheint.[458]

---

[456] Lenz: Ueber die Gesetze nach welchen der Magnet, S. 428-430. Als Meßwert ist der Zeigerausschlag des Multiplikators zu betrachten.

[457] Jacobi; Lenz: Ueber die Gesetze, S. 337f.

[458] Die von ihnen durchgeführten Versuche sind den vorhergegangenen Lenzschen Versuchen ähnlich. Allerdings erzeugten sie den Induktionsstrom nicht durch einen sich entfernenden Permanentmagneten, sondern durch eine mit zwei Batterien verbundene Spule, also durch einen Elektromagneten. Zur Strombestimmung in diesem Primärstromkreis diente ihnen eine Becquerelsche Waage, zur Richtungsänderung des Stromes benutzten sie

Jacobi und Lenz erzeugten die für ihre Messungen benötigten Ströme *durch zwei Wollastonsche Batterieen von Platin und amalgirtem Zink, jede aus 12 Paaren von 12 Quadratzoll auf jeder Seite, im Ganzen also aus 576 □" Oberfläche bestehend. Die Platinplatten waren von zwei Zinkplatten umgeben, deren abgewendete Seiten mit Wachs überzogen waren. ... Zur Flüssigkeit wurde gewöhnlich verdünnte Schwefelsäure, bisweilen mit Zusatz von Salpetersäure, genommen. Die Platten waren nicht beweglich, sondern an einem Rahmen befestigt, dagegen wurden die Tröge, jeder von 12 Zellen, vermittelst eines Mechanismus mit Schraube ohne Ende, so allmählich wie man eben wollte, gegen die Platten erhoben, und diese so viel wie nöthig eingetaucht* - beschreiben sie am Anfang ihres Werkes „Ueber die Gesetze der Electromagnete" ihre Stromquelle.[459] Jacobi schreibt später „Ueber einige electromagnetische Apparate": *Der Kasten* (der den Platten die Säure brachte, Anm. P. H.) *stand auf einer Plattform, die durch einen zweckmässigen Mechanismus gehoben oder gesenkt werden konnte.*[460] Um eine Vorstellung von der Leistungsfähigkeit Wollastonscher Batterien zu vermitteln, sei hier angeführt, was Lenz 1838 „Ueber eine Erscheinung, die an einer grossen Wollastonschen Batterie beobachtet wurde" berichtet: *Die Säule bestand aus 12 Wollastonschen Plattenpaaren, wovon jedes (von einer Seite gerechnet) eine Zinkoberfläche von 3 Quadratfuss hatte. Die Platten waren an einem Rahmen befestigt und gegen dieselben konnten die Tröge, die sämmtlich auf einem Brette standen und eine sehr wirksame Mischung von verdünnter Schwefel- und Salpetersäure enthielten, mittelst eines Getriebes und einer Kurbel emporgehoben werden. Die Verbindung der einzelnen Platten zur zusammengesetzten Kette geschah durch dicke Kupferdrähte von der Form:* ⊓ *, die mit ihren herabgehenden Schenkeln in Quecksilbergefässe tauchten, welche an den Zink- und Kupferplatten angeschraubt waren. - Die Wirkung der Säule war so stark, dass sie einen Platindraht von eben der Länge als die Kupferdrähte, d. h.* $3\frac{1}{2}$ *Zoll engl., und von 0,125 Zoll Dicke*

---

ein Gyrotrop (zum Versuchsaufbau siehe Abbildung 4.7).

[459] Jacobi; Lenz: Ueber die Gesetze, S. 340. *Batterieen* hier mit zwei „e". Es handelte sich durchaus um eine leistungsstarke Batterie. Gleichwohl gab es damals in St. Petersburg sogar leistungsstärkere Stromquellen. In einem Brief vom 10.(22.) August 1837 berichtet Jacobi seinem Bruder, daß ihm *der Graf Kuschelew Besborodko, einer der reichsten Standesherren, ... eine Batterie von 24 Plattenpaaren à 56 □" lieh* (Ahrens: Briefwechsel, S. 44), was 2688 Quadratzoll ergibt.

[460] M. H. Jacobi: Über einige electromagnetische Apparate. BSA, T. 9, Saint-Pétersbourg (1842), S. 176.

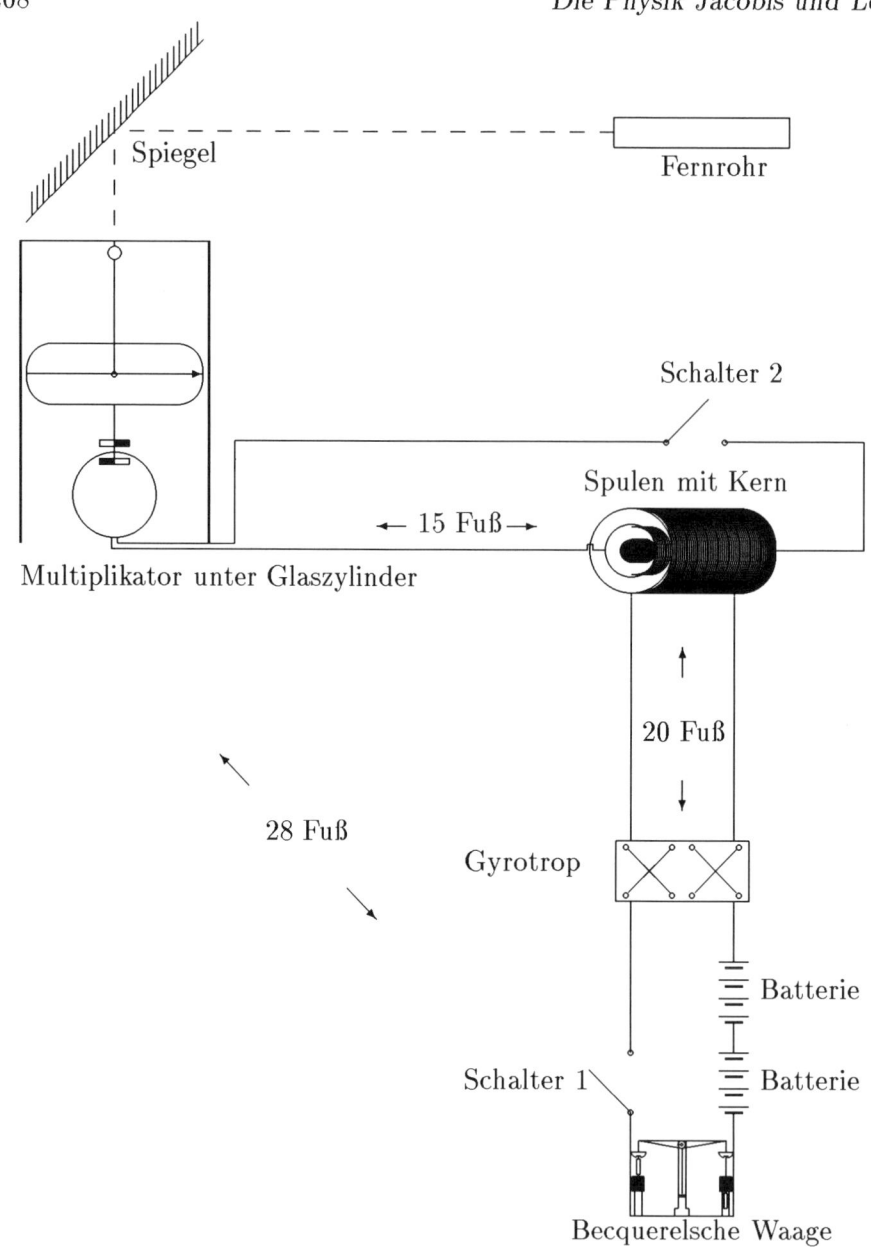

Abbildung 4.7: Versuchsanordnung aus dem Jahre 1838. Der benutzte Raum mißt 18,7 mal 22 Fuß; seine Flächendiagonale beträgt folglich 28,87 Fuß. Jacobi und Lenz nutzten den Raum also optimal aus.

erst zum Weissglühen brachte und dann in der Mitte durchschmolz.[461] Lenz gibt die Masse eines Kupferdrahtes mit $13\frac{1}{2}$ g an.

Doch nun soll die Beschreibung der Versuchsgeräte Jacobis und Lenz' fortgesetzt werden. Als ,,Versuchsobjekte" wurden *6 genau abgedrehte Eisencylinder von 8" Länge und einem Durchmesser von $\frac{1}{2}$, 1, $1\frac{1}{2}$, 2, $2\frac{1}{2}$, 3 Z. engl. angefertigt; ferner 2 Drahtspiralen über einander, wovon jede auf eine Hülse von Messingblech gewunden war. Diese Hülsen hatten der Länge nach einen Schlitz, um einen in denselben inducirten Strom zu vermeiden. Die unterste Spirale war auf den Cylinder von 3" Durchmesser unmittelbar aufgeschoben, die Cylinder von geringerem Durchmesser waren von Holzhülsen umgeben, um immer genau in der Axe der Spiralen erhalten zu werden. Die äussere Spirale wurde mit der Batterie, die innere, nämlich die inducirte, mit dem Multiplicator verbunden.*[462] Da bei einzelnen Versuchsreihen verschiedene Spiralen verwendet wurden, sind vereinzelte Detailangaben nicht unbedingt auf alle Objekte übertragbar, können aber trotzdem als Anhaltspunkte dienen.[463] Als Durchmesser der ,,wohlbesponnenen" Drähte wurden unter anderem 0,06" engl. verwendet,[464] wobei nicht nur in diesem Fall *die Dicke der Ueberspinnung gegen die Dicke der Drähte gewöhnlich unbeträchtlich ist*[465]. Es gab Drahtspiralen mit 79 Windungen.[466]

Weitere Angaben zu den Geräten sind eher fragmentarisch erhalten (Becquerelsche Waage mit einem Magnetstab über und einem unter der elektromagnetischen Spirale, dicke kupferne Leitungsdrähte).[467]

Die von Jacobi und Lenz modifizierte Becquerelsche Waage (siehe Abbildung 4.8), die sie zur Bestimmung der Ströme im induzierenden Stromkreis gebrauchten, wurde in ihrem unmodifizierten Originalzustand von Becquerel wie folgt beschrieben: *Man nehme eine Probirwage, die noch für ein Bruchtheil eines Milligramms einen Ausschlag giebt, hänge an jedes Ende des Bal-*

---

[461] E. Lenz: Ueber eine Erscheinung, die an einer grossen Wollastonschen Batterie beobachtet wurde (Note). BSA, T. 5, No 4/5 (100/101), Saint-Pétersbourg (1839), S. 79.

[462] Jacobi; Lenz: Ueber die Gesetze, S. 344. Vor allem Lenz verfügte zu diesem Zeitpunkt bereits über umfangreiche Kenntnisse der elektromagnetischen Induktion. Auch die nach ihm benannte Lenzsche Regel hatte er schon aufgestellt (E. Lenz: Ueber die Bestimmung der Richtung der durch electrodynamische Vertheilung erregten galvanischen Ströme. APC, Bd. 31, Leipzig (1834)).

[463] Jacobi und Lenz verwandten sogar *Stäbe von 13 Fuss Länge* (Jacobi: Ueber die Principien, S. 362).

[464] Jacobi; Lenz: Ueber die Gesetze, S. 352.

[465] Ebenda, S. 362.

[466] Ebenda, S. 354.

[467] Ebenda, S. 339-341.

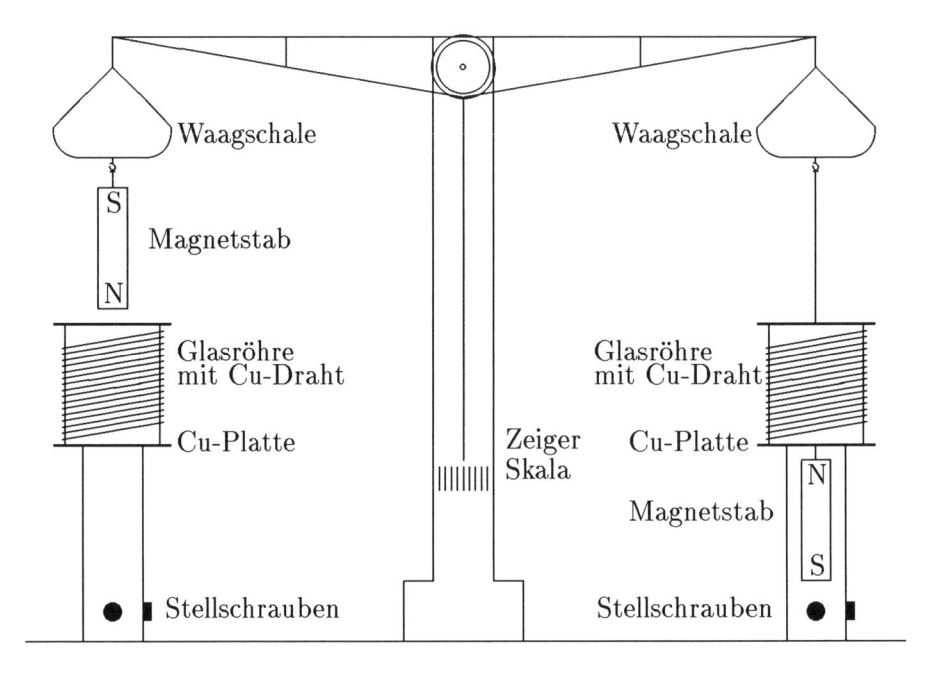

Abbildung 4.8: Becquerelsche Waage mit einem Magnetstab **unter** der Spirale. Auf beide Magnetstäbe wirken abstoßende Kräfte.

kens, mittelst einer senkrechten Stange, eine Schale und einen Magnetstab, mit dem Nordpol nach unten, und befestige darunter, durch ein schickliches Gestell, zwei Glasröhren von solcher Weite, dass die beiden Magnete hineintreten können, ohne die Wände zu berühren. Um jede dieser Röhren wickle man einen mit Seide besponnen Kupferdraht, so dass zehn tausend (dix mille) Windungen gebildet werden.[468] Ferner gibt Becquerel als Extremwerte seiner Probemessungen die Massen 2,5 mg und 615 mg an.[469]

In seiner ungekürzten Originalbeschreibung macht Becquerel noch einige zusätzliche Angaben über seine Waage: *A chacune des extrémités du fléau ff', on suspend à une tige verticale, d'un décimètre de long, un plateau p, p'. Au-dessous de chaque plateau se trouve un anneau qui sert à suspendre un barreau d'acier aimanté ab, a'b', au moyen d'un fil de soie: chaque barreau a 3 millimètres de diamètre et 8 centimètres de long.*[470] Jedoch dürfte die Länge des „Stiels" (*tige verticale*) bei Jacobi und Lenz erheblich kürzer als zehn Zentimeter gewesen sein, da sonst durch den einen Magnetstab, welcher unterhalb der einen Glasröhre angeordnet wurde, beide Glasröhren nach oben hätten versetzt werden müssen.[471] Eben dies scheint ins Auge zu fallen, wenn man die Abbildung der Becquerelschen Originalwaage[472] mit der bildlichen Darstellung der von Jacobi und Lenz modifizierten Waage[473] vergleicht. Auch könnte es sich bei den „Ringen" (*anneau*) um „Haken" gehandelt haben, wie sie in beiden Bildern auftreten.[474]

---

[468] A. C. Becquerel: Beschreibung und Gebrauch der elektro-magnetischen Wage und der Säule von constanten Strömen (Auszug). APC, Bd. 42, Leipzig (1837), S. 307.

[469] Ebenda, S. 308f. *Nachdem ich eine Zink- und eine Kupferplatte, jede von 4 Quadratcentimetern Oberfläche, genommen hatte, tauchte ich sie gleichzeitig in 10 Grm. destillirten Wassers. Die Wage schlug aus, und es mussten zur Herstellung des Gleichgewichts 2,5 Milligrm. in eine der Schalen gelegt werden. ... Nach Hinzufügung eines Tropfens Schwefelsäure waren 35,5 Milligrm. zur Herstellung des Gleichgewichts erforderlich. ... Bei einer Säule aus 40 Elementen, geladen mit Wasser, das $\frac{1}{60}$ Schwefelsäure, $\frac{1}{20}$ Kochsalz und einige Tropfen Salpetersäure enthielt, waren 615 Milligramm zur Herstellung des Gleichgewichts erforderlich* (ebenda).

[470] A. C. Becquerel: Description de la balance électro-magnétique. Traité expérimental de l'électricité et du magnétisme, Tome cinquième, Première partie, Paris (1837), S. 210.

[471] Alternativ wäre natürlich auch ein Loch im Tisch denkbar.

[472] Becquerel: Beschreibung, Taf.IV / Fig. 8.

[473] Botscharowa: Die Elektrotechnischen, S. 77 und: Leshnjowa; Rshonsnizki: Lenz, S. 88.

[474] Vorherrschendes Material der „Grundwaage" wird wahrscheinlich Messing gewesen sein, denn sämtliche drei ausgestellten Waagen im Mendelejew-Museum in St. Petersburg sind praktisch vollkommen aus Messing gefertigt und ihre Waagebalken zeigen eine auffallende Ähnlichkeit mit der von Jacobi und Lenz modifizierten Waage. Übrigens wurden im 18. Jh. auch Taschenwaagen aus Messing gefertigt, wie drei Exponate im Lomonossow-Museum zeigen.

Die Spiralen der Wage bestehen aus 6 von einander getrennten und zur Schnur geflochtenen Drähten, jeder von 200' Länge. Die Einrichtung ist so getroffen, dass diese Drähte hinter oder nebeneinander verbunden werden können, geben Jacobi und Lenz an.[475]
Als Merkmale seines neuen Meßgerätes gegenüber den bekannten Multiplikatoren führt Becquerel folgende an: *Le multiplicateur est, à la vérité, plus sensible que la balance électro-magnétique, mais aussi il ne possède pas les mêmes avantages, que ce dernier appareil. Le premier doit être préféré quand il s'agit de constater l'existence et la direction des courants, et l'on doit employer la balance toutes les fois qu'il est nécessaire de comparer ensemble des courants d'intensités très-diverses.*[476] Aufgrund dieser Tatsachen werden sich Jacobi und Lenz dazu entschieden haben, in ihrem „induzierenden" Primärstromkreis eine Becquerelsche Waage als Strommeßgerät zu benutzen, in ihrem „induzierten" Sekundärstromkreis hingegen einen Multiplikator.

Zur Ermittlung des Waagenmeßfehlers bedienten sich Jacobi und Lenz eines *vorzüglichen Multiplicators* Nervanderscher Bauart,[477] nachdem sie den Waagenmeßfehler durch eine größtmögliche Entfernung der Magnetstäbe von den elektromagnetischen Waagenspiralen minimiert hatten; vermuteten sie doch, daß die elektromagnetischen Spiralen *den Eisenpartikeln der Stahlstäbe einen, dem inhärirenden entgegengesetzten, Magnetismus ertheilen*[478]. Letzteren Zusammenhang leiteten sie aus der seit 1833 bekannten Lenzschen Regel ab.

Jacobi und Lenz erkennen:
1) dass der durch galvanische Spiralen im Eisen erregte Magnetismus der Stärke der Ströme proportional ist;
2) dass dieser Magnetismus bei gleichen Strömen unabhängig ist von der Dicke und Form der Drähte oder Streifen, aus welchen die Spiralen bestehen;
3) dass bei gleichen Strömen die Weite (gemeint ist der Radius; Anm. P. H.) *der Windungen gleichgültig ist, mit der Beschränkung, dass für die, den Enden nahe liegenden Windungen, die Kraft bei grösserer Weite der Windungen etwas abnimmt;*
4) dass die Totalwirkung sämtlicher einen Eisenkern umgebenden Windun-

---

[475] Jacobi; Lenz: Ueber die Gesetze, S. 348. *Wage* in der Vorlage mit einem „a".
[476] Becquerel: Description, S. 213.
[477] Jacobi; Lenz: Ueber die Gesetze, S. 348.
[478] Ebenda, S. 347.

gen gleich ist der Summe der Wirkungen der einzelnen Windungen.[479]
Jacobi und Lenz finden: *Aus der Gleichung (E)*[480]

$$M_m = \frac{1}{2}\sqrt{\frac{asc}{\lambda\pi(b+c)}}$$

ergiebt es sich
1) dass einer bestimmten Zinkoberfläche ein Maximum des Magnetismus entspricht, das nicht überschritten werden könne;
2) dass die Maxima des Magnetismus sich nur wie die Quadratwurzeln aus den Zinkoberflächen verhalten;
3) dass man durch Vergrösserung der Dicke der Umwicklung den Magnetismus nur bis auf eine gewisse Gränze hinaus verstärken kann, welche Gränze durch die Gleichung

$$M_m = \frac{1}{2}\sqrt{\frac{as}{\lambda\pi}}$$

ausgedrückt wird, wie wir auch bereits Art. 20 gesehen haben.[481]
Jacobi und Lenz konstatieren am Ende des ersten Teils ihres Werkes „Ueber die Gesetze der Electromagnete": *Das Hauptresultat aus sämmtlichen obigen Untersuchungen lässt sich nun zum Schluss in folgendes für die Praxis höchst wichtige Gesetz zusammenfassen:*
„Bei einem gegebenen Eisencylinder kann man, für eine bestimmte Zinkoberfläche, dasselbe Maximum des Magnetismus auf unendlich verschiedene Weise erreichen, wenn man die Dicke des Drathes in das gehörige Verhältnis zur Anordnung der Kette setzt; auf welche Weise aber das Maximum auch erreicht wird, so ist dennoch die Zinkconsumption in einer bestimmten Zeit genau dieselbe."[482]

Im zweiten Teil ihrer Abhandlung,[483] der 1844, also sechs Jahre nach dem

---
[479] Ebenda, S. 359.
[480] Wobei vorher festgesetzt worden war: Die Größe der ganzen disponiblen Zinkoberfläche sei s, der Leitungswiderstand eines Plattenpaares für die Einheit der Oberfläche sei λ, die Länge des zu magnetisierenden Eisenkerns sei a, der Durchmesser des zu magnetisierenden Eisenkerns sei b, der durch die ganze Spirale erregte Magnetismus sei M, das Maximum des Magnetismus sei M_m und die Dicke der ganzen Umwicklung (es kann diese aus mehreren Lagen sein) sei c.
[481] Jacobi; Lenz: Ueber die Gesetze, S. 366.
[482] Ebenda, S. 367.
[483] M. H. Jacobi; E. Lenz: Ueber die Gesetze der Electromagnete. Teil 2. BPMA, T. 2, No 5/6/7 (29/30/31), Saint-Pétersbourg (1844).

Tabelle 4.6: Jacobis und Lenz' Versuche über die Gesetze der Elektromagnete (Erste Abteilung)

Tabelle	Variable	Beobachtung	Bemerkung
I	Stromstärke	Ablenkungswinkel	versch. Eisenzyl.
II	Drahtanzahl	Gewicht an Waage	zum Test der Waage
III a	Stromstärke	Ablenkungswinkel	I mit Korrektur II
III b	Stromstärke	Ablenkungswinkel	I mit Korrektur II
IV	Drahtdicke	Ablenkungswinkel	dick. und dünn. Spir.
V	Wicklung	Ablenkungswinkel	Draht und Cu-Streifen
VI	Spiralweite	Ablenkungswinkel	
VII	Spiralreihe	Ablenkungswinkel	Reihenschaltung
VIII	Tabelle VI	Tabelle VII	Test: Summen von VI

ersten im „Bulletin" erscheint, legen Jacobi und Lenz die Abhängigkeit des Magnetismus vom Eisenkern dar. So finden sie: *Dass bei massiven Eisencylindern von gleicher Länge und von mehr als $\frac{1}{3}$" Durchmesser, die durch galvanische Ströme von gleicher Stärke und durch Spiralen von einer gleichen Anzahl Windungen ertheilten Magnetismen, den Durchmessern dieser Cylinder proportional sind.*[484] Sie bemerken hierzu: *Es geht nun aus unserm Gesetze hervor, dass wenn es sich darum handelt, Inductionsströme durch electromagnetische Erregung des weichen Eisens zu erzeugen, es in ökonomischer Beziehung vortheilhafter ist, sich der Eisenstangen von grösserer Anzahl aber von geringerm Durchmesser zu bedienen, statt nur eine einzige Eisenstange aber von vielfachem Durchmesser zu wählen, vorausgesetzt nämlich, dass man auf eine gewisse Länge beschränkt ist. Soll z.B. ein n facher Magnetismus erzeugt werden, so bedürfte man im erstern Falle nur eines n fachen im letztern Falle aber eines n^2 fachen Gewichts an Eisen.*[485] Über den freien Magnetismus an den Endflächen von Eisenstangen finden sie: *dass der Magnetismus der Endflächen, bei Electromagneten die ihrer ganzen Länge nach mit electromagnetischen Spiralen bedeckt sind, von der Länge dieser Stangen unabhängig ist, und bei gleichen Strömen, nur bedingt*

---

[484] Ebenda, S. 72.
[485] Ebenda, S. 72f. Ökonomische Gesichtspunkte spielten eine bedeutende Rolle, da Batterien recht teuer waren.

wird durch die Anzahl der darauf befindlichen Windungen.[486]
Daraufhin kommen sie zu der Erkenntnis: *Der Magnetismus der Endflächen gleich dicker Eisenstangen, verhält sich wie die Anzahl der, entweder auf der ganzen Länge gleichmäßig verbreiteten, oder an den Enden aufgehäuften electromagnetischen Windungen, multiplicirt mit der Stärke der Ströme*[487], bzw. unter Bezug auf die vorher gefundene Proportionalität von Durchmesser der Eisenstange und Magnetismus: *Der Magnetismus der Endflächen electromagnetischer Eisenstangen, verhält sich wie die Länge des, entweder die ganze Länge der Stangen gleichmässig oder nur die Enden derselben umgebenden Drathes, multiplicirt mit der Stärke der Ströme.*[488]
Jacobi und Lenz fassen am Beginn der *III. Abtheilung*[489] ihre bisher dargelegten Ergebnisse zusammen: *dass, wenn man in Bezug auf Eisenmassen, wie auf Länge und Dicke des umwickelnden Drathes nicht beschränkt ist, man mit jeder Stärke des Stromes, beliebig starke Electromagnete erzeugen könne. ... Hat man einmal die, dem Maximo entsprechende Bedingung erfüllt, wonach der Leitungswiderstand des Spiraldrathes, dem Leitungswiderstande der Batterie gleich sein muss, so kann man mit demselben Strome oder derselben electrolytischen Action, vermittelst eines Drathes von n facher Länge und n fachem Querschnitte, den Endflächen eines Eisenkerns von n^2 facher Oberfläche, einen n fachen Magnetismus und also eine n^2 fache Tragkraft ertheilen, oder, ohne Verstärkung der Batterie durch blosse Vermehrung des Gewichts des galvanisch aequivalenten Spiraldrathes und eine verhältnissmässige Vergrösserung der Oberfläche des Eisenkerns, jede beliebige Tragkraft hervorbringen. Dieser Satz, der nur eine statische Bedeutung hat, an den man aber manche mechanische Folgerungen zu knüpfen gedachte, hat gerade in diesen Beziehungen viel Aehnlichkeit mit dem sogenannten hydrostatischen Paradoxon, oder mit dem Gesetze der bekannten einfachen mechanischen Potenzen.*[490]

---

[486] Ebenda, S. 77.
[487] Ebenda, S. 79.
[488] Ebenda.
[489] Der erste Teil von „Ueber die Gesetze der Electromagnete" umfaßt die *I. Abtheilung*, der zweite Teil die *II.* und *III. Abtheilung*.
[490] Jacobi; Lenz: Ueber die Gesetze, Teil 2, S. 80. Da Jacobi und Lenz bereits das Ohmsche Gesetz akzeptiert hatten und von Jacobis Erfahrungen mit Elektromotoren und deren Batterien ausgingen, maßen sie der Leistungsanpassung (Innenwiderstand gleich Außenwiderstand) große Bedeutung zu. Ihre These, man könne bei konstantem Strom nur durch Vergrößerung des Elektromagneten einen beliebig starken Magnetismus hervorrufen, wurde schon 1842 von Jacobi zurückgenommen: *Von der Anordnung der Organe der Bewegung lässt sich allerdings noch manches, von ihrer blossen Vergrösserung oder Vermehrung mit*

Schließlich behandeln Jacobi und Lenz noch sehr ausführlich *die Vertheilung des magnetischen Fluidums in Eisenstangen* und erklären: *dass die Summe der in den einzelnen Schichten beobachteten Magnetismen, der ganzen gemessenen Quantität des zerlegten magnetischen Fluidums gleich ist.*[491]

Tabelle 4.7: Jacobis und Lenz' Versuche über die Gesetze der Elektromagnete (Zweite und dritte Abteilung)

Tabelle	Variable	Beobachtung	Bemerkung
IX	Kerndicke	Ablenkungswinkel	versch. Eisenzyl.
X	Kerndicke	Ablenkungswinkel	eng gewickelt+Korrektion
XI	Kerndicke	Ablenkungswinkel	IX und Theoriewerte
XII	Kerndicke	Ablenkungswinkel	X und Theoriewerte
XIII	Kernlänge	Ablenkungswinkel	versch. Eisenzyl.
XIV	Kernlänge	Ablenkungswinkel	Kern mit Cu-Hülsen
XV	Kernlänge	Wicklungsorte	überall oder Enden
XVI--XXII	Kernverschiebung	Ablenkungswinkel	mit verschiedenen Berechnungen
XXIII	Kernlänge	Leitungs-R	mit Rechnungen
XXIV	Kernlänge	Ablenkungswinkel	mit Rechnungen
XXV	Kernlänge	Ablenkungswinkel	mit Rechnungen

Die Tabellen XVI-XXII ihrer Arbeit beschreiben Versuche „Ueber die Vertheilung des magnetischen Fluidums in Eisenstangen, die der ganzen Länge nach mit electromagnetischen Spiralen bedeckt sind" und eröffnen die dritte Abtheilung. Jacobi und Lenz schreiben: *Der Zweck dieser Versuche war, die Vertheilung des magnetischen Fluidums in, ganz mit galvanischen Spiralen bedeckten Eisenstangen kennen zu lernen. Die hierbei gebrauchten 7 Eisen-*

Beibehaltung derselben Batterieen, nichts erwarten. Ich darf es aber wohl nicht verläugnen, dass wir auch bei unsern Arbeiten hier solchem Irrthume unterlagen und dass manche bittere Enttäuschung vorherging, ehe wir zu dieser Erkenntnis gelangten (M. H. Jacobi: Über meine electromagnetischen Arbeiten im Jahre 1841. BSA, T. 10, Saint-Pétersbourg (1842), S. 77). Der scheinbare chronologische Widerspruch zwischen den beiden Aussagen basiert auf der Tatsache, daß der zweite Teil der „Gesetze der Electromagnete" bereits 1839 abgeschlossen war (worauf weiter unten noch zurückgekommen werden wird), aber erst 1844 veröffentlicht wurde.

[491] Jacobi; Lenz: Ueber die Gesetze, Teil 2, S. 83-102 (Behandlung), S. 99 (Erklärung).

cylinder hatten $1\frac{3}{4}$" im Durchmesser und eine Länge von 4', $3\frac{1}{2}$', 3', $2\frac{1}{2}$', 2', $1\frac{1}{2}$' und 1'. Sie waren alle gut abgedreht, und konnten nach und nach in eine 4 Fuss lange Messingröhre geschoben werden auf welche ein, etwa $\frac{3}{4}$ Linien dicker mit Seide besponnener Kupferdrath in 696 Windungen gewickelt war. Bei Anwendung des 4 Fuss langen Eisencylinders, befand sich diese ganze Spirale im galvanischen Kreise, wurden aber die Cylinder von geringerer Länge gebraucht, so durfte nur ein verhältnissmässiger Theil derselben galvanisiert werden.[492]

Tabelle 4.8: Jacobis und Lenz' Versuche über die Gesetze der Elektromagnete (Anhang)

Tabelle	Variable	Beobachtung	Bemerkung
XXVI	Spiralen	Induktionsstrom	mit Rechnungen
XXVII	Verschiebung	Induktionsstrom	der Induk.-Spule
XXVIII	Verschiebung	Induktionsstrom	der Galv.-Spule
XXIX	Spiralanzahl	Induktionsstrom	mit Rechnungen
XXX	Kernlänge	Induktionsstrom	mit Rechnungen
XXXI	Verschiebung	Induktionsstrom	der Induk.-Spule
XXXII	Verschiebung	Ablenkungswinkel	mit Rechnungen

Lenz ergänzt das gemeinsame Werk durch eine „Bemerkung",[493] die 1839 im Bulletin erscheint und in der er eine seiner früheren Entdeckungen relativiert: *In meiner Abhandlung*[494] *habe ich das Gesetz aufgestellt: „die electromotorische Kraft der in Spiralen verschiedener Weite, von ein und demselben Eisenkerne und ein und demselben in ihm erzeugten Magnetismus inducirten Ströme ist unabhängig von der Weite der Windungen." ... Nach diesen Erläuterungen muss ich also das von mir in der angeführten Abhandlung zu allgemein aufgestellte Gesetz, ... dahin modificiren, dass es in dieser Allgemeinheit nur gültig sei, wenn die inducirenden Magnetstäbe gegen die Weite der Windungen als unendlich lang anzusehen sind, dass es aber für kürzere Magnetstäbe die Beschränkung erleide, dass die weitern Spiralen ge-*

---
[492] Ebenda, S. 83.
[493] Lenz: Bemerkung zu der in T. IV. No 22, 23 des Bulletin enthaltenen Abhandlung: „Ueber die Gesetze der Electromagnete". BSA, T. 5, No 1/2 (97/98), Saint-Pétersbourg (1839).
[494] Gemeint ist Lenz: Ueber die Gesetze nach welchen der Magnet.

gen die engern etwas im Nachtheile sind.[495]

Auch Jacobi fügt den gemeinsamen Arbeiten mit Lenz einen „Zusatz" hinzu,[496] der im Jahre 1844 im Bulletin erscheint. In ihm listet er noch einmal die wichtigsten Ergebnisse kurz auf. Hierbei wählt er verstärkt Formeln als Ausdrucksmittel, während der gemeinsame Aufsatz mit Lenz vor allem durch erzählerische Sätze als Formulierungen für Gesetzmäßigkeiten besticht. Als zentrale Formel für die magnetische Verteilungskurve finden wir sowohl bei Jacobi als auch im gemeinsamen Aufsatz

$$z' = a' - b'y^2 \quad ,$$

wobei y die Entfernung von der Stangenmitte, z' die Quantität des bei y zerlegten magnetischen Fluidums (auch: die dort stattfindende elektromotorische Kraft) und a' und b' Konstanten darstellen, welche aus den Beobachtungen von Jacobi und Lenz berechnet werden können.[497]
Im Unterschied zu Jacobis „Zusatz" besticht Lenz' „Bemerkung" durch Ausformulierungen und den völligen Verzicht auf mathematische Formeln.

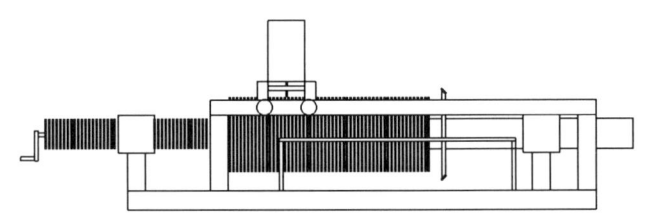

Abbildung 4.9: Jacobis Volt'agometer - ein „Regulator mit festem Leitungswiderstande", ein Schiebewiderstand

---

[495]Lenz: Bemerkung, S. 19, 21.
[496]M. H. Jacobi: Zusatz zu der dritten Abtheilung des Aufsatzes «Über die Gesetze der Electromagnete». BPMA, T. 2, No 5/6/7 (29/30/31), Saint-Pétersbourg (1844).
[497]Ebenda, S. 108-111 und: Jacobi; Lenz: Ueber die Gesetze, Teil 2, S. 99f.

Tabelle 4.9: Fehler der Messungen von Moritz Jacobi und Emil Lenz (aus: Botscharowa)

Die erste Gruppe betreffend:	Maßnahme zur Beseitigung:
1. Nichtkonstante Stärke des Stromes.	Regulierung des Innenwiderstandes der galvanischen Batterie durch mehr oder weniger Absenkung der Platten ins Elektrolyt; später Jacobis Agometer.
2. Ungenaue Anzeige des Galvanometers wegen der Verdrehung des Fadens und der Exzentrizität der Magnetnadel.	Für jede Wertbestimmung wurden 4 Messungen durchgeführt; zwei für eine Stromrichtung, zwei für die andere; zur Änderung der Stromrichtung war ein spezieller Umschalter vorgesehen.
3. Einfluß des Primärstromkreises auf den sekundären bis zum Beginn der Messung.	Einrichtung des Schalters P_2, welcher sich nur zu der für die Messung nötigen Zeit schließt.
4. Uneinheitlichkeit beim Anlegen der Isolation an den Leiter, infolgedessen Spulen gleichen Durchmessers und gleicher Drahtlänge verschiedene Längen erhielten.	Ein Korrekturfaktor wurde eingeführt.

Zu den nicht zu beseitigenden Fehlern mußten gehören:
1. Veränderung der Multiplikatoranzeige mit der Zeit.[498]
2. Verschiedenheit der Qualität des Eisens der Kerne, abhängig von der chemischen Zusammensetzung und der Art ihrer mechanischen und thermischen Verarbeitung.[499]

---

[498] Schon 1832 schreibt Lenz über seine Erfahrungen mit dem sensiblen Multiplikator: *Ich vermied ferner sorgfältig jede Verrückung des Multiplicators während einer Reihe zusammengehöriger Versuche, weil unmöglich jede Windung des Multiplicators so wirken kann, wie die andre (dieses würde voraussetzen, dass sie alle genau in einer Ebene und einander parallel lägen) und weil, wenn auch dieses vorausgesetzt werden könnte, die Wirkung doch verschieden ausfallen müsste, je nachdem die Nadel in ihrem ruhigen Stande den Windungen genau parallel hing oder einen grössern oder kleinern Winkel mit der Richtung derselben machte* (Lenz: Ueber die Gesetze nach welchen der Magnet, S. 430). Während ihrer gemeinsamen Arbeit „Ueber die Gesetze der Electromagnete" machten Jacobi und Lenz einmal eine mehrtägige Versuchspause und mußten außerdem den Coconfaden, an dem die Doppelnadel des Multiplikators hing, erneuern. Sie folgerten: *Daher der Unterschied*

„Ueber die Anziehung der Electromagnete"

In ihrer gemeinsamen Note „Ueber die Anziehung der Electromagnete",[500] die im Jahre 1839 publiziert wurde, erklären Jacobi und Lenz: *Wir erlauben uns daher in dem gegenwärtigen Aufsatze der Academie einige Versuche vorzulegen, welche das Gesetz bestätigen, dass die Anziehung zwischen zweien Electromagneten oder einem Electromagneten und dem weichen Eisen, sich verhält wie die Quadrate der Stärke der magnetisirenden Ströme. ... wobei wir wenigstens vorläufig noch die Beschränkung wollen gelten lassen, dass beide sich nicht unmittelbar berühren, sondern um etwa eine Linie von aneinander abstehen müssen.*[501]
Mit Hufeisenmagneten wurden ebenfalls Versuche durchgeführt, die aber nicht das gewünschte Ergebnis brachten. *Bis zur vollen Aufklärung dieses Gegenstandes muss man sich nur hüten solche hufeisenförmige Eisenstangen als Maass zu gebrauchen.*[502]
Bei diesen Versuchen wurden zu einem vorher eingestellten Strom so lange neue Gewichte in die Waagschale eines Waagebalkens[503] gelegt, bis die Elek-

---

der Beobachtungen mit der Spirale I in beiden Tabellen (Jacobi; Lenz: Ueber die Gesetze, S. 358). An einer anderen Stelle heißt es: *Es waren darüber mehrere Wochen verflossen, während welcher Zeit sich die Angaben des Multiplicators und der Waage verändert haben konnten, da wir nicht im Stande gewesen waren, die Beobachtungen in einem gesonderten Locale, mit fester Aufstellung der Instrumente anzustellen* (ebenda, Teil 2, S. 66f).

[499] Botscharowa: Die Elektrotechnischen, S. 79. Zum in der Tabelle 4.9 erwähnten Agometer siehe Abbildung 4.9.

[500] M. H. Jacobi; E. Lenz: Ueber die Anziehung der Electromagnete (Notes). BSA, T. 5, No 17 (113), Saint-Pétersbourg (1839). Vgl. auch die Übersetzungen der Abhandlungen „Ueber die Anziehung der Electromagnete" und „Ueber die Gesetze der Electromagnete", inclusive Lenz' „Bemerkung", jedoch ohne Jacobis „Zusatz", in die russische Sprache in: Lenz: Ausgewählte Arbeiten, S. 241-358.

[501] Jacobi; Lenz: Ueber die Anziehung, S. 259f., S. 264. Bei den Versuchen wird praktisch ein Elektromagnet an einen Waagebalken über einen feststehenden Elektromagneten aufgehängt. Eine Holzscheibe verhindert den Kontakt, wenn beide Elektromagnete von Strom durchflossen werden, welcher an einer Tangentenbussole gemessen werden kann. Durch das Zufügen von Massestücken wird am anderen Waagebalken so lange die Gewichtskraft erhöht, bis diese die Anziehungskraft der Magnete übertrifft (zur Anschauung siehe Abbildung 4.10).

[502] Ebenda, S. 271.

[503] Jacobi und Lenz bedienten sich eines *gewöhnlichen Wagebalkens* (ebenda, S. 260) und nicht einer Becquerelschen Waage wie es Leshnjowa; Rshonsnizki: Lenz, S. 93 schreiben. Die Darstellung des Versuchsaufbaus für die Experimente bezüglich der Anziehung der Elektromagnete mit drei Quecksilbergefässen von Botscharowa: Die Elektrotechnischen, S. 92 ist ebenfalls falsch. Jacobi und Lenz geben an: *Die Enden der den oberen Eisencylinder umgebenden Spirale, tauchten bei den Versuchen über die Anziehung zweier Electroma-*

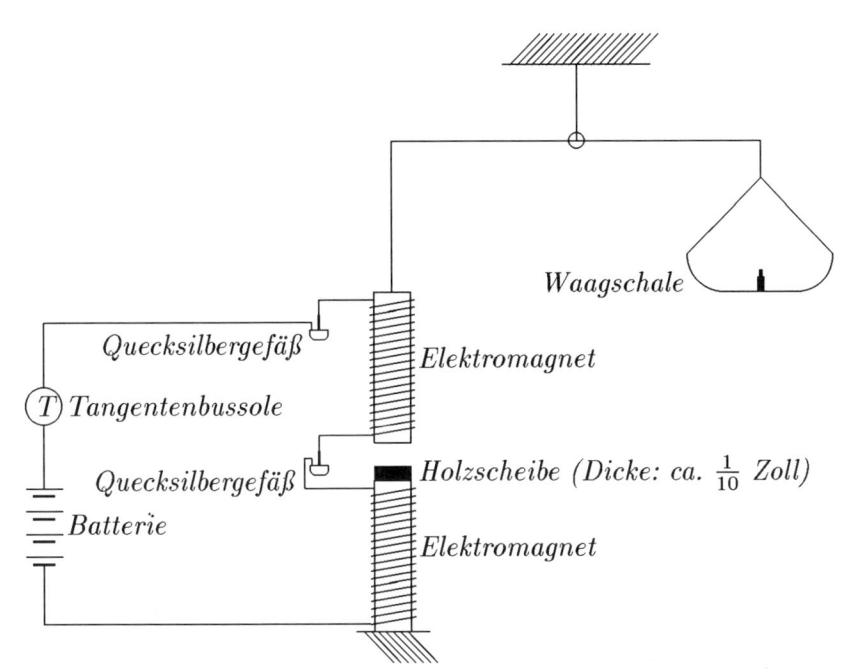

Abbildung 4.10: Jacobis und Lenz' Versuchsanordnung aus dem Jahre 1839

tromagnete das Gewicht nicht mehr halten konnten und sich trennten. In ihrem Werk „Ueber die Anziehung der Electromagnete" geben Jacobi und Lenz elf Tabellen an, welche stets Gewichte den Ablenkungswinkeln (also an der Tangentenbussole gemessenen Strömen) zuordnen und zudem (in zehn von elf Fällen) Berechnungen aufweisen.

Jacobi und Lenz haben Zeichnungen und andere anschauliche Darstellungen in nur sehr beschränktem Maße verwendet. Zeitgenössische Zeitungen konnten in der Regel keine Bilder drucken, obwohl bei den Lesern sicher ein derartiges Interesse vorhanden gewesen sein wird. Dieses Abbildungsdefizit bestand sogar im Fall von Jacobis Elektromotor. Trotz des Medieninteresses

---

gnete, (Tabelle II und III), in Quecksilbergefässe (Jacobi; Lenz: Ueber die Anziehung, S. 260). Der Zweck der Quecksilbertäßchen besteht darin, zu den Strom zuleitenden Kabeln des beweglichen Magneten stets Strom zu übertragen, wobei die Kabel „fast" reibungsfrei und ohne Aufwand von Verformungsenergie beweglich sein müssen. Diese Einrichtung ist für den unteren festen Magneten nicht notwendig.

an dieser Konstruktion gab es davon fast keine Abbildungen. So schreibt z.B. Beima[504] am 13.1.1835 an Jacobi: *Herr Jacobi Mechanikus zu Königsberg Mein Herr! Seit einigen Seit habe ich gelesen in einem Zeitschrift von ein Electro-Magnetisch Werkzeug durch Ihnen verfertigt, worin das Electro-Magnetism zum Bewegungskraft wird angewent, und dasz Sie mit dem besten Folge damit Versuche angestellt hatten in Gegenwärtigkeit von verschiedene gelehrte Männer, worunter auch gegenwartig waren die Herrn Besfee und von Humbold. - aber da ich aus dem Beschreibungen davon keine genugsame Erläuterung konnte finden, sollte es mir angenehm sein, dasz Sie mir so bald möglich einen solchen Modell durch Ihnen dargestellt wollte uebersenden, mit einem Erklärung oder Auslegung daneben von derselben Einrichtung und Gebrauch.*[505] Wegen der abbildungsarmen Präsentationsform besteht leider ein Mangel an zeitgenössischen Darstellungen, welcher weder durch intensive Suche noch aufgrund der Sekundärliteratur behoben werden konnte.[506]

Heinrich Wild, Jacobis Nachfolger in der Akademie, hat zwei Jahre nach dessen Tod festgehalten, daß Jacobi und Lenz ihre Versuche bezüglich der Gesetze und der Anziehung von Elektromagneten in den Jahren 1837-39 durchgeführt haben.[507] Dies bedeutet, daß die beiden den ersten Teil ihrer Arbeit „Ueber die Gesetze der Electromagnete" noch vor Abschluß der gesamten Forschungen veröffentlicht, jene „Ueber die Anziehung der Electromagnete" am Ende ihre Arbeiten publiziert und den zweiten Teil ihres Werkes „Ueber die Gesetze der Electromagnete" erst fünf Jahre nach Abschluß der Forschungen öffentlich bekannt gemacht haben. Möglicherweise zögerten sie die letzte dieser drei Veröffentlichungen heraus, da sie vorher

---

[504] *E. M. Beima Math. et Phil. Nat. Doct. zu Leyden* (AAH, 187-1-52-19).

[505] Ebenda. Die Orthographie und Interpunktion wurde unverändert wiedergegeben. Übrigens beantwortete Jacobi diesen Brief erst ein halbes Jahr später, wie die Bemerkung *beantwortet den 4" Julius 35* auf dem Brief zeigt. Die Antwort konnte ich in St. Petersburg nicht finden.

[506] Meiner Suche nach zeitgenössischen Darstellungen und noch erhaltenen Orginalinstrumenten war wenig Erfolg beschieden. Zeitgenössische Darstellungen zu den „Gesetze"-Versuchen gibt es wahrscheinlich überhaupt nicht, und die Originalinstrumente sind zerlegt worden, wie mir in Moskau Frau Leshnjowa (Autorin eines Lenz-Buches) erklärte. Die Metallteile der Instrumente seien damals „recyclet" worden. Prof. Dr. Komarow, mein wissenschaftlicher Betreuer während des Jahresaufenthaltes in St. Petersburg, hielt die Suche schon länger für sinnlos. Im Museum der Ishora-Werke in Kolpino bei St. Petersburg wußte die Direktorin nicht einmal, daß das Jacobi-Boot (das erste Elektroboot überhaupt) dort gebaut worden war.

[507] Wild: Über das Leben, S 64.

4.4.3 Proportionalität statt Hysteresis

Jacobi und Lenz geben eine Meßwerttabelle an,[508] aus welcher die Kurven in Abbildung 4.12 abgeleitet werden können.[509] In ihr ist eine Hysteresis- oder Neukurve[510] nicht zu erkennen. Jeder Meßwert ist ein arithmetisches Mittel aus vier Beobachtungen, so daß zufällige Fehler schon minimiert sind. Die fünf „verschobenen" Werte wurden beobachtet, *nachdem in der Inductionskette noch ein Draht eingeschaltet worden war, um die Ablenkungen zu vermindern, weil sonst die Nadel ganz herumgeschlagen hätte.* Das Verhältnis der Leitungswiderstände bzw. der hergeleiteten Stromstärken $sin\frac{1}{2}\alpha$ wurde jedoch von Jacobi und Lenz bestimmt. Das Stromstärkenverhältnis beträgt 4,9852. Abbildung 4.14 zeigt die Sinusse, in Abbildung 4.16 sind die fünf Werte mit dem Faktor des Stromstärkenverhältnisses multipliziert und in Abbildung 4.18 wieder die Ablenkungswinkel angegeben, nachdem vorher die Kreisbögen errechnet wurden.

In dieser Abbildung ist nun aber schon eine deutliche Abweichung von den vormals so linear scheinenden Geraden zu erkennen, zumindest bei den dickeren Eisenstäben, deren elektromagnetische Wirkung größer ist als die der dünneren.[511] Zweifellos handelt es sich bei diesen Abweichungen nicht um die Neukurve der Hysteresis, da der aufgetragene Ablenkungswinkel nicht proportional zur magnetischen Induktion ist, jedoch können sie als Beweis dafür dienen, daß Jacobi und Lenz keineswegs aus ihren Experimenten zwingend eine proportionale Abhängigkeit des Magnetismus vom Strom hätten folgern müssen. Hätten sie nämlich keine oder eine andere Modellvorstellung vom Phänomen der elektromagnetischen Einwirkung auf die Multiplikatornadel gehabt, so hätten sie nicht $sin\frac{1}{2}\alpha$, was sie für *die dem erregten Magnetismus proportionale Kraft des inducirten Stromes*[512] hielten, über die Ströme auf-

---

[508] Jacobi; Lenz: Ueber die Gesetze, S. 345. Jacobi und Lenz geben lediglich die Meßwerte und keine graphische Darstellung der Kurven an.

[509] In dieser und den folgenden sieben Abbildungen sind von unten nach oben eine Kurve für die Meßreihe ohne Eisenzylinder und sechs Kurven für die Meßreihen mit den Eisenzylindern der Durchmesser $\frac{1}{2}$, 1, $1\frac{1}{2}$, 2, $2\frac{1}{2}$ und 3 englische Zoll aufgetragen. Die dritte und die vierte Kurve sind fast deckungsgleich.

[510] Siehe Abbildung 4.11.

[511] Alle weichen von einer Geraden ab; aufgrund der für die dünneren Stäbe ungünstigen Skalierung ist dies in den Graphen nicht zu erkennen.

[512] Jacobi; Lenz: Ueber die Gesetze, S. 345f.

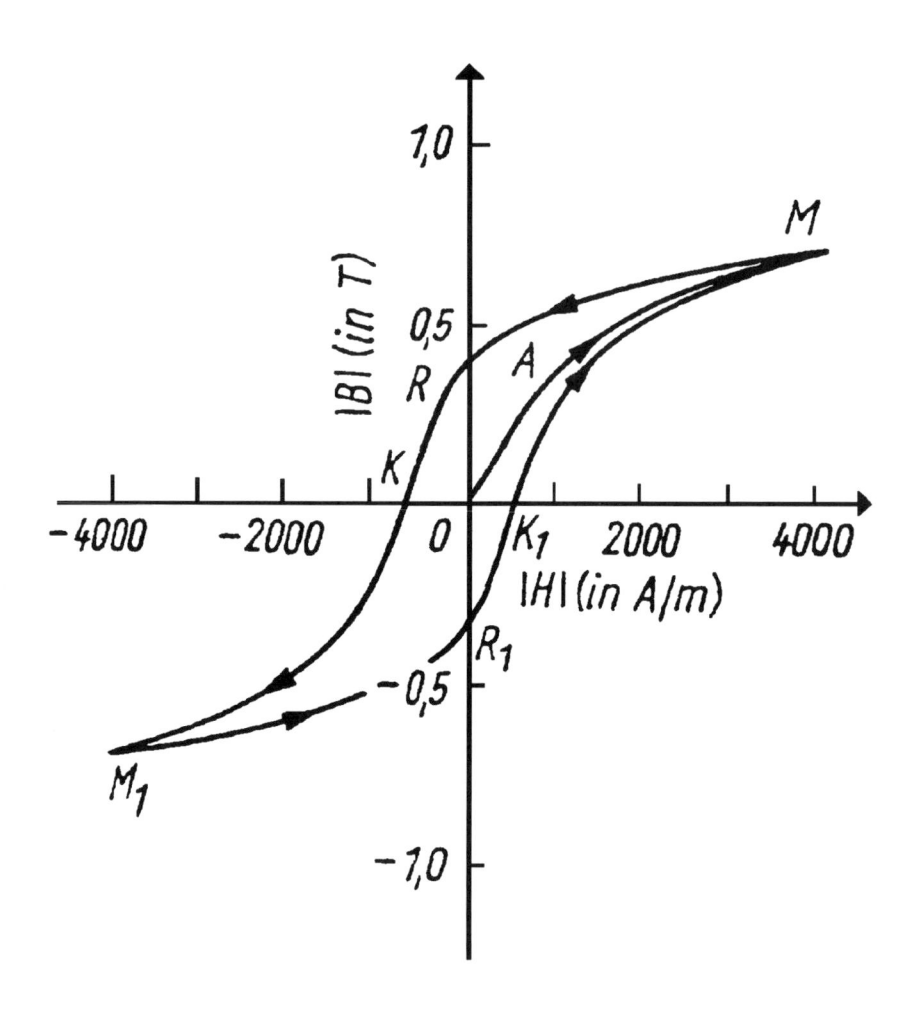

Abbildung 4.11: Die Hysteresiskurve mit Neukurve A. Die Magnetische Feldstärke H, die proportional zum Strom I ist, magnetisiert einen Magneten bis zu dessen Sättigung M. Wird H nun aufgehoben, so bleibt im Magneten dennoch etwas Magnetismus erhalten. Er wird als Remanenz R bezeichnet. Um den Magneten vollständig zu entmagnetisieren, benötigt man die Koerzitivkraft K. Abbildung aus: E. Grimsehl: Lehrbuch der Physik. Band 2 Elektrizitätslehre. Leipzig (1988), S. 139.

Proportionalität statt Hysteresis 225

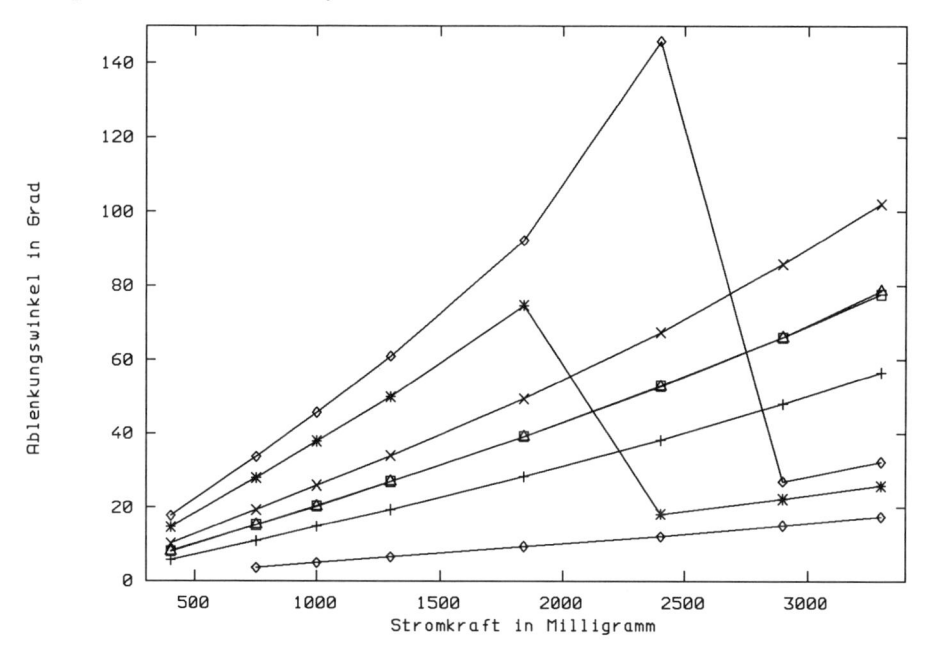

Abbildung 4.12: Die gemessenen Werte. Die Stromstärken wurden mit der Becquerelschen Waage in Milligramm bestimmt.

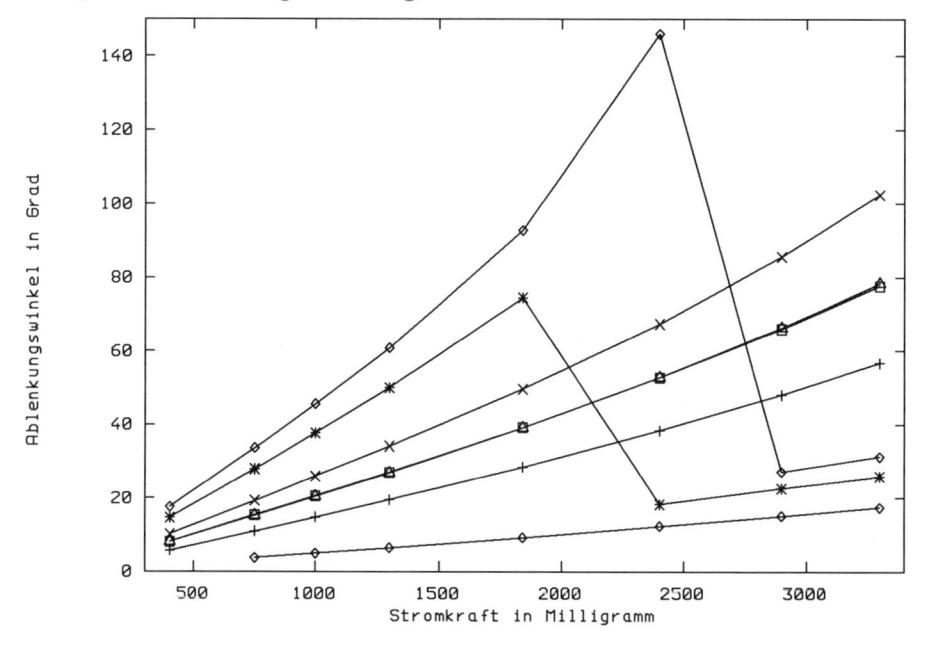

Abbildung 4.13: Die berechneten Werte. Sie sind den gemessenen sehr ähnlich, jedoch nicht mit ihnen identisch.

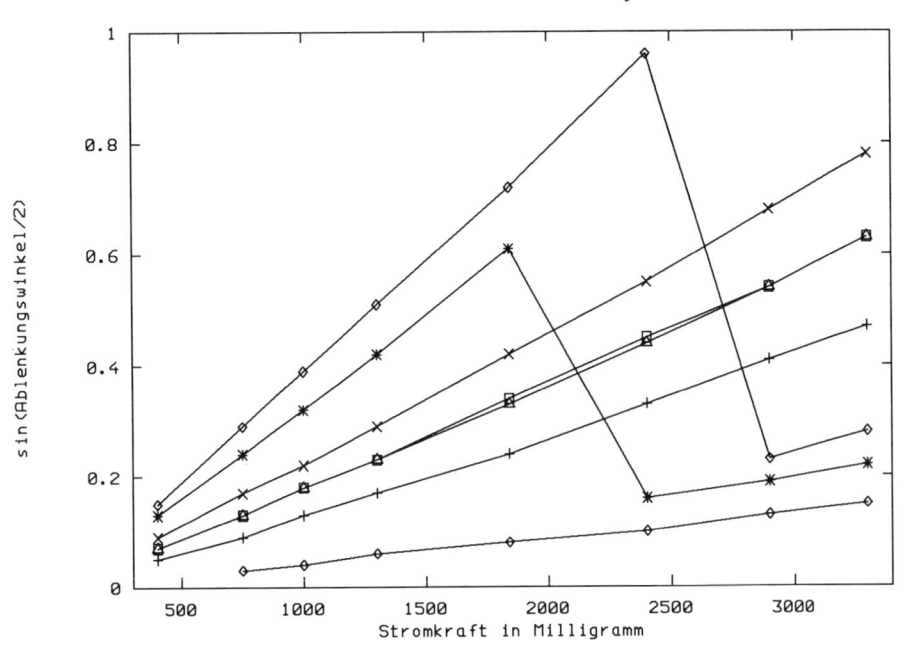

Abbildung 4.14: Die gemessenen Werte als Sinusse.

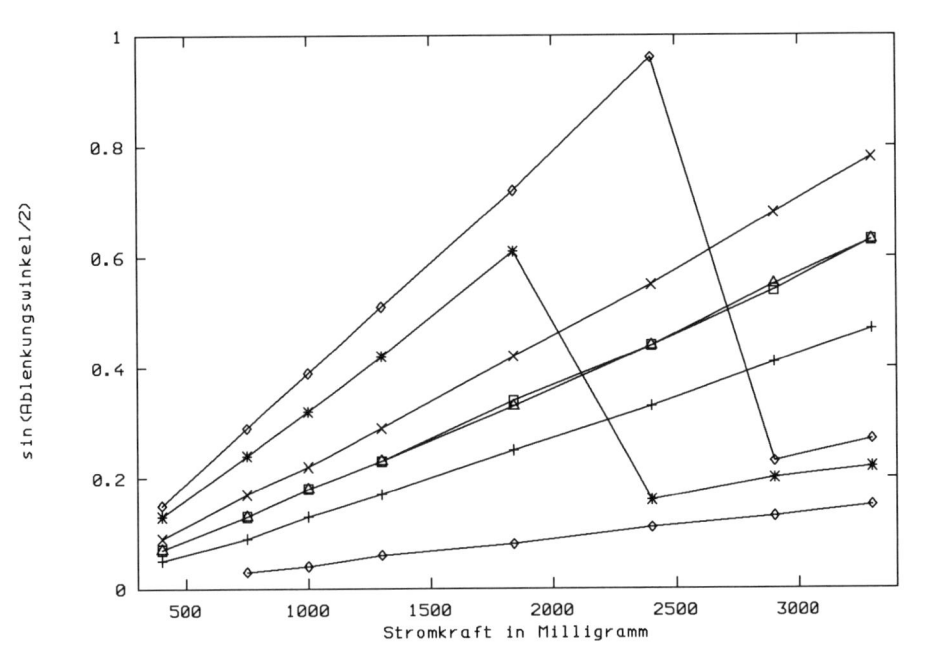

Abbildung 4.15: Die berechneten Werte als Sinusse.

Proportionalität statt Hysteresis 227

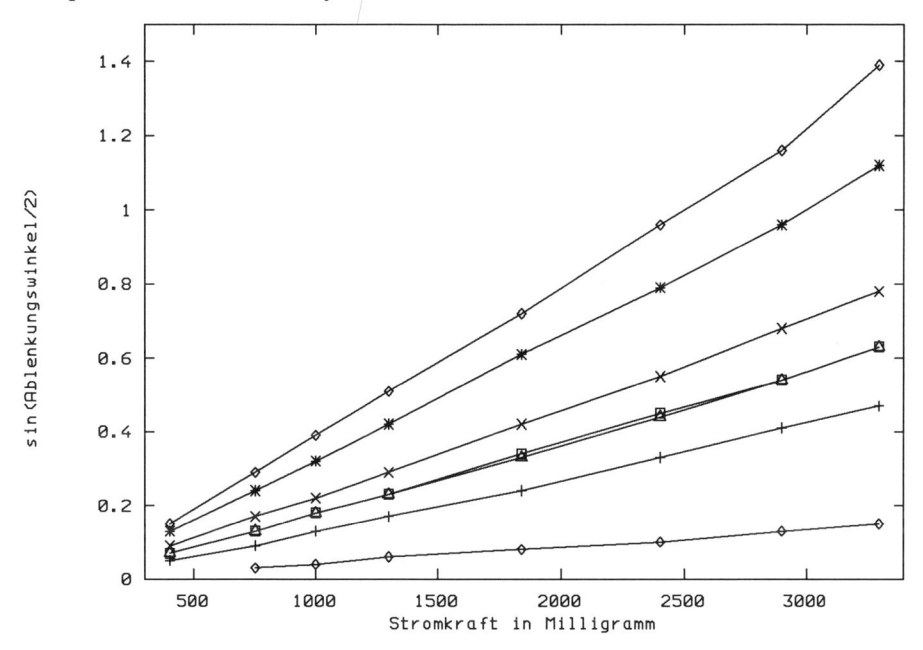

Abbildung 4.16: Die korrigierten „gemessenen" Werte als Sinusse.

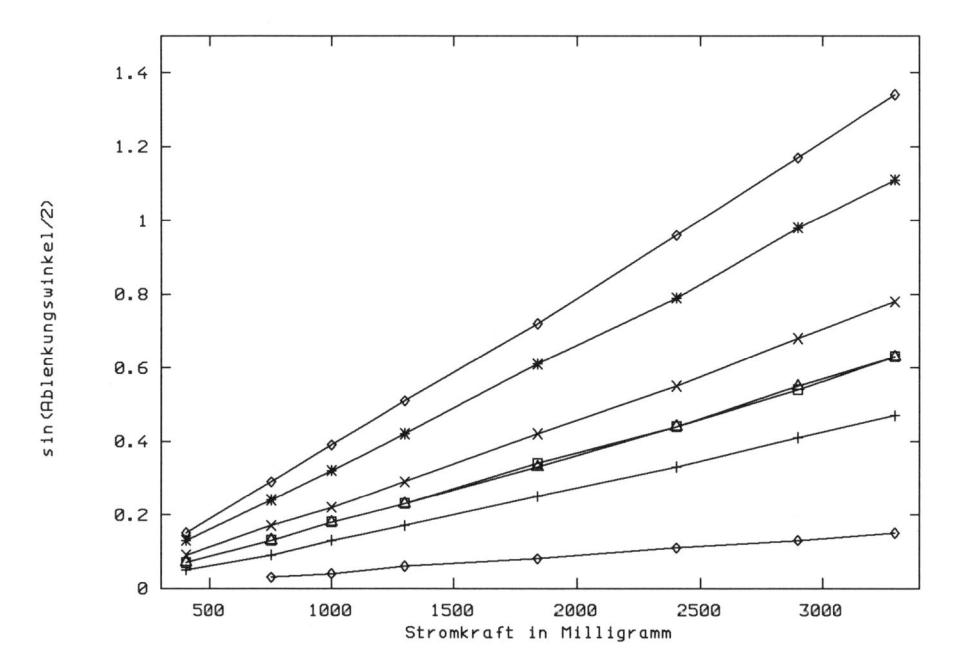

Abbildung 4.17: Die korrigierten berechneten Werte als Sinusse.

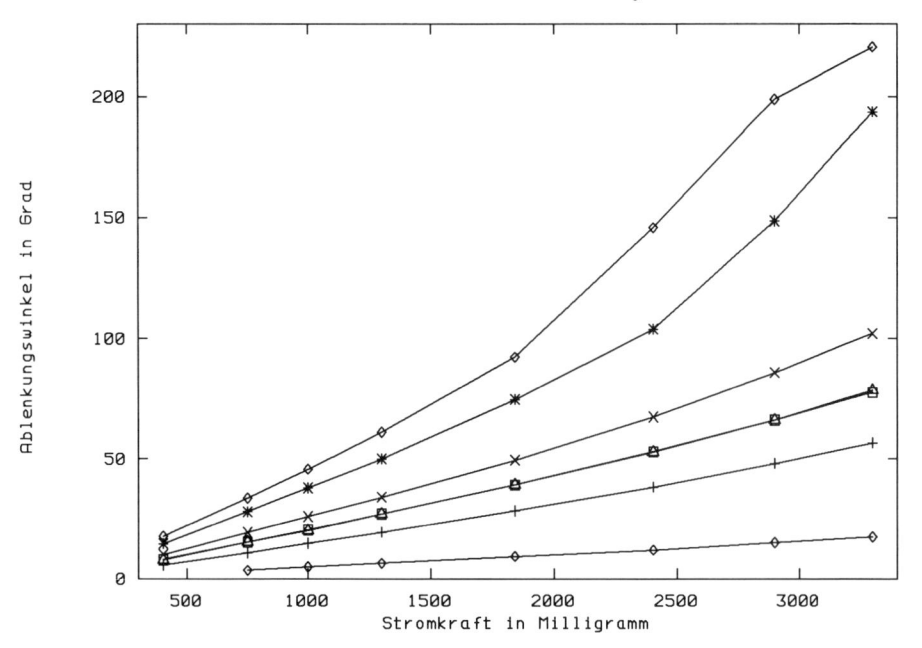

Abbildung 4.18: Die korrigierten „gemessenen" Werte.

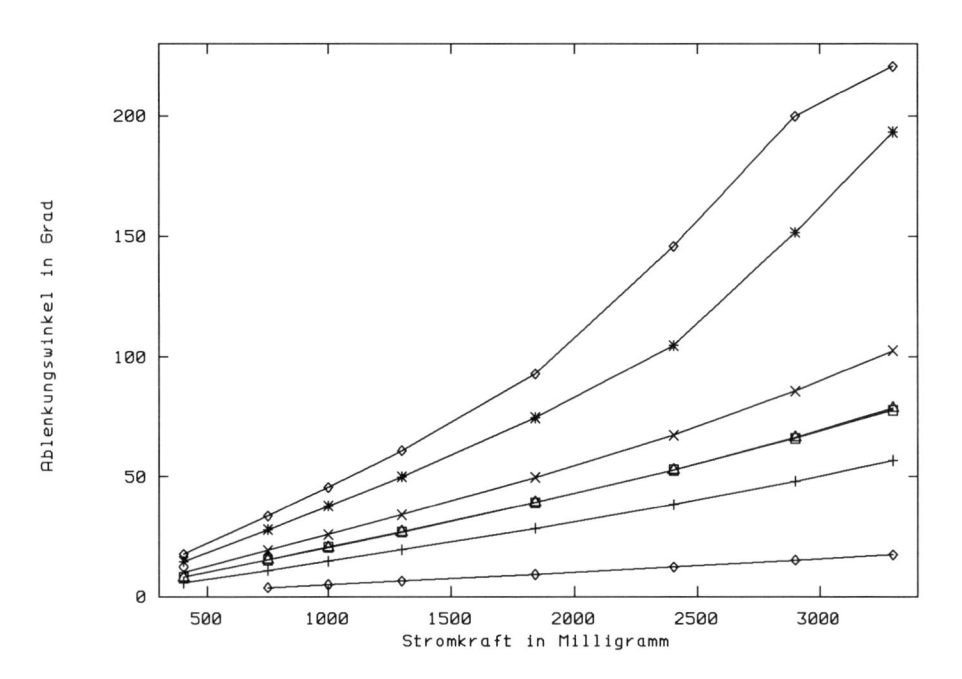

Abbildung 4.19: Die korrigierten berechneten Werte.

getragen, sondern vielleicht einfach nur den Ablenkungswinkel α, was ja viel naheliegender wäre. Es war die Modellvorstellung, daß die Schwingung der Multiplikatornadel dem ballistischen Pendel vergleichbar sei, welche Jacobi und Lenz dazu veranlaßte, $sin\frac{1}{2}\alpha$ über die an der Becquerelschen Waage gemessenen Ströme aufzutragen.[513]

Somit kann es als erwiesen betrachtet werden, daß das Ergebnis von Jacobi und Lenz auch eine Folge ihrer Modellvorstellungen war, und nicht nur von „objektiven", experimentell erhaltenen Meßwerten abhing.[514]

Fraglich bleibt, ob die von ihnen benutzte Batterie überhaupt stark genug war, um bei den verwendeten Eisenstäben den vollen Hysteresisverlauf bis einschließlich der Sättigungen hervorzurufen; es ist jedoch anzunehmen.[515] Doch selbst wenn Jacobi und Lenz bei ausführlicherer Suche die Hysteresis hätten finden können, so heißt dies nicht, daß sie diese auch finden wollten. Die von ihnen postulierte proportionale Beziehung zwischen Magnetismus und Strom war einfacher, proportionale Abhängigkeiten waren generell in der Physik häufiger zu finden und Jacobi war zudem ein Freund gerader Linien. So schrieb er am 10.(22.) August 1837 über die von ihm in Dorpat konstruierte Dombergbrücke, einem nur aus senkrechten und waagerechten „Linien" bestehenden Bauwerk, daß er sich *ein sehr anständiges Denkmahl durch den Bau eines sehr schönen Portals mit Viaduct am Domberge gesetzt habe.*[516]

Daß Jacobi und Lenz mit einer klaren Vorstellung an ihre Versuche gin-

---

[513] Beim ballistischen Pendel gilt: $v = k * sin\frac{\alpha}{2}$, wobei v die Geschwindigkeit, k eine Konstante und α der Ablenkungswinkel sind. Im folgenden Abschnitt wird ausführlich auf dieses Thema eingegangen.

[514] Die von Prof. Dr. I. W. Komarow (St. Petersburger Staatliche Universität) mir gegenüber geäußerte Ansicht, Jacobi und Lenz hätten gar nicht den Ablenkungswinkel, sondern direkt dessen Sinus abgelesen, da dieser auf einer runden Multiplikatorskala mit einem geraden Lineal leichter und damit genauer abzulesen sei als ein Winkel, würde meine Argumentation neutralisieren, ist aber unzutreffend. Jacobi und Lenz schreiben: *Die directe Ablesung von α erstreckte sich durch Schätzung bis auf $0^0,1$, da der Kreis nur in volle Grade eingetheilt war* (Jacobi; Lenz: Ueber die Gesetze, S. 342).

[515] Mir scheint, daß die verwandte Batterie völlig ausreichend war und Lindner behauptet in seiner (vom Fachbereich Kommunikations- und Geschichtswissenschaften der TU Berlin angenommenen) Dissertation: *Dabei hätten Jacobi und Lenz mit ihrer Meßanordnung bereits die selben Ergebnisse erzielen können wie ihre Kollegen 50 Jahre später* (Lindner: Elektromagnetismus, S. 2-51). Eine abschließende Klärung dieser Frage kann jedoch nur eine Replikation erbringen, das heißt die Wiederholung der Experimente durch einen Physiker an originalen oder nachgebauten Versuchsapparaten. Dabei ist insbesondere auf einen den historischen Gegebenheiten entsprechenden Versuchsaufbau und auf möglichst identische Versuchsbedingungen zu achten.

[516] Ahrens: Briefwechsel, S. 45.

gen, wird aus ihrer Beschreibung der Experimente deutlich: *Denn es entsteht bekanntlich in der den Eisenkern umgebenden zweiten Spirale, durch Verschwinden des Magnetismus* (der von der ersten Spirale im Eisenkern erzeugt wurde; Anm. P. H.) *ein inducirter Strom, welcher den Multiplicator durchläuft. Dass dieser inducirte Strom, welcher durch Verschwinden des Magnetismus im Eisenkern entsteht, diesem Magnetismus selbst proportional sei, ist die Voraussetzung, worauf unser ganzes Verfahren basirt ist.*[517] Sie setzten also genau jene Proportionalität voraus, die sie schließlich zu finden glaubten.

Zusammenfassend kann behauptet werden, daß Jacobi und Lenz wahrscheinlich die Hysteresis hätten finden können,[518] daß ihnen aber ihr eigenes Gesetz so plausibel erschien, und vor allem, daß es ihnen auch so gut gefiel, daß es für sie gar keinen Grund gab, nach einer komplizierteren Beziehung zu suchen.

Theoretischer Exkurs

Jacobi und Lenz versprechen dem Leser, daß die *ausführlichere Abhandlung*, die niemals erscheinen sollte, *die Berechnung der obigen Versuche nach der Formel*

$$x * sin\frac{1}{2}\alpha = K \qquad (4.1)$$

enthalte, *wo $sin\frac{1}{2}\alpha$ die dem erregten Magnetismus proportionale Kraft des inducirten Stromes, K die Stärke des galvanischen Stromes und x ein für jeden Cylinder constanter Coefficient ist.*

Ferner schreiben sie der Waage einen Fehler zu, den sie durch Messungen zu bestimmen suchten. Abbildung 4.20 dokumentiert die Waagenvermessung. In Abhängigkeit von der Anzahl der Spiralendrähte, deren elektromagnetische Anziehungskraft die Waage aus den Gleichgewicht zog, wurde das zum Waagenausgleich benötigte Gewicht sowohl gemessen als auch nach der Formel

$$K = m * x \qquad (4.2)$$

berechnet; wobei *K das Gewicht, m die Anzahl der Drähte und x ein aus den Beobachtungen zu bestimmender constanter Coefficient sind.* Da Jacobi und Lenz diese Korrektur noch nicht ausreichend erschien, bevorzugten sie die Formel

$$K = m * x - m^2 * y \quad , \qquad (4.3)$$

---

[517]Jacobi; Lenz: Ueber die Gesetze, S. 341f. Von *Dass* bis *sei* von den Autoren kursiv hervorgehoben.

[518]Möglicherweise mit ihrer, möglicherweise mit einer anderen Versuchsanordnung.

Proportionalität statt Hysteresis 231

wo nach der Methode d. kl. Q. berechnet $x = 187, 1$ und $y = 1, 48$ sind.[519]
Diese Korrektur ist mit den Meßwerten deckungsgleich (siehe Abbildung 4.21).
Als nächste Schritte meinten nun Jacobi und Lenz, *die Versuche der Tab. I* mit Hilfe der Formel

$$x * sin\frac{1}{2}\alpha - y * sin\frac{1}{2}\alpha^2 = K \qquad (4.4)$$

berechnen zu können, und die für x und y für jeden Zylinder erhaltenen Werte in die Formel

$$sin\frac{1}{2}\alpha = \frac{x \pm \sqrt{4ky + x^2}}{2y} \qquad (4.5)$$

einsetzen zu dürfen, um so die verschiedenen α zu erhalten. Tatsächlich benutzten sie aber anstatt der von ihnen angegebenen Formel (4.4) die Formel

$$x * sin\frac{1}{2}\alpha - y * sin^2\frac{1}{2}\alpha = K \quad ,^{520} \qquad (4.6)$$

aus der man eine der Formel (4.5) sehr ähnliche Gleichung erhält:

$$\begin{aligned}
x * sin\frac{1}{2}\alpha - y * sin^2\frac{1}{2}\alpha &= K \\
\Longleftrightarrow y * sin^2\frac{1}{2}\alpha - x * sin\frac{1}{2}\alpha &= -K \\
\Longleftrightarrow sin^2\frac{1}{2}\alpha - \frac{x}{y} * sin\frac{1}{2}\alpha &= -\frac{K}{y} \\
\Longleftrightarrow sin^2\frac{1}{2}\alpha - \frac{x}{y} * sin\frac{1}{2}\alpha + (\frac{x}{2y})^2 &= -\frac{K}{y} + (\frac{x}{2y})^2 \\
\Longleftrightarrow (sin\frac{1}{2}\alpha - \frac{x}{2y})^2 &= -\frac{K}{y} + \frac{x^2}{4y^2} = \frac{-4Ky + x^2}{4y^2} \\
\Longleftrightarrow sin\frac{1}{2}\alpha - \frac{x}{2y} &= \pm\sqrt{\frac{-4Ky + x^2}{4y^2}} = \frac{\pm\sqrt{-4Ky + x^2}}{2y} \\
\Longleftrightarrow sin\frac{1}{2}\alpha &= \frac{x \pm \sqrt{-4Ky + x^2}}{2y} \quad . \qquad (4.7)
\end{aligned}$$

Jacobi und Lenz machten entweder einen Vorzeichenfehler oder es handelt sich um einen Druckfehler.[521]

---

[519] Die „Methode der kleinsten Quadrate" hatte C. F. Gauß entwickelt.
[520] Sie vergaßen bei ihrer Formelangabe nur die Klammern zu schreiben, meinten also die richtige Formel, denn: $(sin\frac{1}{2}\alpha)^2 = sin^2\frac{1}{2}\alpha$.
[521] Der Vorzeichenfehler unter der Wurzel ist allerdings unerheblich, da $4Ky = 4 * K * 1, 48 = 5, 92 * K$ stets klein gegen $x^2 = 187, 1^2 = 35006, 41$ ist.

Tatsächlich unterscheiden sich die Kurven aus den von Jacobi und Lenz berechneten Werten (Abbildungen 4.13, 4.15, 4.17 und 4.19) nur geringfügig von den Kurven aus den gemessenen Werten (Abbildungen 4.12, 4.14, 4.16 und 4.18). Lediglich die in Abbildung 4.16 erkennbaren Knicke der oberen beiden ,,Geraden" sind in Abbildung 4.17 begradigt.[522]

4.4.4 Die ballistische Meßmethode

Auf den innovativen Gebrauch der ballistischen Meßmethode durch Lenz ist in der Wissenschaftsgeschichte ausreichend hingewiesen worden.[523] Lenz nahm den Induktionsstrom als ,,augenblicklich" an und beschrieb den Meßvorgang im Multiplikator mit der aus der Mechanik bekannten Formel für das ballistische Pendel.[524] Er schreibt: *Die Einwirkung des electrischen Stroms in dem Multiplicatordrathe auf die Magnetnadel ist eine augenblickliche, da der Strom selbst nur einen Augenblick existirt, wir werden uns diese Einwirkung also wie einen Stoss auf die Nadel denken können und die Kraft dieses Stosses durch die Geschwindigkeit, die er der Nadel ertheilt, messen können.*[525]

Warum Lenz aber den Induktionsstrom für ,,augenblicklich" gehalten hat und somit zu der von ihm entwickelten ballistischen Meßmethode kam, ist eine hiervon unabhängige Frage.

Lenz schreibt, daß er den Induktionsstrom erzeugte, indem er den Anker an den Magneten anlegte oder *ihn plötzlich von demselben fort*[zog], *wodurch der im Augenblicke in dem Anker entstehende oder wieder verschwindende Magnetismus den momentanen electrischen Strom hervorbrachte. Da aber das Abziehen viel sicherer, plötzlicher und gleichförmiger geschehn kann, als das Anlegen, so habe ich bei allen nachfolgenden Untersuchungen immer nur die Resultate angeführt, die durch Abziehen des Ankers oder plötzliche Entfernung des Magnetismus im Eisen hervorgebracht wurden.*[526]

---

[522] Jacobi; Lenz: Ueber die Gesetze, S. 346-350, beinhaltet die gesamte Zitatfolge im Theoretischen Exkurs.

[523] W. M. Stine: The Contributions of H. F. E. Lenz to the Science of Electromagnetism. The Journal of the Franklin Institute, 155, Part 2 (1903), S. 371; Leshnjowa: Die wissenschaftliche, S. 115 und: Leshnjowa; Rshonsnizki: Lenz, S. 34.

[524] Schießt man mit einem Luftgewehr waagerecht auf ein an einem Faden hängendes Massestück, so schwingt dieses nun als ballistisches Pendel nach der Formel: $v = k * sin\frac{\alpha}{2}$, wobei v die Geschoßgeschwindigkeit, k eine Konstante und α der Auslenkungswinkel des Pendels sind. Bei dieser (idealisierten) Betrachtung bleiben freilich Energieverluste durch Verformungen des Massestücks am Pendel unberücksichtigt.

[525] Lenz: Ueber die Gesetze nach welchen der Magnet, S. 433.

[526] Ebenda, S. 429.

Die ballistische Meßmethode 233

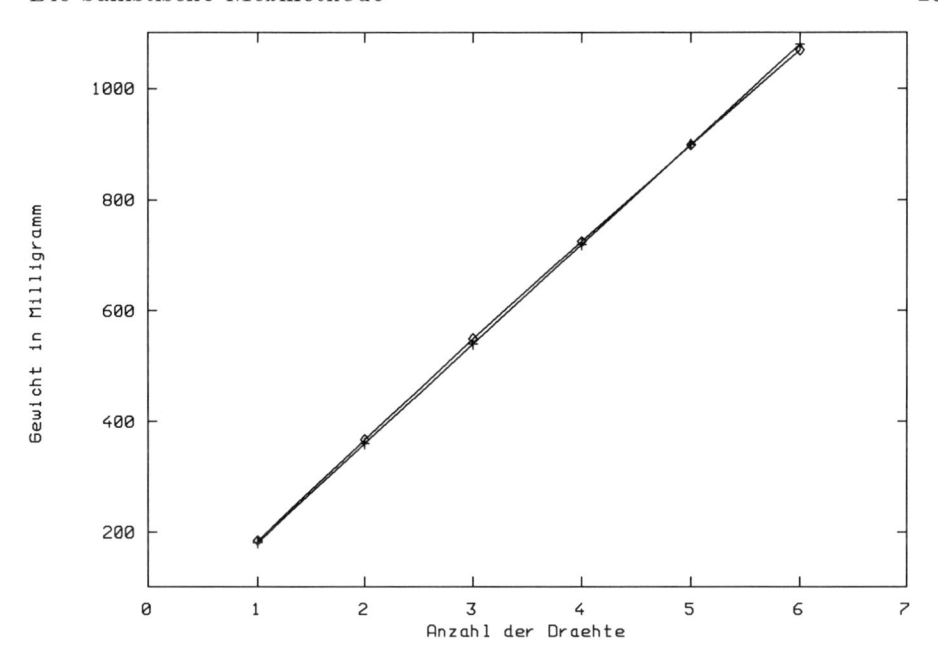

Abbildung 4.20: Die Waagenvermessung. Das gemessene Gewicht ist bei 1 bis 4 Drähten größer und bei 5 bis 6 Drähten kleiner als das berechnete.

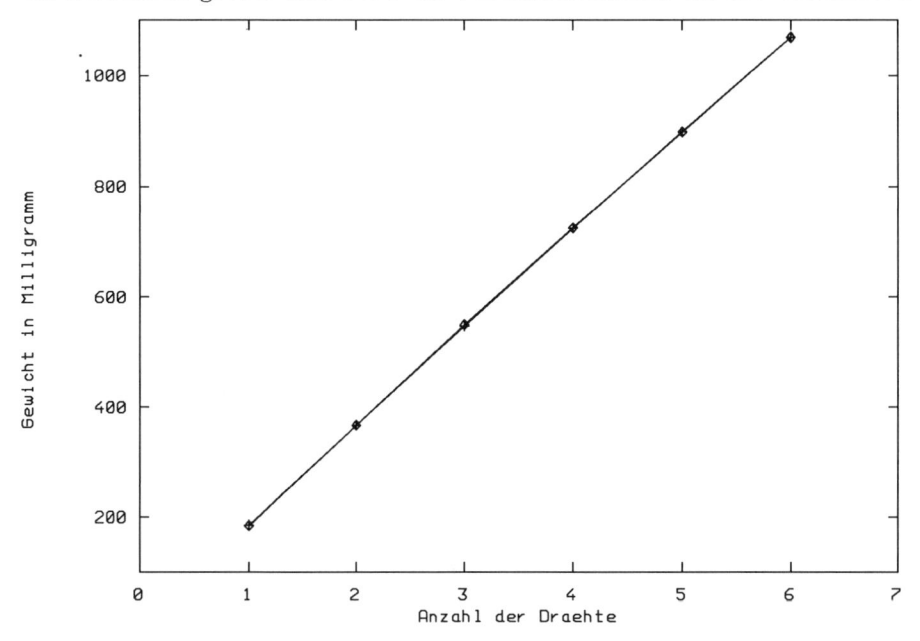

Abbildung 4.21: Die Waagenvermessung mit verbesserter Berechnung. Beide „Kurven" sind praktisch deckungsgleich.

Die Tatsache, daß Lenz in eineinhalb Sätzen drei Mal das Wort „plötzlich" (einmal sogar in der Steigerung „plötzlicher") gebraucht, kann als Beweis dafür betrachtet werden, daß er die Versuche tatsächlich „augenblicklich" durchgeführt hat, was natürlich zu einem augenblicklichen Induktionsstrom führen mußte, da der Strom nur während des Trennungsprozesses fließt. Warum er aber die Stromerzeugungszeiten so kurz sein ließ, kann folgendermaßen begründet werden. Als Experimentalphysiker mußte ihm die praktische und sichere Durchführbarkeit eines Experimentes stets wichtig sein. Er selbst weist darauf hin, daß die Trennung des Ankers vom Magneten „sicherer" und „gleichförmiger" sei. Letztere Tatsache ist durch den schnelleren Prozeßablauf begründet.[527] Von der Gleichförmigkeit des Vorgangs hängt aber die Gleichförmigkeit des Stromes ab, den Lenz messen wollte. Hier gilt also die Regel: Geschwindigkeit ist (Meß-)Sicherheit! Folglich hatte Lenz guten Grund, seine Versuche „schnell" durchzuführen, was aber zum „augenblicklichen" Induktionsstrom führen mußte.

Doch noch ein weiterer Aspekt wird Lenz' Theoriebildungsprozeß beeinflußt haben. Die Multiplikatornadel schwingt nach jedem „Meßstoß" hin und her, wie das ballistische Pendel. Diese Beobachtung mußte den Schluß auf einen „augenblicklichen" Stoß nahelegen und somit ebenfalls die Parallelität zum ballistischen Pendel evident machen.

Strom und Ladung

Mit der ballistischen Meßmethode maß Lenz streng genommen die Ladung (Menge der Elektrizität) und nicht den Strom.[528] Da Ladung und Strom, über konstante Zeitintervalle betrachtet, direkt proportional zueinander sind,[529] ist dieser Fehler für die Lenzschen Untersuchungen praktisch ohne Belang, da seine „augenblicklichen" Induktionsströme in guter Näherung alle gleich lang flossen und seine Meßergebnisse somit in einen Bezug zueinander gesetzt werden können. Dennoch muß die Frage gestellt werden, wa-

---

[527] So braucht man beim Trennen nicht zu „zielen", während man beim Anlegen des Ankers an den Magneten diesen auch „richtig" treffen muß.

[528] Eigentlich maß Lenz einen der Ladung proportionalen Parameter und glaubte, einen dem Strom proportionalen Parameter zu messen. Doch ist dieser Unterschied für die folgende Betrachtung ohne Bedeutung. Zudem könnte der Propotionalitätsfaktor als Umdefinierung des Zahlenwertes und der Einheit des Stromes betrachtet werden, womit sich dieser Unterschied erübrigen würde.
Auf die hier wesentliche Verwechslung von Ladung und Strom weisen auch: Leshnjowa: Die wissenschaftliche, S. 115f. und: Leshnjowa; Rshonsnizki: Lenz, S. 35 hin.

[529] $I = \frac{dQ}{dt}$.

rum Lenz Strom und Ladung verwechselte. Leshnjowa führt diese Verwechslung auf die damals noch nicht hinreichend genauen Begriffsbestimmungen zurück.[530] Meiner Meinung nach ist das aber nicht der entscheidende Punkt. Als Innovator einer neuen Meßmethode für den Multiplikator wird es Lenz bestimmt bewußt gewesen sein, daß eine neue, also andere Verwendung des Gerätes natürlich auch die Anzeige einer anderen Größe nach sich ziehen kann.[531] Lenz war allerdings bei seiner ballistischen Modellvorstellung derart stark auf den Augenblickseffekt fixiert, daß er beim Gebrauch des Begriffes „Strom" wahrscheinlich immer nur an den augenblicklich fließenden Strom, also den Stromstoß oder die Ent-Ladung gedacht hat. Bei der Niederschrift seiner Ergebnisse dachte er also möglicherweise gar nicht mehr daran, daß man den Begriff Strom auch allgemeiner verstehen kann.

Abschließend kann gefolgert werden, daß der Augenblickseffekt in und für Lenz' Modellvorstellungen einen breiteren und bestimmenderen Platz einnahm, als bisher angenommen wurde.

4.4.5 Schnelle Rezeption des Ohmschen Gesetzes

Einen entscheidenen Beitrag zum Verständnis der Vorgänge in einem Stromkreis stellte das Ohmsche Gesetz[532] von 1826 dar. Seine Rezeption verlief jedoch recht langsam und kann als ein Kriterium für die Aufgeschlossenheit zeitgenössischer Physiker gegenüber neuen Postulaten gelten. *Die berühmten Untersuchungen Georg Simon Ohms entbehrten damals noch der gebührenden Beachtung. ,,Although the labours of Ohm were, for more than ten years, neglected, (Fischner [Fechner] being the only author who, within that time, admitted and confirmed his views,) within the last five years, Gauss, Leng [Lenz], Jacobi [z.B. Ann. Phys. Chem., Bd. 48 (1839), p. 26], Poggendorff, Henry, and many other eminent philosophers, have acknowledged the great value of his researches, and their obligations to him in conducting their own investigations" hiess es z.B. am 30. Nov. 1841 in einem Bericht der Royal Society of London (s. ,,Abstracts of the Papers of the Royal Society of London" vol. IV, p. 336).*[533] Tatsächlich wurde das Ohmsche Gesetz von Jacobi

---

[530] *Lenz beging eine Ungenauigkeit, die mit dem Fehlen einer klaren Terminologie in der Festlegung der elektrischen Größen zusammenhing* (Leshnjowa: Die wissenschaftliche, S. 115).

[531] Daß man mit einem sich in einem Batteriestromkreis befindlichen Multiplikator bei konstantem Strom einen konstanten Zeigerausschlag des Multiplikators ablesen kann, war längst bekannt.

[532] Spannung = Widerstand * Strom ($U = R * I$).

[533] Ahrens: Briefwechsel, S. 27f., Anm. 4.

sehr geschätzt: *Erst das Ohm'sche Gesetz und Fechner's Untersuchungen haben uns den Einfluss kennen gelehrt, den die verschiedenen Elemente der geschlossenen Kette ausüben, und wie derselbe in Rechnung zu bringen sey.*[534] Über die damals immer noch weit verbreitete Ansicht, daß *eine Batterie oder eine Erregungszelle immer als eine constante Elektricitätsquelle* anzusehen seien, unabhängig von den Widerständen und ihrer Anordnung in der Kette, resümiert Jacobi: *Es ist zu beklagen, dass eine grosse Menge mühevoller Arbeiten, gänzlich unbrauchbar ist, weil sie dieser Ansicht huldigten, und das Ohm'sche Gesetz entweder nicht kannten oder nicht berücksichtigten.*[535]
Jacobi selbst machte folgende experimentelle Erfahrung: Eine Batterie von elf Platten erzeugte weniger Gas, als eine mit zehn Platten. Als Jacobi aber ein Strommeßgerät parallel schaltete, drehte sich das Ergebnis um. Nun war die erste Batterie die stärkere. Jacobi schreibt: *Ein solches Phänomen lässt sich nur durch die Ohm'sche Theorie genügend erklären.*[536]
Lenz benutzte das Ohmsche Gesetz gleich in seiner ersten wichtigen, den Elektromagnetismus betreffenden Abhandlung, die bereits 1832 in der Akademie der Wissenschaften verlesen wurde. In ihr gibt er die folgende Formel an:

$$\frac{x}{L+l+\lambda} = p * sin\frac{1}{2}a \quad , \tag{4.8}$$

in der $p * sin\frac{1}{2}a$ den am Multiplikator abgelesenen Strom angibt (p ist dabei eine Konstante), x die *in der Spirale erzeugte electromotorische Kraft* ist (die man heute Spannung nennt) und L, l und λ die Widerstände von Multiplikator, Leitungsdrähten und Spirale bezeichnen,[537] welche, in Reihe geschaltet, natürlich direkt addiert werden dürfen. Hier wandte Lenz also bereits das Ohmsche Gesetz direkt an. Das heißt, daß er von Anfang an von

---

[534]M. H. Jacobi: Ueber das chemische und magnetische Galvanometer. APC, Bd. 48, Leipzig (1839), S. 26.

[535]Ebenda, S. 43.

[536]Ebenda, S. 48. Hierzu führte Jacobi die entsprechenden Rechnungen mit den Ohmschen Widerständen in den Nennern durch, wie sie für Parallelschaltungen aus dem Ohmschen Gesetz folgen (ebenda). Weiter schreibt Jacobi: *Indessen muss ich bemerken, dass ich keinesweges der Meinung bin, wie es vielleicht den Schein haben könnte, es sey ein Leichtes, das Ohm'sche Gesetz auf die Wasserzersetzung oder andere verwandte Phänomene in aller Strenge anzuwenden. Es dient nur im Allgemeinen dazu, auf den richtigen Weg zu führen, und bei der Anordnung der Apparate sich nicht zu weit vom Maximo der Wirkung zu entfernen* (ebenda, S. 49).

[537]Lenz: Ueber die Gesetze nach welchen der Magnet, S. 434. Mit $sin\frac{1}{2}a$ ist natürlich $sin(\frac{1}{2}a)$ gemeint.

ihm überzeugt gewesen ist.[538]
Daß dies der Royal Society offensichtlich verborgen blieb, ist bezeichnend für westliche Forscher und Forschungsinstitutionen. Gemäß Meya sei das Ohmsche *Gesetz erst nach Jahren allgemein anerkannt und auch in Deutschland erst in den 40er Jahren in den Rang verbrieften Wissens erhoben* worden. *Bis dahin,* so Meya, *sei es im Ausland nicht zur Kenntnis genommen, im Inland nur von wenigen, nämlich den jüngeren der speziell mit Elektrizität befaßten Physikern (z.B. Fechner und Weber) verstanden und akzeptiert* worden.[539]
Lenz war von der Gültigkeit des Ohmschen Gesetzes bereits 1832 überzeugt. Da er ein deutschsprachiger Physiker war, verwundert es kaum, daß er das Ohmsche Gesetz relativ früh rezipierte.

4.4.6 Jacobis „Perpetuum mobile"

Als erstrebenswerte Ziele sah Jacobi die *Unabhängigkeit von der Natur* und die *Concentration der Triebkraft*[540]. Deshalb hatte er großes Interesse am Perpetuum mobile, welches Bewegung für nützliche Arbeiten zu liefern versprach, ohne dafür Unterhaltskosten zu verursachen.
Als Elektromotorenkonstrukteur hatte Jacobi jedoch so viel mit Reibungsverlusten zu tun, daß ihm klar sein mußte, daß es ein mechanisches Perpetuum mobile nicht geben kann. *Ein mechanisches Perpetuum mobile ist nicht möglich, weil eine bewegende Kraft nur einen ihr gleichen Effekt leisten kann; daß es ein physisches geben könne, ist allerdings möglich, denn es bedürfe nur einer Triebkraft, die sich wie der Faradaysche Magnetismus durch bloße Bewegung willkührlich erzeugen ließe, daher entweder gar keine oder nur geringe Nahrung erforderte, und - was die eigentliche Bedeutung des Perpetuum mobile ist - deren Unterhaltung wenig oder gar kein Geld*

---

[538] Es kann auch ausgeschlossen werden, daß Lenz das Ohmsche Gesetz sozusagen zufällig und ohne sich dessen bewußt zu sein angewandt hat, da er die entsprechende Abhandlung (G. S. Ohm: Die galvanische Kette mathematisch bearbeitet. Berlin (1827)) auf derselben Seite erwähnt, auf der auch die obige Formel steht.
[539] Meya: Elektrodynamik, S. 151, unter Berufung auf: M. Heidelberger: Der Wandel der Elektrizitätslehre zu Ohms Zeit. Eine methodengeschichtliche Untersuchung und logische Rekonstruktion. Dissertation, München (1979), S. 154, und: K. L. Caneva: Ohm, Georg Simon. In: Dictionary of Scientific Biography, 10, p. 186-194, New York (1974), S. 192.
[540] M. H. Jacobi: Ueber die Benutzung der Naturkräfte zu menschlichen Arbeiten. In: K. E. Baer (Hrsg.): Vorträge aus dem Gebiete der Naturwissenschaften und der Oekonomie, gehalten in der physikalisch-ökonomischen Gesellschaft zu Königsberg. Königsberg (1834), S. 122f.

kostet.[541]

Jacobi unterscheidet hier offensichtlich zwischen Theorie und Praxis. Dabei dehnt er den Begriff des Perpetuum mobile auf ein „beinahes" Perpetuum mobile aus. Ihm geht es um dessen Nützlichkeit und nicht um die Diskussion über die Frage der Energieerhaltung.[542]

Zunächst sah Jacobi in dem Elektromotor ein „physisches Perpetuum mobile". Lindner geht in seiner Dissertation ausführlich darauf ein, wie Jacobi, unter der falschen Annahme, daß die Erzeugung des Magnetismus infinitesimal vor sich gehe, an einen sich ständig beschleunigenden Motor glaubte, da dieser ja ständig durch magnetische Kräfte versorgt werde. Solch ein Motor würde so lange beschleunigen, bis die durch ihn erzeugten Reibungskräfte ein Gleichgewicht herstellten. Mit wenig Batterieverbrauch wäre viel Leistung gewonnen. Lindner weist darauf hin, daß Jacobi 1837 nach erfolglosen Versuchen, die Dauerbeschleunigung seines Motors zu erreichen, an seiner 1835 geäußerten Annahme einer infinitesimalen Erzeugung des Magnetismus zu zweifeln begann.[543] Folglich basierte Jacobis Optimismus bezüglich eines „physischen Perpetuum mobile" auf einer falschen Modellvorstellung.

4.4.7 Die Lenzsche Regel und der Energieerhaltungssatz

Den bekanntesten Beitrag von Lenz zur Entdeckung des Elektromagnetismus stellt zweifelsfrei die nach ihm benannte Regel dar.[544] Ihre Bedeutung

---

[541] Ebenda, S. 105. Lindner schreibt zu diesem Zitat: *Als ein physisches Perpetuum mobile konnten der Kreislauf der Dinge in der Natur oder das Planetensystem angesehen werden* (Lindner: Elektromagnetismus, S. 2-9).

[542] Ein Perpetuum mobile stünde mit dem damals noch nicht postulierten Energieerhaltungssatz in Widerspruch und ist deshalb nach unserer heutigen Vorstellung von der Natur völlig ausgeschlossen.

[543] Lindner: Elektromagnetismus, S. 2-30f. Lindner beruft sich vor allem auf: M. H. Jacobi: Mémoire sur l'application de l'électromagnétisme au mouvement des machines. Potsdam (1835), und: M. H. Jacobi: Expériences électro-magnétiques, formant suite au Mémoire sur l'application de l'électro-magnétisme au mouvement des machines. IIème Série. (Notes), BSA, T. 2, Saint-Pétersbourg (1837).

[544] Lenz formulierte sie folgendermaßen: *Wenn sich ein metallischer Leiter in der Nähe eines galvanischen Stroms oder eines Magneten bewegt, so wird in ihm ein galvanischer Strom erregt, der eine solche Richtung hat, dass er in dem ruhenden Drahte eine Bewegung hervorgebracht hätte, die der hier dem Drahte gegebenen gerade entgegengesetzt wäre, vorausgesetzt, dass der ruhende Draht nur in Richtung der Bewegung und entgegengesetzt beweglich wäre* (Lenz: Ueber die Bestimmung, S. 485). Eine moderne Formulierung lautet: *Die durch eine Zustandsänderung induzierten Ströme, Spannungen und Kräfte sind stets so gerichtet, daß sie die Zustandsänderung zu hemmen suchen* (Grimsehl: Lehrbuch der Physik, S. 120).

Die Lenzsche Regel und der Energieerhaltungssatz 239

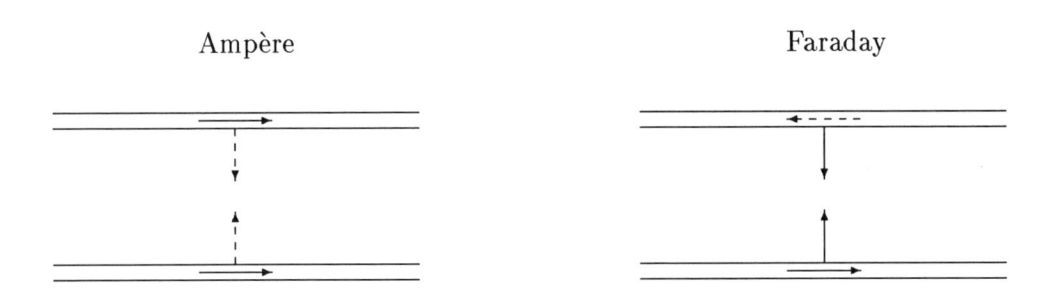

Ampère   Faraday

Abbildung 4.22: Das „Grundversuchepaar" zur Lenzschen Regel. Ampère fand, daß sich zwei parallel stromdurchflossene Leiter einander nähern. Faraday hat einen stromdurchflossenen Leiter und einen weiteren Leiter (hier obenliegend) einander genähert, wodurch im letzteren ein antiparalleler Induktionsstrom erzeugt wurde.

für die Besprechung der Arbeiten „Ueber die Gesetze der Electromagnete" ist zwar gering, da sie nur eine Aussage über die Richtung (also das Vorzeichen) des ohnehin nur im Betrag (also vorzeichenfrei) gemessenen Induktionsstromes macht, ihre Bedeutung für die Modellvorstellung vom Perpetuum mobile und ihr Beitrag zur späteren Postulation des Energieerhaltungssatzes jedoch erfordern eine genauere Betrachtung ihrer Herleitung.
Lenz verglich experimentelle Untersuchungen seiner Physikerkollegen und stellte sie zueinander in einen Kontext. Außerdem ergänzte er die in diesem Experimentemosaik noch fehlenden Versuche durch eigene Untersuchungen. Schließlich erhielt Lenz diverse Versuchspaare, die jedes für sich die Lenzsche Regel zeigten. So fand Ampère, daß zwei parallel verlaufende stromdurchflossene Leiter sich anziehen, und Faraday stellte fest, daß, wenn man zwei parallel verlaufende Leiter, von denen der eine stromdurchflossen ist, einander nähert, im anderen Leiter ein Strom induziert wird, der zum Strom im ersten Leiter entgegengesetzt gerichtet ist (siehe Abbildung 4.22). Ampère bemerkte ersteren Effekt auch bei zwei vertikalen, ungefähr gleich großen, kreisförmigen Leitern, die beide (oder nur einer) um ihre gemeinsame senkrechte „Polachse" drehbar sind. Werden beide parallel stromdurchflossen, so ziehen sie sich an. Lenz fand zu dieser Versuchsanordnung das Pendant. Er näherte den einen Leiterkreis dem anderen, indem er ihn um die senkrechte Achse drehte, und maß einen Induktionsstrom in jenem Leiterkreis, der vor der manuell durchgeführten Drehung nicht stromdurchflossen war, und

Ampère   Lenz

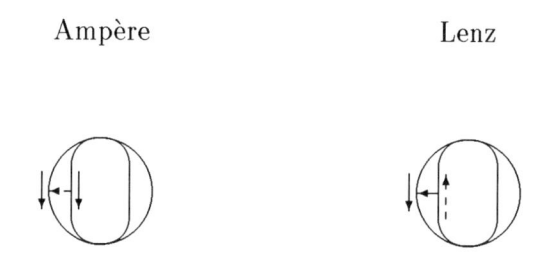

Abbildung 4.23: Ein weiteres Versuchspaar zur Lenzschen Regel. Ampère fand, daß sich zwei parallel stromdurchflossene Leiterschleifen einander nähern, sofern sie um ihre Polachse zueinander drehbar sind. Lenz näherte eine stromlose Leiterschleife einer stromdurchflossenen und stellte im ersten Kreis einen Induktionsstrom (hier gestrichelt dargestellt) fest, der antiparallel zur Stromrichtung in der zweiten Schleife ist.

dessen Strom nun dem Strom im permanent stromdurchflossenen Leiterkreis entgegengesetzt war (siehe Abbildung 4.23). Alle weiteren Versuchspaare unterscheiden sich in ihrem physikalischen Inhalt genauso wenig vom ersten, wie sich das zweite vom ersten abhebt. Erwähnung soll hierbei jedoch die breite Streuung von Physikern finden, auf deren Versuche sich Lenz bezog. Neben den schon erwähnten von Ampère und Faraday wurden auch Versuche von Nobili (2), Ørsted (1), de la Rive (1) und Barlow (1) rezipiert. Von Ampère wurden insgesamt drei und von Faraday insgesamt sogar vier Experimente übernommen. Lenz selber ergänzte zwei Versuche, so daß seine Regel von sieben Paaren (14 Versuche) abgeleitet wurde.
Es ist schon in früheren Arbeiten darauf hingewiesen worden, daß die Lenzsche Regel als ein Vorläufer des Enegieerhaltungssatzes angesehen werden kann.[545] Diese Verwandtschaft sei kurz am „Grundversuchspaar" erläutert.

---

[545]Stine schreibt 1903: *The law expressed more tersely is:* The electrodynamic action of an induced current opposes equally the mechanical action inducing it. *When expressed in this form it is seen at once to be a corollary of the general law of the conservation of energy. ... It was not until some fourteen years later, when the principles of the conservation of energy were beginning to be grasped, that Helmholtz showed this law was a necessary corollary of the more general principle* (Stine: The Contributions, S. 377). Und Shamos führt 1959 aus: *By comparison, Henry is well known, yet Lenz made a highly significant contribution, for his observation was essentially a statement of energy conservation many years prior to its formal development. Not until James Joule (1818-1889) first showed the equivalence*

Zwei parallel stromdurchflossene Leiter ziehen sich an, zwei antiparallel stromdurchflossene Leiter hingegen stoßen sich ab.[546] Wenn nun im zweiten Versuch des „Grundpaares" die beiden Leiter manuell einander genähert werden, so muß der induzierte Strom dem induzierenden Strom entgegengesetzt fließen, da sich nur so die nun antiparallel stromdurchflossenen Leiter gegenseitig abstoßen. Der Induktionsstrom fließt (Energiegewinn), aber die manuell durchgeführte Leiterannäherung wird gebremst (Energieverlust).
Zur Überprüfung sei hier der hypothetische Fall von parallel fließendem Induktionsstrom betrachtet. Beide Leiter werden manuell einander genähert. Der Induktionsstrom sei dem induzierenden Strom parallel. Dies führt aber zu einer zusätzlichen Anziehung, gemäß dem ersten Versuch des „Grundpaares". Die hierbei entstehende Erhöhung der Näherungsgeschwindigkeit führt zu vermehrter Induktion u.s.w. Eine Kettenreaktion wäre in Gang gesetzt.[547]
Es ist erstaunlich, daß Lenz einen Spezialfall des Energieerhaltungssatzes fand, ohne ihn als solchen zu erkennen. Elektromagnetische Energie wurde bei den von ihm dargestellten Versuchen in mechanische (kinetische) umgewandelt, und umgekehrt. Lenz formulierte eine experimentell erschlossene Regel, ohne sich deren tieferen Inhalt zu vergegenwärtigen. Der Hauptgrund für dieses Verhalten muß wohl in Lenz' Charakter gesucht werden. Lenz war ein Fleißarbeiter, strebsam, routiniert und sorgfältig, aber kein Genie.[548] Hätte er sich auch nur im entferntesten mit der Frage der Energieerhaltung beschäftigt, so hätte er die klare und deutliche Aussage zu dieser Frage in seiner eigenen Regel nicht übersehen. Deshalb soll hier die These postuliert werden, daß Energieerhaltung und Fragen der Energieumwandlung bzw. der Nutzbarmachung von Energie für Lenz keine Themen von Interesse waren, schon gar nicht jene seines vom Perpetuum mobile träumenden späteren

---

of work and heat about a decade later, and von Helmholtz (1821-1894) published his great paper on the conservatation of energy in 1847, were these concepts clearly established. While Lenz did not arrive at a general statement of energy conservation, no doubt his experimental observations had some influence on contemporary thought along these lines. (Shamos: Great Experiments, S. 159).

[546] Es sei hier an die Rechte-Hand-Regel für Ursache-Vermittlung-Wirkung erinnert.

[547] Zwar stellt eine Kettenreaktion für sich genommen noch keinen Verstoß gegen den Energieerhaltungssatz dar, jedoch muß die Energie, die die Kettenreaktion speist, irgendwo herkommen (z.B.: Kernspaltung).

[548] *Neither in his writings nor experiments can he be called brilliant; he perhaps did little that would not subsequently have been done; yet all his work was of that solid, enduring character which forms the foundation of all science. His work was painstaking and exhaustive; he verified, extended and formulated* (Stine: The Contributions, S. 382).

Akademiekollegen Jacobi. Gemeinsam war beiden jedoch, daß ihre Arbeiten und Schlußfolgerungen stets konform mit dem später (1847) von Helmholtz postulierten Energieerhaltungssatz waren.

4.4.8 Der Einfluß des Parrotschen Ausbildungsschwerpunktes in experimenteller Physik an der Dorpater Universität auf Lenz

Wie oben gezeigt wurde, war Lenz ein fleißiger Experimentator. Nicht nur seine Versuche zum Phänomen, das später „Lenzsche Regel" genannt wurde, sondern ebenso seine mit Jacobi gemeinsam durchgeführten Untersuchungen „Ueber die Gesetze der Electromagnete", einschließlich der von Lenz alleine durchgeführten „Vorläuferversuche", zeigen deutlich, daß er sich darauf konzentrierte, umfangreiche Fragestellungen durch sorgfältige und vor allem ausführliche Versuche zu beantworten. Es ist für einen Physiker des 20. Jahrhunderts beeindruckend, wie Lenz vor über 150 Jahren stets darum bemüht war, alle nur erdenklichen Fehler auszuschließen oder zumindest zu minimieren. Dabei dachte er sowohl an die systematischen (indem er z.B. den Multiplikator sehr weit entfernt von den zu untersuchenden Objekten aufstellte), als auch an die zufälligen Fehler, die er durch Versuchswiederholungen und Mittelwertbildung aus selbigen reduzierte.[549]

Dabei begann seine Karriere als Experimentalphysiker keineswegs erst, als St. Petersburg sein ständiger Wohnsitz wurde. Schon während seiner Weltumseglung (1823-1826)[550] und seiner Kaukasusreise (1829-1830) hatte sich Lenz so hervorragend bewährt, daß das Fundament seiner experimentellen Fertigkeiten schon früher, also an der Dorpater Universität gelegt worden

---

[549]Lenz schreibt über seine Multiplikatormessungen: *dadurch, das ich die Abweichung für jedes daraus abzuleitende Resultat erst an dem einen, dann an dem andern Ende des Zeigers beobachtete, befreite ich dieses Resultat von dem Einfluss der Excentricität der Axe der Nadeln, und, indem ich erst das Ende A, dann das Ende B der Spirale dem Nordarme des Magneten zukehrte, also auch die Nadeln des Multiplicators erst nach der einen, dann nach der andern Seite abweichen liess, machte ich das Resultat von einem zweiten Fehler unabhängig, der entsteht, wenn die Caconfaden* (fehlerhafte Schreibweise beibehalten; Anm. P. H.), *an welchen die Nadeln des Multiplicators hängen, eine Drehung haben sollten* (Lenz: Ueber die Gesetze nach welchen der Magnet, S. 430). Hier bekämpft Lenz zwei systematische Fehler (Exzentrizität der Nadelachse und Fadentorsion). Zufällige Ablesefehler werden durch diese Vierfachmessungen gleich mitgemindert.

[550]Admiral S. O. Makarow schrieb 1892 über Lenz' ozeanografische Forschungen: „*Lenz' Beobachtungen sind nicht nur die ersten in chronologischer Beziehung, sondern auch die ersten in qualitativer, ...*" (П. С. Кудрявцев (P. S. Kudrjawzew): История физики (Die Geschichte der Physik). Т. 1, Москва (1956), S. 470).

sein muß.

An der Tartuer (Dorpat) Universität wurde Physik im engen Kontakt mit deren neuesten Errungenschaften unterrichtet. ... Als Ergebnis seiner (G. F. Parrots; Anm. P. H.) energischen Tätigkeit wurden dem Physikkabinett Instrumente gekauft und gebaut, die das beste Niveau der damaligen wissenschaftlichen Errungenschaften vertraten. Im Jahre 1826 besaß das Physikkabinett 445 Apparate, von denen Parrot selbst 67 erfunden oder vervollkommnet hatte.[551]

Über den Unterrichtsschwerpunkt des Physikprofessors und Leiters des Physikalischen Kabinettes G. F. Parrot und dessen Einfluß auf den jungen Lenz schreiben Leshnjowa/Rshonsnizki: *Parrot, der Experimentalausbildung seiner Schüler große Bedeutung beimessend und über größere Mittel verfügend als Physiker anderer russischer Universitäten, schuf ein vorzügliches Physikalisches Kabinett. In diesem Kabinett arbeitend, erwarb Lenz die Fertigkeit, mit physikalischen Geräten umzugehen, die mit ihrer Hilfe erreichbare Meßgenauigkeit zu schätzen, Fehlerursachen zu suchen.*[552]

Es war also die solide experimentalphysikalische Lehre in Dorpat, die Lenz' handwerkliche Fähigkeiten ausbilden half. Dabei ist es letztendlich unerheblich, ob seine vielleicht angeborenen Fähigkeiten in Dorpat bei Parrot weiterentwickelt, oder ob seine Interessen erst durch den Parrotschen Ausbildungsschwerpunkt geweckt worden sind. Auf jeden Fall kann behauptet werden, daß die „Parrotsche Schule" von außerordentlicher Bedeutung für das spätere Schaffen von Lenz war.

4.4.9 Zeitgenössische Rezeption und heutige Bewertung der Jacobischen und Lenzschen Arbeiten

In den in Leipzig erscheinenden „Annalen der Physik und Chemie" erwähnt Pfaff Jacobis und Lenz' Abhandlung „Ueber die Gesetze der Electromagne-

---

[551] E. Kõiv: XIX sajandi alguse füüsikariistu Tartu Ülikooli ajaloo muuseumis. Physikinstrumente Anfang des XIX Jahrhunderts im Museum für Geschichte der Tartuer Staatlichen Universität. Tartu (1989), S. 55f. *Von den damaligen Geräten des Physikkabinetts sind 50 Physikinstrumente oder Fragmente, die zum Lehrzweck benutzt wurden, erhalten. Einige von denen befinden sich im Demonstrationskabinett des Lehrstuhls für allgemeine Physik der Tartuer Universität und werden auch heute benutzt* (S. 56).

[552] Leshnjowa; Rshonsnizki: Lenz, S. 8. Nachdem Lenz aus ökonomischen Gründen zur Theologischen Fakultät gewechselt hatte, setzte er seine experimentalphysikalische Ausbildung dennoch fort: *Emili Christianowitsch hörte nicht auf mit den Beschäftigungen zur Physik unter der Leitung Parrots. Die hervorragenden Fähigkeiten von Lenz schätzend, ermunterte Parrot zu diesen Beschäftigungen, hoffend, mit der Zeit für seinen Schüler die Möglichkeit zu finden, sich mit beliebigen Dingen zu beschäftigen* (ebenda, S. 9).

te" schon vor Erscheinen des zweiten Teiles. Er schreibt: *Hr. Jacobi hat in seinem Aufsatze über die Principien des Elektromagnetismus im LI. Bande dieser Annalen, S. 359, unter andern Gesetzen auch das aufgestellt, dass bei gleicher Stärke des elektrischen Stromes die Stärke des Elektromagnetismus nur im einfachen directen Verhältnisse des Diameters, und also der Oberfläche, zunehme, auf welche der Strom wirke, und dass man also besonders gewinne, wenn man hohle Elektromagnete von grossem Durchmesser nehme. Diese Gesetz ist, nach einer früheren Abhandlung von H. Lenz und Jacobi (Annal. Bd. XXXXVII S. 225) zu schliessen, nicht auf einem directen, sondern auf einem indirecten Wege durch Messung der inducirenden Kraft vermöge einer Bussole gefunden worden.*[553] Der Leipziger Physikprofessor Gustav Theodor Fechner erwähnt 1845 in den „Annalen" die Lenzsche Regel: *Die allgemeine Regel von Lenz über die Reciprocität zwischen den Ampère'schen und Faraday'schen Phänomenen* ...[554] Jacobi und Lenz fanden also in Leipzig schon früh Beachtung.

In den ersten zehn Bänden des seit 1869 erscheinenden Londoner Magazins „Nature" werden Jacobi und Lenz mehrfach erwähnt. Tyndall schreibt 1871 über Joules Untersuchungen zum Elektromagnetismus: *These investigations were conducted independently of, though a little subsequently to, the celebrated inquiries of Henry, Jacobi, and Lenz and Jacobi on the same subject.*[555] Carpender informiert 1874 seine Leser über Lenz' Arbeiten in einer Anmerkung: *The list of Lenz's papers occupies four columns of the Royal Society's Catalogue. A large proportion of them consist of original researches, both experimental and mathematical, in electricity and magnetism. And I am assured by Sir Charles Wheatstone that these are of the highest merit, and were greatly esteemed by Gauss and Jacobi, the two great masters in this department of investigation.*[556] Demnach wurden Jacobis und Lenz' Arbeiten auch im nichtdeutschsprachigen Ausland beachtet.

In Hoppes 1884 veröffentlicher „Geschichte der Elektrizität" werden auch Lenz und Jacobi erwähnt: *Näher auf die bei der Erzeugung von Elektromagneten auftretenden Gesetze, wie sie besonders von Lenz und Jacobi sowie*

---

[553] C. H. Pfaff: Versuche über den Einfluss der Eisenmasse der Elektromagnete auf die Stärke des Magnetismus bei gleicher Stärke des elektrischen Stromes. APC, 53 (1841), S. 309. Die angeführten Arbeiten sind: Jacobi: Ueber die Principien, und: Jacobi; Lenz: Ueber die Gesetze.

[554] G. Th. Fechner: Ueber die Verknüpfung der Farady'schen Inductions-Erscheinungen mit den Ampèreschen elektro-dynamischen Erscheinungen. APC, 64 (1845), S. 341.

[555] J. Tyndall: The Copley medalist of 1870. Nature, 5 (1872), S. 137.

[556] W. B. Carpender: Lenz's doctrine of ocean circulation. Nature, 10 (1874), S. 170, Anm.

Dub untersucht sind, ist hier nicht der Ort einzugehen, sie gehören mehr in die Lehre vom Magnetismus; nur mag das Lenzsche Gesetz erwähnt werden: Die Anziehung zwischen einem Anker und Elektromagneten (oder zweier Elektromagnete, welche durch Ströme von gleicher Intensität magnetisiert werden) ist dem Quadrat der Intensität des Stromes proportional[557]. Nach diesem irrtümlich als Lenzsches bezeichneten Gesetz, wird der Leser auch auf die tatsächliche Lenzsche Regel aufmerksam gemacht, wenngleich ohne Bezeichnung: *Lenz wiederholte Faradays Versuche ... aber er ging auch weiter, ... Alle diese Erscheinungen faßt Lenz zusammen in dem die Richtung des induzierten Stromes bestimmenden Gesetz*[558], worauf dann die Lenzsche Regel angeführt wird. Doch Hoppe unterläuft noch ein weiterer grober Fehler, indem er eine Vorraussetzung als Ergebnis angibt. Er schreibt: *In einer späteren Arbeit zeigt Lenz dann in Gemeinschaft mit Jacobi, daß wenn man entstehenden und verschwindenden Magnetismus von verschiedener Stärke in der Spirale Induktionsströme erzeugen läßt, die Stärke des induzierten Stromes proportional ist dem erzeugten oder verschwindenden Magnetismus.*[559] Trotz dieser Irrtümer weist die Erwähnung von Jacobi und Lenz über mehrere Seiten dieses Buches auf ihren bedeutenden Platz in der Geschichte der Elektrizitätsforschung hin.

Der Wissenschaftshistoriker Stine ordnet Lenz' Arbeiten in einen Kontext mit Faraday und Maxwell ein. *It is to be recalled that Neumann gave mathematical expression and formulation to much of Lenz's work as Maxwell did for that of Faraday.*[560] Zudem bewertet er die Lenzschen Arbeiten: *Much of his subsequent work was important, and all of it more or less influential.*[561] Auch aus heutiger Sicht ist der Wert der Lenzschen (und der Jacobischen) Leistungen für die damalige Physik kaum zu unterschätzen. Ihre physikalischen Entdeckungen sowie die technischen Innovationen Jacobis prägten vor allem die Petersburger Physik für lange Zeit. Jacobi und Lenz waren Bahnbrecher der „russischen" Physik.

Leider fanden die beiden Petersburger Akademiemitglieder in der modernen westlichen Wissenschaftsgeschichte bisher nur wenig Resonanz. Die sowjeti-

---

[557] Hoppe: Geschichte, S. 397. Das hier zitierte Gesetz ist nicht das Lenzsche, sondern ein namenloses aus der Abhandlung: Jacobi; Lenz: Ueber die Anziehung, S. 259f., 264.
[558] Hoppe: Geschichte, S. 410.
[559] Ebenda, S. 413. Gemeint ist hier die Arbeit: Jacobi; Lenz: Ueber die Gesetze. Obige Beziehung wird nicht gezeigt, sondern vorausgesetzt.
[560] Stine: The Contributions, S. 378. F. Neumann (1798-1895) gründete um 1830 mit C. G. J. Jacobi in Königsberg das mathematisch-physikalische Seminar.
[561] Ebenda, S. 383.

sche Wissenschaftsgeschichte behandelt sie zwar - und nicht zu knapp -, ist jedoch politisch-ideologisch fixiert. Es bleibt zu hoffen, daß nun, nach dem Ende des Kalten Krieges, das Interesse der Wissenschaftshistoriker an Jacobi und Lenz im Westen erwacht und im Osten nicht erlahmt. Meine Arbeit will ihren Teil dazu beitragen.

5 Schlußbetrachtungen

5.1 Zusammenfassung und noch offene Fragestellungen

Genese und Entwicklung der deutschsprachigen Wissenschaft (Physik) im alten St. Petersburg sind in dieser Arbeit thematisiert und ausführlich dargestellt und durch statistische Untersuchungen vertieft worden.[1] Georg Parrot, Emil Lenz und Moritz Jacobi sind, wie bereits in der Aufgaben- und Fragestellung[2] bemerkt, dafür exemplarisch. Deshalb wurde nicht nur die Wissenschaftsgeschichte, sondern auch ihr individuelles Schicksal umfassend beschrieben.

Außerdem konnte gezeigt werden, daß die Universität Dorpat im 19. Jahrhundert eine „Pflanzstätte" deutschsprachiger Gelehrter für das Russische Imperium war.[3] Sie trug dazu bei, die überwiegend deutschsprachigen Ausländer, die in der Petersburger Akademie der Wissenschaften im 18. Jahrhundert noch die absolute Mehrheit der Mitglieder stellten, zunehmend durch deutschsprachige Untertanen des Zaren (Deutsch-Balten und Deutsch-Petersburger) zu ersetzen. Während im gesamten 18. Jahrhundert nur sechs deutschsprachige Rußländer in die Akademie aufgenommen worden sind, wurde allein in den ersten 25 Jahren nach der Wiedereröffnung der Universität Dorpat dieselbe Anzahl erreicht und in den darauffolgenden zwölf und ein halbes Jahr bis Herbst 1839 mit sieben Aufnahmen deutschsprachiger Untertanen des Zaren sogar überboten. Schließlich verloren die deutschsprachigen Gelehrten ihre Mehrheit zugunsten der russischen. Obwohl die Rolle der Deutsch-Balten bereits bekannt gewesen ist, erhebt diese Dissertation insofern einen Innovationsanspruch, als sie darauf ausführlich eingeht und

---

[1] Siehe Abschnitt 3.2.1.
[2] Siehe Abschnitt 1.1.
[3] Abschnitt 3.2.2.

neue Begriffe definiert. Für den eben benannten und um die Zwischenstufe der deutschsprachigen Rußländer ergänzten Prozeß wird die Bezeichnung „Flußdarstellung" (Deutsche ⇒ Balten ⇒ Russen)[4] eingeführt anstelle der „Bruchdarstellung" durch die russischen Wissenschaftshistoriker.[5] Diese unterscheidet zu scharf zwischen der von Ausländern und der von Russen dominierten Phase der Petersburger Akademie der Wissenschaften und beschreibt somit keinen Prozeß, sondern nur eine Wende (Ausländer ⇒ Russen).[6] Deshalb ist die Flußdarstellung wissenschaftstheoretisch der Bruchdarstellung vorzuziehen.

Die Universität Dorpat war für die Herausbildung einer eigenen, nationalen Wissenschaft in Rußland von außerordentlicher Bedeutung. Die an dieser Hochschule ausgebildeten Deutsch-Balten trugen entscheidend dazu bei, den Übergang von einer von Ausländern dominierten Wissenschaft zu einer nationalen russischen abzufedern. Sie waren ein wichtiges Bindeglied und verhinderten eine „harte" Russifizierung.

Doch bildete Dorpat nicht nur den wissenschaftlichen Nachwuchs des Russischen Imperiums aus; die Universität war auch eine Durchgangsstation für ausländische Gelehrte. Sowohl Parrot als auch Jacobi nutzten Dorpat als „Tor nach St. Petersburg".[7] Dabei veränderten sie gleichzeitig ihre Tätig-

---

[4] Die schematische Kurzform in der Klammer soll anschaulich (und knapp) sein. Sie ist deshalb etwas vereinfacht. Zur ersten Gruppe, den „Deutschen", zählen auch die deutschsprachigen Schweizer, zur zweiten Gruppe gehören auch die Deutsch-Petersburger und andere Rußlanddeutsche. Um Mißverständnissen vorzubeugen, sei hier festgehalten, daß die Flußdarstellung keineswegs behauptet, daß die deutschsprachigen Untertanen des Zaren zu irgendeinem Zeitpunkt die Mehrheit der Akademiemitglieder gestellt haben. Sie besagt vielmehr, daß diese Personengruppe einen Teil der deutschsprachigen Ausländer ersetzt hat.

[5] Ossipow: Die Petersburger Akademie, S. 3, unter Berufung auf: Lepin; Lus; Filiptschenko: Wirkliche Mitglieder, S. 7.

[6] Der Begriff „Ausländer" subsummiert nicht nur die vielen deutschsprachigen, sondern auch die wenigen anderen Ausländer. Die Bruchdarstellung stellt somit die Frage nach der Zugehörigkeit zu Rußland, und nicht die der ethnischen Herkunft in den Vordergrund.

[7] Diese Tatsache spiegelt sich auch in den Titeln von zwei meiner Artikel wieder: П. Хемпель (P. Hempel): Из Дерпта в Петербург (Aus Dorpat nach St. Petersburg). Дороги немецкоязычных физиков. Санкт-Петербургская Газета, No 4 (60) (1996) und: P. Hempel: From Dorpat to St. Petersburg: Fates of Three German Physicists. Museum of Tartu University History Annual 1996, Tartu (1997). Der zweite Artikel ist die schriftliche Form meines mündlichen Beitrags zur „Conference dedicated to the 20th anniversary of the Museum of History of Tartu University" im Dezember 1996. Der Vortrag trug den Titel: „From Dorpat to St. Petersburg. The fates of three German-speaking physicists". Die Redaktion des „Annual" hat ohne mein Einverständnis den Titel gekürzt und dabei sinnverändert (German-speaking ⇒ German).

keitsgebiete und wurden Mitglieder der Petersburger Akademie der Wissenschaften.

Hier lag auch der Hauptunterschied zwischen Dorpat und St. Petersburg bezüglich ihrer Funktionen als akademische Städte begründet. Während Dorpat „nur" eine Universitätsstadt unter mehreren darstellte, war die Hauptstadt des Russischen Imperiums Sitz der Kaiserlichen Akademie der Wissenschaften. Das kleine Dorpat konnte für Karrieristen gar nicht mehr als eine Durchgangstation auf dem Weg in die Metropole des zentralistischen Rußlands sein. So mußte Jacobi zunächst als Baukunstprofessor in Dorpat unterrichten, bevor er sich in St. Petersburg weiter seiner Leidenschaft, der Anwendung des Elektromagnetismus, widmen konnte. In seinem Fall hielt das Wirken in Dorpat seine wissenschaftliche Entwicklung sogar eher auf.[8] Parrot und Lenz hingegen sind aufs Engste mit Dorpat verknüpft. Der Mömpelgarder prägte als erster Rektor die wiedergegründete Dorpater Universität entscheidend, und sein Zögling wäre ohne die Unterstützung des deutschfreundlichen Franzosen wahrscheinlich Pastor in Livland geworden. Lenz wurde in Dorpat geboren, ging dort zur Schule, studierte an der Dorpater Universität und erhielt hier die karrierefördernde Hilfe des liberalen Gelehrten Parrot, der ihm die Teilnahme an der Kotzebueschen Weltreise vermittelte.

Die drei deutschsprachigen Physiker Jacobi, Lenz und Parrot erbrachten respektable Lebensleistungen, erstere als Wissenschaftler, letzterer vor allem als Politiker. Die von Jacobi und Lenz gemeinsam durchgeführten Untersuchungen „Ueber die Gesetze der Electromagnete" sind ausführlich behandelt worden.[9] Ebenso wurden Jacobis Erfindungen und Entwicklungen[10] und Lenz' Elbrusbesteigung[11] beschrieben. Mit ihnen wurde ein weites Spektrum wissenschaftlich-technischer Leistungen abgedeckt. So gab es langwierige Routinearbeiten (Gesetze der Elektromagnete), eine kurze Spitzenleistung (Elbrushöhenmessung) und aufsehenerregende Anwendungen (z.B. Elektroboot).

Vor allem die Experimente zur Bestimmung der Gesetze der Elektromagnete zeigen Jacobis und Lenz' Anliegen, die Naturwissenschaften zur Verbesserung technischer Anwendungen zu nutzen. Dies war damals keine Selbstverständlichkeit, bestand doch zwischen Wissenschaft und Technik ein tiefer

---

[8] Diese Aussage gilt nur in bezug auf seine elektrotechnischen Arbeiten. Eigentlich war Dorpat für ihn ein wichtiges Sprungbrett nach St. Petersburg.
[9] Siehe Abschnitt 4.4.
[10] Siehe Abschnitte 4.3.2 und 4.3.3.
[11] Siehe Abschnitt 4.2.3.

Graben. Mit ihrer zukunftsweisenden Einstellung lagen Jacobi und Lenz auf derselben Linie wie Werner von Siemens, der in seinen „Lebenserinnerungen" schreibt: *Durch meine Tätigkeit in der polytechnischen Gesellschaft kam ich zu der Überzeugung, daß naturwissenschaftliche Kenntnisse und wissenschaftliche Forschungsmethode berufen wären, die Technik zu einer noch gar nicht zu übersehenden Leistungsfähigkeit zu entwickeln.*[12]

Diese Verknüpfung von Theorie und Praxis, von Wissen und Anwendung bestand nicht nur bei Jacobi und Lenz.[13] Sie war in dieser Form vielmehr ein Spezifikum des Wissenschafts- und Innovationsbetriebes im Russischen Imperium und stand ganz im Zeichen der kurzen Verbindung zwischen Regierung und Wissenschaft, zwischen dem Volksaufklärungsministerium auf der einen, den Universitäten und der Akademie auf der anderen Seite. So zeigt z.B. die Abwerbung des Zivilbaukunstprofessors Jacobi aus Dorpat nach St. Petersburg durch den Volksaufklärungsminister Uwarow deutlich, daß die russische Staatsführung bereit war, die für sie nützlicheren Fähigkeiten und Interessen eines Gelehrten zu fördern. Durch diese kurze Verbindung zwischen Regierung und Wissenschaft konnte der Staat regulierend eingreifen; Ministern war es möglich, auf Akademiemitglieder direkten Einfluß zu nehmen. Der Wissenstransfer wurde gesichert, somit auch die Interessen des Russischen Imperiums gewahrt. Die Freiheit der Forschung jedoch mußte sich oft dem Primat der Politik beugen. Doch dies wurde in Kauf genommen und sogar erwartet. Die Obrigkeit zog die angewandte Physik und die Technik der Grundlagenforschung gerade deshalb vor, weil sie sich von ihnen einen Ausbau ihrer Macht versprach. Die Wissenschaft sollte der herrschenden Macht dienen, und die Macht förderte dafür die Wissenschaft. Gelehrte, deren Einstellung ohnehin auf eine Verschmelzung von Wissenschaft und Technik ausgerichtet war, kamen dem System gelegen, da sie, bewußt oder unbewußt, den Machtinteressen des Russischen Imperiums dienten.

Die negativen Folgen der Abhängigkeit der Wissenschaft von der Politik waren gering, solange mit Sergej Uwarow ein im Westen studierter, der Wissenschaft aufgeschlossener Volksaufklärungsminister im Amt war. Mit dem Universitätsstatut von 1835 bewahrte er sogar die freie Wahl der Rektoren[14] und verhinderte in gewisser Weise eine Gängelung der Lehre. Doch dürfen die Gefahren einer so direkten Beziehung zwischen Wissenschaft und Staat nicht unterschätzt werden. Schließlich sind es immer wieder Diktaturen, die

---

[12] W. Siemens: Lebenserinnerungen. Berlin (1938), S. 35. Die Aussage bezieht sich auf die 1840er Jahre.
[13] Bei Parrot bestand sie nicht.
[14] Siehe Abschnitt 2.2.2.

Zusammenfassung

dieses Prinzip favorisieren. So wenig heute eine enge Beziehung zwischen Regierung und Universitäten geeignet wäre, die Probleme des modernen Wissenstransfers von den Hochschulen in die wirtschaftlichen und industriellen Anwendungsgebiete sowie in staatliche Projekte zu lösen, ohne dabei die Freiheit der Forschung preiszugeben, so außerordentlich war ihr innovativer Charakter in dem in dieser Arbeit behandelten Zeitraum. Es ist beeindruckend, wie eng Wissenschaft und Politik damals miteinander verknüpft waren. Dies gilt insbesondere für die Beziehung zwischen dem ersten Rektor der Dorpater Universität und Zar Alexander I. Bei der Betrachtung der russischen Autokratie erstaunt, daß ein einfacher Universitätsprofessor ausländischer Herkunft eine so enge Beziehung zum Herrscher knüpfen konnte, daß er zweimal die Chance erhielt, den Lauf der Geschichte zu verändern, oder es zumindest zu Ereignissen kam, die ihn selbst beziehungsweise seinen Biographen Bienemann glauben ließen, sie hätten diese Chance gehabt (Gespräch mit Czartoryski, um Austerlitz zu vermeiden, und Rat zur Verbannung Speranskis).[15]

Doch es war nicht nur die kurze Verbindung zwischen Regierung und Wissenschaft, welche die herausragenden Erfolge deutschsprachiger Physiker im alten St. Petersburg begünstigte. Ebenso waren die üppige finanzielle Versorgung der Akademiemitglieder, die reichhaltige Ausstattung der Physikalischen Kabinette, die umfassenden Anschaffungen der Bibliothek der Akademie und die vielfältigen internationalen Kontakte der Gelehrten sowohl für die Gerätebeschaffung als auch für den Wissenstransfer höchst wertvoll und trugen dazu bei, daß die wissenschaftlichen Leistungen der Petersburger Akademie der Wissenschaften auf Weltniveau lagen.

Nicht nur in der Londoner Royal Society, der Pariser Akademie oder den deutschen Universitäten, auch in St. Petersburg wurde erstklassige Physik, Wissenschaft auf höchstem Niveau betrieben. Diese Tatsache wird auch heute noch von vielen Wissenschaftshistorikern leider nur zu gern übersehen. Es ist ein durch nichts zu rechtfertigendes Vorurteil, zu glauben, daß das gesamte östliche Europa hoffnungslos rückständig gewesen sei. Gewiß war das Russische Imperium insgesamt ein wirtschaftlich, sozial und industriell sehr rückständiger Staat, aber im Bereich der Wissenschaft traf dies nicht zu. Ähnlich wie die Sowjetunion, trotz ihrer schwierigen wirtschaftlichen Lage, beeindruckende Erfolge in Technik und Wissenschaft verzeichnen konnte (z.B. in der Raumfahrt), hatte auch das vorrevolutionäre Rußland seine Kräfte auf diese Felder konzentriert.

---

[15] Siehe Abschnitt 4.1.6.

Die von Jacobi und Lenz durchgeführten Experimente „Ueber die Gesetze der Electromagnete" hatten auch insofern einen hohen Wert, als sie langwierige, sorgfältige Routinearbeiten darstellten. Derartige Fleißarbeiten waren unbedingt notwendig für die Entwicklung von Wissenschaft und Technik. Dennoch war dieses Verfahren damals keineswegs bei allen Physikern populär. Viele Wissenschaftler bevorzugten die Durchführung eines spektakulären Versuches, eines Experiments mit Knalleffekt. Oder sie überlegten sich nach Möglichkeit ein „Experimentum crucis", welches eine interessante Frage endgültig beantworten kann, und erhofften sich dadurch schnellen Ruhm. Indem Jacobi und Lenz darauf verzichteten und lieber das taten, was früher oder später getan werden mußte, wenngleich es weniger aufsehenerregend war, erwiesen sie der Physik einen großen Dienst. Es war ihr Wunsch, dem *rohen Tatonnement*[16], welches bisher bei der Konstruktion von Elektromagneten vorherrschte, ein Ende zu setzen. Das ist ihnen gelungen.
Dadurch, daß Lenz als Universitätsprofessor für Physik sowie als Physiklehrer der Offiziersklassen des Seekadettenkorps in St. Petersburg wirkte, prägte er nachfolgende Generationen. Durch seine umfangreiche pädagogische Tätigkeit schuf er eine eigene „Physikerschule" und beeinflußte zumindest einen Teil der russischen Physik für einige Zeit, indem er seine Fähigkeiten und Erfahrungen an jüngere Forscher weitergab.[17] Auch dies trug zum Wert seiner Lebensleistung bei. Es war nicht nur die nach ihm benannte „Lenzsche Regel", mit der er die Wissenschaft voranbrachte, auch wenn allein diese häufig mit seinen Namen assoziiert wird, sondern die komplexe Summe seiner wissenschaftlichen, administrativen und pädagogischen Tätigkeiten.
Ähnlich dürfen auch Jacobi und Parrot nicht nur auf ihre Aktivitäten als Elektromotorkonstrukteur bzw. Zarenberater reduziert werden. Ihre Gesamtleistungen können nur in einer narrativen Arbeit angemessen dargestellt werden.[18]
Jacobi, Lenz und Parrot sind, trotz ihrer unterschiedlichen Herkunft, voneinander abweichenden politischen Ansichten, verschiedenen Fähigkeiten und Interessensschwerpunkten, für die Gesamtheit der Petersburger Akademiemitglieder ebenso repräsentativ wie für die Gruppe der Petersburger Physiker im besonderen. Sie decken exemplarisch ein weites Spektrum ab. Allen drei gemeinsam war nur ihre Leistungsbereitschaft und ihr Interesse an der

---

[16] Jacobi; Lenz: Ueber die Gesetze, S. 337.
[17] Siehe Abschnitt 4.2.4. Sein Beispiel veranschaulicht die „Flußdarstellung": Der Schüler des deutschsprachigen Ausländers Parrot, der Deutsch-Balte Lenz, unterrichtete Russen.
[18] Das umfangreiche Kapitel 4 ist das Resultat dieser Aufgabe.

Physik. Die Abschnitte über Parrot und Jacobi verdeutlichen, wie Ausländer nach Rußland gelangen und dort Arbeit und Förderung finden konnten. Es wurde gezeigt, daß Jacobi und Lenz im nikolaitischen System typische Karrieremuster durchliefen;[19] sie waren also auch für das reaktionäre System exemplarisch. Dabei war Lenz ein gebürtiger Untertan des russischen Kaisers, während Jacobi in seinem letzten Lebensdrittel ein „eingebürgerter" Ausländer war.

Abschließend seien noch einige Bemerkungen zur Behandlung des Forschungsgegenstandes als Ganzes angeführt. Daß ich als deutschsprachiger Physiker in St. Petersburg die Geschichte deutschsprachiger Physiker im alten St. Petersburg erforschen durfte, empfinde ich als einen glücklichen Umstand. Es ist notwendig, daß die Geschichte der Physik (auch) von Physikern behandelt wird. Für das Verständnis der wissenschaftlichen Vorgehensweisen, der Theorie- und Modellbildungsprozesse sowie der Versuchsauswertungen ist das „Handwerkszeug" eines Physikers unerläßlich.

Für die Zukunft kann nur gehofft werden, daß sich weitere deutschsprachige Wissenschaftshistoriker des Themas „deutschsprachige Mitglieder der Petersburger Akademie der Wissenschaften" im allgemeinen und „deutschsprachige Physiker im alten St. Petersburg" im speziellen annehmen mögen. Es sind dies jedenfalls besonders interessante Forschungsgegenstände, und auch der Quellenreichtum, vor allem im Falle von Jacobi, verpflichtet die Wissenschaftshistoriker geradezu zu weiteren Arbeiten.

5.2 Deutschsprachige Akademiemitglieder im historischen Kontext

Nachdem die drei Fallbeispiele in ihrem historischen Kontext ausführlich behandelt worden sind, soll auch das Phänomen „deutschsprachige Wissenschaft im alten St. Petersburg" in seinem geschichtlichen Zusammenhang bewertet werden. Daß es sich bei den „deutschsprachigen" Gelehrten nicht nur um „deutsche" Wissenschaftler handelte, wurde bereits dargelegt.[20] Aber wie ist die Zeit- bzw. Ortsbezeichnung „altes St. Petersburg" zu verstehen? Die Beantwortung dieser Frage umreißt den historischen Kontext des Themas dieser Arbeit.

Deutschsprachige Mitglieder dominierten die Petersburger Akademie der Wissenschaften von ihrer Gründung 1725 bis zur Fusion mit der Russischen

---

[19] Siehe Abschnitt 4.3.5.
[20] Siehe Abschnitt 1.2.

Akademie 1841. Im Jahre 1918 starb der letzte noch in Deutschland geborene Wissenschaftler der Akademie.

St. Petersburg wurde 1703 gegründet, 1712 übernahm es die Funktion der Hauptstadt Rußlands und 1914 war die deutsche Kriegserklärung Anlaß zur Umbenennung der Newametropole in Petrograd. 1918 zog die Regierung nach Moskau um,[21] 1924 wurde die Stadt in Leningrad umbenannt, und seit 1991 trägt sie wieder ihren alten Namen.

Die in vorliegender Arbeit untersuchte Epoche ist zeitlich weitgehend mit jener kongruent, in der St. Petersburg der Regierungssitz Rußlands war.

Nach dem erfolgreichen Nordischen Krieg und dem Frieden von Nystad vom 30.8.(10.9.)1721 trug der russische Reichskanzler Golowkin noch im selben Jahr Peter dem Großen im Senat an, den Titel ,,Imperator" anzunehmen. Das ,,Allrußländische Imperium" (Всероссійская Имперія) wurde proklamiert.[22] Es existierte bis zum Revolutionsjahr 1917.

Die Tatsache, daß sich das Russische Imperium, die Petersburger Regierungsperiode, das alte St. Petersburg und die Existenz ,,deutschsprachiger Wissenschaft im alten St. Petersburg" im wesentlichen auf der gleichen Zeitschiene bewegen, ist kein Zufall. Peter der Große hatte Europa bereist, St. Petersburg als Fenster zum Westen gegründet und für Rußland die Errungenschaften des technisch fortgeschritteneren Westens angestrebt. Schon die völlig unrussische Architektur St. Petersburgs zeugt von dem Willen Peters des Großen, westliche Einflüsse in Rußland zu etablieren. Das relativ geschlossene Stadtbild wird von barocken und klassizistischen Bauten bestimmt. Anders als Moskau bestand die ,,Nördliche Hauptstadt" zur damaligen Zeit nicht aus Holzhäusern, sondern aus Steinbauten. Viele der wich-

---

[21]Schon *1727 unter Peter II.* war *die Residenz wieder nach Moskau zurückgenommen* worden. 1730 verlegte dann *Kaiserin Anna Ivanovna ... , diesmal endgültig, den Hof wieder nach Petersburg* (H. Lemberg: Moskau und St. Petersburg. Die Frage der Nationalhauptstadt in Rußland. In: Th. Schieder; G. Brunn (Hrsg.): Hauptstädte in europäischen Nationalstaaten. München (1983), S. 107).
Auch als St. Petersburg Regierungssitz war, behielt Moskau stets gewisse Hauptstadtfunktionen (z.B.: Krönungsort der Zaren), so daß häufig auch von zwei Hauptstädten im Russischen Imperium die Rede ist. Lemberg weist darauf hin, daß das russische Wort für Hauptstadt (столица) auch Residenz bedeutet und in der vorrevolutionären Zeit somit die ,,erstthronige" (первопрестольная) ,,alte" Hauptstadt Moskau oder aber die ,,Petrinische", die ,,neue" Hauptstadt St. Petersburg bezeichnen konnte (S. 103). Für diese Arbeit ist nur der Regierungssitz von Bedeutung.

[22]Der Kürze wegen wurde in dieser Arbeit die Bezeichnung ,,Russisches Imperium" verwendet. Die in der Geschichtsschreibung gebräuchliche Wendung ,,Kaiserreich Rußland" wurde absichtlich vermieden. Sie kann leicht zur Verwechslung des Imperiums mit dem Zarentum schlechthin führen.

tigsten Gebäude wurden von ausländischen Architekten entworfen. Domenico Trezzini baute die Peter-und-Paulskathedrale, Auguste de Montferrand die riesige Isaakskathedrale und Etienne-Maurice Falconet das monumentale Reiterdenkmal Peters des Großen.[23] Die bedeutendsten Architekten waren Bartolomeo Francesco Rastrelli und Carlo Rossi. Rastrelli schuf den Winterpalast und das Smolnykloster, Rossi baute das Generalstabsgebäude am Schloßplatz und eine ganze nach ihm benannte Straße. Der Import ausländischer Gelehrter war ein logischer, ein folgerichtiger Schritt auf dem Weg, Rußland den anderen europäischen Mächten ebenbürtig zu machen. Ohne Ausländer hätte St. Petersburg gar keinen Sinn gemacht, zumindest nicht in seinem Bezug zum Westen. Das in dieser Arbeit untersuchte Phänomen war also ein Wesenszug des westgewandten liberalen Rußland. Die zeitliche Eingrenzung der vorliegenden Arbeit auf das Jahr 1841, als sich durch die Aufnahme der Russischen Akademie in die Petersburger Akademie der Wissenschaften die Mehrheitsverhältnisse zugunsten der Russen verschoben, und auf das Jahr 1918, als das letzte noch in Deutschland geborene Akademiemitglied, nämlich Wilhelm Radloff, starb, entspricht auch zeitlich dem reaktionären nikolaitischen System beziehungsweise dem totalen Zusammenbruch des verkrusteten sowie weitgehend reformunfähigen und -unwilligen Regime im Ersten Weltkrieg. So zeichnet die Geschichte deutschsprachiger Wissenschaftler im Russischen Imperium auch den Verlauf der politischen Entwicklung unter liberaleren Zaren und reaktionären Autokraten wider. Konnte ein aufgeklärter Parrot als Zarenfreund politischen Einfluß nehmen, weil Alexander I. ein liberaler Monarch war, so waren die Möglichkeiten der Gelehrten im nikolaitischen System erheblich eingeschränkt. Während unter Alexander alle Wissenschaften weitgehend erwünscht waren, also die Natur- wie die Geisteswissenschaften, beschränkte sich Nikolaus' Interesse fast ausschließlich auf die Technik und die Naturwissenschaften. Zwar dominierte im Russischen Imperium stets das Interesse an den „praktisch verwendbaren" Fachgebieten - dies war schon unter Peter dem Großen so gewesen -,[24] doch gab es bezüglich des Ausmaßes dieser Dominanz der „nützlichen" Wissenschaften erhebliche Unterschiede. Alexander I. schuf zwischen Paul I. und Nikolaus I. ein liberales „Zwischenhoch", das auch den Geisteswissenschaf-

---

[23] Demnach wurden die Ruhestätte der Romanows (Peter-und-Paulskathedrale), eine der größten sakralen Kuppelbauten der Welt (Isaakskathedrale) und das wichtigste Denkmal des Stadtgründers (Reiterdenkmal) von Ausländern geschaffen.
[24] Siehe Abschnitt 3.3.

ten zugute kam.²⁵

Zwar kann nicht geleugnet werden, daß der Import ausländischer Gelehrter nach Rußland unter anderem den Zweck verfolgte, diesen Import überflüssig zu machen, jedoch heißt das nicht, daß sich das nikolaitische System der Illusion einer naturwissenschaftlich-technischen Autarkie hingab. In diesem Bereich war man auch weiterhin international offen, unabhängig davon, ob man ausländische Gelehrte importieren und unterhalten mußte oder nicht. Lediglich „gefährliche" geisteswissenschaftliche Ideen und sozialwissenschaftliche Theorien wollte Rußland abwehren und praktizierte deshalb diesbezüglich eine nationale Abkapselung. Das war, zumindest in dieser Deutlichkeit, ein Spezifikum zaristischer Wissenschafts- und Bildungspolitik: „nützliche" Lehren waren erwünscht, „gefährliche" hingegen nicht. Doch bestand hinsichtlich der letzteren ein herrscherabhängiger Interpretationsspielraum.

Daß Rußland ab einen gewissen Zeitpunkt auf (deutschsprachige) Ausländer in der Akademie der Wissenschaften verzichten konnte, war ein Erfolg, der die Entwicklung der Wissenschaften im Imperium aufzeigt. Die Russifizierung der dem Herrscher gegenüber stets loyalen, deutschen Ostseeprovinzen war jedoch ein Armutszeugnis für das System. Das zunehmend reaktionärer und verkrusteter werdende Russische Imperium verfolgte eine Politik, die zu zwei Ergebnissen führen mußte: 1. den Wegfall deutschsprachiger Gelehrter unter anderem durch Russifizierung der Ostseeprovinzen, insbesondere der Universität Dorpat, und 2. seinen eigenen Zusammenbruch 1917.

Nach der deutschen Wiedervereinigung, die das Ende des Zweiten Weltkrieges besiegelte, und dem Wiedererstehen Rußlands als souveränen Staat müssen beide Länder ihr Verhältnis zueinander neu bestimmen.

Die in dieser Arbeit dargelegte Epoche deutsch-russischer Beziehungen war von einem durchweg guten Verhältnis zwischen Rußland und Preußen, dem größten und bedeutendsten der deutschen Staaten, gekennzeichnet.²⁶ Die besonders erfreuliche Beziehung im Wissenschaftsbereich mußte zwangsläufig irgendwann zu Ende gehen. Rußland hatte deutschsprachige und andere Ausländer importiert, um sich selbst eine funktionsfähige „Bildungsindustrie" aufzubauen und diesen Import damit überflüssig zu machen. Nicht das

---

[25] Paul verbot 1800 sogar die Einfuhr jedweder ausländischer Bücher. Alexander hob dieses Verbot unmittelbar nach seinem Regierungsantritt wieder auf.

[26] Allerdings ging diese gute Beziehung zu Lasten der Polen. Außer zu Preußen unterhielt das Russische Imperium auch noch zu einigen anderen deutschsprachigen Staaten gute Beziehungen.

Ende deutschsprachigen Einflusses in der Petersburger Akademie der Wissenschaften ist erstaunlich, sondern daß es erst so spät eintrat. Daß jedoch das gesamte deutsch-russische Verhältnis durch einen völlig sinnlosen Krieg aufs tiefste zerrüttet, ja zerstört wurde, ist eine Tragödie für beide Völker. Auf russischer Seite wurde dieser Bruch sofort nach Kriegsbeginn durch die Russifizierung des Hauptstadtnamens (Petrograd) und durch Ausschreitungen gegen deutschsprachige Einwohner der Ostseemetropole offensichtlich. Deutschland hat während zweier Weltkriege, binnen nur 31 Jahren, den Menschen in Rußland und der Sowjetunion unvorstellbares und nicht wiedergutzumachendes Leid angetan. Hierzu zählt übrigens auch die aktive Schürung der Oktoberrevolution, in deren Folge ein Bürgerkrieg mit Millionen von Toten und ein neues Feindbild enstanden. Niemand kann und darf das geschehene Unrecht vergessen, aber alle sind aufgerufen die Beziehung zwischen den beiden Völkern weiter zu verbessern. Die unermeßlichen Weiten russischer Herzen sind der Boden für Versöhnung, Freundschaft und Frieden.

6 Anhang

6.1 Quellen

6.1.1 Parrots Rede an Alexander I. vom 22. Mai (3. Juni) 1802 in Dorpat

Sire! Vous venez d'entendre les acclamations de Votre peuple, ces acclamations si sincères, si vraies, qui ne se font entendre qu'aux Monarques chéris. Vous en êtes profondement touché; Votre grand coeur éprouve en ce moment la plus douce des jouissances, la certitude, que Vous faites réellement tout le bien, que Vous voulez faire, et ces cris de joie et ces preuves de notre amour ne sont qu'un échantillon de ce, qui se passera dans chaque province, que V. M. honorera de sa présence. Sire, transportez Vous en idée sur chaque point de Votre vaste Empire, voyez en cet instant tout Votre peuple à Vos pieds, voyez chacun de Vos sujets Vous remercier pour un bienfait particulier. Le possesseur des terres de cette province Vous est redevable de la diminution des impots, l'homme de lettres du rétablissement de la litterature, le négociant de la liberté du commerce, l'artisan du réveil de l'industrie, le cultivateur - *le cultivateur,* à qui le système féodal n'a presque laissé qu'une existence précaire - Sire, Vous, Vous ne le méprisez pas, une puissance invisible lui a trahi le secret de Votre coeur: Déjà le père de famille jette le premier coup d'oeil serein sur ses enfants. Jouissez, Sire, de ces beaux fruits de Vos soins, de Vos veilles, de Votre amour; savourez la jouissance de faire tout notre bonheur. Sûre, que ces grandes idées, ces augustes sentiments Vous occupent tout entier trop fortement entraînée elle-même dans le torrent de la reconnaissance publique, l'académie, Sire, qui doit son existence à Vos soint paternels, n'entreprend pas de faire éclater aujourd'hui d'une manière particulière la profonde gratitude, dont elle est pénétrée, ou de fixer les augustes regards de V. M. sur les prémices de ses travaux, mais elle espère, elle ose au moins désirer, que V. M. veuille bien lui accorder cette grâce à une autre occasion. Si d'un côté la médiocrité de la sphère actuelle de son activité semble en quelque sorte lui ôter le droit d'aspirer à une faveur particulière, d'un autre côté elle se souvient du but de son existence - et ce but est grand et par là même cher à V. M. - Nous ne comptons, il est vrai, encore que par jours la durée de notre existence; mais que n'avez Vous été présent, Sire, au jour de notre installation, au moment, où nous jurames à l'autel de la divinité l'obéissance à la plus sainte de ses loix et à V. M. la soumission à sa volonté la plus décidée, cette de consacrer toutes nos forces au bien de l'humanité. Mais qui nous empêche, de répéter dans ce lieu même ce moment auguste? Amis! Confrères! et vous, qui présidez à nos travaux, répétons le. Qu'Alexandre soit témoin de nos voeux solennels! Dieu suprême! Nous jurons en *ta* présence*, en présence*

de ton image chérie, de consacrer nos veilles et nos talents à l'emploi, que tu nous a confié; de travailler avec zèle et fidélité à répandre des lumières utiles. Nous jourons de respecter l'humanité dans toutes les classes et sous toutes les formes; de ne distinguer le pauvre du riche, le faible du puissant, que pour vouer au pauvre et au faible un intérêt plus actif et plus tendre. Nous jurons que chaque action de notre Monarque, chaque bienfait, qu'il répandra sur son peuple, nous rappellera la sainteté de nos dévoirs.
Sire, recevez ces serments, ils sont sincères, ils sont purs, comme le voeu, que Vous avez fait, de rendre Vos sujets heureux.
Spontan antwortete der Zar: Je vous remercie, Monsieur, de l'attention, que vous avez bien voulu me marquer, et vous assure, que cette académie érigée pour répandre les lumières parmi mes sujets et qui s'en acquitte déjà si bien, peut compter que je ferai mon possible pour lui donner des preuves de ma protection particulière.[1]

6.1.2 Parrots Brief an Alexander I. vom 5.(17.) Juni 1805

Majestät! Da bin ich wieder in meine Zelle getreten, zurückgegeben meinen ursprünglichen Pflichten. Ich habe eine Fülle unermeßlichen Glücks, dessen Quell Sie, Sie allein sind. Mein Aufenthalt in Petersburg erscheint mir wie einer jener reizenden Träume, aus denen man mit Kummer erwacht, sie nicht fortsetzen zu können, sie gegen die Wirklichkeit austauschen zu müssen. Ich habe alles, was ich gelitten, vergessen. Ich sehe nur meinen Alexander, diesen teuren Menschen, der die Menschen zu lieben weiß, der mich liebt! Mein Wohltäter! Mein Held! Werden Sie mich stets lieben? - Es ist eine Lästerung so zu fragen nach diesem köstlichen, einzigen Abend, an dem unsere Seelen zum letztenmal ineinander flossen mit dem grenzenlosen Erguß, dessen die Natur uns fähig gemacht hat. Ja, ich fühle es, Sie werden mich lieben, so lange die Tugend mein Abgott sein wird. Sie ist der Ihre, und Ihr Herz, der neueste Altar, den die Natur ihr errichtet hat, wird das Andenken an Ihren Freund erhalten. - Ich bin glücklich; die einzige Bitte, die ich an Sie richte, ist nie zu suchen, die äußeren Beziehungen, in denen wir zueinander stehen, zu verändern. Bewahren Sie sich für immer einen Freund, auf welchen die Ereignisse keinen Einfluss haben, der nie Ihnen verdächtig erscheinen kann, einen Freund, der unter allen Umständen Ihnen bleibt, der Ihre Blicke immer nicht nur mit glänzender Unschuld, sondern auch mit starkem Vertrauen richten kann. Sie wissen, daß es keine Freundschaft ohne Gleichheit geben kann; das einzige Mittel, diese erhabene Gleichheit herzustellen ist das, die Verhältnisse, die die Natur gesetzt hat, nicht zu verletzen. Wenn Sie mich erhöben, würden Sie mich erniedrigen. Selbst der Gedanke an das Gemeinwohl, der Gedanke, daß auf einem höheren Posten ich nützlicher sein würde, darf Sie nicht verführen. Mich wird er nicht verleiten,

---

[1]Die Rede vom 22.5.(3.6.)1802 und Alexanders spontane Antwort finden sich bei Bienemann (Bienemann: Der Dorpater Professor, S. 115-117 (Anmerkung bzw. Text), unter Berufung auf: Schilder: Kaiser Alexander, S. 348f. und: Krause: Das erste Jahrzehnt) und bei Engelhardt (Engelhardt: Die Deutsche Universität, S. 39f). Die obige Wiedergabe hält sich streng an Bienemann, wobei Fehler, von denen nicht klar ist, ob sie von Bienemann oder Parrot stammen, beibehalten wurden (litterature statt littérature, soint statt soins, decidée statt décidée). Bei Schilder findet sich praktisch der gleiche Wortlaut der Rede, jedoch ohne die hier kursiv wiedergegebenen fünf Wörter, mit erheblich abweichender Interpunktion (unter anderem weniger Kommata), anderer Groß- und Kleinschreibung (unter anderem *votre* kleingeschrieben) und weiteren kleinen Unterschieden. Den genauen Wortlaut der Rede Parrots ließ sich der Zar noch am selben Tag nachsenden.

und hierin werden Sie stets unbedingtem Widerstande meinerseits begegnen. Nur in einem Fall könnte ich eine Ausnahme machen, wovon ich Ihnen schon einmal zu sprechen gewagt, den an Ihrer Seite zu siegen oder zu sterben. Kommt je ein Wort von Ihnen, ich fliege auf den Platz, den die Umstände, den mein Geist, meine Liebe für Sie mir anweisen, und Ihre Feinde werden im Dorpater Professor den Bonaparte der Freundschaft erblicken. - Verzeihen Sie mir dieses ungemessene Vertrauen auf meine Kraft. Wann es allein durch Klugheit zu wirken gegolten hat, habe ich oft für das Gemeinwohl gezittert; doch wenn es gelten wird die Verhältnisse zu zwingen, die Ereignisse zu beherrschen, werden Sie mich kennen lernen. O mein Vielgeliebter!
Am Tage nach meiner Ankunft wurde ich zum Rektor gewählt. Ich habe eine süße Freude bei der Vorstellung, daß Sie, die Bestätigung unterzeichnend, lächeln werden, und eine noch süßere beim Gedanken, daß, wenn mein Jahr abgelaufen sein wird, Sie Befriedigung von dieser Unterzeichnung haben werden. Ich werde nach Ihren Grundsätzen handeln. Ich werde mein Möglichstes thun, Ihre Jugend zu bilden, wie Sie sie haben wollen, Ordnung aufweisend, doch auch edle Thatkraft schützend, von der Sie einst Nutzen für das Wohl des Staates ziehen werden. Die letzten Wirren unserer Studenten haben mir bewiesen, wie viel Sie von dieser Thatkraft erwarten können, die die Natur in die Jugend gelegt hat, wenn diese gut geleitet ist.
Der junge Budberg, den das Gesetz als den Urheber der letzten Ausschreitungen getroffen hat, den unsere Statuten von der Universität verbannt und für die Zukunft von den Ämtern entfernt haben, die nur durch den vorgeschriebenen Aufenthalt auf der Universität zu erlangen sind, dieser junge Mann ist - unschuldig. Er hat sich freiwillig mit der Schuld belastet, um einen Kamaraden zu retten, dessen Unglück eine ganze Familie in Trauer gestürzt hätte; er hat sich, ohne ein Wort zu reden, der Strafe unterworfen, und als alles beendet war, sagte er beim Abschied von einem unserer Professoren: „Ich verlasse die Universität und mein Vaterland mit dem Bewußtsein einer guten Handlung; überall, wo es Menschen giebt, werde ich Menschen zu finden wissen und für das Gemeinwohl leben." - Ein musterhaftes Leben während fast drei Jahre, musterhaft durch Charakter und Fleiß, würde hinlänglich die Wahrheit seines Heldensinns erproben, wenn nicht alle seine Kamaraden sie bestätigten. Glauben Ew. M. nicht, daß ich die Strenge des ihn verdammenden Urteils mißbillige. Selbst in Kenntnis seiner Unschuld hätte ich dem Gesetz und den gerichtlichen Formen genug gethan, ich hätte ihn verurteilt, schon um ihm nicht das köstliche Gefühl, sich der Freundschaft zu opfern, zu rauben. Eine solche Handlung im Alter von zwanzig Jahren entscheidet für das Leben und dies ist ein Mann, den wir der Menschheit gewinnen selbst in der Vermutung, daß er für uns verloren gehe.
Klinger wird bald das Glück haben Sie zu sehen; er weiß nicht, welch größeres Glück ihn erwartet. Doch ich weiß, daß Ihr großmütiges Herz ihm entgegenkommen wird, daß Sie sich diesen seltenen Mann zu eigen machen werden, dem es schwer ist beizukommen, dessen Seele aber empfindsam und edel ist. Sie werden mit seinem Bericht über die Universität und unsere Schulen zufrieden sein und Sie werden sich nicht einige Vorwürfe über Ihre Vorliebe für uns machen. Er bringt Ihnen diesen Brief und wird ihn Sie durch Geßler erhalten lassen.
Ich blicke voll hoher Hoffnung auf Sie und Ihr Leben. Ich bitte von der Vorsehung nur um Verlängerung seines Laufes. Sie werden das Übrige thun und Ihr Parrot wird in der Betrachtung Ihrer Regierung glücklich sein, sicher, daß Sie mit Kraft gegen alle Arten menschlichen Übels gerüstet sind. Sie werden groß, Sie werden glücklich sein, wie ich es wünsche.

den 5.Juni 1805.²

6.1.3 Parrots „Mémoire secret, très secret" vom 15.(27.) Oktober 1810

1. Der Friede mit der Pforte.
Fordern Sie nicht die Walachei. Begnügen Sie sich mit den Donaumündungen bis zum Prut. Das ist eine natürliche Grenze, die sich Ihrer Grenze gegen Österreich fast in gerader Linie anreiht. Die von Ihren Heeren erkämpften Vorteile setzen Sie in das Recht, großmütig gegen die Pforte zu handeln, indem Sie Ihr Vornehmen, die beiden Provinzen Rußland einzuverleiben, fallen lassen. Die Walachei dient zu nichts und verschlechtert Ihre Grenze; denn das Land bringt Sie in eine zu ausgedehnte Berührung mit Österreich und reizt dadurch die Eifersucht dieser Macht, die nicht gleichgiltig ansehen kann, daß sie sich nach dieser Seite hin ausbreiten. Beim ersten Kriege wird diese Provinz völlig geräumt werden müssen, und jede erzwungene Räumung ist eine Art verlorener Schlacht, weil sie Schwäche verrät und Mißtrauen in die Gemüter sät. Man soll nichts besitzen, was man nicht erhalten kann. Lassen Sie diesen Grundsatz so bald als möglich geltend werden. Die Zeit, die Sie für die Rückkehr Ihrer Truppen gewinnen, und der Einfluß des Friedens auf die Gemüter wiegen mehr als die Walachei. Verzichten Sie außerdem auf die Kriegskosten. Die Pforte kann nichts geben. Mißtrauen Sie denen, die strenge Bedingungen anraten. Frankreich flüstert sie ihnen ja zu.
2. Der Friede mit Persien.
Dieser Krieg ist gegen Ihre eigenen Grundsätze, und Sie müssen selbst erstaunen, ihn fortgesetzt zu haben. Schließen Sie rundweg Frieden, indem Sie, wenn es nötig ist, alles zurückgeben, was Sie und ihre Vorgänger erobert haben. Dort bedarf es eines dauernden Friedens, und Sie werden ihn durch solche Mäßigung erlangen. Unterhandeln oder lieber schließen Sie beide Frieden zu gleicher Zeit ab. Beeilen Sie sich. Das französische Ministerium kann den einen wie den andern verderben und will es sicherlich. Beeilen Sie sich.
3. Ein Blick auf die benachbarten Mächte im Kriegsfall.
1. Polen, wiewohl diplomatisch aus der Liste der Mächte gestrichen, ist nichtsdestoweniger eine und für Sie von Wichtigkeit. Sie hat Napoleon gedient. Es hängt von Ihnen ab, sie sich dienstbar zu machen. Sobald der Augenblick der feindlichen Erklärungen Frankreichs gekommen sein wird, erklären Sie Polen, wie es vor der letzten Teilung war, für wiederhergestellt. Geben Sie ihm Kosciuczkos Verfassung. lassen Sie Ihre Hauptarmee dort einrücken und übergeben Sie Polen die seinige. Das wird Napoleon zwingen, seine Heere auf diesen Punkt, der Ihnen am günstigsten ist, zu richten, um Sie durch die Einöden Preußens hindurch anzugreifen, anstatt seine Hauptoperationen nach Kiew und die angrenzenden Provinzen zu verlegen, die reich sind an allem, dessen er bedarf, und durch welche er leicht nach Moskau zu vordringen würde, den ewigen Herd aller Revolutionen Rußlands. Er kann nicht Ihnen die 50000 Polen überlassen wollen, mit denen er Sie geschlagen hat. Fürst Adam wird Sie unterstützen, und Sie können auf die Thätigkeit der beiden Brüder Grafen Plater, die ich kenne, zählen.
2. Österreich schien zwar nur ein Werkzeug Frankreichs zu sein und wird nichts anderes sein, um so mehr als es die polnischen Provinzen verliert, wenn Ihre Politik es nicht zu

---

²Bienemann: Der Dorpater Professor, S. 333f. Die Übersetzung aus dem Französischen stammt von Bienemann. Leider war das Original nicht auffindbar. Der 5.6.1805 entspricht nach dem Gregorianischen Kalender dem 17.6.1805.

einer durchaus entgegengesetzten Rolle nötigt. hierfür bedarf es zweierlei: a) Ihre freundschaftlichen Beziehungen mit Ungarn für den Fall, daß sie unterbrochen sind, zu erneuern; b) Österreich aufrichtigen Frieden oder die Revolution Ungarns zu bieten, indem man zu verstehen giebt, daß, wenn das Wiener Kabinett feindliche Absichten zeigt, es beim Frieden durch den einen oder den andern kriegführenden Teil geopfert werden wird. Die Furcht vermag alles über dieses Kabinett, das hochmütig und kleinmütig zugleich ist. Es schwanken machen ist schon viel. Napoleon duldet nicht, daß man schwankt, und seine Leidenschaftlichkeit wird selbst dazu beitragen, ihm einen Verbündeten zu entziehen.
3. Schweden wird sicherlich mit Norwegen und der dänischen Inseln unter Bernadotte vereinigt. Das Los des Königs von Dänemark ist schon entschieden. Aber Schweden wird von einem revolutionären Geist beherrscht, den Sie benützen können, um diese Macht unthätig zu erhalten. Andererseits kann die dreifache nordische Krone auf dem Haupte Bernadottes ihre Freundin werden. Dieser französische General weiß besser als einer, wie Napoleon seine Verbündeten behandelt, und wird sich nicht beeilen, es zu werden. Es hängt von Ihnen ab, ihn merken zu lassen, ob Sie seiner Erhöhung zustimmen. Dann wird er stark genug sein, nicht dem Drängen Frankreichs zu weichen, das keinen Angriffspunkt gegen ihn finden wird. Die Engländer bewachen ja die Ostsee. Er wird wahrnehmen, daß er nach innen wie nach außen nur verlieren kann, wenn er Sie über Lappland bekriegen wollte. Man müßte besser unterrichtet sein, als ich es bin, um entschieden zu raten, welcher von beiden Wegen einzuschlagen wäre.
4. Lassen Sie von Ihrem Festungsplan ab. Sie werden ihn nur halb ausführen können und Ihre Heere lernen nicht den Festungskrieg; die kaum befestigten Nester der Türkei halten sie auf, und wenn Sie einige Außenpunkte Ihrer Linien verlieren, so stärkt der Feind sich in ihnen. Berechnen Sie den Krieg, den Sie zu führen haben, nach dem Geist Ihres Volkes und nach dem des Feindes. Um ihn mit Erfolg zu führen, brauchen Sie 400000 Mann, in zwei Heere geteilt; das eine von 100000 Mann gegen Österreich, das andere von 300000 Mann gegen den Hauptfeind. Dieses muß aus einem Hauptkorps von 200000 bestehen, das Sie die „Große Armee" nennen sollten, was laut bekannt zu machen wäre, um anzuzeigen, daß Sie den Krieg wie sonst durch glanzvolle Schläge entscheiden wollen. Sie wird in der That Ihre Hauptarmee sein und eine gewaltige Artillerie haben, aber sie wird sich nur in einem entschieden vorteilhaften Fall in den Kampf einlassen. Fürchten Sie nicht, vaterländischen Boden preiszugeben. Üben Sie hierfür Ihre Russen auf den Rückzug ein; das ist das Manöver, das sie am wenigsten lernen. Die anderen 100000 sollen in zehn Halbdivisionen geteilt werden, die vornehmlich aus leichter Reiterei bestehen. Diese Halbdivisionen werden den Magazinkrieg führen; sie werden den Feind nach jeder Seite hin umstricken und aushungern. Dieses System der Kriegführung ist Ihnen um so vorteilhafter, als Sie unter Ihren Generalen mehr Draufgänger als wirkliche Heerführer haben, als Sie die einen von den anderen trennen und ihren Wetteifer erregen, ohne der Eifersucht Spiel zu lassen, und als endlich Ihr noch ritterliches und halbbarbarisches Volk sich in Handstreichen gefällt und sie gern ausführt. Ein einziges Haupt muß zwar all diesen Körpern Zusammenhang geben. Aber das große Talent eines Heerführers besteht darin, das er in seinem Kopf wie auf einer Tafel die topographische Stellung sich zu malen weiß, und es giebt ein mechanisches Mittel, die geübtere Vorstellungskraft der französischen Generale hier zu ergänzen. Lassen Sie auf alle Kriegskarten ein Netz von Quadraten werfen, deren Entfernungen von fünfzehn oder zwanzig Wersten im Verhältnis zum Maßstab der Karte stehen. Ich setze voraus, daß die physischen Gegenstände, wie Flüsse, Berge, Moräste, Wälder und so weiter genau angemerkt sind. Mit einem Blick mißt der Kommandeur seine Entfernungen mittelst

des Netzes und schätzt die zu den Märschen erforderliche Zeit nach der Beschaffenheit des Geländes. Die Telegraphen werden die Schnelligkeit der Operationen vermehren. - Wenn Sie nur 300000 Mann wirklich auf die Beine bringen können, so teilen Sie sie in demselben Verhältnis. Bilden Sie eine Reserve von 60000 Rekruten, einquartiert und eingeübt, wie ich es Ihnen zur Zeit der Milizen vorschlug. Widmen Sie alle Ihre Mittel der Bildung der Armee und ihrem Unterhalt. Vereinfachen Sie die Verwaltung durch Vergrößerung der Regimenter. Große Regimenter bieten viel mehr Zusammenhang, und es ist viel leichter, im Notfall ein Regiment für zwei Operationen zu teilen, als für eine Aktion zwei zu vereinigen. Die Kleinlichkeiten des Paradeexerzitiums sind die einzigen Ursachen für die Verkleinerung der Regimenter und die Vervielfältigung der Offiziere. Sie selbst wissen, daß diese Kleinlichkeiten für den Krieg unnütz sind, kostspielig für die Finanzen, entmutigend für den Soldaten. Bringen Sie die Armee auf zwei Drittel der Zahl der Regimenter und verwenden Sie die übrig bleibenden Offiziere zur Ausbildung der Rekruten. -
Das sind meine Gedanken über die politischen und militärischen Maßnahmen, die im Fall des Krieges mit Frankreich zu ergreifen wären. Doch vorausgesetzt, daß sie ergriffen werden, ist das nicht alles. Sie müssen einen Blick aufs Innere werfen, einen sehr tiefen Blick. Indem Sie vorwärts gehen, versichern Sie sich der Rückzugslinie. Wenn Napoleon den Krieg will, wird er ihn bis aufs Messer, entscheidend wollen; er wird sich von dem spanischen Kriege, der seinem kriegerischen Ruhm nicht entsprochen hat, rehabilitieren wollen. Er wird, um Sie zu schwächen, Rußland zu revolutionieren suchen und wird in seiner gewöhnlichen Art großen Anreiz dazu finden. Um Sie dagegen zu sichern, bedarf es einer Maßregel, die einerseits den Zusammenhang Ihrer Provinzen erhält und der Regierung während Ihrer Abwesenheit den Nerv giebt, andererseits Napoleon überzeugt, daß selbst, wenn es ihm gelänge, Sie mit Ihren Unterthanen zu entzweien, er keinen Vorteil daraus ziehen würde. - Sie werden über die Maßregel, die ich Ihnen vorschlage, erstaunen. Doch, wenn Sie sie wohl erwogen haben, werden Sie empfinden, daß nur sie zu ergreifen ist. Diese Maßnahme besteht darin, im Augenblick Ihrer Abreise zum Heer die Kaiserin Elisabeth zur Regentin für die ganze Zeit Ihrer Abwesenheit zu erklären. Diese Erklärung muß unvermutet kommen, muß bis dahin jedermann ein undurchdringliches Geheimnis bleiben. Auf mein Schweigen können Sie zählen.
Prüfen wir jetzt diese Maßregel näher.
Die Kaiserin ist ein seltenes Wesen. Sir dürfen auf ihre Zuneigung rechnen. Sie ist zu wenig Weib, um Ihrer Fehler als Ehemann zu gedenken, oder um Gedanken nachzugeben, die eine Eitelkeit ihr eingeflößt haben könnte, welche sie nicht kennt. Sie wird im Gegenteil den Ehrgeiz haben, Ihnen Dankbarkeit einzuflößen. Sie besitzt großen Geist, einen richtigen Blick und wird folglich bald orientiert sein. Sie sollte es durch Sie werden; fangen Sie bald damit an; sparen Sie sich die Abendstunden dazu auf. Sie ist Frau, sie ist unbegrenzt geachtet; die Russen werden dieser großen Maßnahme zujauchzen; die Großen werden in ihr eine neue Beschäftigung für ihren Ehrgeiz finden. Die Kaiserin wird wie ein Weib die verbrecherischen Pläne, die statthaben könnten, entwirren und wie ein Mann sie vereiteln. Sie werden Ihrerseits den persönlichen sehr kostbaren Vorteil haben, sich nur mit dem Kriege beschäftigen zu können, nicht nur von der Arbeit der inneren Verwaltung, sondern auch von den Personen gelöst, die die erste Stelle nach Ihnen einnehmen und die ihre Verbündeten im Heere haben. Sie werden um die Hälfte weniger Kabalen finden. Dazu werden Sie Ihrem Volke in diesem großen Moment einzig als sein Verteidiger erscheinen, und dieser schöne Schimmer wird die Wolken zerstreuen, die Sie zwischen sich und ihm wahrnehmen. Beauftragen Sie mich mit dem Manifest, ich werde die Russen zu bearbei-

ten wissen. Achten Sie die öffentliche Meinung hoch; nur selten bietet man ihr mit Erfolg Trotz, und vornehmlich in solchen entscheidenden Zeitpunkten drängt sie sich in heilsamer oder schreckenbringender Weise vor.

Dieser Vorschlag enthüllt Ihnen mein Geheimnis, das ich in meinem Herzen getragen seit dem Tilsiter Frieden, von dem ich eine Vorahnung gehabt, seit ich Sie kenne, seit ich Sie liebe. Erinnern Sie sich des Wunsches, den ich immer hatte, mich der Kaiserin zu nähern. Zunächst war es das Interesse für Sie beide als Gatten. Dann war es aus Interesse für den Staat, den - ich bekenne es - ich nur in Ihrer Person liebe, aus Interesse für die Menschheit, als deren Beschützer ich Sie so gerne sehe. Die Reise der Kaiserin hat mich ihr genähert; ich spürte in Dorpat den Einfluß, den sie zu gewinnen wissen wird. Ich habe ihn seitdem in Petersburg erprobt, wo ich mich in die Lage versetzte, ihm zu widerstehen, und ich habe tief empfunden, daß ihr Herz von gleichem Werte ist wie ihr Geist. Bis hierzu haben Sie weder über jenes, noch über diesen verfügt. Heute ist der Augenblick gekommen, um es zu thun. Ihr persönliches Interesse, Ihre monarchischen Pflichten fordern Sie dazu auf und ihr Herz wird Sie gewiß dahin führen.

Ich glaube, Sie genug zu kennen, um von Ihrer Seite keinen Argwohn zu fürchten. Nein, ich habe nicht das kleinste Eckchen des Schleiers gehoben, den ich jetzt für Sie zerreiße. Übrigens wissen Sie, daß, selbst wenn ich den wahnsinnigen Gedanken hätte fassen können, mich zu entdecken, die Kaiserin zu wenig mitteilsam ist, mir die mindeste Annäherung zu gestatten. Diese Idee ist in Ihren Händen allein; sie ist Ihr ausschließliches Eigentum. Aber machen Sie von ihr Gebrauch.

Ich mache eine Art Testament. Ich werde Sie vielleicht nur auf dem Schlachtfelde wiedersehen, und ich werde Ihnen nicht mehr über diesen Gegenstand schreiben. Daher muß ich Ihnen alles sagen, was ich auf dem Herzen habe. O, mein Alexander! Warum kann ich Ihnen nicht in jedem Sinne sagen, was ich Ihnen einst gesagt habe: Sie haben mir außerordentlich gefallen! Rufen Sie sich die Vergangenheit seit dem Beginn Ihrer Regierung zurück. Vergleichen Sie sich mit sich selbst in den beiden Epochen von damals und heute. Erinnern Sie sich des Briefes, den ich zu Ihrem Geburtstage 1803 Ihnen schrieb. Habe ich seitdem einen ähnlichen geschrieben? Und doch hat sich der zwölfte Dezember seitdem sechsmal erneut. Habe ich etwa nicht an jedem zwölften Dezember ebenso schreiben wollen? - Nein, aber der Ton meiner Briefe mußte sich nach dem Ihrigen richten, und er hat sich darnach gerichtet, mir selbst zum Trotz. Das ist das Thermometer Ihres Innern. Mein Herz kann sich nicht täuschen; es ist in dem Ihren gegründet. Hören Sie denn die Stimme Ihres Freundes, der nie etwas gefürchtet hat außer Ihr Unglück.[3] (Ecoutez donc la voix austère et tendre de votre ami, de votre ami qui n'a jamais rien craint que votre malheur.) Vous n'êtes plus à la hauteur morale où vouz étiez il y a six ans. Sondez votre coeur et punissez mon audace, si j'ai tort! D'indignes alentours dans votre vie privée et dans les affaires vous dégradent pour s'approcher de votre niveau: et vouz le souffrez, et vouz ne savez pas que votre ennemi sait en profiter, que tort ce qu'on raconte de votre vie privée, vrai ou faut, part de cette source envenimée et tend à vous ravir l'estime de vos sujets! Dieu puissant! Donne à mes paroles l'expression de mon coeur! Touche le sien! Qu'il redevienne mon idole, mon héros!

Vos écarts ne partent que d'un seul point. Vous avez méprisé les relations de père de famille; vous avez dédaigné la dignité qui y est attachée; vous êtes tombé de là dans une frivolité qui ne vous est naturelle et que vous condamnez vous-même. Sûrement votre

---

[3] Bienemann: Der Dorpater Professor, S. 354-358. Die Übersetzung aus dem Französischen stammt von Bienemann.

coeur vous l'a reproché souvent. Oh! pourquoi n'aviez-vous pas alors un ange tutélaire qui vous ranimât? Mon Alexandre! Vous avez pleuré de vos enfants: oh! c'était alors le moment de revenir à vous-même, de sentir ce que vous pourriez être. Ne vous aveuglez pas en croyant encore à l'idée d'une passion qui ne peut pas avoir duré si longtemps. Depuis longtemps, ce n'est plus votre coeur qui vous a captivé: c'est l'artifice, un artifice infâme, et connu; j'en ai la preuve, non par bruits publics, mais par moi-même. Ne vous aveuglez pas non plus par l'idée de froideur dont vous m'avez parlé. Vous eussiez aisément vaincu cette froideur, qui n'était pas plus naturelle que votre éloignement, mais qui devait naître dans une âme noble. Si j'ai pu vous aimer comme je vous aime, quelle femme eût pu résister à votre coeur? Rentrez dans l'état de nature: attachez-vous à la seule personne digne de tout votre attachement; vous êtes dans l'âge de sentir tout autre chose qu'une passion ordinaire et fragile. Renoncez aux autres liaisons sérieuses, que votre coeur doit condamner; renoncez aux liaisons frivoles que vous avez trop affichées et que l'opinion publique désaprouve. Soyez homme, soyez souverain! Si ces liaisons n'ont pas d'influence immédiate dans les affaires, elles en ont d'autant plus sur vous: elles vous distraient, vous éloignent de vous-même; elles vous détruisent l'ensemble de votre activité, elles affaiblissent votre capacité pour les affaires. J'ai été étonné de vous entendre parler avec sagesse et de voir le contraire exécuté: le secret de cette contradiction frappante est dans cette frivolité où vos alentours vous précipitent. Mon Alexandre! rappelez votre vigueur. Ce ne sont pas des sacrifices, non! c'est votre jouissance, votre santé, ce sentiment de force qui n'appartient qu'à l'homme absolument pur, c'est votre bonheur quotidien, que je vous demande!

Mon Alexandre! mon ami unique! Si je réussis, concevez-vous tout le bonheur que vous versez sur moi? Oui, concevez-le, et, s'il le faut, mettez-le encore dans la balance! Mon coeur, mon amour pour vous le mérite: faites le bonheur de votre Parrot![4]

---

[4] Nikolaus Michailowitsch: Kaiserin Elisabeth, Bd. 2, S. 235-237. Bienemanns und Nikolaus Michailowitschs „Mémoire"-Zitate umfassen beide nicht das vollständige „Mémoire". Bienemann beginnt früher, und Nikolaus Michailowitschs Zitat endet später. Der mittlere Teil, der von beiden Historikern wiedergegeben wird, ist von mir nach Bienemann zitiert, da dieses Werk im deutschsprachigen Raum leichter zugänglich ist und die Übersetzung durch diesen Parrotexperten dem Leser das Verständnis erleichtern kann. Lediglich der letzte Satz des mittleren Abschnittes wurde von Bienemann etwas verkürzt wiedergegeben, weshalb er auf französisch (in Klammern) wiederholt wurde. Der mittlere Teil beginnt bei: *Das sind meine Gedanken über ...*

Es ist unklar, ob das „Mémoire" vielleicht noch weitere Teile umfaßt hat. Leider wurde das Original nicht in folgende Quellenedition (А. Л. Нарочницкий (отв. ред.) (Λ. L. Narotschnizki (Hrsg.)): Внешняя политика России XIX и начала XX века. Документы российского министерства иностранных дел (Die Außenpolitik Rußlands im 19. und am Beginn des 20. Jahrhunderts. Dokumente des russischen Außenministeriums). Серия первая 1801-1815гг., Т. 5: Апрель 1809г. - январь 1811г., Москва (1967)) aufgenommen.

6.2 Verzeichnis einschlägiger Einrichtungen

6.2.1 Archive und Institute

Vorbemerkungen

Die Arbeit in einem Archiv der Russischen Föderation unterscheidet sich in mancherlei Hinsicht von jener in einem westeuropäischen oder amerikanischen Archiv, wie es auch international renommierte Historiker schon zu Sowjetzeiten feststellen mußten. *In a Soviet archive, the researcher rarely is able to see the collection, or consult an index or catalog. Rather, an assigned worker brings to the reading room materials chosen for the researcher.*[5] Aus dieser „Verschlossenheit" ergeben sich manchmal Probleme bzgl. der Archivangaben. Es ist häufig nicht so leicht, festzustellen woher die Dokumente stammen oder warum sie an diesem oder jenem Ort lagern. Deshalb ist es gängige Praxis, die Dokumente nur mit ihrer Registernummer (Fonds, Opis, Delo)[6] zu bezeichnen. Dennoch habe ich, wo es möglich war, Angaben über die Fonds (Namen, Herkunft, Zeitraum, Umfang) in Erfahrung gebracht. Dies ist nicht selbstverständlich, zumal es nicht einmal selbstverständlich ist, überhaupt in die Archive hineingelassen zu werden. *In the present study, whenever it is known to me, the published document is cited, rather than the archive, since it is relatively easy for an interested reader to consult a printed document but quite difficult to get to the archive.*[7] So konnte ich beispielsweise während meines DAAD-Jahresaufenthaltes 1995/1996 in St. Petersburg nicht in das Historische Archiv der Stadt, da es sich im капитальный ремонт (Generalrenovierung) befand.[8] Und als ich am 15. Mai 1997 mit einem Dreimonatsvisum nach St. Petersburg kam, benötigte ich zwei Wochen, um in die anderen Archive gehen zu können.[9] Selbst wenn ein Archiv geöffnet ist, kann es sein, daß der entsprechende Fonds

---

[5]Flynn: The university reform, S. 261.

[6]Fonds (фонд) steht für „Bestand". Opis (опись) wird mit „Inventarliste" übersetzt, bezeichnet im russischen Archivwesen jedoch einen Fondsteil. Delo (дело) ist eine Akte bzw. ein Aktenstück.

[7]The university reform, S. 261.

[8]Noch im Mai 1997 wurde mir telefonisch mitgeteilt, daß es bis mindestens Ende des Jahres geschlossen bleibt.

[9]Zunächst war mein russischer Betreuer nicht anwesend. Als ich das von ihm zu unterschreibende Dokument endlich erhielt, weigerte sich das Ausländerdekanat der Petersburger Universität, mir die entsprechenden Papiere auszustellen, da die Universität mich nicht eingeladen hatte. Die frühere Einladung der Physikalischen Fakultät wurde von den russischen Konsulaten aufgrund eines neuen Gesetzes nicht mehr für die Visaausstellung anerkannt. Darum hatte ich mir in Deutschland über ein Reisebüro eine Einladung (für 442 DM) besorgt, und nun wollte man mich nicht in die Archive lassen. Deshalb fuhr ich nach Peterhof in die Physikalische Fakultät und bekam dort meine Papiere ausgestellt, die dann glücklicherweise auch von den Archiven akzeptiert wurden. Als ich nun endlich am 30.5.97 in das Archiv der Akademie der Wissenschaften gehen konnte, welches nur dienstags und freitags geöffnet hat, erfuhr ich, daß es vom 9.6.97 bis 22.8.97 geschlossen sein wird. Mir blieben also von meinem Dreimonatsaufenthalt nur drei Tage für die Archivarbeit. Da ich am ersten Tag erst einmal die Akten anfordern mußte, blieben praktisch nur zwei Tage für die wissenschaftliche Arbeit mit den Quellen.

geschlossen ist.[10] Es ist also durchaus möglich, noch auf neue Informationen zu stoßen, wenn man in den Archiven arbeitet, da kaum jeder Historiker alle Quellen durchforsten kann. Im Archiv der Akademie der Wissenschaften arbeitete ich häufiger mit Dokumenten, in deren Benutzerliste ich mich als erster eingetragen habe.[11] Alle diese Quellen, welche ich möglicherweise als erster ausgewertet habe, habe ich in den Zitatangaben mit einen Stern hinter der Delonummer versehen. Die Zitatangaben sind grundsätzlich: Archivabkürzung, Fondsnummer, Opisnummer (manchmal von Jahreszahl gefolgt), Delonummer (eventuell mit Stern und gegebenenfalls von Seitenzahl gefolgt, wenn das Delo aus mehreren Seiten besteht).

- Санкт-Петербургское отделение архива Академии наук (ААН)[12]
  (St. Petersburger Abteilung des Archivs der Akademie der Wissenschaften)
  Университетская набережная 5 (Universitetskaja nabereshnaja 5)
  - фонд 1 (Конференция Императорской АН (1724-1917))
    - опись 1, Протоколы Конференции АН (подписные) (1725-1932); 367 ед. хр.
    - опись 1а, Черновики и копии протоколов Конференции АН (1725-1928, 1942-1949); 199 ед. хр.
    - опись 2 Т. 1, Протокольные бумаги (приложения к протоколам Конференции АН) (1731-1799); 677 ед. хр.
    - опись 2 Т. 2, Протокольные бумаги (приложения к протоколам Конференции АН) (1800-1899); 4336 ед. хр.
    - опись 2а, Материалы торжественных и публичных заседаний (1825-1844); 182 ед. хр.
    - опись 3, Учёная корреспонденция (1725-1854); 88 ед. хр.
  - Fonds 1 (Konferenz der Kaiserlichen AdW (1724-1917))
    - Opis 1, Protokolle der Konferenz der AdW (unterschriebene) (1725-1932); 367 verwahrte Einheiten (v. E.)
    - Opis 1a, Entwürfe und Kopien der Protokolle der Konferenz der AdW (1725-1928, 1942-1949); 199 v. E.

---

[10] So war z.B. der Fonds 1343 im Russischen staatlichen historischen Archiv vom 8.4.97-15.10.97 geschlossen.

[11] Auf meine Nachfrage, ob denn dies bedeute, daß ich der erste sei, der diese Quellen einsieht, wurde mir geantwortet, daß das zumindest seit den 60er Jahren (seit denen es diese Benutzerlisten gibt) der Fall sei.

[12] Die Fondsangaben sind im wesentlichen aus: Реестр описей фондов ЛО Архива АН СССР. Часть I-я фонды No 1-811 (Register der Opisse der Fonds der LA (Leningrader Abteilung; Anm. P. H.) des Archives der AdW der UdSSR. Erster Teil Fonds No 1-811); Реестр описей фондов и разрядов ЛО Архива АН СССР. Часть 2 NoNo 812-1087; разряды I-XVI (Register der Opisse der Fonds und Kategorien der LA des Archives der AdW der UdSSR. Teil 2 NoNo 812-1087; Kategorien I-XVI); Г. А. Князев (G. A. Knjasew): Архив Академии наук СССР. Обозрение архивных материалов (Das Archiv der Akademie der Wissenschaften der UdSSR. Rundschau der Archivmaterialien). Труды Архива, Выпуск 1, Ленинград (1933) und: Г. А. Князев; Л. Б. Модзалевский (G. A. Knjasew; L. B. Modsalewski): Архив Академии наук СССР. Обозрение архивных материалов (Das Archiv der Akademie der Wissenschaften der UdSSR. Rundschau der Archivmaterialien). Том 2, Труды Архива, Выпуск 5, Москва, Ленинград (1946).

- Opis 2 T. 1, Protokollzettel (Beilagen zu den Protokollen der Konferenz der AdW) (1731-1799); 677 v. E.
- Opis 2 T. 2, Protokollzettel (Beilagen zu den Protokollen der Konferenz der AdW) (1800-1899); 4336 v. E.
- Opis 2a, Materialien der Fest- und öffentlichen Sitzungen (1825-1844); 182 v. E.
- Opis 3, Wissenschaftliche Korrespondenz (1725-1854); 88 v. E.

- фонд 2 (Канцелярия Конференции АН (1804-1922))
  - опись 1 T.1, Делопроизводственные материалы Канцелярии Конференции и Секретариата АН; 1805-1916; 1700 ед. хр.
- Fonds 2 (Kanzlei der Konferenz der AdW (1804-1922))
  - Opis 1 T.1, Schriftverkehrsmaterialien der Kanzlei der Konferenz und des Sekretariats der AdW; 1805-1916; 1700 v. E.
- фонд 4 (Комитет Правления АН (1803-1893))
  - опись 2 T. 1, Делопроизводственные материалы; 1804-1805; 116 ед. хр.
  - опись 2 T. 2, Делопроизводственные материалы; 1805-1818; 1928 ед. хр.
  - опись 2 T. 3, Делопроизводственные материалы; 1815-1819; 54 ед. хр.
  - опись 2 T. 4, Делопроизводственные материалы; 1820-1824; 87 ед. хр.
  - опись 2 T. 5, Делопроизводственные материалы; 1825-1829; 95 ед. хр.
  - опись 2 T. 6, Делопроизводственные материалы; 1830-1834; 133 ед. хр.
  - опись 2 T. 7, Делопроизводственные материалы; 1835-1839; 134 ед. хр.
  - опись 2 T. 8, Делопроизводственные материалы; 1840-1844; 85 ед. хр.
  - опись 2 T. 9, Делопроизводственные материалы; 1845-1849; 98 ед. хр.
  - опись 2 T. 10, Делопроизводственные материалы; 1850; 83 ед. хр.
  - опись 4a, Материалы по учёту личного состава; 1834-1950; 16 ед. хр.
- Fonds 4 (Vorstandskomitee der AdW (1803-1893))
  - Opis 2 T. 1, Schriftverkehrsmaterialien; 1804-1805; 116 v. E.
  - Opis 2 T. 2, Schriftverkehrsmaterialien; 1805-1818; 1928 v. E.
  - Opis 2 T. 3, Schriftverkehrsmaterialien; 1815-1819; 54 v. E.
  - Opis 2 T. 4, Schriftverkehrsmaterialien; 1820-1824; 87 v. E.
  - Opis 2 T. 5, Schriftverkehrsmaterialien; 1825-1829; 95 v. E.
  - Opis 2 T. 6, Schriftverkehrsmaterialien; 1830-1834; 133 v. E.
  - Opis 2 T. 7, Schriftverkehrsmaterialien; 1835-1839; 134 v. E.
  - Opis 2 T. 8, Schriftverkehrsmaterialien; 1840-1844; 85 v. E.
  - Opis 2 T. 9, Schriftverkehrsmaterialien; 1845-1849; 98 v. E.
  - Opis 2 T. 10, Schriftverkehrsmaterialien; 1850; 83 v. E.
  - Opis 4a, Materialien zur Erfassung des Personalbestandes; 1834-1950; 16 v. E.
- фонд 32 (А. Я. Купфер)[13]
  - опись 1, Научные труды (1816-1865); 78 ед. хр.

---

[13] *Der Fonds wurde 1928 als Teil aus dem Hauptphysikalischen Observatorium ins Archiv genommen (in ihm (dem Observatorium; Anm. P. H.) blieben die Materialien die das Observatorium betreffen) der andere Teil befand sich im Archiv* (Knjasew: Das Archiv, S. 78).
Weitere Materialien wurden am 1. Februar 1938 aus dem Hauptphysikalischen Observatorium in das Archiv der AdW genommen (Knjasew; Modzalewski: Das Archiv, S. 218).

- опись 2, Переписка (1823-1865); 196 ед. хр.
- Fonds 32 (A. Ja. Kupffer)
  - Opis 1, Wissenschaftliche Arbeiten (1816-1865); 78 v. E.
  - Opis 2, Briefverkehr (1823-1865); 196 v. E.
- фонд 44 (Комиссия АН для производства опытов проф. Якоби по приспособлению электромагнитной силы к движению машин (1837-1843))
  - опись, Делопроизводственные материалы (1837-1843); 26 ед. хр.
- Fonds 44 (Kommission der AdW für die Durchführung der Versuche des Prof. Jacobi zur Anwendung der elektromagnetischen Kraft zur Bewegung der Maschinen (1837-1843))
  - Opis, Schriftverkehrsmaterialien (1837-1843); 26 v. E.
- фонд 158 (Библиотека Академии наук СССР)
  - опись 1, Старые инвентарные каталоги (1724-1937); 606 ед. хр.
  - опись 2, Делопроизводственные материалы (1725-1960); 224 ед. хр.
- Fonds 158 (Bibliothek der Akademie der Wissenschaften der UdSSR)
  - Opis 1, Alte Inventarkataloge (1724-1937); 606 v. E.
  - Opis 2, Schriftverkehrsmaterialien (1725-1960); 224 v. E.
- фонд 187 (Б. С. Якоби)[14]
  - опись 1, Рукописи трудов и материалы к ним, материалы биографические и по деятелпености (1815-1905); 491 ед. хр.
  - опись 2, Переписка (1825-1874); 627 ед. хр.
  - опись 3, Печатные издания (1821-1903); 176 ед. хр.
- Fonds 187 (B. S. Jacobi)
  - Opis 1, Arbeitsmanuskripte und Materialien zu ihm, biographische Materialien und zur Tätigkeit (1815-1905); 491 v. E.
  - Opis 2, Briefverkehr (1825-1874); 627 v. E.
  - Opis 3, Gedruckte Ausgaben (1821-1903); 176 v. E.
- фонд 210 (Г. И. Вильд)[15]
- Fonds 210 (G. I. Wild)
- разряд V („Personalia" - отдельные документы, относящиеся к жизни и деятельности членов АН и других учёных)[16]
  - опись Л.; 128 ед. хр.
  — дело No 18 (Э. Х. Ленц)[17] (1829-1929); 34 ед. хр.

---

[14] *Der Fonds wurde am 10. August 1933 vom Institut der Geschichte der Wissenschaft und der Technik der AdW für das Archiv der AdW von den Enkeln B. S. Jacobis - E. N. Jacobi und A. N. Armaderowa erworben* (ebenda, S. 95).

[15] *Der Fonds wurde teilweise am 31. Dezember 1934 und am 1. Februar 1938 aus dem Hauptgeophysikalischen Observatorium in das Archiv der AdW genommen* (ebenda, S. 97).

[16] Ein разряд ist ein Sammelsurium von Dokumenten, die keine ganzen Fonds bilden. Im разряд V befinden sich 475 cm verschiedener Dokumente in 19 Schachteln aus dem 18. bis 20. Jahrhundert (Knjasew: Das Archiv, S. 186).

[17] Die Herkunft der Archivmaterialien bezüglich Lenz' ist unbekannt. Auf meine Frage, woher denn die Dokumente stammen, gab mir die Archivarin drei Mappen in denen sehr viele Quittungen abgeheftet waren. Jede dokumentierte den Erhalt eines (oder mehrerer) Dokumentes des разряд V. Konkret über Lenz fand ich nichts in den drei Mappen.

- опись П.; 135 ед. хр.
— дело No 5 (Е. И. Паррот)[18] (1819-1852); 13 ед. хр.
- Rasrjad V („Personalia" - einzelne Dokumente, bezüglich des Lebens und der Tätigkeit der Mitglieder der AdW und anderer Wissenschaftler)
 - Opis L.; 128 v. E.
 — Delo No 18 (E. Ch. Lenz) (1829-1929); 34 v. E.
 - Opis P.; 135 v. E.
 — Delo No 5 (Je. I. Parrot) (1819-1852); 13 v. E.

- Архив Центрального музея связи им. А. С. Попова[19]
 (Archiv des Zentralen Museums für das Fernmeldewesen „A. S. Popow")
 Почтамтская улица 7 (Potschtamtskaja uliza 7)
   - фонд Якоби
     - опись 1, (Документы (1837-1853)); 551 ед. хр.
     - опись 2, (Фотокопии писем, документов и чертежей (1834-1860)); 77 ед. хр.
     - (Негативы-стекло (XIX в)); 74 ед. хр.
     - (Негативы-плёнка (1837-1850)); 33 ед. хр.
   - Fonds Jacobi
     - Opis 1, (Dokumente (1837-1853)); 551 v. E.
     - Opis 2, (Photokopien von Briefen, Dokumenten und Zeichnungen (1834-1860)); 77 v. E.
     - (Glasnegative (HI1H v)); 74 v. E.
     - (Filmnegative (1837-1850)); 33 v. E.
   - фонд Яроцкий Анатолий Васильевич (1909-1990)
     - опись 1, (1790-1990); 724 ед. хр.
   - Fonds Jarozki Anatoli Wassilewitsch (1909-1990)
     - Opis 1, (1790-1990); 724 v. E.

- Bundesinstitut für ostdeutsche Kultur und Geschichte, Oldenburg
 Johann-Justus-Weg 147a

- Eesti Ajalooarhiiv (Estnisches Staatliches Historisches Archiv), Tartu (EEA)[20]
 J. Liivi 4

---

[18] Die Herkunft der Archivmaterialien bezüglich Parrots ist ebenfalls unbekannt.

[19] Die Dokumentenherkunft ist bei den alten Fonds (z.B. Jacobi) gemäß Auskunft der Archivarin noch ungeklärt. Die Herkunft des Jarozki-Fonds, der Dokumente von und über einen renommierten Jacobiforscher, wird in Исследовательский отдел документальных фондов. Название фонда: Яроцкий Анатолий Васильевич (1909-1990) (Forschungsabschnitt der dokumentarischen Fonds. Bezeichnung des Fonds: Jarozki Anatoli Wassiljewitsch (1909-1990)), einem losen DIN A4 Schreibmaschinenseitenwerk im Archiv, genannt. Der Fondsinhalt wurde 1991 aus Moskau von der Witwe Jarozkis Gana Pawlowna (Minkowskaja) Jarozkaja erhalten (S. 2).

[20] Als Archivführer dient: Э. Х. Ибиус (E. H. Ibius): Центральный государственный исторический архив Эстонской ССР (Das Zentrale Staatliche Historische Archiv der Estnischen SSR). Путеводитель. Москва, Тарту (1969). Das Archiv besteht aus Staatsakten und Familienakten (S. 4).

- Fondi nr. 402 (Tartuer Universität (1799-1918)); 72.276 Angelegenheiten; davon: 62.201 persönliche
- Fondi nr. 402, Nim. nr. 3, Säiliku nr. 1277 (G. F. Parrot); 217 S.
- Fondi nr. 402, Nim. nr. 3, Säiliku nr. 2043 (M. H. Jacobi); 109 S.

- Институт истории естествознания и техники им. С. И. Вавилова, Москва (Institut für Geschichte der Naturwissenschaften und Technik „S. I. Wawilow", Moskau)
  Старопанский переулок 1/5 (Staropanski pereulok 1/5)

- Институт истории естествознания и техники, Санкт-Петербургский отдел (Institut für Geschichte der Naturwissenschaften und Technik, St. Petersburger Abteilung)
  Университетская набережная 5 (Universitetskaja nabereshnaja 5)

- Latvijas Valsts Vēstures Arhīvs (Lettisches Staatliches Historisches Archiv), Riga (LVVA)[21]
  Slokas iela 16

    - Fonda Nr. 7350, Apraksta Nr. 1 (G. F. Parrot), 1795-1853; 15 Angelegenheiten[22]

- Российский государственный архив военно-морского флота (АВМФ) ehemals: Центральный государственный архив военно-морского флота СССР[23]
  (Russisches Staatsarchiv der Kriegsmarine, ehemals: Zentrales Staatsarchiv der Kriegsmarine der UdSSR)
  Миллионная улица 36 (Millionnaja uliza 36)

    - фонд 410 (Канцелярия Морского Министерства. Петроград. (1836-1918)); 1835-1918; 14804 д.
      - опись 1, Указы Правительствующего Сената, сметы, отчёты и штаты. ... 1836-1857; 2264 д.

    - Fonds 410 (Kanzlei des Marineministeriums. Petrograd. (1836-1918)); 1835-1918; 14.804 D.
      - Opis 1, Erlasse des Regierenden Senats, Kostenanschläge, Abrechnungen und Personalbestände. ... 1836-1857; 2264 D.

---

[21] Als Archivführer dient: Н. Н. Рыжов (N. N. Ryshow): Центральный государственный исторический архив Латвийской ССР (Das Zentrale Staatliche Historische Archiv der Lettischen SSR). Краткий справочник. Часть 1 (1220-1918), Рига (1980). Das Archiv besteht aus Staatsakten und Privateigentum, das 1940 verstaatlicht wurde (S. 4).

[22] Der Fonds-Apraksta besteht aus dem privaten Nachlaß Parrots (личный архив Г. Ф. Паррота), gemäß: Stradyn: Das Akademiemitglied Parrot, S. 106, Anm.

[23] Als Archivführer dient: Т. П. Мазур (T. P. Masur): Российский государственный архив ВМФ. (Das Russische Staatliche Archiv der Kriegsmarine). Аннотированный реестр описей фондоф (1696-1917), Санкт-Петербург (1996). Das Archiv besitzt Materialien, die aus dem Archiv des vorrevolutinären Marineministeriums (Архивъ Морскаго министерства) stammen (S. 5f).

- фонд 432 (Морское училище. (1701-1918)); 1756-1919; 24582 д.
  - опись 1, Высочайшие указы, ... приказы по Морскому кадетскому корпусу; ... 1756-1919; 8194 д.
  — дело 2629 (früher: дело 5788) Дѣла по физическому кабинету и музеуму. 1835-го года. Морской кадет. корпусъ
  — дело 2859 (früher: дело 6096) Дѣла по физическому кабинету. 1837 года. Морской кадет. корпусъ

- Fonds 432 (Marineschule. (1701-1918)); 1756-1919; 24.582 D.
  - Opis 1, Höchste Erlasse, ... Befehle zum Seekadettenkorps; ... 1756-1919; 8194 D.
  — Delo 2629 (früher: Delo 5788) Delos zum Physikalischen Kabinett und Museum. 1835. Seekadettenkorps
  — Delo 2859 (früher: Delo 6096) Delos zum Physikalischen Kabinett. 1837. Seekadettenkorps

- Российский государственный исторический архив (ИА) ehemals: Центральный государственный исторический архив СССР[24]
  (Russisches staatliches historisches Archiv, ehemals: Zentrales staatliches historisches Archiv der UdSSR)
  Английская набережная ehemals: *Набережная красного флота 4* (Angliskaja nabereshnaja, ehemals: Nabereshnaja krasnogo flota 4)

  - фонд 733 (Департамент народного просвещения (1803-1917)); 109344 д.
    - опись 12, Дела по Академии наук; 1802-1839; 535 ед. хр.
    - опись 13, Дела по Академии наук; 1840-1862; 273 ед. хр.
    - опись 56, Дерптский учебный округ; 1802-1836; 692 ед. хр.
    - опись 57, Дерптский учебный округ; 1837-1862; 806 ед. хр.
    - опись 120, Инспекторский разряд; 1863-1872; 820 ед. хр.
    - опись 124, Пенсионный разряд (большинство дел содержит послужные списки); 1860-1864; 54 ед. хр.
    - опись 125, Пенсионный разряд; 1865-1868; 55 ед. хр.
  - Fonds 733 (Volksaufklärungsdepartement[25] (1803-1917)); 109.344 D.
    - Opis 12, Delos zur Akademie der Wissenschaften; 1802-1839; 535 v. E.
    - Opis 13, Delos zur Akademie der Wissenschaften; 1840-1862; 273 v. E.
    - Opis 56, Dorpater Lehrbezirk; 1802-1836; 692 v. E.

---

[24]Die Fondsangaben sind aus: С. Н. Валк; В. В. Бедин (S. N. Walk; W. W. Bedin): Центральный государственный исторический архив СССР в Ленинграде (Das Zentrale Staatliche Historische Archiv der UdSSR in Leningrad). Путеводитель. Ленинград (1956) und: Д. И. Раскин (D. I. Raskin): Фонды Российского государственного исторического архива (Die Fonds des Russischen Staatlichen Historischen Archiv). Краткий справочник. Санкт-Петербург (1994). Die Opis-Angaben sind aus: Аннотированный реестр описей (Register der Opisse). Часть 2, фонды NoNo 730-1295 (1973) und: Реестр описей (Register der Opisse). Часть 3, 1294-1696 (1973).

[25]Ab 1803 hieß es Departement des Volksaufklärungsministers, ab 1817 Volksaufklärungsdepartement für die Leitung der Hochschulen und wissenschaftlichen Anstalten innerhalb des Ministeriums für geistliche Angelegenheiten und Volksaufklärung und ab 1824 Volksaufklärungsdepartement.

Archive und Institute 273

- Opis 57, Dorpater Lehrbezirk; 1837-1862; 806 v. E.
- Opis 120, Inspektionsrasrjad; 1863-1872; 820 v. E.
- Opis 124, Rentenrasrjad (die Mehrheit der Delos enthält Dienstlisten); 1860-1864; 54 v. E.
- Opis 125, Rentenrasrjad; 1865-1868; 55 v. E.

- фонд 735 (Канцелярия министра н. п. (1825-1862)); 1807-1862; 3429 д.[26]
  - опись 1; О разрешении резным лицам подносить свои сочинения царю и членам царской семьи и о рассмотрении этиш книг; 1824-1837; 748 ед. хр.
  - опись 2; То же; 1838-1850; 830 ед. хр.
  - опись 10; О тайных студенческих обществах; 1807-1865; 306 ед. хр.

- Fonds 735 (Kanzlei des Volksaufklärungsministers (1825-1862)); 1807-1862; 3429 D.
  - Opis 1; Über die Erlaubnis von Personen ihre Werke dem Zaren und Mitgliedern der zaristischen Familie anzutragen und über die Durchsicht dieser Bücher; 1824-1837; 748 v. E.
  - Opis 2; Ebenso; 1838-1850; 830 v. E.
  - Opis 10; Über die geheimen Studentenvereinigungen; 1807-1865; 306 v. E.

- фонд 1289 (Главное управление почт и телеграфов (1722-1917)); 1722-1917; 35921 д.
  - опись 1; О международных почтово-телеграфных связях; 1722-1880; 5343 ед. хр.

- Fonds 1289 (Hauptverwaltung der Post und der Telegrafen (1722-1917)); 1722-1917; 35.921 D.
  - Opis 1; Über die internationalen Post-Telegrafenverbindungen; 1722-1880; 5343 v. E.

- фонд 1343 (Департамент герольдин (1722-1917)); 1676-1917; 158261 д.
  - опись 16: О сопричислении к дворянскому состоянию. „А".; 1813-1894; 3117 ед. хр.
  - опись 34: То же; „Ш-Я"; 1813-1894; 3035 ед. хр.

- Fonds 1343 (Heroldindepartement (1722-1917)); 1676-1917; 158.261 D.
  - Opis 16: Über die Zurechnung zum höfischen Vermögen. „А".; 1813-1894; 3117 v. E.
  - Opis 34: Ebenso; „Schtsch-Ja"; 1813-1894; 3035 v. E.

• Российский государственный военно-исторический архив (ВИА) ehemals: Центральный государственный военно-исторический архив СССР, Москва[27]

---

[26] 1825 für die Führung der geheimen und privaten Post des Ministers sowie für die wichtigsten und dringendsten Fragen, die eine Anordung des Ministers verlangten, gegründet (Walk; Bedin: Das Zentrale, S. 247).

[27] Als Archivführer (für Angestellte) dient: Е. П. Воронин (Je. P. Woronin): Центральный государственный военно-исторический архив СССР (Das Zentrale Staatliche Militärhistorische Archiv der UdSSR). Путеводитель. В трёх частях. Для служебного пользования. Москва (1979). Ihm entnimmt man die Geschichte des Archivs. Das Militärwissenschaftliche Archiv (Военно-учёный архив) entstand 1797 in St. Petersburg als

(Russisches staatliches militärhistorisches Arhiv, ehemals: Zentrales staatliches militärhistorisches Archiv der UdSSR, Moskau)
улица вторая Бауманская 3 (uliza wtoraja Baumanskaja 3)

- Materialien des ehemaligen Военно-учёный архив (ВУА) (Militärwissenschaftliches Archiv)
- Darin: фонд 846 опись 16 дело 1014 О предположеной генералом Емануелем экспедиции для обозрения ближайших окрестностей горы Эльбрус, изобилуюших свинцем 1829/1830-ом горах (49 l.)
(Fonds 846, Opis 16, Delo 1014: Über die von General Emanuel vorgelegte Expedition zum Betrachten der nächsten Umgebungen des Berges Elbrus, bleireiche Berge 1829/1830 (49 Bögen))

• Санкт-Петербургский исторический архив ehemals: Государственный исторический архив Ленинградской области
(St. Petersburger historisches Archiv, ehemals: Staatliches historisches Archiv des Leningrader Gebietes)
Псковская улица 18 (Pskowskaja uliza 18)
- фонд 14, Санкт-Петербургский университет
- Fonds 14, St. Petersburger Universität

6.2.2 Bibliotheken

• Библиотека Института истории естествознания и техники, Санкт-Петербургский отдел
(Bibliothek des Instituts für Geschichte der Naturwissenschaften und Technik, St. Petersburger Abteilung)
Университетская набережная 5 (Universitetskaja nabereshnaja 5)

• Библиотека Российской Академии наук
(Bibliothek der Russischen Akademie der Wissenschaften)
Биржевая линия 1 (Birshewaja linija 1)

• Bibliotheca Universitatis Tartuensis
Struve 1

• Bibliothek des Bundesinstituts für ostdeutsche Kultur und Geschichte, Oldenburg
Johann-Justus-Weg 147a

• Landesbibliothek Oldenburg
Pferdemarkt 15

„Seiner Kaiserlichen Hoheit eigenes Kartendepot" (Собственное е.и.в. депо карт). 1812 kam dieses Depot ins Archiv des Militärtopographischen Depots des Kriegsministeriums und wurde 1863 in Militärhistorisches und topographisches Archiv der Hauptleitung des Generalstabes umbenannt. 1867 kam es unter die Leitung des Militärwissenschaftlichen Kommitées des Hauptstabes und wurde Militärwissenschaftliches Archiv des Hauptstabes genannt. 1906 wurde es der Hauptführung des Generalstabes untergeordnet. 1918 wurde es aus Petrograd nach Moskau gebracht (S. 4f. und Anm. S. 6).

- Научная библиотека им. М. Горького
  (Wissenschaftliche Bibliothek „M. Gorki")
  Университетская набережная 7/9 (Universitetskaja nabereshnaja 7/9)

- Научная библиотека института истории естествознания и техники им. С. И. Вавилова, Москва
  (Wissenschaftliche Bibliothek des Instituts für Geschichte der Naturwissenschaften und Technik „S. I. Wawilow", Moskau)
  Старопанский переулок 1/5 (Staropanski pereulok 1/5)

- Российская национальная библиотека ehemals: Государственная Публичная Библиотека имени М. Е. Салтыкова-Щедрина
  (Russische Nationalbibliothek, ehemals: Staatliche öffentliche Bibliothek „M. Je. Saltykow-Schtschedrin")
  Садовая улица 18 (Sadowaja uliza 18)

- Universitätsbibliothek Oldenburg
  Uhlhornsweg 49-53

6.2.3 Museen

- Baeri Maja Siin elas Karl Ernst von Baer 1867-1876 (Baer-Haus-Museum, Tartu)
  Veski 4

- Demonstrationikabinet füsika osakond, Tartu Ülikool Õppehoone Nr. 10 (Demonstrationskabinett des Fachbereichs Physik, Tartuer Universität Gebäude Nr. 10)
  Tähe 4

- Государственный политехнический музей, Москва
  (Staatliches Polytechnisches Museum, Moskau)
  Новая площадь 3/4 (Nowaja ploschtschad 3/4)

- Кабинетъ Дмитрія Ивановича Менделѣева
  (Kabinett des Dmitri Ivanowitsch Mendelejew)
  Университетская набережная 7/9 (Universitetskaja nabereshnaja 7/9)

- Метрологический музей госстандарта РФ
  (Metrologisches Museum des Staatsstandards der RF)
  Московский проспект 19 (Moskowski prospekt 19)

- Музей-Архив Д. И. Менделеева
  (Museum-Archiv des D. I. Mendelejew)
  Менделеевская линия 2 (Mendelejewskaja linija 2)

- Музей истории «Ижорские заводы», Колпино
  (Museum der Geschichte der „Ishora-Werke", Kolpino)
  Советский бульвар 29 (Sowjetski bulwar 29)

- Музей истории университета
  (Museum der Geschichte der Universität)
  Менделеевская линия 2 (Mendelejewskaja linija 2)

- Музей-квартира Академика Ивана Петровича Павлова
  (Wohnungsmuseum des Akademiemitgliedes Iwan Petrowitsch Pawlow)
  7-ая линия 2 (7-aja linija 2)

- Музей М. В. Ломоносова в Кунсткамере
  (Museum des M. W. Lomonossow in der Kunstkammer)
  Университетская набережная 3 (Universitetskaja nabereshnaja 3)
- Museum Historicum Universitatis Tartuensis
  Toomemägi (Domberg)
- 19. saj. Tartu linnakodaniku majamuuseum (Museum des Tartuer Stadtbürgers des 19. Jhs.)
  Jaani 16
- Tartu Linnamuuseum (Stadtmuseum Tartu)
  Oru 2
- Tartu Tähetorn (Sternwarte)
  Toomemägi (Domberg)
- Центральный музей связи им. А. С. Попова
  (Zentrales Museum für das Fernmeldewesen „A. S. Popow")
  Почтамтская улица 7 (Potschtamtskaja uliza 7)
  - отдел телеграфной связи
  - Abteilung der Telegrafenverbindung
- Центральный военно-морской музей
  (Zentrales Kriegsmarinemuseum)
  Пушкинская площадь 4 (Puschkinskaja ploschtschad 4)

6.3 Zeitschriften

Abhandlungen der Königlichen Gesellschaft der Wissenschaften zu Göttingen, (AKGG)
Allgemeine Zeitung, Augsburg (AZ)
Annalen der Physik; hrsg. von Ludwig Wilhelm Gilbert, Halle (bis 1824), Leipzig (GA)
Annalen der Physik und Chemie; hrsg. Johann Christian Poggendorff, Leipzig (APC)
Annales de chimie et de physique, Paris
Annales des mines, Paris
Archives de l'Electricité, par Mr A. de la Rive, Paris (AE)
Augsburger Allgemeine Zeitung - siehe: Allgemeine Zeitung
Baltische Monatsschrift, Reval (BM)
Bibliothèque universelle de Genève. Archives des sciences physiques et naturelles (BU)
Bulletin de l'Académie Impériale des Sciences de Saint-Pétersbourg (1860-1869) (BLA)
Bulletin de la classe physico-mathématique de l'Académie Impériale des Sciences de Saint-Pétersbourg (1843-1859) (BPMA)
Bulletin scientifique publié par l'Académie Impériale des Sciences de Saint-Pétersbourg (1837-1842) (BSA)
Cahiers du Monde russe et soviétique, Paris
Comptes Rendus hebdomadaire des séances de l'Académie des Sciences, Paris (CR)
Deutsche Revue über das gesamte nationale Leben der Gegenwart, Stuttgart (DRNL)
Doves Repertorium der Physik (siehe: Repertorium ...)
Familiengeschichtliche Blätter, Leipzig
Forschungen zur osteuropäischen Geschichte, Osteuropa-Institut Berlin (FOG)
Froriep's Notizen, Jena
Gilberts Annalen der Physik (siehe: Annalen ...)
History of Science, Cambridge
Инженерный журналъ (Ingenieursjournal), Санктъ-Петербургъ
Извѣстія Императорской Академіи Наукъ (siehe: Bulletin de l'Académie Impériale ...)
Jahrbuch des baltischen Deutschtums, Lüneburg (JBD)
Jahrbuch für Chemie und Physik; hrsg. von Johann Salomo Christoph Schweigger (ab 1821), Nürnberg (bis 1823), Halle (ab 1824) (JCP)
Jahrbücher für Geschichte Osteuropas, Osteuropa-Institut München (JGO)
Journal für Chemie und Physik; hrsg. von Johann Salomo Christoph Schweigger (bis 1820), Nürnberg (JCP)
Journal für die Baukunst; hrsg. von A. L. Crelle, Berlin
Journal für praktische Chemie; herausgegeben von Otto Linné Erdmann und Richard Felix Marchand, Leipzig (EJPC)
Litterarisches Intelligenzblatt der Dorpater Jahrbücher, Dorpat, Riga (LIDJ)
Magazin für das Neueste aus der Physik und Naturgeschichte; hrsg. von Georg Christoph Lichtenberg, fortges. von Johann Heinrich Voigt, Gotha (VM)
Mémoires de l'Académie Impériale des Sciences de Saint-Pétersbourg. Sixième série.
1. Sciences mathématiques, physiques et naturelles (1831-1833) (MA)
2. Sciences mathématiques, physiques (1838-1859) (MA)
3. Sciences naturelles (1835-1859)
Nature (seit 1869), London
Nordostarchiv, Lüneburg
Огонёк (Flämmchen), Москва
Philosophical Transactions of the Royal Society of London

Poggendorffs Annalen der Physik (siehe: Annalen ...)
Polytechnisches Journal, Berlin (PJ)
Почтово-телеграфный журналъ (Post- und Telegrafenjournal), С.-Петербургъ (ПТЖ)
Repertorium der Physik; hrsg. von Heinrich Wilhelm Dove, Berlin
Русская старина (Russische alte Zeiten), Санктъ-Петербургъ (1870-1918)
Санкт-Петербургская Газета (St. Petersburger Zeitung) (с 1991)
Санктпетербургскія Вѣдомости (St. Petersburger Mitteilungen)
Записки Императорской Академіи наукъ (Schriften der Kaiserlichen Akademie der Wissenschaften), Санктъ-Петербургъ (ЗИАН)
Записки Русскаго техническаго общества (Schriften der Russischen technischen Gesellschaft), Санктъ-Петербургъ (ЗРТО)
Журналъ Министерства народнаго просвѣщенія (Journal des Volksaufklärungsministeriums), Санктъ-Петербургъ (ЖМНП)
Журналъ Русскаго физико-химическаго общества (Journal der Russischen physikalisch-chemischen Gesellschaft), Санктъ-Петербургъ (ЖРФХО)
Scientific Memoirs (R. Taylor), London (SME)
Schweiggers Journal für Chemie und Physik (siehe: Journal ...)
Сенатскія Вѣдомости (Senatsmitteilungen), Санктъ-Петербургъ
Сѣверный Муравей (Nördliche Ameise), Санктпетербургъ
Sitzungsberichte der Gelehrten Estnischen Gesellschaft, Dorpat
Slavic Review, Washington
St. Peterburgische Zeitung (1727-1752, ab 1991), St. Petersburger Zeitung (1753-1914)
The Russian Review, Stanford (RR)
The Slavonic and East European Review, London
Traité expérimental de l'électricité et du magnétisme, et de leurs rapports avec les phénomènes naturels, Paris
Труды института истории науки и техники (Arbeiten des Instituts für Geschichte der Wissenschaft und Technik), Ленинград
Voigts Magazin (siehe: Magazin ...)
Вестник Академии Наук СССР (Bote der Akademie der Wissenschaften der UdSSR), Москва, Ленинград
Вестник Ленинградского университета (Bote der Universität Leningrad)
Вечерний Ленинград (Abendliches Leningrad)
Zeitschrift für Ostforschung (bis 1994), Zeitschrift für Ostmitteleuropa-Forschung (ab 1995), Marburg (ZfO)

6.4 Bibliographie

Vorbemerkungen

Im folgenden unterscheide ich zwischen:
1. Werken von Jacobi, Lenz und Parrot,
2. Werken, die vor 1917 erschienen sind, und
3. Werken, die nach 1917 erschienen sind.

Besteht ein Werk aus mehreren Bänden, so ist das Erscheinungsjahr des ersten Bandes maßgebend. Wird ein Reprint zitiert, so ist das Erscheinungsjahr des wiedergegebenen Originals entscheidend. In den Anmerkungen werden teilweise Kurztitel verwendet.

6.4.1 Werke von Jacobi, Lenz und Parrot

[1] Jacobi, Moritz Hermann: Acten eines gegen mich erhobenen Prioritätsstreites. BPMA, T. 3, P. 8, S. 1-4, Saint-Pétersbourg (1845).

[2] Jacobi, Moritz Hermann: Bericht über die Entwicklung der Galvanoplastik. BPMA, T. 1, col. 65-71, Saint-Pétersbourg (1843); auch: EJPC, Bd. 28, S. 176-183 (1843).

[3] Jacobi, Moritz Hermann: Bericht über die galvanische Vergoldung. BPMA, T. 1, col. 72-78, Saint-Pétersbourg (1843); auch: EJPC, Bd. 28, S. 183-190 (1843).

[4] Jacobi, Moritz Hermann: Beschreibung eines neuen Apparates, ,,Separator" genannt. BLA, T. 1, col. 85-89, Saint-Pétersbourg (1860).

[5] Jacobi, Moritz Hermann: Beschreibung eines verbesserten Voltagometers. BSA, T. 10, col. 285-288, Saint-Pétersbourg (1842); auch: APC, Bd. 59, S. 145-148, Leipzig (1843).

[6] Jacobi, Moritz Hermann: Communication préalable sur les lois des machines électromagnétiques. BSA, T. 7, col. 225-228, Saint-Pétersbourg (1840).

[7] Jacobi, Moritz Hermann: Das Quecksilber-Voltagometer. APC, Bd. 77, S. 173-196, Leipzig (1849).

[8] Jacobi, Moritz Hermann: Decription d'un télégraphe électrique naval, établi sur la frégate à vapeur le Polkan. BPMA, T. 5, col. 145-150, Saint-Pétersbourg (1857).

[9] Jacobi, Moritz Hermann: Détermination de l'épaisseur du noyau de fer d'un électro-aimant donné. CR, Vol. 33, pp. 297f., Paris (1851).

[10] Jacobi, Moritz Hermann: Die galvanische Pendeluhr. BPMA, T. 15, col. 25-32, Saint-Pétersbourg (1857).

[11] Jacobi, Moritz Hermann: Die Galvanoplastik oder das Verfahren cohärentes Kupfer unmittelbar aus Kupferauflösungen auf galvanischem Wege niederzuschlagen. (Übersetzung) PJ, Bd. 78, S. 110-120 (1840); auch: Sturgeon, Ann. Electr., Bd. 7, S. 323-328, 337-344, 491-498 (1841), Bd. 8, S. 66-74, 168-173 (1842).

[12] Якоби, Борисъ Семёновичъ: Докладъ о единствѣ мѣръ и вѣсовъ (Bericht über die Einheit der Maße und Gewichte). Всемирная выставка 1867 г. Комиссiи вѣсовъ, мѣръ и монетъ, Санктъ-Петербургъ (1868).

[13] Якоби, Борисъ Семёновичъ: Докладъ, представленный Петербургской Академіи наукъ профессоромъ Б. С. Якоби 9 октября 1857 г., по работамъ, произведеннымъ имъ въ области телеграфіи (Bericht, der Akademie der Wissenschaften am 9. Oktober 1857 durch Professor B. S. Jacobi vorgestellt, über die Arbeiten, die durch ihn auf dem Gebiet der Telegrafie durchgeführt wurden). ПТЖ, No. 4, с. 1-8, Санктъ-Петербургъ (1895).

[14] Якоби, Борисъ Семёновичъ: Донесеніе Физико-математическому отдѣленію Академіи наукъ о работахъ по электромагнетизму (Bericht an die Physikalisch-mathematische Abteilung der Akademie der Wissenschaften über die Arbeiten zum Elektromagnetismus). ЗИАН, Т. 23, с. 278, Санктъ-Петербургъ (1874).

[15] Jacobi, Moritz Hermann: Eine galvanische Eisenreduction unter Einwirkung eines kräftigen electromagnetischen Solenoids. BLA, T. 18, col. 11-18, Saint-Pétersbourg (1873); auch: Annales de Chimie, Vol. 28, pp. 252-260 (1873); auch: APC, Bd. CXLIX, S. 341-349, Leipzig (1873).

[16] Jacobi, Moritz Hermann: Eine Methode die Constanten der Voltaschen Ketten zu bestimmen. BSA, T. 10, col. 257-267, Saint-Pétersbourg (1842); auch: APC, Bd. 57, S. 85-100, Leipzig (1842); auch: AE, Bd. 2, pp. 575-590 (1842).

[17] Jacobi, Moritz Hermann: Einige Bemerkungen zu dem Aufsatze über electromagnetische Telegraphen, in der A. a. Zeitung vom 24. Juni 1844. St. Petersburger Zeitung, N 147, 1.(13.) Juli 1844, S. 662, St. Petersburg (1844).

[18] Jacobi, Moritz Hermann: Einige Notizen über galvanische Leitungen. BPMA, T. 1, col. 129-141, Saint-Pétersbourg (1843); auch: APC, Bd. 58, S. 409-423, Leipzig (1843).

[19] Jacobi, Moritz Hermann: Expériences électro-magnétiques, formant suite au Mémoire sur l'application de l'électro-magnétisme au mouvement des machines. IIème Série. (Notes), BSA, T. 2, col. 17-31, 37-44, Saint-Pétersbourg (1837); auch: AE, Vol. III, S. 233-277, Paris (1843); auch: SME, Vol. II, S. 1-19 (1841).

[20] Jacobi, Moritz Hermann: Extrait d'une lettre de M. le professeur Jacobi à Dorpat à M. Lenz. (Expériences relatives à la chaîne galvanique.) BSA, T. 2, col. 60-64, Saint-Pétersbourg (1837).

[21] Jacobi, Moritz Hermann: Galvanische und electromagnetische Versuche. 1. Reihe: Über electrotelegraphische Leitungen. BPMA, T. 4, col. 113-135, Saint-Pétersbourg (1845).

[22] Jacobi, Moritz Hermann: Galvanische und electromagnetische Versuche. 2. Reihe, 1. Abtheilung: Über die Leitung galvanischer Ströme durch Flüssigkeiten. BPMA, T. 5, col. 86-91, Saint-Pétersbourg (1847).

[23] Jacobi, Moritz Hermann: Galvanische und electromagnetische Versuche. 2. Reihe, 2. Abtheilung: Über magneto-electrische Maschinen. BPMA, T. 5, col. 97-113, Saint-Pétersbourg (1847).

[24] Jacobi, Moritz Hermann: Galvanische und electromagnetische Versuche. 3. Reihe, 1. Abtheilung: Über einige neue Volta'sche Combinationen. BPMA, T. 5, col. 209-224, Saint-Pétersbourg (1847).

[25] Jacobi, Moritz Hermann: Galvanische und electromagnetische Versuche. 4. Reihe, 1. Abtheilung: Über electrotelegraphische Leitungen. BPMA, T. 6, col. 17-44, Saint-Pétersbourg (1848).

[26] Jacobi, Moritz Hermann: Galvanische und electromagnetische Versuche. 4. Reihe, 2. Abtheilung: Ueber die Polarisation der Leitungsdrähte. BPMA, T. 7, col. 1-21, Saint-Pétersbourg (1849).

[27] Jacobi, Moritz Hermann: Galvanische und electromagnetische Versuche. 5. Reihe, 1. Abtheilung: Von der Resorption der Gase im Voltameter. BPMA, T. 7, col. 161-170, Saint-Pétersbourg (1849).

[28] Jacobi, Moritz Hermann: Galvanische und electromagnetische Versuche. 5. Reihe, 2. Abtheilung: Das Quecksilber-Voltagometer. BPMA, T. 8, col. 1-17, Saint-Pétersbourg (1850).

[29] Jacobi, Moritz Hermann: (Invention de la galvanoplastique.) Annales de Chimie, Vol. 11, pp. 238-248 (1867).

[30] Jacobi, Moritz Hermann: Jacobi's Commutator. APC, Bd. 36, S. 366-370, Leipzig (1835).

[31] Якоби, Борисъ Семёновичъ: Краткое описанiе употребленiя электромагнитнаго телеграфа, изобретеннаго членомъ Петербургской Академiи наукъ надворнымъ совѣтникомъ Якоби (Kurze Beschreibung der Benutzung des elektromagnetischen Telegrafen, erfunden vom Mitglied der Petersburger Akademie der Wissenschaften Hofrat Jacobi). Краткiй словарь для электромагнитнаго телеграфа. Санктъ-Петербургъ (1841).

[32] Jacobi, Moritz Hermann: Lettre de M. Jacobi à M. Fuss. (Beschreibung eines Kommutators), BSA, T. V, col. 318-320, Saint-Pétersbourg (1839).

[33] Jacobi, Moritz Hermann: Litterarische Notizen über Dampfmaschinen. Journal für die Baukunst, Vol. VI, S. 83-94, Berlin (1833).

[34] Jacobi, Moritz Hermann: Mémoire sur l'application de l'électromagnétisme au mouvement des machines. Potsdam (1835).

[35] Jacobi, Moritz Hermann: Mesure comparative de l'action de deux couples voltaïques, l'un cuivre-zinc, l'autre platine-zinc. BSA, T. 6, col. 369-371, Saint-Pétersbourg (1840); auch: Phil. Mag., Bd. 17, pp. 241-243, London (1840); auch: APC, Bd. 50, S. 510-513, Leipzig (1840).

[36] Jacobi, Moritz Hermann: Note préliminaire sur la mesure du courant galvanique par la décomposition du sulfate de cuivre. BPMA, T. 9, col. 333-336, Saint-Pétersbourg (1851); auch: Annal. de Chimie, Bd. 34, pp. 480-484 (1852).

[37] Jacobi, Moritz Hermann: Note sur la confection des étalons prototypes, destinés à généraliser le système métrique. CR, T. 69, pp. 854-857, Paris (1869).

[38] Jacobi, Moritz Hermann: Note sur la fabrication des étalons de longueur par la Galvanoplastie BLA, T. 17, col. 309-314, Saint-Pétersbourg (1872).

[39] Jacobi, Moritz Hermann: Note sur la production des dépôts de fer galvanique. BLA, T. 13, col. 40-43, Saint-Pétersbourg (1869).

[40] Jacobi, Moritz Hermann: Note sur la recomposition des gaz mixtes développés dans le voltamètre. CR, T. 27, p. 628-630, Paris (1848); auch: Annal. de Chimie, Bd. 25, S. 216-219 (1849).

[41] Jacobi, Moritz Hermann: Note sur l'emploi d'une contre-battarei de platine aux lignes électro-télégraphiques. CR, T. 49, p. 610-614, Paris (1859).

[42] Jacobi, Moritz Hermann: Note sur les télégraphes électriques. BPMA, T. 7, col. 30-32, Saint-Pétersbourg (1849).

[43] Jacobi, Moritz Hermann: Note sur quelques expériences avec un cible électromagnétique. BLA, T. 6, col. 327-330, Saint-Pétersbourg (1863).

[44] Jacobi, Moritz Hermann: Note sur une machine magnetique, dans laquelle la magnétisme est employé comme force motrice. L'Institut, Vol. II, S. 394f. (1834).

[45] Jacobi, Moritz Hermann: Notice préliminaire sur le Télégraphe électromagnétique entre St.-Pétersbourg et Tsarskoïé-Sélo. Notes. BPMA, T. 2, col. 257-260, Saint-Pétersbourg (1844).

[46] Jacobi, Moritz Hermann: Notice sur des modes particuliers de transmission du courant galvanique. (Übersetzung) AE, Bd. 3, pp. 415-429, Paris (1843).

[47] Jacobi, Moritz Hermann: Notice sur quelques expériences faites sur un mesureur de liquides. BLA, T. 7, col. 320-322, Saint-Pétersbourg (1864).

[48] Jacobi, Moritz Hermann: Notiz über die Electromagnete: Aus einem Schreiben des Baumeisters M. H. Jacobi. APC, Bd. 31, S. 367f., Leipzig (1834).

[49] Jacobi, Moritz Hermann: Notiz über die Wasserstoffabsorption des galvanischen Eisens. BLA, T. 14, col. 252f., Saint-Pétersbourg (1870).

[50] Jacobi, Moritz Hermann: On Galvanoplastik. The Annals of Electricity, Magnetism and Chemistry, Vol. VII, No. 41, S. 323-328, 337-344, 491-498 (1841), Vol. VIII, S. 168-173 (1842).

[51] Jacobi, Moritz Hermann: On the reabsorption of the mixed gases in a voltameter. Roy. Soc. Proc. V, p. 667, London (1847).

[52] Якоби, Борис Семёнович: Письмо Б. С. Якоби министру народного просвещения и президенту Академии наук С. С. Уварову (Brief von B. S. Jacobi an den Volksaufklärungsminister und Präsidenten der Akademie der Wissenschaften S. S. Uwarow). АИНТ, Вып. 3, с. 242-262, Ленинград (1934).

[53] Якоби, Борисъ Семёновичъ: Письмо къ академику П. Н. Фуссу объ изобретеніи гальванопластики (Brief an das Akademiemitglied P. N. Fuß über die Erfindung der Glvanoplastik). ЗРТО, T. XXIII, с. 9-12, Санктъ-Петербургъ (1889).

[54] Якоби, Борис Семёнович: Работы по электрохимии (Arbeiten zur Elektrochemie). Сборник статей и материалов под ред. А. Н. Фрумкина. (1957).

[55] Jacobi, Moritz Hermann: Rapports adressés à l'Académie des sciences de St.-Pétersbourg, concernant la nomination d'une Commission internationale pour la création des prototypes équivalents aux étalons métriques des archives de France et destinés à l'usage de toutes les nations civilisées. Saint-Pétersbourg (1870).

[56] Jacobi, Moritz Hermann: Recherches sur les alcoomètres du système d'Atkins. BLA, T. 7, col. 438-451, Saint-Pétersbourg (1864).

[57] Jacobi, Moritz Hermann: Recherches sur les courants d'induction produits dans les bobines d'un électro-aimant, entre les pôles duquel un disque métallique est mis en mouvement. CR, Bd. 74, pp. 237-242, Paris (1872).

[58] Якоби, Борис Семёнович: Записка министру финансов М. Х. Рейтерну (Notiz an den Finanzminister M. Ch. Reitern). 1872 г. Успехи физ. наук., T. XXXV, вып. 4, с. 582-588, Москва (1948).

[59] Якоби, Борисъ Семёновичъ: Сообщеніе о некоторыхъ свойствахъ железа, осаждённаго гальваническимъ путемъ (Mitteilung über einige Eigenschaften des Eisens, angelagert auf dem galvanischen Weg). ЗИАН, Т. 21, с. 168, Санктъ-Петербургъ (1872).

[60] Jacobi, Moritz Hermann: Sur la nécessité d'exprimer la force des courants électriques et la résistance des circuits en unites unaniment et généralement adoptées. BPMA, T. 16, col. 81-103, Saint-Pétersbourg (1858).

[61] Jacobi, Moritz Hermann: Sur la pile à éffet constant du Prince P. Bagration. BPMA, T. 2, col. 188-192, Saint-Pétersbourg (1844).

[62] Jacobi, Moritz Hermann: Sur l'application de l'électro-magnétisme au mouvement des machines. AE, Tome III, p. 233-277, 1 planche, Paris (1843).

[63] Jacobi, Moritz Hermann: Sur la théorie des machines électromagnétique. BPMA, T. 9, col. 289-310, Saint-Pétersbourg (1851); auch: Annal. de Chimie, Bd. 34, pp. 451-480 (1852).

[64] Jacobi, Moritz Hermann: Sur la vitesse avec laquelle se développe l'électricité de contact dans une simple couple d'éléments. BSA, T. 3, col. 333-335, Saint-Pétersbourg (1838).

[65] Jacobi, Moritz Hermann: Sur les forces comparatives de différents éléments voltaïques. CR, Bd. 11, pp. 1058-1060, Paris (1840).

[66] Jacobi, Moritz Hermann: Sur les remarques de M. Becquerel relatives à sa mesure comparative de l'action de deux couples voltaïques, l'un cuivre-zinc, l'autre platine-zinc. BSA, T. 8, col. 261-266, Saint-Pétersbourg (1841).

[67] Jacobi, Moritz Hermann: Sur quelques expériences concernant la mesure des résistances. BPMA, T. 17, col. 321-324, Saint-Pétersbourg (1859).

[68] Jacobi, Moritz Hermann: Sur quelques points de la galvanomètrie. CR, Vol. 33, pp. 277-282, Paris (1851).

[69] Jacobi, Moritz Hermann: Über Becquerel's einfache Sauerstoff-Kette. APC, Bd. 40, S. 67-73, Leipzig (1837).

[70] Jacobi, Moritz Hermann: Ueber das chemische und magnetische Galvanometer. BSA, T. 5, col. 353-377, Saint-Pétersbourg (1839); auch: APC, Bd. 48, S. 26-57, Leipzig (1839).

[71] Jacobi, Moritz Hermann: Über den galvanische Funken. BSA, T. 4, col. 102-106, Saint-Pétersbourg (1838); auch: BU, Vol. XIV, S. 171-175 Genève (1838); auch: APC, Bd. 44, S. 633-638, Leipzig (1838).

[72] Jacobi, Moritz Hermann: Über den gegenwärtigen Stand der Versuche mit elektromagnetischen Maschinen. BSA, No 10, Saint-Pétersbourg (1842); auch: PJ, No 85, S. 437-442, Berlin (1842).

[73] Jacobi, Moritz Hermann: Ueber den Nutzen der Kammersäule. APC, Bd. 43, S. 328-335 Leipzig (1838).

[74] Jacobi, Moritz Hermann: Ueber die Benutzung der Naturkräfte zu menschlichen Arbeiten. In: Baer, Karl Ernst von (Hrsg.): Vorträge aus dem Gebiete der Naturwissenschaften und der Oekonomie, gehalten in der physikalisch-ökonomischen Gesellschaft zu Königsberg. S. 99-123, Königsberg (1834).

[75] Jacobi, Moritz Hermann: Ueber die Bemerkung des Herrn Becquerel in Betreff meiner vergleichenden Messung der Wirkung einer Kupfer-Zink- und einer Platin-Zink-Kette. APC, Bd. 53, S. 336-345, Leipzig (1841); auch: Sturgeon, Ann. Electr., Bd. 8, pp. 18-26 (1842); auch: London, Electr. Soc. Proc., pp. 35-41 (1843).

[76] Jacobi, Moritz Hermann: Ueber die Construction schiefliegender Räderwerke. Journal für die Baukunst, Vol. II, S. 276-285 (1827).

[77] Jacobi, Moritz Hermann: Ueber die Galvanographie. EJPC, Bd. 27, S. 210-215, Leipzig (1842); auch: PJ, Bd. 86, S. 360-364, Berlin (1842).

[78] Jacobi, Moritz Hermann: Über die Inductions-Phänomene beim Öffnen und Schliessen einer Volta'schen Kette. BSA, T. 4, col. 212-224, Saint-Pétersbourg (1838); auch: APC, Bd. 45, S. 132-148, Leipzig (1838).

[79] Jacobi, Moritz Hermann: Ueber die Leitung galvanischer Ströme durch Flüssigkeiten. BPMA, T. 5, col. 86-91, Saint-Pétersbourg (1846).

[80] Jacobi, Moritz Hermann: Ueber die Principien der elektro-magnetischen Maschinen. British Association Report, pp. 18-24 (1840); auch: APC, Bd. 51, S. 358-372, Leipzig (1840); auch: Sturgeon, Ann. Electr., Bd. 6, pp. 152-166 (1841).

[81] Jacobi, Moritz Hermann: Ueber die Zeit zur Entwickelung eines electrischen Stroms. APC, Bd. 45, S. 281-284, Leipzig (1838).

[82] Jacobi, Moritz Hermann: Über eine Vereinfachung der Uhrwerke, welche zur Hervorbringung einer gleichförmigen Bewegung bestimmt sind. BPMA, T. 6, col. 104-106, Saint-Pétersbourg (1848); auch: APC, Bd. 71, S. 390-392, Leipzig (1847).

[83] Jacobi, Moritz Hermann: Über einige electromagnetische Apparate. BSA, T. 9, col. 173-187, Saint-Pétersbourg (1842); auch: APC, Bd. 54, S. 335-352, Leipzig (1841); auch: London, Electr. Soc. Proc., pp. 191-194 (1843).

[84] Jacobi, Moritz Hermann: Über Electro-Telegraphie. ПТЖ, No 1, S. 1-18, Санктъ-Петербургъ (1901).

[85] Jacobi, Moritz Hermann: Über meine electromagnetischen Arbeiten im Jahre 1841. BSA, T. 10, col. 71-79, Saint-Pétersbourg (1842).

[86] Jacobi, Moritz Hermann: Über galvanische Messing-Reduction. BPMA, T. 2, col. 296-300, Saint-Pétersbourg (1844); auch: EJPC, Bd. 32, S. 249-252, Leipzig (1844); auch: APC, Bd. 62, S. 230-233, Leipzig (1844).

[87] Jacobi, Moritz Hermann: Untersuchungen über die Construction identischer Aräometer und insbesondere metallischer Scalen- und Gewichts-Alcoholometer; nebst Anhang über den Einfluss der Capillaritäts- Erscheinungen auf die Angaben der Alcoholometer. MA, No 5, Saint-Pétersbourg (1872).

[88] Jacobi, Moritz Hermann: Vorläufige Notiz über die Anwendung secundärer oder Polarisations-Batterien auf electromagnetische Motoren. BLA, T. 15, col. 510-517, Saint-Pétersbourg (1871); auch: APC, Bd. CL, S. 583-592, Leipzig (1873).

[89] Jacobi, Moritz Hermann: Vorläufige Notiz über galvanoplastische Reduction mittelst einer magneto-electrischen Maschine. BPMA, T. 5, col. 318-321, Saint-Pétersbourg (1847).

[90] Jacobi, Moritz Hermann: Zusatz zu der dritten Abtheilung des Aufsatzes «Über die Gesetze der Electromagnete». BPMA, T. II, No 5/6/7 (29/30/31), col. 108-111, Saint-Pétersbourg (1844); auch: APC, Bd. 62, S. 544-548, Leipzig (1844).

[91] Jacobi, Moritz Hermann; Fritzsche, Karl Julius: Note sur l'application du bronze d'aluminium à la confection des alcoomètres. BLA, T. 7, col. 370-372, Saint-Pétersbourg (1864).

[92] Jacobi, Moritz Hermann; Hess, Germain Henri: Note sur la préparation et l'emploi du gaz oxygène et hydrogène. BSA, T. 5, col. 193f., Saint-Pétersbourg (1839).

[93] Jacobi, Moritz Hermann; Hoff, K. E. A. von: Description géologique et minéralogique du Thüringer-Wald. (Übersetzung) Journ. de Phys., Vol. 77, pp. 17-33 (1813)

[94] Jacobi, Moritz Hermann; Lenz, Emil: Ueber die Anziehung der Electromagnete (Notes). BSA, T. V, No 17 (113), col. 257-272, Saint-Pétersbourg (1839); auch: APC, Bd. XLVII, S. 401-418, Leipzig (1839).

[95] Jacobi, Moritz Hermann; Lenz, Emil: Ueber die Gesetze der Electromagnete. BSA, T. IV, No 22/23 (94/95), col. 337-368, Saint-Pétersbourg (1838); auch: APC, Bd. XLVII, S. 225-266, Nachtrag zur vorstehenden Abhandlung, S. 266-270, Leipzig (1839).

[96] Jacobi, Moritz Hermann; Lenz, Emil: Ueber die Gesetze der Electromagnete. Teil 2. BPMA, T. II, No 5/6/7 (29/30/31), col. 65-108, 2 planches, Saint-Pétersbourg (1844), auch: APC, Bd. LXI, S. 254-280, Leipzig (1844).

[97] Jacobi, Moritz Hermann; Zinine: Rapport sur la machine de M. Chandor. BLA, T. 5, col. 313-321, Saint-Pétersbourg (1863).

[98] Lenz, Emil: Barometrische Höhenmessungen im Kaukasus, angestellt von C. Meyer und E. Lenz, berechnet von E. Lenz. BSA, T. I, No 1, pp. 2-4, Saint-Pétersbourg (1836).

[99] Ленцъ, Эмиль Христіановичъ: Батометръ (Batometer). Въ книгѣ: Энциклопедическій лексиконъ. Т. V, с. 70-71, Санктъ-Петербургъ (1836).

[100] Ленцъ, Эмиль Христіановичъ: Баттарея (Batterie). Въ книгѣ: Энциклопедическій лексиконъ. Т. V, с. 83-84, Санктъ-Петербургъ (1836).

[101] Lenz, Emil: Beitrag zur Bestimmung der in St. Petersburg verdunstenden Wassermenge. BPMA, T. 9, col. 86-94, Saint-Pétersbourg (1851).

[102] Lenz, Emil: Beitrag zur Theorie der magnetischen Maschinen. BSA, T. IX, No 6/7 (198/199), col. 78-88, Saint-Pétersbourg (1842).

[103] Lenz, Emil: Bemerkungen gegen den in diesen Annalen enthaltenen, wider mich gerichteten Aufsatz des Hrn. Muncke über Thermoelectrizität des Gases. APC, Bd. XXXV, S. 72-80, Leipzig (1835).

[104] Lenz, Emil: Bemerkungen über das sogenannte „Stationennivellement mittelst des Barometers" (Note). BSA, T. I, No 7, pp. 51-53; No 8, pp. 63-64, Saint-Pétersbourg (1836).

[105] Lenz, Emil: Bemerkungen über den Gebrauch des Fahrenheit'schen Aräometers zur Bestimmung des Salzgchaltes des Meerwassers. BPMA, T. 15, pp. 327-334, Saint-Pétersbourg (1857).

[106] Lenz, Emil: Bemerkungen über die Temperatur des Weltmeeres in verschiedenen Tiefen. BPMA, T. 5, pp. 65-74, Saint-Pétersbourg (1847), auch: APC, Bd. LXXII (Ergänzungsband), S. 615-626, Leipzig (1848).

[107] Lenz, Emil: Bemerkungen über einige Punkte aus der Lehre des Galvanismus (Notes). BSA, T. I, No 22, pp. 169-173, Saint-Pétersbourg (1836), auch: APC, Bd. XLVII, S. 584-592, Leipzig (1839); auch: Annal. de Chimie, Vol. 75, pp. 442-444 (1840); auch: BU, Vol. 30, pp. 210f., Genève (1840).

[108] Lenz, Emil: Bemerkung zu der in T. IV. No 22, 23 des Bulletin enthaltenen Abhandlung: „Ueber die Gesetze der Electromagnete". BSA, T. V, No 1/2 (97/98), col. 18-22, Saint-Pétersbourg (1839); auch: APC, Bd. XLVII, S. 266-270, Leipzig (1839).

[109] Lenz, Emil: Beobachtungen der Inklination und Intensität der Magnetnadel, angestellt auf einer Reise um die Welt auf dem Sloop Seniawin in den Jahren 1826, 1827, 1828 und 1829 von Kapitain Fr. B. Lütke. Berechnet und bearbeitet von E. Lenz. MA, T. I (III), pp. 151-186, Saint-Pétersbourg (1838).

[110] Lenz, Emil: Bericht über die magnetische Expedition in der Umgegend der Insel Jussary. BLA, T. 2, col. 440-443, Saint-Pétersbourg (1860).

[111] Lenz, Emil: (Bericht über die Resultate der Expedition nach Chorassan.) Erman, Archiv Russ., Vol. 18, pp. 625-631 (1859).

[112] Lenz, Emil: Beschreibung eines sich selbst registrirenden Fluthmessers, nebst einigen mit diesem Apparate erhaltenen vorläufigen Resultaten. BPMA, T. 1, col. 141-144, Saint-Pétersbourg (1843); auch: Erman, Archiv Russ., Vol. 3, pp. 178-181 (1843); auch: APC, Bd. LX, S. 408-412, Leipzig (1843).

[113] Lenz, Emil: Bestimmungen der magnetischen Inklinationen und Intensitäten in St. Petersburg, Archangel und auf Nowaja Semlja von Hn. Ziwolka, bearbeitet und mitgetheilt von E. Lenz. BSA, T. VII, No 16/17 (160/161), col. 249-252, Saint-Pétersbourg (1840).

[114] Lenz, Emil: Betrachtungen über Ventilation in unsern Klimaten. MA, T. 6, No 1, Saint-Pétersbourg (1863).

[115] Lenz, Emil: Die Ersteigung des Elbrus i. J. 1829. Briefe des weil. Mitgliedes der Kaiserl. Akademie der Wissenschaften zu St. Petersburg Emil Lenz, Mitstifters der Livonia Dorpati. Überreicht von Hermann von Samson-Himmelstjerna. (1879 oder später).

[116] Ленцъ, Эмиль Христіановичъ: Донесеніе физика Ленца (о физическихъ и химическихъ изслѣдованіяхъ, проведенныхъ имъ во время плаванія на шлюпѣ «Предпріятіе») (Bericht des Physikers Lenz (über physikalische und chemische Forschungen, von ihm durchgeführt während der Fahrtdauer auf der Schaluppe „Predprijatije")). Записки, издаваемые Государственнымъ адмиралтейскимъ департаментомъ, относящіеся къ мореплаванію, наукамъ и словесности, Донесенія отъ учёныхъ, бывшихъ въ путешествіи на шлюпѣ «Предпріятіе», поданные 2 августа 1826 г., ч. XI, с. 406-409, Санктъ-Петербургъ (1826).

[117] Ленцъ, Эмиль Христіановичъ: Физическая географія (Physikalische Geographie). Санктъ-Петербургъ (1858).

[118] Ленцъ, Эмиль Христіановичъ: Гальванизмъ (Galvanismus). Въ книгѣ: Энциклопедическій лексиконъ. Т. XIII, с. 123-140, Санктъ-Петербургъ (1838).

[119] Ленц, Эмиль Христианович: Избранные труды (Ausgewählte Arbeiten). Классики науки, Ленинград (1950).

[120] Lenz, Emil: Magnetische Beobachtungen. In: Middendorff, A. Th.: Reise in den äussersten Norden und Osten Sibiriens während der Jahre 1843 und 1844. Bd. I, Theil I, S. 187-194 (1848).

[121] Lenz, Emil: Meteorologische Beobachtungen auf dem Atlantischen und grossen Oceane in den Jahren 1847-49 angestellt von dem Dr. Ed. Lenz. BLA, T. 5, col. 129-155, Saint-Pétersbourg (1863).

[122] Ленцъ, Эмиль Христiановичъ: О «Гальванопластикѣ» Б. С. Якоби (Über die „Galvanoplastik" B. S. Jacobis). Въ книгѣ: Девятое присужденiе учрежденныхъ П. Н. Демидовымъ наградъ. Санктъ-Петербургъ (1840).

[123] Ленцъ, Эмиль Христiановичъ: Объ электро-баллистическомъ приборѣ полковника Константинова (Über das elektrisch-ballistische Gerät des Oberst Konstantinow). Артиллерiйскiй Журналъ, No 5, с. 419-443 (1850).

[124] Ленцъ, Эмиль Христiановичъ: Объ отношенiи между электромагнитными и магнитоэлектрическими явленiями (Über die Beziehung zwischen der elektromagnetischen und der magnetoelektrischen Erscheinung). Маякъ современнаго просвѣщенiя и образованности, ч. III (1840).

[125] Lenz, Emil: On the comparative quantity of salt contained in the waters of the Ocean. (Übersetzung) Edinb. Journ. Sci., Vol. 6, pp. 341-345, Edinburgh (1832); auch: Royal. Inst. Journ., Vol. 2, pp. 209-211 (1831); auch: Silliman, Journ., Vol. 23, pp. 10-14 (1833).

[126] Lenz, Emil: 1. Основанiя Физики Михаила Павлова. Часть I. Москва 1833. d. i. *Elemente der Physik von Pawlow*. 2. Руководство къ опытной физикѣ. (Перевощикова.) Москва 1833. d. i. *Handbuch der Physik von Perewoschtschikow*. LIDJ, No 1, S. 144-154, St. Petersburg (1834).

[127] Ленцъ, Эмиль Христiановичъ: Особое мнѣнiе академика Ленца о сочиненiи экстраординарнаго профессора астрономiи при императорскомъ Казанскомъ университетѣ М. Ковальскаго, подъ заглавiемъ «Сѣверный Уралъ и береговой хребетъ Пай-Хой. Т. 1, Санктъ-Петербургъ 1853 г., с 2 картами и 4 чертёжами» (Die besondere Meinung des Akademiemitgliedes Lenz über das Werk des außerordentlichen Astronomieprofessors der Kaiserlichen Kasaner Universität M. Kowalski, unter dem Titel „Nordural und Uferrücken des Pai-Hoi. Bd. 1, St. Petersburg 1853, mit 2 Karten und 4 Zeichnungen"). Въ книгѣ: Двадцать третье присужденiе учрежденныхъ П. Н. Демидовымъ наградъ, 28 мая 1854 г., с. 125-129, Санктъ-Петербургъ (1854).

[128] Ленцъ, Эмиль Христiановичъ: Отзывъ о разсужденiи Ф. Ф. Петрушевскаго подъ загл. «Способы непосредственнаго опредѣленiя полюсовъ магнитовъ и электромагнитовъ» (Gutachten über die Rede F. F. Petruschewskis unter dem Titel „Verfahren zur direkten Bestimmung der Pole von Magneten und Elektromagneten"). Унив. извѣстiя, No 6, о публичномъ защищенiи диссертацiй кандидатами Ващенко-Захарченко и Петрушевскимъ для полученiя степени магистра, с. 19-20, Кiевъ (1862).

[129] Lenz, Emil: Physikalische Beobachtungen angestellt auf einer Reise um die Welt unter dem Kommando des Kap. O. v. Kotzebue in den Jahren 1823, 1824, 1825 u. 1826. MA, T. I, pp. 221-341, 5 planches gravées, Saint-Pétersbourg (1831).

[130] Lenz, Emil: Rapport sur un voyage à Bakou. St. Pétersb. Acad. Sci. Recueil, pp. 65-96, Saint-Pétersbourg (1830).

[131] Ленцъ, Эмиль Христіановичъ: Разборъ сочиненія г-на адъюнкта Академіи наукъ Якоби «Гальванопластика» (Analyse des Werkes des Herrn Adjunkten der Akademie der Wissenschaften Jacobi „Galvanoplastik"). Въ книгѣ: Девятое присужденіе учрежденныхъ П. Н. Демидовымъ наградъ, 17 апрѣля 1840 г., с. 65-70, Санктъ-Петербургъ (1840).

[132] Ленцъ, Эмиль Христіановичъ: Разборъ сочиненія г-на Божерянова, подъ заглавіемъ «Теорія паровыхъ машинъ», составленный (на нѣмецк. яз.) гг. академиками Ленцом и Якоби и (на русск. яз.) флигель-адъютантомъ капитаномъ 1-го ранга Глазенапомъ (Analyse des Werkes des Herrn Boscherjanow, unter dem Titel „Theorie der Dampfmaschinen", verfasst (auf deutsch) von den Herren Lenz und Jacobi und (auf russisch) vom Flügeladjutanten Kapitän 1. Klasse Glasenap). Въ книгѣ: Девятнадцатое присужденіе учрежденныхъ П. Н. Демидовымъ наградъ, 17 апрѣля 1850 г., с. 169-175, 177-190, Санктъ-Петербургъ (1850).

[133] Ленцъ, Эмиль Христіановичъ: Руководство к физикѣ, составленное по порученію министерства народнаго просвѣщенія для русскихъ гимназій (Handbuch zur Physik, zusammengestellt auf Weisung des Volksaufklärungsministeriums, für russische Gymnasien). Санктъ-Петербургъ (1839).

[134] Ленцъ, Эмиль Христіановичъ: Руководство по физикѣ для военно-учебныхъ заведеній (Handbuch zur Physik für Militärlehranstalten). Санктъ-Петербургъ (1855).

[135] Ленцъ, Эмиль Христіановичъ: Теорія электричества (Theorie der Elektrizität). Лекціи. (1862).

[136] Lenz, Emil: Ueber das Gesetz der Leitungsfähigkeit für Electrizität bei Drähten von verschiedenen Längen und Durchmessern. MA, T. I (III), pp. 187-204, Saint-Pétersbourg (1838); auch: SME, Vol. 1, pp. 311-324, London (1837).

[137] Lenz, Emil: Ueber das optische Verhalten der weissen Naphtha von Baku. MA, T. 3, pp. 3-12, Saint-Pétersbourg (1838).

[138] Lenz, Emil: Ueber das Verhalten der Kupfervitriol-Lösung in der galvanischen Kette (Note). BSA, T. II, col. 338-344, Saint-Pétersbourg (1837); auch: APC, Bd. XLIV, S. 349-356, Leipzig (1838).

[139] Lenz, Emil: Ueber das Wasser des Weltmeeres in verschiedenen Tiefen, in Rücksicht auf die Temperatur und den Salzgehalt. APC, Bd. XX, S. 73-130, Leipzig (1830); auch: Froriep, Notizen, Bd. 29, col. 197f., Jena (1831).

[140] Lenz, Emil: Ueber den Einfluss der Geschwindigkeit des Drehens auf den durch magneto-electrische Maschinen erzeugten Induktionsstrom. BPMA, Teil 1: T. VII, col. 257-280, Saint-Pétersbourg (1849), Teil 2: T. XII, col. 46-62, 1 planche, Saint-Pétersbourg (1854), Teil 3: T. XVI, col. 177-192, 5 planches, Saint-Pétersbourg (1858), auch: APC, Teil 1: Bd. LXXVI, S. 494-523, Leipzig (1849), Teil 2: Bd. XCII, S. 128-152, Leipzig (1854).

[141] Lenz, Emil: Ueber den Leitungswiderstand des menschlichen Körpers gegen galvanische Ströme, aus Versuchen des Gehülfen des physikalischen Kabinets, Hrn. Ptschelnikof, hergeleitet. BSA, T. XII, No 11/12, col. 184-192, Saint-Pétersbourg

(1842); auch: APC, Bd. LVI, pp. 429-440, Leipzig (1842); auch: AE, Vol. 3, pp. 531-541, Paris (1843).

[142] Lenz, Emil: Ueber die Bestimmung der Richtung der durch electrodynamische Vertheilung erregten galvanischen Ströme. APC, Bd. XXXI, S. 483-494, Leipzig (1834).

[143] Lenz, Emil: Ueber die Bewegungen des Balkens einer Drehwaage, wenn demselben andere Körper von verschiedener Temperatur genähert werden. APC, Bd. XXV, S. 241-265, Leipzig (1832).

[144] Lenz, Emil: Ueber die Eigenschaften der magnetoelectrischen Ströme. Eine Berichtigung des Aufsatzes des Hn. de la Rive über denselben Gegenstand. BSA, T. VI, No 7/8 (127/128), col. 98-128, Saint-Pétersbourg (1840); auch: APC, Bd. XLVIII, S. 385-423, Leipzig (1839).

[145] Lenz, Emil: Ueber die Gesetze der Wärme-Entwicklung durch den galvanischen Strom. BPMA, Teil 1: T. I, col. 209-253, Saint-Pétersbourg (1843), Teil 2: T. II, col. 161-188, Saint-Pétersbourg (1844), auch: APC, Teil 1: Bd. LIX, S. 203-239, 407-419, Leipzig (1843), Teil 2: Bd. LXI, S. 18-49, Leipzig (1844).

[146] Lenz, Emil: Ueber die Gesetze nach welchen der Magnet auf eine Spirale einwirkt wenn er ihr plötzlich genähert oder von ihr entfernt wird und über die vortheilhafteste Construction der Spiralen zu magneto-electrischem Behufe. MA, T. II, pp. 427-457, Saint-Pétersbourg (1833); auch: APC, Bd. XXXIV, S. 385-417, Leipzig (1835), auch: SME, Vol. I, p. 608-630, London (1837).

[147] Lenz, Emil: Ueber die Kraft eines Magneten in Beziehung zur Kraft der einzelnen Magnete, aus welchen er zusammengesetzt ist. MA, T. I (III), Bulletin scientifique, pp. I-IV, Saint-Pétersbourg (1838).

[148] Lenz, Emil: Ueber die Leitung des galvanischen Stromes durch Flüssigkeiten, wenn der Querschnitt derselben verschieden ist von der Fläche der in sie getauchten Electroden. Teil 1: BPMA, T. X, col. 129-142, Saint-Pétersbourg (1852).

[149] Lenz, Emil: Ueber die Leitungsfähigkeit der Metalle für die Electrizität, bei verschiedenen Temperaturen. MA, T. II, pp. 631-655, Saint-Pétersbourg (1833); auch: APC, Bd. XXXIV, S. 418-437, Leipzig (1835).

[150] Lenz, Emil: Ueber die Leitungsfähigkeit des Goldes, Blei's und Zinnes für die Electrizität bei verschiedenen Temperaturen. (Als Zusatz zu der Abhandlung über die Leitungsfähigkeit 5 anderer Metalle). MA, T. I (III), pp. 439-455, Saint-Pétersbourg (1838); auch: APC, Bd. XLV, S. 105-121, Leipzig (1838).

[151] Lenz, Emil: Über die practischen Anwendungen des Galvanismus. Eine Rede gehalten am 31. März 1839 in der öffentlichen Sitzung der Kaiserlichen Universität zu St. Petersburg. St. Petersburg (1839).

[152] Lenz, Emil: Ueber die Stärke der Ströme in einem System neben einander verbundener galvanischer Ketten (Note). BPMA, T. III, col. 67-74, fig., Saint-Pétersbourg (1845).

[153] Lenz, Emil: Ueber die stündlichen Temperaturänderungen der Luft und der Oberfläche des Meeres in den Tropen. BLA, T. 1, col. 212-228, Saint-Pétersbourg (1860).

[154] Lenz, Emil: Ueber die Veränderungen der Höhe, welche die Oberfläche des Kaspischen Meeres bis zum April des Jahres 1830 erlitten hat. MA, T. II, pp. 67-102, Saint-Pétersbourg (1833); auch: APC, Bd. XXVI, S. 353-394, Leipzig (1832).

[155] Lenz, Emil: Ueber eine bedeutende Anomalie in der Vertheilung der magnetischen Deklinationen, welche am Eingange des Finnischen Meerbusens, sowie nördlich und südlich von demselben beobachtet worden ist. BLA, T. I, col. 433-438, Saint-Pétersbourg (1860).

[156] Lenz, Emil: Ueber eine Erscheinung, die an einer grossen Wollastonschen Batterie beobachtet wurde (Note). BSA, T. V, No 4/5 (100/101), col. 78-79, Saint-Pétersbourg (1839); auch: APC, Bd. XLVII, S. 461-463, Leipzig (1839).

[157] Lenz, Emil: Ueber eine Kreistheilmaschine des Hrn. Girgensohn. BPMA, T. 3, col. 52-56, Saint-Pétersbourg (1845).

[158] Lenz, Emil: Ueber einige Versuche im Gebiete des Galvanismus. 1. Ueber Kälteerzeugung durch den galvanischen Strom. 2. Ueber die Leitungsfähigkeit des Wismuths, Antimons und Quecksilbers. 3. Ueber die Beziehung zwischen electromagnetischen und magnetoelectrischen Strömen. BSA, T. III, No 21, col. 321-326, Saint-Pétersbourg (1838); auch: BU, Vol. 17, pp. 387-391, Genève (1838); auch: Sturgeon, Ann. Electr., Vol. 3, pp. 380-384 (1838-39); auch: APC, Bd. XLIV, S. 342-349, Leipzig (1838).

[159] Lenz, Emil: Ueber ein neues Anemometer. BLA, T. 6, col. 184-191, Saint-Pétersbourg (1863).

[160] Lenz, Emil: Vorschlag zur Konstruktion eines Thermometers, welches sich die Kurve seines täglichen Steigens und Fallens selbst aufzeichnet. MA, T. II, Bulletin scientifique, No 3, pp. VIII-X, 1 planche gravée, Saint-Pétersbourg (1833).

[161] Ленцъ, Эмиль Христіановичъ; Якоби, Борисъ Семёновичъ (Jacobi, Moritz Hermann): Разборъ сочиненія профессора Савельева, подъ заглавіемъ: «О гальванической проводимости жидкостей» (Analyse des Werkes des Professors Saweljew, unter dem Titel: „Über die galvanische Leitfähigkeit von Flüssigkeiten"). Въ книгѣ: Двадцать четвертое присужденіе учрежденныхъ П. Н. Демидовымъ наградъ, 28 мая 1855 г., с. 81-87, Санктъ-Петербургъ (1855).

[162] Ленцъ, Эмиль Христіановичъ; Якоби, Борисъ Семёновичъ (Jacobi, Moritz Hermann); Фрицше, Юлій Ѳёдоровичъ (Fritzsche, Karl Julius): Разборъ сочиненія г-на профессора П. Ильенкова, подъ заглавіемъ: «Курсъ химической технологіи». Санктъ-Петербургъ (1851), 3 тома съ атласомъ и политипажами (Analyse des Werkes des Herrn Professors P. Iljenkow, unter dem Titel: „Kurs der chemischen Technologie". St. Petersburg (1851), 3 Bände mit Atlas und Holzstichen). Въ книгѣ: Двадцать первое присужденіе учрежденныхъ П. Н. Демидовымъ наградъ, 17 апрѣля 1852 г., с. 81-85, Санктъ-Петербургъ (1852).

[163] Lenz, Emil; Jacobi, Moritz Hermann; Tschebyschew, Pafnuti Lwowitsch: Bericht über das submarine Boot des Herrn Wilhelm Bauer. BPMA, T. XVII, col. 97-100, Saint-Pétersbourg (1859).

[164] Lenz, Emil; Kupffer, Adolf Theodor: Bericht über die Abhandlung des Herrn Prof. Kämtz: Resultate magnetischer Beobachtungen in Finnland. BPMA, T. VII, col. 246-250, Saint-Pétersbourg (1849).

[165] Lenz, Emil; Parrot, Georg Friedrich: Expériences de forte compression sur divers corps. MA, T. II, pp. 595-630, 2 planches, Saint-Pétersbourg (1833).

[166] Lenz, Emil; Saweljew, Alexander Stepanowitsch: Ueber galvanische Polarisation und electromotorische Kraft in Hydroketten. BPMA, T. V, No 1/2, col. 1-28, fig., Saint-Pétersbourg (1847); auch: Annal. de Chimie, Vol. 20, pp. 184-217 (1847); auch: APC, Bd. LXVII, S. 497-528, Leipzig (1846).

[167] Lenz, Emil; Schrenk, L.: Meteorologische Beobachtungen auf dem Atlantischen und grossen Oceane in den Jahren 1853-54. BLA, T. 4, col. 96-118, Saint-Pétersbourg (1862).

[168] Lenz, Emil; Brandt, F.; Meier, S.: Instruction donnée à M. le docteur de Middendorf, pour son voyage en Sibérie. BPMA, T. I, col. 177-185, Saint-Pétersbourg (1843).

[169] Lenz, Emil; Struve, Friedrich Georg Wilhelm; Hess, Germain Henri: Rapport sur une découverte récente de M. Nervander concernant la Météorologie. BPMA, T. III, col. 30-32, Saint-Pétersbourg (1845).

[170] Parrot, Georg Friedrich: A l'Académie royale des sciences de Paris. Lettre de l'Académicien Parrot (lue le 12 avril 1839). BSA, T. 6, col. 73-77, Saint-Pétersbourg (1846).

[171] Parrot, Georg Friedrich: Anfangsgründe der Mathematik und Naturlehre für die Kreisschulen der Ostseeprovinzen des Russ. Reichs. Mitau (1815).

[172] Parrot, Georg Friedrich: Ansicht der Gegenwart und der nächsten Zukunft. Zwei academische Reden von G. F. Parrot, Professor in Dorpat. Dorpat (1814).

[173] Parrot, Georg Friedrich: Beiträge zur galvanischen Electricität. GA, Vol. 21, pp. 192-247 (1805).

[174] Parrot, Georg Friedrich: (Bemerkungen gegen Link in Betreff seiner Capillaritäts-Theorie.) APC, Vol. 27, pp. 234-238, Leipzig (1833).

[175] Parrot, Georg Friedrich: Bemerkungen über Dalton's Versuche über die Expansivkräfte luft- und dampfförmiger Flüssigkeiten, und über die für die Hygrometrie und Eudiometrie daraus gezogenen Folgerungen. APC, Bd. 17, S. 82-101, Leipzig (1804); auch: GA, Vol. 17, pp. 82-101, Vol. 25, pp. 434f. (1804).

[176] Parrot, Georg Friedrich: Bemerkungen über einige, die Modificationen des Lichts betreffende Aeusserungen. VM, Vol. 1, pp. 137f., Hft. 2, Gotha (1798).

[177] Parrot, Georg Friedrich: Bemerkungen vermischten Inhalts. 1. Versuch einer Theorie des Pulversprengens mittelst losen Sandes. 2. Einiges über Argandsche Lampen. 3. Einiges über die Bemerkungen des Herrn von Grotthuss gegen Sir Humphry Davy. GA, Vol. 63, pp. 66-80 (1819).

[178] Parrot, Georg Friedrich: Bemerkungen zur Geschichte der geologischen Theorie der Gebirgsbildung. Baumgartner, Zeitschrift, IV, S. 54-61 (1837).

[179] Parrot, Georg Friedrich: Beschreibung eines Instruments, um Flüssigkeiten von geringem specifischen Gewichtsunterschiede über einander zu legen. GA, Vol. 19, pp. 461-463 (1805).

[180] Parrot, Georg Friedrich: Beschreibung eines Calibrir-Instruments. GA, Vol. 41, pp. 62-73 (1812).

[181] Parrot, Georg Friedrich: Considérations sur divers objets de Géologie et de Géognosie. MA, Vol. 1, pp. 657-698, Saint-Pétersbourg (1831).

[182] Parrot, Georg Friedrich: Considérations sur la température du globe terrestre. MA, Vol. 1, pp. 501-562, Saint-Pétersbourg (1831); auch: Silliman, Journ., Vol. 26, pp. 10-23 (1834).

[183] Parrot, Georg Friedrich: Coup d'oeil sur le magnétisme animal. Saint-Pétersbourg (1816).

[184] Parrot, Georg Friedrich: Description d'un nouveau pantographe. MA, Vol. 1, pp. 25-39, Saint-Pétersbourg (1831).

[185] Parrot, Georg Friedrich: Description d'un procédé pour l'épuration des eaux souillées par le lavage des minerais, précédée de quelques observations sur ce lavage. Annal. de Mines, Vol. 8, pp. 33-68 (1830).

[186] Parrot, Georg Friedrich: Description d'un thermomètre bathométrique. BSA, VII, col. 181-190, Saint-Pétersbourg (1840).

[187] Parrot, Georg Friedrich: Description théorique d'un Alcoomètre adapté aux eaux-de-vie normales de Russie. MA, Vol. 1, pp. 417-454, Saint-Pétersbourg (1831).

[188] Parrot, Georg Friedrich: Die Extractiv-Pressen sind unnütze Werkzeuge. GA, Vol. 75, pp. 423-433, Halle (1823).

[189] Parrot, Georg Friedrich: Drei optische Abhandlungen: Die Theorie der Beugung des Lichts; die Theorie der Farbenringe; und über die Geschwindigkeit des Lichts. GA, Vol. 51, pp. 245-321 (1815).

[190] Parrot, Georg Friedrich: Ein Blick auf die gegenwärtigen Grundsätze des öffentlichen Unterrichtswesens in Rußland. Deutsche Revue, September 1901, S. 280-296 (1901).

[191] Parrot, Georg Friedrich: Einige Bemerkungen gegen des Herrn Grafen von Rumford neueste Vertheidigung der Nichtleitung der Wärme durch Flüssigkeiten. GA, Vol. 22, pp. 148-156, Halle (1806).

[192] Parrot, Georg Friedrich: Einige Resultate aus eudiometrischen Versuchen. VM, Vol. 2, pp. 219-224, Gotha (1800).

[193] Parrot, Georg Friedrich: Entretiens sur la Physique. Tome premier avec 2 planches. (1819); Tome second avec 3 planches. (1819); Tome troisième avec 4 planches. (1820); Tome troisième IIe Partie. (1820); Tome quatrième avec 2 planches. (1821); Tome cinquième avec 3 planches. (1822); Tome sixième avec 4 planches. Dorpat (1824).

[194] Parrot, Georg Friedrich: Essai sur le procès de la végétation métallique et de la crystallisation. MA, T. 4, pp. 493-674, Saint-Pétersbourg (1841).

[195] Parrot, Georg Friedrich: Essai sur la théorie de la poussée des terres et des murs de revêtement. MA, T. 3, pp. 537-564, Saint-Pétersbourg (1838).

[196] Parrot, Georg Friedrich: Etwas Zuverlässiges über das Aken'sche Löschmittel. VM, Vol. 3, pp. 388-393, Gotha (1801).

[197] Parrot, Georg Friedrich: Expériences sur l'inflammation des gaz combustibles par le contact de corps incandescents. Ann. Gén. Sci. Phys., Vol. 3, pp. 236f. (1820).

[198] Parrot, Georg Friedrich: Fragment eines Briefes an die Deutschen von einem Deutschen im Auslande. Dorpat (1813).

[199] Parrot, Georg Friedrich: Grundriß der Theoretischen Physic zum Gebrauche für Vorlesungen. Erster Theil mit 5 Kupfertafeln; Zweiter Theil mit 6 Kupfertafeln, Dorpat (1811).

[200] Parrot, Georg Friedrich: Grundzüge zu einer neuen Theorie der Ausdünstung und des Niederschlags des Wassers in der Atmosphäre. VM, Vol. 3, pp. 1-57 (1801).

[201] Parrot, Georg Friedrich: Idées sur la nature physique des comètes. St. Pétersb. Acad. Sci. Recueil, pp. 117-132, Saint-Pétersbourg (1827).

[202] Parrot, Georg Friedrich: Lettres à Alexandre I et Nicholas I. In: Шильдеръ, Н. К. (Schilder, N. K.): Императоръ Александръ Первый. Его жизнь и царствованіе (Kaiser Alexander der Erste. Sein Leben und seine Herrschaft). Томъ III, приложеніе No. VI, с. 487-491, Санктъ-Петербургъ (1897).

[203] Parrot, Georg Friedrich: Le télégraphe basé en tous points sur les principes de la physique. MA, T. 3, pp. 239-296, Saint-Pétersbourg (1833).

[204] Parrot, Georg Friedrich: Mémoire sur les universités de l'interieur de la Russie. (1827).

[205] Parrot, Georg Friedrich: Nouvelle expériences en faveur de la théorie chimique de l'électricité. BLA, T. 3, col. 487-516, Saint-Pétersbourg (1838).

[206] Parrot, Georg Friedrich: Note sur l'emploi des digues filtrantes pour l'épuration des eaux de lavage du minerai. Annal. des Mines, Vol. 4, pp. 145-149 (1828).

[207] Parrot, Georg Friedrich: Notice sur les diamants de l'Oural. MA, Vol. 3, pp. 21-34, Saint-Pétersbourg (1833); auch: Froriep, Notizen, Vol. 48, col. 132-134, Jena (1836).

[208] Parrot, Georg Friedrich: Notice sur les eaux de Médague. France, Congrès Scient., pp. 509-515 (1838).

[209] Parrot, Georg Friedrich: Notice sur l'île Julia et les cratères de soulèvement. BSA, T. III, col. 274-288, Saint-Pétersbourg (1838).

[210] Parrot, Georg Friedrich: Notice sur un phénomène d'optique observé sur les chemins de fer. BSA, T. 6, col. 138-141, Saint-Pétersbourg (1840).

[211] Parrot, Georg Friedrich: Observations relatives au mémoire de M. E. Marianini, sur la théorie chimique des électromoteurs voltaïques simples et composés. Annal. de Chimie, Vol. 46, pp. 361-400 (1831).

[212] Parrot, Georg Friedrich: Phénomène frappant d'endosmose dans l'organisation animale. BSA, VII, col. 346-349, Saint-Pétersbourg (1840).

[213] Parrot, Georg Friedrich: Prüfung der Hypothese des Grafen von Rumford über die Fortpflanzung der Wärme in den Flüssigkeiten. GA, Vol. 17, pp. 257-316, 369-413, Halle (1804).

[214] Parrot, Georg Friedrich: Recherches physiques sur les pierres d'Imatra. MA, T. 5 (pte. 2), pp. 297-426, Saint-Pétersbourg (1840); auch: BSA, T. 6, col. 193-199, Saint-Pétersbourg (1840).

[215] Parrot, Georg Friedrich: (Réclamation de priorité d'une idée de M. Cuvier, communiqué dans le Bulletin, 1827, Geologie, p. 16; et critique de l'Essai de M. Cordier, sur la température de la terre.) Férussac, Bull. Sci. Nat., Vol. 16, pp. 161-174 (1829).

[216] Parrot, Georg Friedrich: Rede bei Gelegenheit der Publication der Statuten der Universität und der Abgabe des Rectorats am 21. September 1803 gehalten von G. F. Parrot, Professor der Physik an der Kaiserl. Universitaet zu Dorpat. Dorpat (1803).

[217] Parrot, Georg Friedrich: Schreiben ... an den Herrn Prof. Heinrich zu Regensburg. JCP, Bd. 5, S. 8-11, Nürnberg (1812).

[218] Parrot, Georg Friedrich: Skizze einer Theorie der galvanischen Electrizität und der durch sie bewirkten Wasserzersetzung. APC, Bd. 12, S. 49, Leipzig (1803); auch: GA, Vol. 12, pp. 49-73 (1803).

[219] Parrot, Georg Friedrich: (Sur l'air contenu dans l'eau de la mer.) BSA, T. 6, col. 73-77, Saint-Pétersbourg (1840).

[220] Parrot, Georg Friedrich: Sur les aurores boréales. MA, T. 3, pp. 469-486, Saint-Pétersbourg (1831).

[221] Parrot, Georg Friedrich: Sur les phénomènes de la piles voltaïque. Annal. de Chimie, Vol. 42, pp. 45-66 (1829).

[222] Parrot, Georg Friedrich: Sur l'oxidation de la surface intérieure des tuyaux de fer fondu dans les conduites d'eau, et sur les tuyaux de fer comparés aux tuyaux de bois. MA, T. 3, pp. 409-438, Saint-Pétersbourg (1838).

[223] Parrot, Georg Friedrich: Sur une nouvelle construction pour les mâts de vaisseaux. MA, Vol. 1, pp. 153-180, Saint-Pétersbourg (1831).

[224] Parrot, Georg Friedrich: Température sur la mer à de grandes profondeurs, air contenu dans l'eau puisée également à de grandes profondeurs. BSA, T. 5, col. 187-192, Saint-Pétersbourg (1839).

[225] Parrot, Georg Friedrich: Theorie der vegetabilischen brennbaren Substanzen und ihrer Entzündung auf die Kenntniss der chemischen Zustände des Wassers gegründet. VM, Vol. 3, pp. 439-507, Gotha (1801).

[226] Parrot, Georg Friedrich: Ueber das Gefrieren des Salzwassers mit Rücksicht auf die Entstehung des Polar-Eises. GA, Vol. 57, pp. 144-162 (1817).

[227] Parrot, Georg Friedrich: Ueber das Gesetz der electrischen Wirkung in der Entfernung. APC, 60, 22-31, Leipzig (1819); auch: GA, Vol. 60, pp. 22-32 (1819).

[228] Parrot, Georg Friedrich: Ueber den Ausfluss der tropfbaren Flüssigkeiten. APC, Vol. LXIV, pp. 389-414, Leipzig (1845).

[229] Parrot, Georg Friedrich: Ueber den Einfluss der Physik und Chemie auf die Arzneikunde nebst einer physikalischen Theorie des Fiebers und der Schwindsucht. Eine Inaugural-Dissertation. Dorpat (1802).

[230] Parrot, Georg Friedrich: Ueber den Einfluss verschiedener Lichtflammen auf die Spannung der Zambonischen Säule. Pander, Beiträge Naturk. I, pp. 128-147 (1820).

[231] Parrot, Georg Friedrich: (Ueber den Magnetismus der Erde.) Nat. Wiss. Abhandl., Vol. 1, pp. 48-56, Dorpat (1823).

[232] Parrot, Georg Friedrich: Ueber den Phosphor, das Phosphor-Oxygenometer, und einige hygrologische Versuche in Beziehung auf Herrn Prof. Böckmann's vorläufige Bemerkungen über diese Gegenstände. GA, Vol. 13, pp. 174-207, Vol. 14, pp. 112, 244 (1803).

[233] Parrot, Georg Friedrich: Ueber die Aberration der Magnetnadel auf Schiffen. Nat. Wiss. Abhandl., Vol. 1, pp. 23-48, Dorpat (1823).

[234] Parrot, Georg Friedrich: Ueber die eudiometrischen Eigenschaften des Phosphors, nebst Beschreibung eines richtigen Phosphor-Eudiometers. VM, Vol. 2, pp. 154-185, Gotha (1800).

[235] Parrot, Georg Friedrich: Ueber die Hygrometer und speciell über den Seide-Hygrometer. Pander, Beiträge Naturk. I, pp. 75-94 (1820).

[236] Parrot, Georg Friedrich: Ueber die Reduction der Erden mittelst des Newmannschen Gebläses. Pander, Beiträge Naturk. I, pp. 50-61 (1820).

[237] Parrot, Georg Friedrich: Ueber die Sprache der Electricitäts-Messer. APC, 61, S. 263-293, Leipzig (1819); auch: GA, Vol. 61, pp. 263-293 (1819).

[238] Parrot, Georg Friedrich: Ueber die Strömungen in erwärmten Flüssigkeiten. GA, Vol. 19, pp. 453-460 (1805).

[239] Parrot, Georg Friedrich: Ueber die Verdampfbarkeit der fetten Oele. JCP, Vol. 5 (Beilage 1), pp. 8-16, Nürnberg (1812).

[240] Parrot, Georg Friedrich: Ueber die wahre Natur der Kohle und des Diamanten. GA, Vol. 11, pp. 204-210 (1802).

[241] Parrot, Georg Friedrich: Ueber die Zamboni'sche Säule. GA, Vol. 55, pp. 165-236 (1817).

[242] Parrot, Georg Friedrich: Über eine mögliche ökonomische Gesellschaft in und für Liefland. Riga (1795).

[243] Parrot, Georg Friedrich: Ueber eine Unvollkommenheit in der bisherigen Theorie der Ebbe und Fluth. APC, Vol. 4, pp. 219-230, Leipzig (1825).

[244] Parrot, Georg Friedrich: Ueber Galvanismus und Verbesserung der Voltaischen Säule; auch über den Phosphor und die Humboldtischen damit angestellten eudiometrischen Versuche. VM, Vol. 4, pp. 75-88, 117-130, Gotha (1802).

[245] Parrot, Georg Friedrich: (Umwandlung der Hygrologie und Meteorologie; verbesserter Phosphor-Oxygenometer; über das Phosphor-Eudiometer und Mittel, Gewitter unschädlich zu machen.) GA, Vol. 10, pp. 166-218, 489, Vol. 11, p. 66, Vol. 12, pp. 332-334 (1802).

[246] Parrot, Georg Friedrich: Verzeichnis der zu dem Physikalischen Cabinett der Kaiserlichen Universität zu Dorpat gehörigen Apparate (1809-1825). Bibliotheca Universitatis Tartuensis, KHO, Stock 55, Series 1 (1825).

[247] Parrot, Georg Friedrich: Vorläufiger Bericht an die Kaiserliche Akademie der Wissenschaften über die Reise des Akademikers Parrot nach dem Wasserfall Imatra. St. Petersburg (1838).

[248] Parrot, Georg Friedrich: Zur Geschichte der Endosmose. APC, Vol. LXX, S. 171f., Leipzig (1847).

[249] Parrot, Georg Friedrich; Grindel, David Hieronymus: Versuch einer Erklärung der fäulnisswidrigen Eigenschaft der Kohle. Scherer, Journ. Chimie, V, pp. 384-389 (1800).

[250] Parrot, Georg Friedrich; Grindel, David Hieronymus: Versuche über die vegetabilische Kohle. Scherer, Journ. Chimie, IV, pp. 437-457 (1800).

[251] Parrot, Georg Friedrich; Grindel, David Hieronymus: Ueber die Natur der Kohle und der Verkohlung. VM, III, pp. 217-229, Gotha (1801).

6.4.2 Veröffentlichungen aus der Zeit vor 1917

[252] Aepinus, Franz Ulrich Theodor: Tentamen theoriae electricitatis et magnetismi. St. Petersburg (1759).

[253] Ahrens, Wilhelm: Briefwechsel zwischen C. G. J. Jacobi und M. H. Jacobi. Leipzig (1907).

[254] Albrecht, Gustav: Geschichte der Elektrizität mit Berücksichtigung ihrer Anwendung. Wien, Pest, Leipzig (1885).

[255] Александровъ (Alexandrow): Историческій очеркъ подводныхъ оборонительныхъ минъ (Historischer Abriß der Unterwasserverteidigungsminen). Инженерный журналъ, No 8, с. 905-953, Санктъ-Петербургъ (1897).

[256] Бабчинскій, Титъ (Babtschinski, Tit): Теорія мультипликатора (Die Theorie des Multiplikators). Диссертація подъ руководствомъ Э. Х. Ленца. Санктъ-Петербургъ (1857).

[257] Baer, Karl Ernst von: Vorträge aus dem Gebiete der Naturwissenschaften und der Oekonomie, gehalten in der physikalisch-ökonomischen Gesellschaft zu Königsberg. 1. Bändchen, Königsberg (1834).

[258] Becquerel, Antoine César: Beschreibung und Gebrauch der elektro-magnetischen Wage und der Säule von constanten Strömen (Auszug). APC, Bd. XXXXII, zweite Reihe zwölfter Band, S. 307-315, Taf.IV / Fig. 8, Leipzig (1837).

[259] Becquerel, Antoine César: Description de la balance électro-magnétique. Traité expérimental de l'électricité et du magnétisme, Tome cinquième, Première partie, p. 209-215, Paris (1837).

[260] Becquerel, Antoine César: Description et usage de la Balance électro-magnétique et de la Pile à courants constants (Extrait). CRSAS, Tome quatrième, Janvier-Juin, p. 35, Paris (1837).

[261] Becquerel, Antoine César: Ueber eine Zusammenstellung von Galvanometern, durch welche Minima von Elektricität bemerkbar gemacht werden können, und über die elektrischen Strömungen, welche bei der capillaren Thätigkeit und bei Auflösungen Statt finden. JCP, Bd. 10, S. 408-430, Halle (1824); auch: Annales de Chimie et de Physique. T. XXIV, p. 337-354.

[262] Becquerel, Antoine César; Barlow, Peter; Schweigger, Johann Salomo Christoph; Ohm, Georg Simon: Leitung der Electricität. (Versuche und Bemerkungen darüber.) JCP, Bd. 14, S. 359-373, Halle (1825).

[263] Besse, Jean-Charles de: Voyage en Crimée, au Cavcase, en Géorgie, en Armémie, en Asie-Mineure et à Constantinople, en 1829 et 1830; pour servir à l'histoire de Hongrie. Paris (1838).

[264] Bienemann, Friedrich: Aus dem Briefwechsel Georg Friedrich Parrots mit Kaiser Alexander I. Deutsche Revue über das gesamte nationale Leben der Gegenwart, Bd. IV, S. 161-175, 318-336, Stuttgart (1894).

[265] Bienemann, Friedrich: Der Dorpater Professor Georg Friedrich Parrot und Kaiser Alexander I. Reval (1902).

[266] Bienemann, Friedrich: Ein Freiheitskämpfer unter Kaiser Nikolaus I. Deutsche Revue über das gesamte nationale Leben der Gegenwart, Bd. I, S. 100-114, 224-235, Stuttgart (1895).

[267] Bienemann, Friedrich: Verfassungspläne unter Kaiser Nikolaus I. Deutsche Revue über das gesamte nationale Leben der Gegenwart, Bd. IV, S. 188-200, Stuttgart (1897).

[268] Bruckner, Isaac: Beschreibung und Gebrauch einer Universal-Sonnen-Uhr verfertigt von Isaac Bruckner Mechanico bey der Kayserl. Academie der Wissenschaften in St. Petersburg 1735. St. Petersburg (1735).

[269] Булгаринъ, Ф. (Bulgarin, F.): Новые успѣхи на поприщѣ электромагнетическихъ опытовъ и радостные надежды на будущее (Neue Erfolge auf dem Gebiet der elektromagnetischen Versuche und erfreuliche Hoffnungen für die Zukunft). Сѣверная Пчела, No 216, 26 сентября (1839).

[270] Busch, Friedrich: Der Fürst Karl Lieven und die Kaiserliche Universität Dorpat unter seiner Oberleitung. Dorpat, Leipzig (1846).

[271] Carpender, William B.: Lenz's doctrine of ocean circulation. Nature, X, p. 170-171, London (1874).

[272] Хвольсонъ, Орестъ Даніиловичъ (Chwolson, Orest Daniilowitsch): Курсъ физики (Physikkurs). Санктъ-Петербургъ (1896-1916).

[273] Colladon: Ablenkung der Magnetnadel durch den Strom einer gewöhnlichen Elektrisirmaschine und der atmosphärischen Elektricität. APC, Bd. 7, S. 336-352, Leipzig (1826).

[274] Czartoryski, Adam: Mémoires du Prince Adam Czartoryski et correspondance avec l'Empereur Alexandre Ier. 2 T., Paris (1887).

[275] Darmstaedter, Ludwig: Handbuch zur Geschichte der Naturwissenschaften und der Technik. Berlin (1908), Reprint: Millwood, N.Y. (1978).

[276] Das Leben des Grafen Speransky, von Baron M. von Korff. BM, IV, S. 373-406, 479-516, Riga (1861).

[277] Der erste Rector der Dorpater deutschen Universität. 1812. Livländischdeutsche Hefte, Heft 1, S. 1-28, Lübeck (1876).

[278] Дешевовъ, М. М. (Deschewow, M. M.): Гальванопластическая выставка въ память 50-лѣтія открытія гальванопластики акад. Б. С. Якоби (Die Galvanoplastische Ausstellung zum Gedenken des 50. Jahrestages der Entdeckung der Galvanoplastik durch das Akademiemitglied B. S. Jacobi). ЗРТО, апрѣль 1889, Т. 23, с. 1-15, Санктъ-Петербургъ (1889).

[279] Двигательная электромагнитная сила г. Якоби (Die elektromagnetische Motorkraft). Библіотека для чтенія, Т. 29, отд. VII (1838).

[280] Двигательная электрическая машина Девенпорта (Die elektromotorische Maschine Davenports). Библіотека для чтенія, Т. 29, отд. VII (1838).

[281] Egen, P. N. C.: Ueber das Gesetz der elektrischen Abstoßungskraft. APC, Bd. 5, S. 199-222, 281-302, Leipzig (1825).

[282] Электрическій опытъ г-на академика Ленца (Der elektrische Versuch des Herrn Akademiemitgliedes Lenz). Замораживаніе воды посредствомъ гальванической струи. Библіотека для чтенія, Отд. оттиск., Т. 28, No 54 (1838).

[283] Электродвигательныя машины гг. Девенпорта и Якоби (Die elektromotorischen Maschinen der Herren Davenport und Jacobi). Библіотека для чтенія, Т. 30, отд. VIII (1838).

[284] Engelhardt, Otto Moritz von; Parrot, Friedrich: Reise in die Krym und den Kaukasus. 2 T., Berlin (1815).

[285] Erman: Untersuchungen über den Magnetismus des geschlossenen Voltaischen Kreises. GA, Bd. 67, S. 382-426, Leipzig (1821).

[286] Euler, Leonhard: Briefe an eine deutsche Prinzessin über verschiedene Gegenstände aus der Physik und Philosophie. Dritter Teil, St. Petersburg, Riga, Leipzig (1773).

[287] Euler, Leonhard: Lettres a une princess d'Allemagne sur divers sujets de physique et de philosophie. Saint-Pétersbourg (1768-1772).

[288] Fardelp, F.: Elektromagnetische Telegraphen. AZ, 15.7.1844, S. 1570f., Augsburg (1844).

[289] Fechner, Gustav Theodor: Ueber die Verknüpfung der Farady'schen Inductions-Erscheinungen mit den Ampèreschen elektro-dynamischen Erscheinungen. APC, Bd. 64, S. 337-345, Leipzig (1845).

[290] Freshfield, Douglas W.: Travels in the Central Caucasus and Bashan including visits to Ararat and Tabreez and ascents of Kazbek and Elbruz. London (1869).

[291] Галанинъ, Д. (Galanin, D.): Изъ исторіи преподаванія физики въ Россіи (Aus der Geschichte der Physiklehre in Rußland). (Академикъ Ленцъ, 1804-1861). Физика, No 4, с. 1-13, Москва (1914).

[292] Геннади, Григорій (Gennadi, Grigori): Справочный словарь о русскихъ писателяхъ и учёныхъ, умершихъ въ XVIII и XIX столѣтіяхъ и списокъ русскихъ книгъ съ 1725 по 1825 (Nachschlagewerk über russische Schriftsteller und Gelehrte, gestorben im 18. und 19. Jahrhundert und Verzeichnis russischer Bücher von 1725 bis 1825). А-Е (1879), Ж-М (1880), Н-Р, Берлинъ (1906).

[293] Gerland, Ernst; Traumüller, Friedrich: Geschichte der physikalischen Experimentierkunst. Leipzig (1899).

[294] Gernet, S. A. von: Die im Jahre 1802 eröffnete Universität Dorpat und die Wandlungen in ihrer Verfassung. Reval (1902).

[295] Гезехусъ, Н. А. (Gesechus, N. A.): Робертъ Эмильевичъ Ленцъ (некрологъ) (Emili Christianowitsch Lenz (Nekrolog)). ЖРФХО, часть физическая, Т. 35, вып. 7, с. 569-574, Санктъ-Петербургъ (1903).

[296] Голицынъ, Князь Н. Б. (Golizyn, Fürst N. B.): Жизнеописаніе генерала отъ кавалеріи Емануеля (Die Lebensbeschreibung des Kavalleriegenerals Emanuel). Санктъ-Петербургъ (1851).

[297] Гречъ, Алексѣй (Gretsch, Alexej): Весъ Петербургъ въ карманѣ (Das ganze Petersburg in der Tasche). Справочная книга для жителей и пріѣзжихъ, съ планами Санктпетербурга и четырёхъ театровъ. Санктъ-Петербургъ (1851).

[298] Григорьевъ, В. В. (Grigorjew, W. W.): Императорскій С.Петербургскій университетъ въ-теченіе первыхъ пятидесяти лѣтъ его существованія (Die Kaiserliche St. Petersburger Universität im Verlauf der ersten 25 Jahre ihrer Existenz). Историческая записка. Санктъ-Петербургъ (1870).

[299] Hafferberg, Hugo: St. Peterburg in seiner Vergangenheit und Gegenwart. St. Petersburg (1866).

[300] Hoppe, Edmund: Geschichte der Elektrizität. Leipzig (1884).

[301] Ильинъ, А. А. (Ilin, A. A.): Борисъ Семёновичъ Якоби (Boris Semjonowitsch Jacobi). Историческій очеркъ изобретенія гальванопластики. Санктъ-Петербургъ (1889).

[302] Inventarium des physikalischen Kabinets der Kaiserlichen Universität zu Dorpat. Dorpat (1831).

[303] Я., Н. Б. (Ja., N. B., höchstwahrscheinlich Nikolaus Borissowitsch Jacobi): Электромагнитный ботъ Б. С. Якоби (1837-1842гг) (Das elektromagnetische Boot B. S. Jacobis (1837-1842)). Первый опытъ примѣненія на практикѣ электромагнетизма къ судоходству. Матеріалы по исторіи работъ русскихъ въ области электротехники. ЗРТО, Т. XXXVII, No 2, с. 117-146, Санктъ-Петербургъ (1903).

[304] Jacobi, Carl Gustav Jacob: Note sur les fonctions Abéliennes. BPMA, T. II, col. 112, Saint-Pétersbourg (1843).

[305] Янжулъ, И. И. (Janshul, I. I.): Національность и продолжительность жизни (долголѣтіе) нашихъ академиковъ (Nationalität und Lebensdauer (Langlebigkeit) unserer Akademiemitglieder). Извѣстія Императорской Академіи Наукъ, VI серія, 1 Апрѣля, No 6, с. 279-298, Санктъ-Петербургъ (1913).

[306] Jäsche, G.-B.: Geschichte und Beschreibung der Feyerlichkeiten bei Gelegenheit der am 21-sten und 22-sten April 1802 geschehenen Eröffnung der neu angelegten Kayserlichen Universität zu Dorpat in Livland. Dorpat (1803).

[307] Кайдановъ, В. (Kaidanow, W.): Рассужденія о взаимныхъ отношеніяхъ гальваническихъ токовъ и магнитовъ (Erwägungen über die gegenseitigen Beziehungen galvanischer Ströme und Magnete). Санктъ-Петербургъ (1841).

[308] Koenigsberger, Leo: Carl Gustav Jacob Jacobi. Leipzig (1904).

[309] Köppen, Peter von: Ueber die Deutschen im St. Petersburger Gouvernement. (Aus dem Bulletin historico-philologique, T. VII), St. Petersburg(1850).

[310] Корфъ, Модестъ А. (Korff, Modest A.): Императоръ Николай въ совѣщательныхъ собраніяхъ (Kaiser Nikolaus in beratenden Versammlungen). Въ: Дубровинъ, Н. Ф. (ред.): Матеріалы и черты къ біографіи Императора Николая I и къ исторіи его царствованія. с. 101-286, Санктъ-Петербургъ (1896).

[311] Корфъ, Модестъ А. (Korff, Modest A.): Жизнь графа Сперанскаго (Das Leben des Grafen Speranski). 2 Тома, Санкт-Петербург (1861).

[312] Krause, Johann Wilhelm: Das erste Jahrzehnt der ehemaligen Universität Dorpat. Aus den Memoiren des Professors Johann Wilhelm Krause. BM, 53, S. 238-241, Riga (1902).

[313] Krause, Johann Wilhelm: Des Professors J. W. Krause Aufzeichnungen über die Gründung und das erste Jahrzehnt der Universität Dorpat. Riga (1901).

[314] Kupffer, Adolf Theodor: Voyage dans les environs du mont Elbrouz dans le Caucase, entrepris par ordre de Sa Majesté l'Empéreur en 1829. Rapport fait à l'Académie Impériale des sciences de St.-Pétersbourg par M. Kupffer, membre de cette Académie. Saint-Pétersbourg (1830).

[315] Kutorga, S. (Censor): Die goldene Hochzeit-Feier von Georg Friedrich Parrot und Amalie Helene v. Hausenberg am 24. Februar 1846. St. Petersburg (1846).

[316] Лебединскій, В. К. (Lebedinski, W. K.): Э. Х. Ленцъ какъ одинъ изъ основателей науки объ электромагнетизмѣ (E. Ch. Lenz als einer der Begründer der Wissenschaft über den Elektromagnetismus). Электричество, No 11/12, с. 153-161 (1895), тоже: ПТЖ, отдѣлъ неофиціальный, с. 915-934, Санктъ-Петербургъ (1895).

[317] Лебединскій, В. К. (Lebedinski, W. K.): Эмилій Христіановичъ Ленцъ (Emili Christianowitsch Lenz). ЖРФХО, Т. XXXVI, ч. физ., вып. 3, с. 57-64, Очеркъ важнѣйшихъ работъ Э. Х. Ленца, Санктъ-Петербургъ (1904).

[318] Лермантовъ, В. В. (Lermantow, W. W.): Воспоминанія объ Э. Х. Ленцѣ (Erinnerungen über E. Ch. Lenz). ЖРФХО, физ. отд., Т. XVII, вып. 3, с. 158-160, Санктъ-Петербургъ (1915).

[319] Левицкій, Григорій Васильевичъ (Lewizki, Grigori Wassiljewitsch): Біографическій словарь профессоровъ и преподавателей Императорскаго Юрьевскаго, бывшаго Дерптскаго университета за сто лѣтъ его существованія (1802-1902) (Biografisches Lexikon der Professoren und Dozenten der Kaiserlichen Jurjewschen, ehemals Dorpater Universität nach 100 Jahren ihrer Existenz (1802-1902)). Т. 1 (1902), Т. 2, Юрьевъ (1903).

[320] Мардарьевъ, М. Е. (Mardarjew, M. Je.): Письма и записки Георга-Фридриха Паррота къ императорамъ Александру I и Николаю I (Briefe und Notizen Georg Friedrich Parrots an die Kaiser Alexander I. und Nikolaus I). Въ: Русская старина, No 4 (апрѣля), Томъ XXVI, с. 191-219, Санктъ-Петербургъ (1895).

[321] Мардарьевъ, М. Е. (Mardarjew, M. Je.): Императоръ Николай I и академикъ Парротъ (Kaiser Nikolaus I. und Akademiemitglied Parrot). Въ: Русская старина, No 7 (іюля), Томъ XCV, с. 139-152, Санктъ-Петербургъ (1898).

[322] Meyer, Carl Anton: Verzeichnis der Pflanzen, welche während der, auf Allerhöchsten Befehl, in den Jahren 1829 und 1830 unternommenen Reise im Caucasus und in den Provinzen am westlichen Ufer des Caspischen Meeres gefunden und eingesammelt worden sind. St.-Petersburg (1831).

[323] Middendorff, Alexander Theodor: Reise in den äussersten Norden und Osten Sibiriens während der Jahre 1843 und 1844. (1848).

[324] Модзалевскій, Б. М. (Modsalewski, B. M.): Императорская Академія наукъ (1725-1907) (Die Kaiserliche Akademie der Wissenschaften (1725-1907)). Санктъ-Петербургъ (1908).

[325] Модзалевскій, Б. М. (Modsalewski, B. M.): Списокъ членовъ Императорской Академіи Наукъ (1725-1907) (Liste der Mitglieder der Kaiserlichen Akademie der Wissenschaften (1725-1907)). Санктъ-Петербургъ (1908).

[326] Николай Михаиловичъ, Великій Князь (Nikolaus Michailowitsch, Großfürst): Императоръ Александръ I (Kaiser Alexander I.) Опытъ историческаго изслѣдованія. 2 Т., Санктъ-Петербургъ (1912).

[327] Николай Михаиловичъ, Великій Князь (Nikolaus Michailowitsch, Großfürst): Императрица Елисавета Алексѣевна, супруга Императора Александра I (Kaiserin Elisabeth Alexejewna, Gemahlin des Kaisers Alexander I.) Т. 1 (1908), Т. 2, Санктъ-Петербургъ (1909).

[328] Noback, Christian: Vollständiges Handbuch der Münz-, Bank- und Wechsel-Verhältnisse aller Länder und Handelsplätze der Erde. Erste Abtheilung. Eintheilung, Verhältnis und Werth der Rechnungsmünzen der vornehmsten Länder und Plätze der Erde. Zweite Abtheilung. Verhältnis, Vergleichung und Werth aller wirklich geprägten Gold-, Platina- und Silber-Münzen der bedeutendsten Reiche und Länder der bekannten Erde. Dritte Abtheilung. Getreue Abbildungen der vornehmsten Gold-, Platina- und Silber-Münzen aller Länder. Rudolstadt (1833).

[329] Nobili, C. Leopoldo: Elektro-Magnetismus. Ueber einen neuen Galvanometer, der Acad. des Sciences Lettres et Arts zu Modena vorgelegt von C. L. Nobili. JCP, Bd. 15, S. 249-254, Zusätze von: Schweigger, Johann Salomo Christoph, S. 254-256, Halle (1825); auch: BU (Sciences et arts), T. XXIX, p. 119 (1825).

[330] Nobili, Leopold: Physicalische Theorie der elektro-dynamischen Vertheilung. APC, Bd. 27, S. 401-436, Leipzig (1833).

[331] Nobili, Leopold: Ueber die Messung elektrischer Ströme, oder Vorschlag zu einem vergleichbaren Galvanometer. APC, Bd. 20, S. 213-245, Leipzig (1830); auch: Ann. de chim. et de phys., T. 43, p. 146.

[332] Nobili, Leopold: Vergleichung zwischen den beiden empfindlichsten Galvanometern, dem Frosche und dem Multiplicator mit zwei Nadeln, nebst einigen anderen Resultaten. APC, Bd. 14, S. 157-174, Leipzig (1828); auch: BU, T. XXXVII, p. 10.

[333] Ohm, Georg Simon: Bestimmung des Gesetzes, nach welchem Metalle die Kontakt-Elektrizität leiten, nebst einem Entwurfe zu einer Theorie des Voltaschen Apparates und des Schweiggerschen Multiplikators. In: Piel, C. (Hrsg.): Das Grundgesetz des elektrischen Stromes. S. 8-29, Leipzig (1938); auch: Schweiggers Journal für Chemie und Physik, Bd. 46, S. 137-166 (1826).

[334] Ohm, Georg Simon: Die galvanische Kette mathematisch bearbeitet. Berlin (1827).

[335] Ohm, Georg Simon: Experimentelle Beiträge zu einer vollständigen Kenntnis des elektromagnetischen Multiplikators. Schweiggers Journal für Chemie und Physik, Bd. 55 (1829).

[336] О китобойномъ приборѣ Б. С. Якоби (Über das Walfischgerät B. S. Jacobis). ЖМНП, ч. 80, отд. VII (1853).

[337] О новомъ открытіи, сдѣланномъ проф. Якоби (Über eine neue Entdeckung, gemacht von Prof. Jacobi). Санктпетербургскія Вѣдомости, No 291, отъ 24 декабря (1838).

[338] Очеркъ работъ русскихъ по электротехникѣ съ 1800 по 1900 годъ (Umrisse der Arbeiten von Russen zur Elektrotechnik von 1800 bis zum Jahre 1900). Т. II, труды Э. Х. Ленца (с. 25-30), Санктъ-Петербургъ (1900).

[339] Parrot, Johann Jacob Friedrich Wilhelm: Reise zum Ararat. 2 Bd., Berlin (1834).

[340] Parrot, Johann Jacob Friedrich Wilhelm: Von hohlen Elektromagneten und der Wirkung innerer Spiralen bei denselben. Notes. BSA, T. I, No 16, col. 121-125, Saint-Pétersbourg (1836).

[341] Пекарскій, П. П. (Pekarski, P. P.): Исторія Императорской Академіи Наукъ въ Петербургѣ (Die Geschichte der Kaiserlichen Akademie der Wissenschaften in Petersburg). Томъ 1 (1870), Томъ 2, Санктпетербургъ (1873).

[342] Пекарскій, П. П. (Pekarski, P. P.): Записки Имераторской Академіи наукъ (Schriften der Kaiserlichen Akademie der Wissenschaften). Томъ 6 (1864/65).

[343] Пѣтуховъ, Евгеній Вячеславовичъ (Petuchow, Jewgeni Wjatscheslawowitsch): Императорскій Юрьевскій, бывшій Дерптскій, университетъ за сто лѣтъ его существованія (1802-1902) (Die Kaiserliche Jurjewsche, ehemals Dorpater, Universität nach hundert Jahren ihrer Existenz (1802-1902)). Томъ I: Первый и второй періоды (1802-1865). Историческій очеркъ. Юрьевъ (1902).

[344] Пѣтуховъ, Евгеній Вячеславовичъ (Petuchow, Jewgeni Wjatscheslawowitsch): Императорскій Юрьевскій, бывшій Дерптскій, университетъ въ послѣдній періодъ своего столѣтняго существованія (1865-1902) (Die Kaiserliche Jurjewsche, ehemals Dorpater, Universität in der letzten Periode ihrer hundertjährigen Existenz (1865-1902)). Историческій очеркъ. Санктъ-Петербургъ (1906).

[345] Pfaff, C. H.: Versuche über den Einfluss der Eisenmasse der Elektromagnete auf die Stärke des Magnetismus bei gleicher Stärke des elektrischen Stromes. APC, Bd. 53, S. 309-313, Leipzig (1841).

[346] Pirogow, Nikolai Iwanowitsch: Lebensfragen. Bibl. russ. Denkwürdigkeiten, Bd. 3, Stuttgart (1894).

[347] Плетневъ, Т. Д. (Pletnew, T. D.): Первое двадцатипятилѣтие Санктпетербургскаго университета (Die ersten fünfundzwanzig Jahre der St. Petersburger Universität). Историческая записка, по опредѣленію Университецкаго Совѣта читанная Ректоромъ Университета Петромъ Плетневымъ на публичномъ торжественномъ Актѣ, 8-го февраля 1844 года. Санктпетербургъ (1844).

[348] Poggendorf, Johann Christian: Ueber das allgemeine galvanometrische Gesetz zur Erwiderung auf eine Stelle im vorstehenden Aufsatz des Hrn. Lenz. APC, Bd. LXI, S. 50-54, Leipzig (1844).

[349] Полное собраніе законовъ Россійской Имперіи (Vollständige Sammlung der Gesetze des Russischen Imperiums). Томъ XLIII. Часть первая. Книга штатовъ. Отдѣленіе первое. Санктъ-Петербургъ (1830).

[350] Procès-verbaux des séances de la classe physico-mathématique 1859-63. Saint-Pétersbourg (1863).

[351] Протоколы засѣданій Конференціи Императорской Академіи наукъ съ 1725 по 1803 года. Procès-verbaux des séances de l'Académie Impériale des sciences depuis sa fondation jusqu'a 1803. Томъ 1, 1725-1743 (1897); Томъ 2, 1744-1770 (1899); Томъ 3, 1771-1785 (1900); Томъ 4, 1786-1803, Санктъ-Петербургъ (1911).

[352] Raschig: Versuche mit dem electrisch-magnetischen Multiplicator, und über Herrn Prechtl's Entdeckung. GA, Bd. 67, S. 427-436, Leipzig (1821).

[353] Романовичъ-Славатинскій (Romanowitsch-Slawatinski): Дворянство въ Россіи отъ начала 18.вѣка до отмѣны крѣпостнаго права (Adel in Rußland vom Beginn des 18. Jahrhunderts bis zur Abschaffung der Leibeigenschaft). Санктъ-Петербургъ (1870).

[354] Rosenberger, Ferdinand: Die Geschichte der Physik in Grundzügen. Dritter Teil. Geschichte der Physik in den letzten hundert Jahren. Braunschweig (1890).

[355] Rosenberger, Ferdinand: Die moderne Entwicklung der elektrischen Prinzipien. Leipzig (1889).

[356] Рождественскій, С. В. (Roshdestwenski, S. W.): Историческій обзоръ дѣятельности Министерства народнаго просвѣщенія 1802-1902 (Historischer Überblick über die Tätigkeit des Volksaufklärungsministeriums 1802-1902). Санктъ-Петербургъ (1902).

[357] Royal Society Catalogue of Scientific Papers 1800-1863. 6 volumes, London (1867-1872).

[358] Royal Society Catalogue of Scientific Papers 1864-1873. 2 volumes, London (1877-1879).

[359] Royal Society Catalogue of Scientific Papers 1874-1883. 3 volumes, London (1891-1896).

[360] Royal Society Catalogue of Scientific Papers 1800-1883. Supplementary Volume. London (1902).

[361] Rückblick auf die Wirksamkeit der Universität Dorpat. Zur Erinnerung an die Jahre von 1802-1865. Nach den vom Curator des Dörptschen Lehrbezirks eingezogenen Berichten und Mittheilungen. Dorpat (1866).

[362] Рыкачёвъ, Михаилъ Александровичъ (Rykatschow, Michail Alexandrowitsch): Историческій очеркъ Главной физической обсерваторіи за 50 лѣтъ ея дѣятельности (1849-1899) (Historische Studien des Hauptphysikalischen Observatoriums der 50 Jahre seiner Tätigkeit (1849-1899)). Часть I, Санктъ-Петербургъ (1899).

[363] Dr. S.: Elektro-magnetische Telegraphen. Ein Zusatz zu der Mittheilung von Mainz in der Allg. Zeitung vom 19 Junius Beil. S. 1365. AZ, 24.6.1844, S. 1402f., Augsburg (1844).

[364] Савельевъ, Александръ Степановичъ (Saweljew, Alexandr Stepanowitsch): О трудахъ академика Ленца въ магнито-электричествѣ (Über die Arbeiten des Akademiemitgliedes Lenz in der Magneto-Elektrizität). ЖМНП, No 7, с. 1-22, No 8, с. 23-48, Санктъ-Петербургъ (1854).

[365] Сборникъ постановленій по Министерству народнаго просвѣщенія (Sammlung der Bestimmungen des Volksaufklärungsministeriums). 15 Томовъ, Санктъ-Петербургъ (1865-1902).

[366] Сборникъ распоряженій по Министерству народнаго просвѣщенія (Sammlung der Verordnungen des Volksaufklärungsministeriums). 6 Томовъ, Санктъ-Петербургъ (1866-1901).

[367] Schiemann, Theodor: Eigenhändige Aufzeichnung Kaiser Nikolais I. 1848 unmittelbar vor Ausbruch der Februarrevolution. Zeitschrift für Osteuropäische Geschichte, 2, S. 557-560, Kopie, Berlin (1912).

[368] Schiemann, Theodor: Geschichte Rußlands unter Kaiser Nikolaus I. Bd. 1 (1904), Bd. 2 (1908), Bd. 3 (1913), Bd. 4, Berlin (1919).

[369] Шильдеръ, Н. К. (Schilder, N. K.): Императоръ Александръ Первый. Его жизнь и царствованіе (Kaiser Alexander der Erste. Sein Leben und seine Herrschaft). Томъ I (1897), Томъ II (1897), Томъ III (1897), Томъ IV, Санктъ-Петербургъ (1898).

[370] Schmid, Georg: Das Professoren-Institut in Dorpat 1827-1838. Eine Studie zur russischen Universitätsgeschichte. Russische Revue, Bd. XIX, S. 136-166 (1881).

[371] Schnurbuch der Apparate des Physikalischen Cabinets der Kaiserlichen Universität Dorpat. Dorpat (1868).

[372] Шторхъ, П. (Storch, P.): Материалы для истории государственных денежных знаков в России с 1653 по 1840г. (Materialien zur Geschichte staatlicher Geldscheine in Rußland von 1653 bis 1840). ЖМНП, 137, мартъ 1868, с. 772-847, Санктъ-Петербургъ (1868).

[373] Schubert, Friedrich Theodor von: Theoretische Astronomie. St. Petersburg (1798).

[374] Schubert, Friedrich Theodor von: Traité d'astronomie théorique. Saint-Pétersbourg (1822).

[375] Шульгинъ (Schulgin): Краткій отчётъ о состояніи Императорскаго С. Петербургскаго Университета, въ теченіе перваго четырехлѣтія, со времени преобразованія Университета по Новому Уставу, съ 1836 по 1840 годъ (Kurzer Bericht über den Zustand der Kaiserlichen St. Petersburger Universität, in Folge der ersten vier Jahre, seit der Umgestaltung der Universität nach dem neuen Statut, von 1836 bis 1840). Санктъ-Петербургъ (1841).

[376] Schweigger, Johann Salomo Christoph: Noch einige Versuche über diese neuen elektromagnetischen Phänomene. JCP, Bd. 1, S. 35-41, Nürnberg (1821).

[377] Schweigger, Johann Salomo Christoph: Zusätze zu Oersteds elektromagnetischen Versuchen. JCP, Bd. 1, S. 1-17, Nürnberg (1821).

[378] Seebeck, T.J.: Von dem in allen Metallen durch Vertheilung zu erregenden Magnetismus. APC, Bd. 7, S. 203-216, Leipzig (1826).

[379] Списокъ профессоровъ и преподавателей физико-математическаго факультета Императорскаго, бывшаго Петербургскаго, нынѣ Петроградскаго Университета, съ 1819 года (Verzeichnis der Professoren und Dozenten der Physikalisch-mathematischen Fakultät der Kaiserlichen, ehemals Petersburger, jetzt Petrograder Universität, vom Jahre 1819). Петроградъ (1916).

[380] Stine, Wilbur Morris: The Contributions of H. F. E. Lenz to the Science of Electromagnetism. The Journal of the Franklin Institute, 155, Part I, p. 301-314, Part II, p. 363-384 (1903).

[381] Stricker, Wilhelm: Deutsch-russische Wechselwirkungen oder die Deutschen in Rußland und die Russen in Deutschland. Leipzig (1849).

[382] Stricker, Wilhelm: Die Verbreitung des deutschen Volkes über die Erde. Leipzig (1845).

[383] Сводъ законовъ (Gesetzbuch). Санктъ-Петербургъ (1832).

[384] Tarnow, Fanny: Briefe auf einer Reise nach Petersburg an Freunde geschrieben von Fanny Tarnow. Berlin (1819).

[385] Чеховичъ, К. (Tschechowitsch, K.): Электродинамическій приборъ Э. Ленца (Das elektrodynamische Gerät E. Lenz'). Вильно (1860).

[386] Tyndall, John: The Copley medalist of 1870. Nature, V, p. 137-138, London (1872).

[387] Ulmann, Carl Christian: Dem Gedächtnisse Friedrich Parrot's, weiland Professors der Physik an der Universität Dorpat. Zu zwei bei seiner Bestattung gehaltenen und auf Verlangen dem Drucke übergebenen Reden. Dorpat (1841).

[388] Universitäts- und Schulchronik. I. Die Universität Dorpat im Jahre 1833. S. 274-277, II. Die Universität zu St. Petersburg und der zu derselben gehörige Lehrbezirk in dem akademischen Jahre von 1832 bis 1833. S. 278-279, LIDJ, No 2, Februar 1834, S. 274-279, Dorpat, Riga (1834).

[389] Уваровъ, Сергѣй Семёновичъ (Uwarow, Sergej Semjonowitsch): Десятилѣтіе Министерства народнаго просвѣщенія 1833-1843 (Das Jahrzehnt der Volksaufklärungsministeriums 1833-1843). Санктъ-Петербургъ (1864).

[390] Weber, Wilhelm: Zur Galvanometrie. AKGG, Bd. 10, S. 3-96, Göttingen (1862).

[391] Вильдъ, Генрихъ Ивановичъ (Wild, Heinrich): О жизни и учёныхъ трудахъ академика Б. С. Якоби (Über das Leben und die wissenschaftlichen Arbeiten des Akademiemitgliedes B. S. Jacobi). Статья. Читана въ публичномъ засѣданіи Академіи, 29-го декабря 1875 г. ЗИАН, Т. 28, кн. 1, с. 61-82, Санктъ-Петербургъ (1876).

[392] Wiedemann, Gustav: Die Lehre von der Elektizität. Bd. 3, Braunschweig (1883).

[393] Wolff, Christian: Briefe aus den Jahren 1719-1753. Ein Beitrag zur Geschichte der Kaiserlichen Akademie der Wissenschaften zu St. Petersburg. St. Petersburg (1860).

6.4.3 Neuere Veröffentlichungen (nach 1917)

[394] Akopjan, P.: Über die Beziehungen von Akademiker Parrot und Chatschatur Abovjan (Zusammenfassung). In: Kudu, K.: G. F. Parroti 200-ndale süüni-aastapäevale pühendatud teadusliku konverentsi materjale. S. 191f., Tartu (1967).

[395] Amburger, Erik: Aus der Geschichte eines eingeborenen Gelehrtenstandes ausländischer Herkunft in Rußland. In: Woltner, Margarete; Bräuer, Herbert (Hrsg.): Festschrift für Max Vasmer zum 70. Geburtstag. Veröffentlichungen der Abteilung für slavische Sprachen und Literaturen des Osteuropa-Instituts (Slavisches Seminar) an der FU Berlin, Band 9, S. 28-38, Wiesbaden (1956).

[396] Amburger, Erik: Beiträge zur Geschichte der deutsch-russischen kulturellen Beziehungen. Gießener Abhandlungen zur Agrar- und Wirtschaftsforschung des europäischen Ostens, Band 14, Gießen (1961).

[397] Amburger, Erik: Das Deutschtum in St. Petersburg in der Vergangenheit. Deutsches Leben in Rußland, 12, S. 28f. (1934).

[398] Amburger, Erik: Deutsch-baltische Ahnen deutscher Gelehrter in Rußland. Baltische Hefte, Jg. 5, Heft 1, Oktober 1958, S. 54-64, Hannover-Döhren (1958).

[399] Amburger, Erik: Deutsche Akademie der Wissenschaften zu Berlin. Biographischer Index der Mitglieder. Berlin (1960).

[400] Amburger, Erik: Der Anteil der Deutsch-Balten am Integrationsprozeß Rußlands in Europa. JBD 1981, Bd. 28, S. 63-80, Lüneburg (1980).

[401] Amburger, Erik: Die Deutschen im Russischen Reich und in der Sowjetunion. In: Rothe, Hans (Hrsg.): Deutsche im Nordosten Europas. Studien zum Deutschtum im Osten, Heft 22, S. 21-58, Köln (1991).

[402] Amburger, Erik: Die Deutschen in der russischen Akademie der Wissenschaften. Eine familiengeschichtliche Studie. Familiengeschichtliche Blätter - Deutscher Herold, Jg. 34, Heft 8, S. 209-218, Leipzig (1936).

[403] Amburger, Erik: Die deutschen Schulen in Rußland mit besonderer Berücksichtigung St. Petersburgs. In: Kaiser, Friedhelm Berthold; Stasiewski, Bernhard (Hrsg.): Deutscher Einfluß auf Bildung und Wissenschaft im östlichen Europa. Studien zum Deutschtum im Osten, Heft 18, S. 1-26, Köln 1984.

[404] Amburger, Erik: Fremde und Einheimische im Wirtschafts- und Kulturleben des neuzeitlichen Rußland. Ausgewählte Aufsätze. Wiesbaden (1982).

[405] Amburger, Erik: Geschichte der Behördenorganisation Rußlands von Peter dem Großen bis 1917. Studien zur Geschichte Osteuropas, Leiden (1966).

[406] Amburger, Erik: Geschichte des Protestantismus in Rußland. Stuttgart (1961).

[407] Amburger, Erik; Ciesla, Michal; Sziklay, László (Hrsg.): Wissenschaftspolitik in Mittel- und Osteuropa. Wissenschaftliche Gesellschaften, Akademien und Hochschulen im 18. und beginnenden 19. Jahrhundert. Berlin (1976).

[408] Анисимов, Сергей (Anissimow, Sergej): Эльбрус (Elbrus). Москва, Ленинград (1930).

[409] Aschoff, Volker: Paul Schilling von Canstatt und die Geschichte des elektromagnetischen Telegraphen. Abhandlungen und Berichte des Deutschen Museums, 44, Heft 3, S. 1-53 (1976).

[410] Barratt, Glynn R. V.: Voices in Exile. The Decembrist Memoirs. Montreal, London (1974).

[411] Bauer, Henning; Kappeler, Andreas; Roth, Brigitte (Hrsg.): Die Nationalitäten des Russischen Reiches in der Volkszählung von 1897. 2 Bände, Stuttgart (1991).

[412] Баумгарт, К. К. (Baumgart, K. K.): Работы Э. Х. Ленца и Б. С. Якоби по электромагнетизму (Die Arbeiten E. Ch. Lenz' und B. S. Jacobis zum Elektromagnetismus). В книге: Вопросы истории отечественной науки. Москва, Ленинград (1949).

[413] Баумгарт, К. К. (Baumgart, K. K.): Эмилий Христианович Ленц (Emili Christianowitsch Lenz). Краткий биографический очерк. Статья в книге: Ленц, Э. Х.: Избранные труды. с. 449-455, Ленинград (1950).

[414] Beck, Hanno: Alexander von Humboldts Reise durchs Baltikum nach Rußland und Sibirien 1829. Stuttgart (1984).

[415] Берг, Л. С. (Berg, L. S.): Заслуги Э. Х. Ленца в области физической географии (Die Verdienste E. Ch. Lenz' auf dem Gebiet der Physikalischen Geographie). Статья в книге: Ленц, Э. Х.: Избранные труды. с. 456-464, Ленинград (1950).

[416] Bismarck, Otto von: Gedanken und Erinnerungen. Stuttgart, Berlin (1928).

[417] Бём, В. (Bjom, W.): Его именем назван кратер на луне (Seinen Namen trägt ein Mondkrater). Artikel über F. Th. Schubert, St. Petersburgische Zeitung, No 3 (47), S. 12, St. Petersburg (1995).

[418] Bohmann, Alfred: Menschen und Grenzen. Band 3 Strukturwandel der deutschen Bevölkerung im sowjetischen Staats- und Verwaltungsbereich. Köln (1970).

[419] Бочарова, Майя Дмитриевна (Botscharowa, Maija Dmitrijewna): Электротехнические работы Б. С. Якоби (Die Elektrotechnischen Arbeiten B. S. Jacobis). Москва (1959).

[420] Brandes, Detlef: Von den Zaren adoptiert. Die deutschen Kolonisten und die Balkansiedler in Neurußland und Bessarabien 1751-1914. Schriften des Bundesinstituts für ostdeutsche Kultur und Geschichte, Band 2, München (1993).

[421] Brandes, Detlef; Busch Margarete; Pavlovic, Kristina: Bibliographie zur Geschichte und Kultur der Rußlanddeutschen. Band 1. Von der Einwanderung bis 1917. Schriften des Bundesinstituts für ostdeutsche Kultur und Geschichte, Band 4, München (1994).

[422] Busch, Margarete: Das deutsche Vereinswesen in St. Petersburg vom 18. Jahrhundert bis zum Beginn des Ersten Weltkrieges. In: Deutsche in St. Petersburg und Moskau vom 18. Jahrhundert bis zum Ausbruch des Ersten Weltkrieges. Nordostarchiv, Bd. III, Heft 1, S. 29-61, Lüneburg (1994).

[423] Busch, Margarete: Deutsche in St. Petersburg 1865-1914. Identität und Integration. Veröffentlichungen des Instituts für Kultur und Geschichte der Deutschen im östlichen Europa, Band 6, Essen (1995).

[424] Caneva, Kenneth L.: From Galvanism to Electrodynamics. The Transformation of German Physics and Its Social Context. Hist. Stud. Phys. Sci., 9, p. 63-159 (1978).

[425] Chandler, D. G.: The Campaigns of Napoleon. London (1967).

[426] Храмов, Ю. А. (Chramow, Ju. A.): Физики (Physiker). Биографический справочник. Москва (1983).

[427] Хргиан, Александр Христофорович (Chrgian, Alexander Christoforowitsch): Очерки развития метеорологии (Studien zur Entwicklung der Meteorologie). Том I, Ленинград (1959).

[428] Deutsche in St. Petersburg und Moskau vom 18. Jahrhundert bis zum Ausbruch des Ersten Weltkrieges. Nordostarchiv, Bd. III, Heft 1, Lüneburg (1994).

[429] Дорфман, Я. Г. (Dorfman, Ja. G.): Всемирная история физики с древнейших времен до конца XVIII века (Weltweite Physikgeschichte vom Altertum bis zum Ende des 18. Jahrhunderts). Москва (1974).

[430] Дорфман, Я. Г. (Dorfman, Ja. G.): Всемирная история физики с начала XIX до середины XX в. (Weltweite Physikgeschichte vom Beginn des 19. Jahrhunderts bis zur Mitte des 20. Jahrhunderts). Москва (1979).

[431] Eilart, J.: G. F. Parrot als Förderer der Naturforschung (Zusammenfassung). In: Kudu, K.: G. F. Parroti 200-ndale süüni-aastapäevale pühendatud teaduslikku konverentsi materjale. S. 132, Tartu (1967).

[432] Engelhardt, Hans Dieter von; Neuschäffer, Hubertus: Die Livländische Gemeinnützige und Ökonomische Sozietät (1792-1939). Quellen und Studien zur baltischen Geschichte, Bd. 5, Köln, Wien (1983).

[433] Engelhardt, Roderich von: Die Deutsche Universität Dorpat in ihrer geistesgeschichtlichen Bedeutung. Reval (1933).

[434] Engman, M.: S:t Petersburg och Finland. Migration och influens 1703-1917 (St. Petersburg und Finnland. Wanderung und Einfluß 1703-1917). Helsingfors (1983).

[435] Eringson, L.; Müürsepp P.: G. F. Parrot and Tartu University (Summary). In: Kudu, K.: G. F. Parroti 200-ndale süüni-aastapäevale pühendatud teadusliku konverentsi materjale. S. 31-35, Tartu (1967).

[436] Фатеев, М. А. (Fatejew, M. A.): Центральный Военно-морской музей (Das Zentrale Kriegsmarinemuseum). Путеводитель. Ленинград (1979, 1984).

[437] Федоренко, Нина Владимировна (Fedorenko, Nina Wladimirowna): Развитие исследований платиновых металлов в России (Die Entwicklung der Erforschungen der Platinenmetalle in Rußland). Москва (1985).

[438] Fleischhauer, Ingeborg: Die Deutschen im Zarenreich. Zwei Jahrhunderte deutschrussische Kulturgemeinschaft. Stuttgart (1986).

[439] Fleischhauer, Ingeborg; Jedig, Hugo H. (Hrsg.): Die Deutschen in der UdSSR in Geschichte und Gegenwart. Baden-Baden (1990).

[440] Flynn, James Thomas: S. S. Uvarov's „Liberal" Years. JGO, Bd. 20, S. 481-491, München (1972).

[441] Flynn, James Thomas: The university reform of Tsar Alexander I, 1802-1835. Washington (1988).

[442] Фрумкин, А. Н. (Frumkin, A. N.); Обручева, А. Д. (Obrutschewa, A. D.): Работы Б. С. Якоби в области химических источников тока (Die Arbeiten B. S. Jacobis auf dem Gebiet der chemischen Stromquellen). Электричество, No 2 (1953).

[443] Гниловской, Владимир Георгиевич (Gnilowskoi, W. G.): Занимательное краеведение (Unterhaltsame Heimatkunde). Ставрополь (1974).

[444] Гнучева, В. Ф. (Gnutschewa, W. F.): Материалы для истории экспедиций Академии Наук в XVIII и XIX веках (Materialien für die Geschichte der Expeditionen der Akademie der Wissenschaften im 18. und 19. Jahrhundert). Хронологические обзоры и описание архивных материалов. Труды Архива АН СССР, выпуск 4, Москва, Ленинград (1940).

[445] Гогоберидзе, Д. Б. (Gogoberidse, D. B.): Замечательный русский физик Э. Х. Ленц (Der hervorragende russische Physiker E. Ch. Lenz). Вестник Ленинградского университета, No 2, Ленинград (1950).

[446] Городничин, Н. Т. (Gorodnitschin, N. T.); Шляпоберский, В. И. (Schljapoberski, W. I.): Россия - родина первого электромагнитного и первого буквопечатающего телеграфных аппаратов (Rußland - Heimat des ersten elektromagnetischen und ersten buchstabendruckenden Telegraphenapparates). Вестник связи, Электросвязь, No 6/7 (1948).

[447] Grau, Conrad: Berühmte Wissenschaftsakademien. Von ihrem Entstehen und ihrem weltweiten Erfolg. Thun, Frankfurt/Main (1988).

[448] Grau, Conrad: Institutionen und Personen in Berlin und Petersburg in den deutschrussischen Wissenschaftsbeziehungen. In: Thomas, Ludmila; Wulff, Dietmar (Hrsg.): Deutsch-russische Beziehungen. Ihre welthistorische Dimension vom 18. Jahrhundert bis 1917. S. 115-137, Berlin (1992).

[449] Grau, Conrad: Wissenschaftsorganisation im Umfeld der Französischen Revolution. Russisch-deutsch-französische Kontakte im Wirken von G. F. Parrot und G. Cuvier. Jahrbuch für Geschichte der sozialistischen Länder Europas, Bd. 33, S. 63-86, Berlin (1989).

[450] Grimsehl, Ernst: Lehrbuch der Physik. Band 2 Elektrizitätslehre. Leipzig (1988).

[451] Grimsted, Patricia Kennedy: The Foreign Ministers of Alexander I. Political Attitudes and the Conduct of Russian Diplomacy, 1801-1825. Berkeley, Los Angeles (1969).

[452] Grosberg, Oskar: Die St. Petersburger Akademie der Wissenschaften. Ein deutschrussisches Kulturdenkmal. In: Pantenius, Heinrich; Grosberg, Oskar (Hrsg.): Deutsches Leben im alten St. Petersburg. S. 69-76, Riga (1930).

[453] Гусев, А. М. (Gussew, A. M.): Эльбрус (Elbrus). Москва (1948).

[454] Habben, Dieter: Experimentelle Untersuchung zur Umwandlung von elektrischer in mechanischer Energie am Modell eines frühen Elektromotors nach Jacobi. Examensarbeit an der Universität Oldenburg, Oldenburg (1991).

[455] Hammermayer, Ludwig: Akademiebewegung und Wissenschaftsorganisation. Formen, Tendenzen und Wandel in Europa während der zweiten Hälfte des 18. Jahrhunderts. In: Amburger, Erik; Cieśla, M.; Sziklay, L. (Hrsg.): Wissenschaftspolitik in Mittel- und Osteuropa. Wissenschaftliche Gesellschaften, Akademien und Hochschulen im 18. und beginnenden 19. Jahrhundert. S. 1-84, Berlin (1976).

[456] Haumann, Heiko: Geschichte Rußlands. München (1996).

[457] Heilbron, J. L.: Electricity in the 17th and 18th Centuries. A Study of Early Modern Physics. Berkeley (1979).

[458] Heller, Klaus: Die Geld- und Kreditpolitik des Russischen Reiches in der Zeit der Assignaten (1768-1839/43). Wiesbaden (1983).

[459] Hellmann, Manfred; Schramm, Gottfried; Zernack, Klaus (Hrsg.): Handbuch der Geschichte Rußlands. Bd. 1, I (1981), II (1989), Bd. 2, I (1986), II (ab 1988), Bd. 3, I (1983), II, Stuttgart (1992).

[460] Hempel, Peer: Das Physikalische Kabinett der Akademie der Wissenschaften. Deutschsprachige Physiker als seine Leiter. St. Petersburgische Zeitung, No 3 (59), S. 14, St. Petersburg (1996).

[461] Hempel, Peer: Die Erstbesteigung des Elbrus. Deutsche Physiker im Kaukasus. St. Petersburgische Zeitung, No 11-12 (55-56), S. 14, St. Petersburg (1995).

[462] Hempel, Peer: From Dorpat to St. Petersburg: Fates of Three German Physicists. Museum of Tartu University History Annual 1996, p. 79-83, Tartu (1997).

[463] Хемпель, Пеер (Hempel, Peer): Из Дерпта в Петербург (Aus Dorpat nach St. Petersburg). Дороги немецкоязычных физиков. Санкт-Петербургская Газета, No 4 (60), с. 12, Санкт-Петербург (1996).

[464] Hempel, Peer: Lenz - Weltenbummler und Forscher. Deutsche Physiker in St. Petersburg (Ende). St. Petersburgische Zeitung, No 9 (42), S. 14, St. Petersburg (1994).

[465] Hempel, Peer: Streit um die längste Telegraphenleitung der Welt. Deutsche Physiker im Petersburg des 19. Jahrhundert (1). St. Petersburgische Zeitung, No 8 (41), S. 13, St. Petersburg (1994).

[466] Hempel, Peer: Unternehmen Elbrus. Auf den Spuren des Lenz'. St. Petersburgische Zeitung, No 1-2 (63-64), S. 20, St. Petersburg (1997).

[467] Hempel, Peer: Was uns die Gräber sagen. Deutschsprachige Physiker auf dem Smolensker Lutheranischen Friedhof. St. Petersburgische Zeitung, No 6 (50), S. 14, St. Petersburg (1995).

[468] Hoffmann, Konrad: Volkstum und ständische Ordnung in Livland. Die Tätigkeit des Generalsuperintendenten Sonntag zur Zeit der ersten Bauernreformen. Schriften der Albertus-Universität, Geisteswissenschaftliche Reihe, Band 23, Königsberg, Berlin (1939).

[469] Home, Roderick Weir: Aepinus and the British Electricians. The Dissemination of a Scientific Theory. ISIS, 63, p. 190-204 (1972).

[470] Home, Roderick Weir: Aepinus, the Tourmaline Crystal, and the Theory of Electricity and Magnetism. ISIS, 67, p. 21-30 (1976).

[471] Home, Roderick Weir: Science as a Career in Eighteenth-Century Russia. The Case of F. U. T. Aepinus. The Slavonic and East European Review, 51, p. 75-94 (1973).

[472] Home, Roderick Weir: Scientific Links between Britain and Russia in the second half of the eighteenth century. In: Cross, A. G. (Hrsg.): Great Britain and Russia in the Eighteenth Century. Contacts and Comparisons. p. 212-224, Newtonville (Mass.) (1979).

[473] Hüttenberger, Peter: Überlegungen zur Theorie der Quelle. In: Rusinek, Bernd-A.; Ackermann, Volker; Engelbrecht, Jörg (Hrsg.): Einführung in die Interpretation historischer Quellen. Schwerpunkt: Neuzeit. S. 253-265, Paderborn (1992).

[474] Hund, Friedrich: Geschichte der physikalischen Begriffe. Teil 1: Die Entstehung des mechanischen Naturbildes. Teil 2: Die Wege zum heutigen Naturbild. Mannheim (1978).

[475] Иванов, И. (Iwanow, I.): Интересная находка (Interessanter Fund). Вечерний Ленинград, 27.11.1949, с. 1, Ленинград (1949).

[476] James, Frank A. J. L. (Editor): The Correspondance of Michael Faraday. Volume 2, 1832-December 1840, Letters 525-1333, London (1993).

[477] Яроцкий, Анатолий Васильевич (Jarozki, Anatoli Wassiljewitsch): Борис Семёнович Якоби 1801-1874 (Boris Semjonowitsch Jacobi 1801-1874). Москва (1988).

[478] Яроцкий, Анатолий Васильевич (Jarozki, Anatoli Wassiljewitsch): Павел Львович Шиллинг (Pawel Lwowitsch Schilling). Москва, Ленинград (1953).

[479] Ефремов, Дмитрий Васильевич (Jefremow, Dmitri Wassiljewitsch): Академик Якоби - пионер машиностроения (Akademiemitglied Jacobi - Pionier des Maschinenbaus). Вопросы истории отечественной науки, (1949).

[480] Ефремов, Дмитрий Васильевич (Jefremow, Dmitri Wassiljewitsch): Работы Б. С. Якоби в области электроминного дела (Die Arbeiten B. S. Jacobis auf dem Gebiet der elektromieneschen Sache). Вестник электропромышленности, No 9 (1951).

[481] Ефремов, Дмитрий Васильевич (Jefremow, Dmitri Wassiljewitsch); Радовский, Моисей Израилевич (Radowski, Moissej Israilowitsch): Динамомашина в её историческом развитии (Die Dynamomaschine in ihrer historischen Entwicklung). Документы и материалы. Сост. Д. В. Ефремов и М. И. Радовский. Под ред. В. Ф. Миткевича. Ленинград (1934).

[482] Ефремов, Дмитрий Васильевич (Jefremow, Dmitri Wassiljewitsch); Радовский, Моисей Израилевич (Radowski, Moissej Israilowitsch): Электродвигатель в его историческом развитии (Der Elektromotor in seiner historischen Entwicklung). Документы и материалы. Сост. Д. В. Ефремов и М. И. Радовский. Под ред. В. Ф. Миткевича. Москва, Ленинград (1936).

[483] Елисеев, Алексей Александрович (Jelissejew, Alexej Alexandrowitsch): Б. С. Якоби (B. S. Jacobi). Пособие для учащихся. Москва (1978).

[484] Елисеев, Алексей Александрович (Jelissejew, Alexej Alexandrowitsch): Г. В. Рихманн (G. W. Richmann). Москва (1975).

[485] Елисеев, Алексей Александрович (Jelissejew, Alexej Alexandrowitsch): Василий Владимирович Петров (Wassili Wladimirowitsch Petrow). Москва, Ленинград (1949).

[486] Елисеев, Алексей Александрович (Jelissejew, Alexej Alexandrowitsch); Шнейберг, Яков Абрамович (Schnejberg, Jakow Abramowitsch): В. В. Петров (W. W. Petrow). К 200-летню со дня рождения. Курск (1961).

[487] Juchněva, Natalija V.: Die Deutschen in einer polyethnischen Stadt. Petersburg vom Beginn des 18. Jahrhunderts bis 1914. In: Deutsche in St. Petersburg und Moskau vom 18. Jahrhundert bis zum Ausbruch des Ersten Weltkrieges. Nordostarchiv, Bd. III, Heft 1, S. 7-27, Lüneburg (1994).

[488] Juchneva, Natalja V.: Die Deutschen in Sankt Petersburg von der zweiten Hälfte des 19. bis zum Anfang des 20. Jahrhunderts. In: Fleischhauer, Ingeborg; Jedig, Hugo H. (Hrsg.): Die Deutschen in der UdSSR in Geschichte und Gegenwart. S. 83-96, Baden-Baden (1990).

[489] Kabuzan, Vladimir Maximovich: Die deutsche Bevölkerung im Russischen Reich (1796-1917): Zusammensetzung, Verteilung, Bevölkerungsanteil. In: Fleischhauer, Ingeborg; Jedig, Hugo H. (Hrsg.): Die Deutschen in der UdSSR in Geschichte und Gegenwart. S. 63-82, Baden-Baden (1990).

[490] Кабузан, Владимир Максимович (Kabusan, Wladimir Maximowitsch): Народы России в XVIII веке. Численность и этнический состав (Die Völker Rußlands im 18. Jahrhundert. Anzahl und ethnische Zusammensetzung). Москва (1990).

[491] Кабузан, Владимир Максимович (Kabusan, Wladimir Maximowitsch): Народы России в первой половине XIX в. Численность и этнический состав (Die Völker Rußlands in der ersten Hälfte des 19. Jh. Anzahl und ethnische Zusammensetzung). Москва (1992).

[492] Kaiser, Friedhelm Berthold: Zensur in Rußland von Katharina II. bis zum Ende des 19. Jahrhunderts. FOG, Bd. 25, S. 146-155, Berlin (1978).

[493] Kaiser, Friedhelm Berthold; Stasiewski, Bernhard (Hrsg.): Deutscher Einfluß auf Bildung und Wissenschaft im östlichen Europa. Studien zum Deutschtum im Osten, Heft 18, Köln 1984.

[494] Kalnin, V.: G. F. Parrot und Medizin (Zusammenfassung). In: Kudu, K.: G. F. Parroti 200-ndale süüni-aastapäevale pühendatud teadusliku konvcrentsi matcrjale. S. 122f., Tartu (1967).

[495] Kappeler, Andreas: Die Deutschen im Rahmen des zaristischen und sowjetischen Vielvölkerreiches. In: Kappeler, Andreas; Meissner, Boris; Simon, Gerhard: Die Deutschen im Russischen Reich und im Sowjetstaat. S. 9-20, Köln (1987).

[496] Kappeler, Andreas (Hrsg.): Die Russen. Ihr Nationalbewußtsein in Geschichte und Gegenwart. Köln (1990).

[497] Kappeler, Andreas: Rußland als Vielvölkerreich. Enstehung, Geschichte, Zerfall. München (1992).

[498] Kappeler, Andreas; Meissner, Boris; Simon, Gerhard: Die Deutschen im Russischen Reich und im Sowjetstaat. Köln (1987).

[499] Капцов, Н. А. (Kapzow, N. A.): Электрофизика и электротехника в России до второй половины XIX столетия (Elektrophysik und Elektrotechnik in Rußland bis zur zweiten Hälfte des 19. Jahrhunderts). В книге: Тимирязев, А. К. (ред.): Очерки по истории физики в России. Пособие для студентов и учителей. (Запись лекций, читанных коллективом профессоров Физического факультета Московского Государственного университета в 1943/44, 1944/45 и 1945/46 учебных годах). с. 222-247 (Жизнь и научная деятельность Э. Х. Ленца (с. 233-242)), Москва (1949).

[500] Капцов, Н. А. (Kapzow, N. A.): Эмилий Христианович Ленц (Emili Christianowitsch Lenz). В книге: Люди русской науки. Очерки о выдающихся деятелях естествознания и техники. Т. I, 33 Ленц, Избр. произведения, с. 105-110, Москва, Ленинград (1948).

[501] Капцов, Н. А. (Kapzow, N. A.): Русские электрики (Russische Elektrotechniker). Успехи физических наук, Т. 35, вып. 1 (1948).

[502] Kasack, Wolfgang: Die Akademie der Wissenschaften der UdSSR. Überblick über Geschichte und Struktur. Verzeichnis der Institute. Wiesbaden (1972).

[503] Кобак, А. В. (Kobak, A. W.); Пирютко, Ю. М. (Pirjutko, Ju. M.): Исторические кладбища Петербурга (Historische Friedhöfe Petersburgs). Справочник путеводитель. Санкт-Петербург (1993).

[504] Kõiv, Erna: Origins of Old Physical Instruments at Tartu University. Museum of Tartu University History Annual 1996, p. 42-50, Tartu (1997).

[505] Kõiv, Erna: XIX sajandi alguse füüsikariistu Tartu Ülikooli ajaloo muuseumis. Физические приборы начала XIX века в музее истории Тартуского государственного университета. Physikinstrumente Anfang des XIX Jahrhunderts im Museum für Geschichte der Tartuer Staatlichen Universität. Physics Instruments from the Beginning of the 19th Century in Museum of History of Tartu State University. Tartu (1989).

[506] Komkov, Gennadij Danilovič; Levšin, Boris Venediktovič; Semenov, Lev Konstantinovič: Geschichte der Akademie der Wissenschaften der UdSSR. Berlin (1981).

[507] Koop, Arnold: 350 Jahre Universität Tartu. Tallinn (1982).

[508] Корнилов, А. А. (Kornilow, A. A.): Курс истории России XIX. в. (Kurs der Geschichte Rußlands des 19. Jahrhunderts). 3 Тома, Москва (1918).

[509] Korneyev, S. C.: USSR Academy of Sciences: Scientific relations with Great Britain. Moscow (1977).

[510] Корзун, Виктор (Korsun, Wiktor): Эльбрус (Elbrus). Пятигорск (1938).

[511] Кравец, Т. П. (Krawez, T. P.): К семидесятилетию со дня кончины Б. С. Якоби (1874-1949) (Zum siebzigsten Jahrestag des Todes von B. S. Jacobi (1874-1949)). Успехи физ. наук., Т. 38, вып. 3, с. 410-413 (1949).

[512] Кравец, Т. П. (Krawez, T. P.): О работах Э. X. Ленца в области электромагнетисма (Über die Arbeiten E. Ch. Lenz' auf dem Gebiet des Elektromagnetismus). Статья в книге: Ленц, Э. X.: Избранные труды. с. 465-474, Ленинград (1950).

[513] Kröber, Günter; Lange, Bernhard (Hrsg.): Sowjetmacht und Wissenschaft. Berlin (1975).

[514] Кудинов, Владимир Федосеевич (Kudinow, Wladimir Fedossejewitsch): Эльбрусская летопись (Elbruschronik). Нальчик (1976).

[515] Кудрявцев, П. С. (Kudrjawzew, P. S.): История физики (Die Geschichte der Physik). Т. 1, Москва (1956).

[516] Куду, Э. О. (Kudu, E. O.): Георг Фридрих Паррот и Петербургская академия наук (Georg Friedrich Parrot und die Petersburger Akademie der Wissenschaften). В книге: Мюрсепп, Пеэтер Виллемович (сост.): Петербургская Академия наук и Эстония. с. 74-81, Таллин (1978).

[517] Kudu, K.: G. F. Parroti 200-ndale sünni-aastapäevale pühendatud teadusliku konverentsi materjale. Tartu (1967).

[518] Laqueur, Walter: Deutschland und Rußland. Berlin (1965).

[519] Лебедев, В. (Lebedew, W.): Об обобщении «правила Ленца» (Über die Verallgemeinerung der „Lenzschen Regel"). Под знаменем марксизма. No 2/3, с. 157-167 (1936).

[520] Лебин, Б. Д. (ред.) (Lebin, B. D. (Red.)): Очерки истории организации науки в Ленинграде 1703-1977 (Abrisse der Geschichte der Organisation der Wissenschaften in Leningrad 1703-1977). Ленинград (1980).

[521] Leinonen, Robert; Voigt, Erika: Der deutsche evangelisch-lutherische Smolenski Friedhof in St. Petersburg. 2. Teil: Deutsche im alten St. Petersburg. St. Petersburgische Zeitung, No 1 (45), S. 13, St. Petersburg (1995).

[522] Lemberg, Hans: Moskau und St. Petersburg. Die Frage der Nationalhauptstadt in Rußland. Eine Skizze. In: Schieder, Theodor; Brunn, Gerhard (Hrsg.): Hauptstädte in europäischen Nationalstaaten. S. 103-111, München (1983).

[523] Лежнёва, Ольга Александровна (Leshnjowa, Olga Alexandrowna); Ржонсницкий, Борис Николаевич (Rshonsnizki, Boris Nikolajewitsch): Эмилий Христианович Ленц (Emili Christianowitsch Lenz). Москва, Ленинград (1952).

[524] Лежнёва, Ольга Александровна (Leshnjowa, Olga Alexandrowna): Научная деятельность Э. X. Ленца в области физики (Die wissenschaftliche Tätigkeit E. Ch. Lenz' auf dem Gebiet der Physik). Статья в книге: Труды Института истории естествознания АН СССР, Т. IV, с. 104-139, Москва, Ленинград (1952).

[525] Лежнёва, Ольга Александровна (Leshnjowa, Olga Alexandrowna): Роль прибалтийских учёных в развитии физики в России в первой половине XIX в. (Die Rolle der baltischen Gelehrten in der Entwicklung der Physik in Rußland in der ersten Hälfte des 19. Jahrhunderts). Материалы у конф. по истории науки в Прибалтике 9-10, Тарту (1964).

[526] Lincoln, W. Bruce: Nikolaus I. von Rußland 1796-1855. München (1981).

[527] Lind, Gunter: Physik im Lehrbuch 1700-1850. Zur Geschichte der Physik und ihrer Didaktik in Deutschland. Berlin, Heidelberg (1992).

[528] Lindner, Helmut: Elektromagnetismus als Triebkraft im zweiten Drittel des 19. Jahrhunderts. Berlin (1986).

[529] Lindner, Helmut: Strom. Erzeugung, Verteilung und Anwendung der Elektrizität. Reinbek (1985).

[530] Liszkowski, Uwe: Rußland und die Revolution von 1848/49. Prinzipien und Interessen. In: Jaworski, Rudolf; Luft, Robert (Hrsg.): 1848/49 - Revolutionen in Ostmitteleuropa. S. 343-369, München (1996).

[531] Личные архивные фонды в государственных хранилищах СССР (Persönliche Archivbestände in staatlichen Verwahrungseinrichtungen der UdSSR). Указатель, Том I А-М (1962), Том II Н-Я (1963), Том III, Москва (1980).

[532] Ломоносов, Михаил Васильевич (Lomonossow, Michail Wassiljewitsch): Избранные философские сочинения (Ausgewählte philosophische Schriften). (1950).

[533] Loosme, Ingrid; Rand, Mare: Georg Friedrich Parroti ja Karl Morgensterni kirjavahetus 1802-1803. Briefwechsel zwischen Georg Friedrich Parrot und Karl Morgenstern 1802-1803. Publicationes Bibliothecae Universitatis Litterarum Tartuensis, VI, Tartu (1992).

[534] Льоцци, М. (Lozzi, M.): История физики (Die Geschichte der Physik). Москва (1970).

[535] Лумисте, Ю. Г. (Lumiste, Ju. G.): К истории физико-математических наук в Тартуском университете в середине XIX века (Zur Geschichte der physikalisch-mathematischen Wissenschaften in der Tartuer Universität in der Mitte des 19. Jahrhunderts). В: Из Истории естествознания и техники Прибалтики, Том I (VII), с. 19-24, Рига (1968).

[536] Луппов, С. П. (Luppow, S. P.): История Библиотеки Академии Наук СССР 1714-1964 (Die Geschichte der Bibliothek der Akademie der Wissenschaften der UdSSR 1714-1964). Москва, Ленинград (1964).

[537] Maier, Lothar: Deutsche Gelehrte an der St. Petersburger Akademie der Wissenschaften im 18. Jahrhundert. In: Kaiser, Friedhelm Berthold; Stasiewski, Bernhard (Hrsg.): Deutscher Einfluß auf Bildung und Wissenschaft im östlichen Europa. Studien zum Deutschtum im Osten, Heft 18, S. 27-51, Köln 1984.

[538] Мартинсон, Э. Э. (Martinson, E. E.): История основания Тартуского университета (Die Geschichte der Gründung der Tartuer Universität). Ленинград (1954).

[539] Мартинсон, Карл (Martinson, Karl): О членах Петербургской, Российской академии наук и Академии наук СССР, связанных с Эстонией (Über die mit Estland verbundenen Mitglieder der Petersburger, Russischen Akademie der Wissenschaften und der Akademie der Wissenschaften der UdSSR). В книге: Мюрсепп, Пеэтер Виллемович (сост.): Петербургская Академия наук и Эстония. с. 192-222, Таллин (1978).

[540] Mason, Stephen F.: Geschichte der Naturwissenschaft. Stuttgart (1974).

[541] Mazour, Anatole G.: The First Russian Revolution 1825. The Decembrist Movement, its Origins, Development and Significance. Berkeley (1937).

[542] McClelland, James C.: Autocrats and Academics. Education, Culture, and Society in Tsarist Russia. Chicago, London (1979).

[543] McConnell, Allen: Alexander I's Hundred Days: The Politics of a Paternalist Reformer. Slavic Review, Vol. 28, Nr. 3, S. 373-393, Washington (1969).

[544] McConnell, Allen: Tsar Alexander I. Paternalistic Reformer. New York (1970).

[545] Mehrle, Uwe; Sibum, Heinz Otto: Die Grundbegriffe der Elektrizitätslehre - Entstehung und Entwicklung im 18. und 19. Jahrhundert. Staatsexamensarbeit an der Universität Oldenburg, Oldenburg

[546] Meissner, Boris; Eisfeld, Alfred (Hrsg.): Der Beitrag der Deutschbalten und der städtischen Rußlanddeutschen zur Modernisierung und Europäisierung des Russischen Reiches. Der Göttinger Arbeitskreis, Veröffentlichungen 452, Köln (1996).

[547] Meya, Jörg: Elektrodynamik im 19. Jahrhundert - Rekonstruktion ihrer Entwicklung als Konzept einer redlichen Vermittlung. Wiesbaden (1990).

[548] Meya, Jörg; Sibum, Heinz Otto: Das fünfte Element. Wirkungen und Deutungen der Elektrizität. Reinbek (1987).

[549] Meyer, Klaus: Die Entstehung der „Universitätsfrage" in Rußland. Zum Verhältnis von Universität, Staat und Gesellschaft zu Beginn des neunzehnten Jahrhunderts. FOG, Bd. 25, S. 229-238, Berlin (1978).

[550] Meyer, Klaus: L'histoire de la question universitaire au XIXe siècle. Cahiers du Monde russe et soviétique, Vol. XIX (3), juil.-sept., pp. 301-302, Paris (1978).

[551] Mie, Gustav: Handbuch der Experimantalphysik. Bd. XI, Erster Teil: Elektrodynamik, Leipzig (1932).

[552] Мюрсепп, Пеэтер Виллемович (сост.) (Müürsepp, Peeter Willemowitsch (Hrsg.)): Петербургская Академия наук и Эстония (Die Petersburger Akademie der Wissenschaften und Estland). Таллин (1978).

[553] Модзалевский, Л. Б. (Modsalewski, L. B.): Архив акад. Б. С. Якоби (Das Archiv des Akademiemitgliedes B. S. Jacobi). (Обзор архивных материалов). Труды института истории науки и техники, Сер. 1, вып. 4, с. 385-395, Ленинград (1934).

[554] Museo di Storia della Scienza. Catalogo a cura di Mara Miniati. Instituto e Museo di Storia della Scienza. Firenze (1991).

[555] Narkiewicz, Olga A.: Alexander I and the Senate Reform. The Slavonic and East European Review, Vol. 47, p. 115-136, London (1969).

[556] Нарочницкий, А. Л. (отв. ред.) (Narotschnizki, A. L. (Hrsg.)): Внешняя политика России XIX и начала XX века. Документы российского министерства иностранных дел (Die Außenpolitik Rußlands im 19. und am Beginn des 20. Jahrhunderts. Dokumente des russischen Außenministeriums). Серия первая 1801-1815гг., Т. 1: март 1801г. - апрель 1804г. (1960); Т. 2: апрель 1804г. - декабрь 1805г. (1961); Т. 3: Январь 1806г. - июль 1807г. (1963); Т. 4: Июль 1807г. - март 1809г. (1965); Т. 5: Апрель 1809г. - январь 1811г. (1967); Т. 6: 1811-1812гг. (1962); Т. 7: Январь 1813г. - май 1814г. (1970); Т. 8: Май 1814г. - ноябрь 1815г., Москва (1972).

[557] Нефёдов, Евгений Иванович (Nefjodow, Jewgeni Iwanowitsch): Радиоэлектроника наших дней (Radioelektronik unserer Tage). Москва (1986).

[558] Nifontow, A. S.: Rußland im Jahre 1848. Berlin (1954).

[559] Николаев, Д. С. (Nikolajew, D. S.): Выдающийся русский электротехник Эмилий Христианович Ленц (1804-1865) (Der hervorragende russische Elektrotechniker Emili Christianowitsch Lenz (1804-1865)). Рекомендательный список литературы. Москва (1954).

[560] Новлянская, Мария Григорьевна (Nowljanskaja, Marija Grigorjewna): Борис Семёнович Якоби: Библиогр. указ. (Boris Semjonowitsch Jacobi: Bibliogr. Verzeichnis). Москва, Ленинград (1953).

[561] Oberländer, Erwin: Rußland von Paul I. bis zum Krimkrieg 1796-1855. In: Schieder, Theodor (Hrsg.): Handbuch der europäischen Geschichte, Bd. 5: Bussmann, Walter (Hrsg.): Europa von der Französischen Revolution zu den nationalstaatlichen Bewegungen des 19. Jahrhunderts. S. 616-676, Stuttgart (1981).

[562] Oissar, E.: Über G. F. Parrots Weltanschauung und seine pädagogischen Ansichten (Zusammenfassung). In: Kudu, K.: G. F. Parroti 200-ndale süüni-aastapäevale pühendatud teadusliku konverentsi materjale. S. 159f., Tartu (1967).

[563] Осипов, Валерий Иванович (Ossipow, Waleri Iwanowitsch): Петербургская Академия наук и русско-немецкие научные связи в последней трети XVIII века (Die Petersburger Akademie der Wissenschaften und die russisch-deutschen wissenschaftlichen Verbindungen im letzten Drittel des 18. Jahrhunderts). Санкт-Петербург (1995).

[564] Островитянов, Константин Васильевич (Ostrowitjanow, Konstantin Wassiljewitsch): История Академии наук СССР в трёх томах (Die Geschichte der Akademie der Wissenschaften der UdSSR in drei Bänden). Том второй (1803-1917), выпуск первый, часть I Академии наук с 1803 г. по 1830-ые годы, Москва, Ленинград (1961).

[565] Островитянов, Константин Васильевич (Ostrowitjanow, Konstantin Wassiljewitsch): История Академии наук СССР в трёх томах (Die Geschichte der Akademie der Wissenschaften der UdSSR in drei Bänden). Том второй (1803-1917), выпуск третий, часть IV Академии наук с 1890-ых годов по 1917 г., Москва, Ленинград (1961).

[566] Островитянов, Константин Васильевич (Ostrowitjanow, Konstantin Wassiljewitsch): История Академии наук СССР в трёх томах (Die Geschichte der Akademie der Wissenschaften der UdSSR in drei Bänden). Том первый (1724-1803), Москва, Ленинград (1958).

[567] Островитянов, Константин Васильевич (Ostrowitjanow, Konstantin Wassiljewitsch): История Академии наук СССР в трёх томах (Die Geschichte der Akademie der Wissenschaften der UdSSR in drei Bänden). Том второй (1803-1907), Москва, Ленинград (1964).

[568] Palm, U.: Electrochemical Investigations of G. F. Parrot (Summary). In: Kudu, K.: G. F. Parroti 200-ndale süüni-aastapäevale pühendatud teadusliku konverentsi materjale. S. 106, Tartu (1967).

[569] Palmer, Alan: Alexander I. Gegenspieler Napoleons. Esslingen (1982).

[570] Pantenius, Heinrich: Das völkische Empfinden der St. Petersburger Deutschen. In: Pantenius, Heinrich; Grosberg, Oskar (Hrsg.): Deutsches Leben im alten St. Petersburg. S. 11-20, Riga (1930).

Neuere Veröffentlichungen (nach 1917) 317

[571] Pantenius, Heinrich; Grosberg, Oskar (Hrsg.): Deutsches Leben im alten St. Petersburg. Riga (1930).

[572] Павлов, Г. Е. (Pawlow, G. Je.): Особенности организации науки в первой половине XIX в. (Besonderheiten der Organisation der Wissenschaft in der ersten Hälfte des 19. Jahrhunderts). В книге: Лебин, Б. Д. (ред.): Очерки истории организации науки в Ленинграде 1703-1977. с. 36-65, Ленинград (1980).

[573] Peegel, Andrus: Museum Historicum Universitatis Tartuensis. Tartu (1994).

[574] Pestalozzi, Johann Heinrich: Die Abendstunde eines Einsiedlers. Zürich (1927).

[575] Piel, C. (Hrsg.): Das Grundgesetz des elektrischen Stromes. Drei Abhandlungen von Georg Simon Ohm (1825 und 1826) und Gustav Theodor Fechner (1829). Ostwald's Klassiker der exakten Wissenschaften, Nr. 244, Leipzig (1938).

[576] Pintner, Walter M.: Russian Economic Policy under Nicholas I. Ithaka (1967).

[577] Poggendorf, Johann Christian: Biographisch-Literarisches Handwörterbuch zur Geschichte der exacten Wissenschaften. Amsterdam (1970).

[578] Прюллер, П. К. (Prüller, P. K.): Физики Тартуского университета и Петербургская академия наук (Physiker der Tartuer Universität und die Petersburger Akademie der Wissenschaften). В книге: Мюрсепп, Пеэтер Виллемович (сост.): Петербургская Академия наук и Эстония. с. 31-74, Таллин (1978).

[579] Prüller, P. K.: G. F. Parrot - Physicist and First Head of the Chair of Physics of Tartu University (Summary). In: Kudu, K.: G. F. Parroti 200-ndale sünni-aastapäevale pühendatud teadusliku konverentsi materjale. S. 92, Tartu (1967).

[580] Prüller, P. K.: The Town of Tartu in the Early Nineteenth Century (Summary). In: Kudu, K.: G. F. Parroti 200-ndale sünni-aastapäevale pühendatud teadusliku konverentsi materjale. S. 257f., Tartu (1967).

[581] Радовский, Моисей Израилевич (Radowski, Moissej Izrailewitsch): Борис Семёнович Якоби (Boris Semjonowitsch Jacobi). Москва, Ленинград (1949).

[582] Радовский, Моисей Израилевич (Radowski, Moissej Izrailewitsch): Борис Семёнович Якоби (Boris Semjonowitsch Jacobi). Биогр. очерк., Москва, Ленинград (1953).

[583] Радовский, Моисей Израилевич (Radowski, Moissej Izrailewitsch): Б. С. Якоби в своей научной и практической деятельности (B. S. Jacobi in seiner wissenschaftlichen und praktischen Tätigkeit). Успехи физ. наук., Т. 35, с. 582-588 (1948).

[584] Радовский, Моисей Израилевич (Radowski, Moissej Izrailewitsch): Пионер технической физики в России (Pionier der technischen Physik in Rußland). Журнал технической физики, Т. 21, вып. 10 (1951).

[585] Raeff, Marc: Michael Speransky. Statesman of Imperial Russia 1772-1839. The Hague (1957).

[586] Raeff, Marc: The Decembrist Movement. Englewood Cliffs N. J., Prentice-Hall (1966).

[587] Raid, Niina: Main Building of Tartu University. Tartu (1993).

[588] Ramsauer, Carl: Grundversuche der Physik in historischer Darstellung. Erster Band: Von den Fallgesetzen bis zu den elektrischen Wellen. Berlin, Göttingen, Heidelberg (1953).

[589] Ramspott, U.: Johann Bernoullis „Reisen durch Brandenburg, Pommern, Preußen, Curland, Rußland und Pohlen, in den Jahren 1777 und 1778". Ein Beitrag zur Erforschung der deutsch-russischen kulturellen Beziehungen im 18. Jahrhundert. In: Studien zur Geschichte der russischen Literatur des 18. Jh., IV, S. 439-453, Berlin (1970).

[590] Riasanovsky, Nicholas Valentine: A History of Russia. New York, Oxford (1993).

[591] Riasanovsky, Nicholas Valentine: Nicholas I and Official Nationality in Russia, 1825-1855. Berkeley, Los Angeles (1959).

[592] Riasanovsky, Nicholas Valentine: Rußland und der Westen. Die Lehre der Slawophilen. München (1954).

[593] Rietdorf, Werner: Kaukasusreise. Westkaukasus, Swanetien, Elbrusregion. Leipzig (1990).

[594] Roach, Elmo E.: The Origins of Alexander I's Unofficial Committee. RR, Vol. 28, No. 3, p. 315-326, Stanford (1969).

[595] Рождественский, С. В. (ред.) (Roshdestwenski, S. W. (Red.)): С.-Петербургский университет в первое столетие его деятельности. 1819-1919 (Die St. Petersburger Universität in den ersten hundert Jahren ihrer Tätigkeit. 1819-1919). Материалы по истории С.-Петербургского университета. Том I: 1819-1835. Петроград (1919).

[596] Rothe, Hans (Hrsg.): Deutsche im Nordosten Europas. Studien zum Deutschtum im Osten, Heft 22, Köln (1991).

[597] Рототаев, Павел Сергеевич (Rototajew, Pawel Sergejewitsch): К вершинам. Хроника советского альпинизма (Zu den Gipfeln. Chronik des sowjetischen Alpinismus). Москва (1977).

[598] Ржонсницкий, Борис Николаевич (Rshonsnizki, Boris Nikolajewitsch): Академик Э. Х. Ленц и физическая география (Akademiemitglied E. Ch. Lenz und die Physikalische Geographie). Известия Акад. наук СССР, Серия географ., No 2, Москва (1954).

[599] Ржонсницкий, Борис Николаевич (Rshonsnizki, Boris Nikolajewitsch); Розен, Борис Яковлевич (Rosen, Boris Jakowlewitsch): Э. Х. Ленц. Замечательные географы и путешественники (Hervorragende Geographen und Forschungsreisende). Москва (1987).

[600] Рудометов, И. И. (Rudometow, I. I.): Русские электротехники (Russische Elektrotechniker). Краткие очерки жизни и деятельности. Москва, Ленинград (1947).

[601] Samburskij, S. (Hrsg.): Der Weg der Physik. 2500 Jahre physikalischen Denkens. München (1978).

[602] Западный Кавказ (Westkaukasus). Теберда-Домбай. Западное Приэльбрусье. Туристская карта. Комитет Геодезии и Картографии СССР, Москва (1991).

[603] Шателен, М. А. (Schatelen, M. A.): Работы Б. С. Якоби в области электрических измерений (Die Arbeiten B. S. Jacobis auf dem Gebiet der elektrischen Messungen). Электричество, No 9 (1950).

[604] Seesemann, Heinrich: Die Baltischen Hochschulen. JBD 1981, Bd. 28, S. 49-62, Lüneburg (1980).

[605] Semel, Hugo: Die Universität Dorpat (1802-1918). Skizzen zu ihrer Geschichte von Lehrern und ehemaligen Schülern. Dorpat (1918).

[606] Shamos, Morris H.: Great Experiments in Physics. Firsthand accounts from Galileo to Einstein. Dover (1987 Reprint), New York (1959).

[607] Sibum, Heinz Otto: Physik aus ihrer Geschichte verstehen: Die historische Rekonstruktion vor-wissenschaftlicher Erfahrungen mit Elektrizität und ihre Bedeutung im Vermittlungsprozeß. Wiesbaden (1990).

[608] Siemens, Werner von: Lebenserinnerungen. Berlin (1938).

[609] Siilivask, Karl: History of Tartu University 1632-1982. Tallinn (1985).

[610] Сийливаск, Карл (Siilivask, Karl): История Тартуского университета 1632-1982 (Die Geschichte der Universität Tartu 1632-1982). Таллин (1982).

[611] Siilivask, Karl: Über die Rolle der Universität Tartu bei der Entwicklung der inländischen und internationalen Wissenschaft. In: Pistohlkors, Gert von; Raun, Toivo U.; Kaegbein, Paul (Hrsg.): Die Universitäten Dorpat/Tartu, Riga und Wilna/Vilnius 1579-1979. Quellen und Studien zur baltischen Geschichte, Bd. 9, S. 105-122, Köln, Wien (1987).

[612] Сивков, К. (Siwkow, K.): Кавказская экспедиция Академии Наук в 1829 г. (Die Kaukasusexpedition der Akademie der Wissenschaften im Jahre 1829). Вестник Академии Наук СССР, No 7-8, с. 61-66, Москва, Ленинград (1935).

[613] Скрябин, Г. К. (Skrjabin, G. K.): Академия наук СССР (Die Akademie der Wissenschaften der UdSSR). 250 лет 1724-1974. Персональный состав, книга 1, 1724-1917, Москва (1974).

[614] Starr, S. Frederick: Decentralization and Self-Government in Russia, 1830-1870. Princeton (1972).

[615] Stieda, Wilhelm (Hrsg.): Alt-Dorpat. Briefe aus den ersten Jahrzehnten der Hochschule. Abhandlungen der philologisch-historischen Klasse der Sächsischen Akademie der Wissenschaften, Bd. 38, No. II, Leipzig (1926).

[616] Stieda, Wilhelm: Die Übersiedlung Leonhard Eulers von Berlin nach St. Petersburg. In: Berichte über die Verhandlungen der Sächsischen Akademie der Wissenschaften zu Leipzig, Philologische-historische Klasse, Bd. 83, Heft 3, Leipzig (1931).

[617] Stieda, Wilhelm: Zur Geschichte der Universität Dorpat. Sitzungsberichte der Gelehrten Estnischen Gesellschaft, S. 75-104 (1924).

[618] Stökl, Günther: Russische Geschichte. Von den Anfängen bis zur Gegenwart. Stuttgart (1973).

[619] Страдынь, Ян Павлович (Stradyn, Jan Pawlowitsch): Академик Г. Ф. Паррот и его деятельность в Риге (Das Akademiemitglied Parrot und seine Tätigkeit in Riga). В: Из Истории естествознания и техники Прибалтики, Том I (VII), с. 105-124, Рига (1968).

[620] Stradiņš, Jānis P.: G. F. Parrots Tätigkeit in Riga (Zusammenfassung). In: Kudu, K.: G. F. Parroti 200-ndale süüni-aastapäevale pühendatud teadusliku konverentsi materjale. S. 46f., Tartu (1967).

[621] Страдынь, Ян Павлович (Stradyn, Jan Pawlowitsch): Конференция, посвященная 200-летию со дня рождения Г. Ф. Паррота (Die dem 200. Geburtstage G. F. Parrots gewidmete Konferenz). В: Из Истории естествознания и техники Прибалтики, Том I (VII), с. 273-274, Рига (1968).

[622] Süss, Wilhelm: Karl Morgenstern (1770-1852). Ein kulturhistorischer Versuch. Dorpat (1928).

[623] Sydenham, Peter H.: Measuring instruments: tools of knowledge and control. Stevenage (UK) (1979).

[624] Tamul, Villu: Das Professoreninstitut und der Anteil der Universität Dorpat/Tartu an den russisch-deutschen Wissenschaftskontakten im ersten Drittel des 19. Jahrhunderts. ZfO, Jg. 41, S. 525-542 (1992).

[625] Teichmann, Jürgen: Elektrizität. München (1990).

[626] Teichmann, Jürgen: Vom Bernstein zum Elektron. Eine Kurzgeschichte der Elektrizität. München (1983).

[627] Teichmann, Jürgen: Wandel des Weltbildes. Reinbek (1985).

[628] Teichmann, Jürgen: Zur Entwicklung von Grundbegriffen der Elektrizitätslehre, insbesondere des elektrischen Stromes bis 1820. Hildesheim (1974).

[629] Thomas, Ludmila; Wulff, Dietmar (Hrsg.): Deutsch-russische Beziehungen. Ihre welthistorische Dimension vom 18. Jahrhundert bis 1917. Berlin (1992).

[630] Толстов, К. (Tolstow, K.): Восхождение на Эльбрус (Aufstieg auf den Elbrus). Огонёк, No 3, Январь 1950, с. 29-30, Москва (1950).

[631] Traat, A.: G. F. Parrot und die livländische Bauernfrage (Zusammenfassung). In: Kudu, K.: G. F. Parroti 200-ndale sünni-aastapäevale pühendatud teadusliku konverentsi materjale. S. 179, Tartu (1967).

[632] Vaga, V.: Zur nationalen Abstammung von G. F. Parrot (Zusammenfassung). In: Kudu, K.: G. F. Parroti 200-ndale sünni-aastapäevale pühendatud teadusliku konverentsi materjale. S. 206-209, Tartu (1967).

[633] Vucinich, Alexander: Empire of Knowledge. Berkeley, Los Angeles, London (1984).

[634] Валк, Сигизмунд Натанович (Walk, Sigismund Natanowitsch): Материалы по истории Ленинградского университета 1819-1917 (Materialien zur Geschichte der Leningrader Universität 1819-1917). Обзор архивных документов. Ленинград (1961).

[635] Вавилов, Сергей Иванович (ред.) (Wawilow, Sergej Iwanowitsch (Red.)): Академик В. В. Петров. 1761-1834 (Akademiemitglied W. W. Petrow. 1761-1834). К истории физики и химии в России в начале XIX в. Ленинград (1940).

[636] Вавилов, Сергей Иванович (Wawilow, Sergej Iwanowitsch): Физический институт им. П. Н. Лебедева (Das Physikalische Institut mit Namen P. N. Lebedew). Труды физического института, Т. 1, Вып. 2, Москва, Ленинград (1937), auch: Вестник Академии Наук СССР, No 10/11, с. 37-46, Москва, Ленинград (1937).

[637] Вавилов, Сергей Иванович (Wawilow, Sergej Iwanowitsch): Физический кабинет, физическая лаборатория, физический институт АН СССР за 220 лет. 1725-1945 (Das Physikalische Kabinett, Physikalische Laboratorium, Physikalische Institut der AdW der UdSSR in 220 Jahren. 1725-1945). Москва, Ленинград (1945).

[638] Вавилов, Сергей Иванович (Wawilow, Sergej Iwanowitsch): Краткий очерк истории физического кабинета, физической лаборатории, физического института Академии Наук СССР (Kurzer Abriß der Geschichte des Physikalischen Kabinettes, Physikalischen Laboratoriums, Physikalischen Institutes der Akademie der Wissenschaften der UdSSR). Речь на торжественном заседании физического института им. П. Н. Лебедева 12 июня 1945 г. В книге: Физический институт им. П. Н. Лебедева. Труды физического института, Т. 3, Вып. I, с. 3-24, Москва (1945).

[639] Вавилов, Сергей Иванович (Wawilow, Sergej Iwanowitsch): Вопросы истории отечественной науки (Geschichtsfragen der vaterländischen Wissenschaft). Общее собрание Академии наук СССР посвященное истории отечественной науки 5-11 января 1949г. Москва (1949).

[640] Whittaker, Cynthia H.: The Ideology of Sergei Uvarov: An Interpretive Essay. RR, Vol. 37, S. 158-176, Stanford (1978).

[641] Whittaker, Cynthia H.: The Impact of the Oriental Renaissance in Russia: The Case of Sergej Uvarov. JGO, Bd. 26, S. 503-524 München (1978).

[642] Wilke, H.-W. (Hrsg.): Historische physikalische Versuche. Köln (1987).

[643] Willer, Jörg: Physik und menschliche Bildung. Darmstadt (1990).

[644] Winter, Eduard: Deutsch-slavische Wechselseitigkeit, besonders in der Geschichte der Wissenschaft. Und: Deutsch-russische Wissenschaftsbeziehungen im 18. Jahrhundert. Sitzungsberichte der Akademie der Wissenschaften der DDR, Gesellschaftswissenschaften, Nr. 4G, Berlin (1981).

[645] Виргинский, В. С. (Wirginski, W. S.): Творцы новой техники в крепостной России (Schöpfer neuer Technik im Rußland der Leibeigenschaft). Очерки жизни и деятельности выдающихся русских изобретателей XVIII - пер. пол. XIX века. Москва (1957).

[646] Виргинский, В. С. (Wirginski, W. S.): Возникновение железных дорог в России до начала 40-х годов XIX в. (Entstehung der Eisenbahnen in Rußland bis zum Beginn der 40er Jahre des 19. Jahrhunderts). Москва (1949).

[647] Wittram, Reinhard: Die Universität Dorpat im 19. Jahrhundert. ZfO, Jg. 1, S. 195-219 (1952); auch in: Brandt, Leo (Hrsg.): Deutsche Universitäten und Hochschulen im Osten. Wissenschaftliche Abhandlungen der Arbeitsgemeinschaft für Forschung des Landes Nordrhein-Westfalen, Band 30, S. 59-86, Köln, Opladen (1964).

[648] Zawadzki, W. H.: A man of honour: Adam Czartoryski as a statesman of Russia and Poland, 1795-1831. Oxford (1993).

[649] Центральный Кавказ (Zentralkaukasus). Верхняя Балкария. Безенги. Приэльбрусье. Туристская карта. Комитет Геодезии и Картографии СССР, Москва (1991).

[650] Zernack, Klaus: Im Sog der Ostseemetropole. Petersburg und seine Ausländer. In: Zernack, Klaus: Nordosteuropa. S. 277-287, Lüneburg (1993).

[651] Zernack, Klaus: Zu den orts- und regionalgeschichtlichen Voraussetzungen der Anfänge Petersburgs. FOG, Bd. 25, S. 389-402, Berlin (1978).

[652] Zimbajew, Nikolaj I.: Zur Entwicklung des russischen Nationalbewußtseins vom Aufstand der Dekabristen bis zur Bauernbefreiung. In: Kappeler, Andreas (Hrsg.): Die Russen. Ihr Nationalbewußtsein in Geschichte und Gegenwart. S. 37-54, Köln (1990).

6.5 Tabellenverzeichnis

2.1	Die Ergebnisse der Volkszählung von 1897	22
2.2	Deutsche in Rußland (1795-1858)	23
2.3	Stadt St. Petersburg (1849)	34
2.4	St. Petersburger Gouvernement (1849)	34
3.1	Akademiemitglieder in den Jahren 1725-1799	65
3.2	Neuaufnahmen von 1802 bis Mitte Oktober 1841	65
3.3	Inhaber der ordentlichen Akademiestelle(n) für Physik	67
3.4	Lebensstationen deutschsprachiger Physiker (Auswahl)	68
3.5	Lebensstationen von Jacobi, Lenz und Parrot	69
3.6	Dozenten der Dorpater Universität die von 1800 bis zum 4.(16.)2.1889 aufgenommen wurden	76
3.7	Akademiemitglieder von der Dorpater Universität	77
3.8	Lehrkräfte der Petersburger Universität	79
3.9	Anzahl der Lernenden an der Universität St. Petersburg	80
3.10	Parrots Auflistung der im Physikalischen Kabinett befindlichen Geräte aus dem Jahre 1828 (Auszug)	87
3.11	Geräte des Physikalischen Kabinettes	88
3.12	Geräte des Physikalischen Kabinettes	90
3.13	Im Physikalischen Kabinett befindliche Geräte	92
4.1	Physikgerätebestand der Dorpater Universität	109
4.2	Expeditionskosten	153
4.3	Erstbesteigungen	159
4.4	Vergleich der Repliken des Jacobi-Motors	174
4.5	Briefe von Lenz an Jacobi	186
4.6	Jacobis und Lenz' Versuche über die Gesetze der Elektromagnete (Erste Abteilung)	214
4.7	Jacobis und Lenz' Versuche über die Gesetze der Elektromagnete (Zweite und dritte Abteilung)	216
4.8	Jacobis und Lenz' Versuche über die Gesetze der Elektromagnete (Anhang)	217
4.9	Fehler der Messungen von Moritz Jacobi und Emil Lenz	219

6.6 Abbildungsverzeichnis

3.1 Das Hauptgebäude der Akademie der Wissenschaften. 85
3.2 Die Räume des Physikalischen Kabinettes. 85
4.1 Die von Lenz und Kupffer erreichten Höhen am Elbrus. 154
4.2 Schematische Darstellung des Jacobi-Motors von 1834 174
4.3 Die von Lenz und Jacobi erlangten Ordensstufen. 190
4.4 Lenz' Versuchsanordnung aus dem Jahre 1832 mit einem Hufeisenmagnet . 203
4.5 Lenz' Versuchsanordnung zur Messung der Wirkung verschiedener Windungsweiten (1832) 203
4.6 Lenz' Multiplikator aus dem Jahre 1832 (schematisch) 205
4.7 Versuchsanordnung aus dem Jahre 1838. 208
4.8 Die Becquerelsche Waage. 210
4.9 Jacobis Volt'agometer. 218
4.10 Jacobis und Lenz' Versuchsanordnung aus dem Jahre 1839 221
4.11 Die Hysteresiskurve mit Neukurve. 224
4.12 Die gemessenen Werte. 225
4.13 Die berechneten Werte. 225
4.14 Die gemessenen Werte als Sinusse. 226
4.15 Die berechneten Werte als Sinusse. 226
4.16 Die korrigierten „gemessenen" Werte als Sinusse. 227
4.17 Die korrigierten berechneten Werte als Sinusse. 227
4.18 Die korrigierten „gemessenen" Werte. 228
4.19 Die korrigierten berechneten Werte. 228
4.20 Die Waagenvermessung. 233
4.21 Die Waagenvermessung mit verbesserter Berechnung. 233
4.22 Das „Grundversuchepaar" zur Lenzschen Regel. 239
4.23 Ein weiteres Versuchspaar zur Lenzschen Regel. 240

6.7 Abkürzungsverzeichnis

AAH	Архив Академии наук (Archiv der Akademie der Wissenschaften)
AE	Archives de l'Electricité
AKGG	Abhandlungen der Königl. Gesellschaft der Wissenschaften zu Göttingen
APC	Annalen der Physik und Chemie
АВМФ	Российский государственный архив военно-морского флота (Russisches Staatsarchiv der Kriegsmarine)
AZ	Allgemeine Zeitung
BLA	Bulletin de l'Académie des Sciences
BM	Baltische Monatsschrift
BPMA	Bulletin de la classe physico-mathématique de l'Académie
BSA	Bulletin scientifique publié par l'Académie des Sciences
BU	Bibliothèque universelle de Genève
CR	Comptes Rendus
DRNL	Deutsche Revue über das gesamte nationale Leben der Gegenwart
EEA	Eesti Ajalooarhiiv
EJPC	(Erdmanns) Journal für praktische Chemie
FOG	Forschungen zur osteuropäischen Geschichte
GA	(Gilberts) Annalen der Physik
ИА	Российский государственный исторический архив (Russisches staatliches historisches Archiv)
JBD	Jahrbuch des baltischen Deutschtums
JCP	Jahrbuch/Journal für Chemie und Physik
JGO	Jahrbücher für Geschichte Osteuropas
LIDJ	Litterarisches Intelligenzblatt der Dorpater Jahrbücher
LVVA	Latvijas Valsts Vēstures Arhīvs
MA	Mémoires de l'Académie Impériale des Sciences
PJ	Polytechnisches Journal
ПТЖ	Почтово-телеграфный журналъ (Post- und Telegrafenjournal)
RR	The Russian Review
ЖМНП	Журналъ Министерства народнаго просвѣщенія (Journal des Volksaufklärungsministeriums)
ЖРФХО	Журналъ Русскаго физико-химическаго общества (Journal der Russischen physikalish-chemischen Gesellschaft)
ЗИАН	Записки Императорской Академіи наукъ (Schriften der Kaiserlichen Akademie der Wissenschaften)
SME	(Taylors) Scientific Memoirs
ЗРТО	Записки Русскаго техническаго общества (Schriften der Russischen technischen Gesellschaft)
VM	(Voigts) Magazin für das Neueste aus der Physik und Naturgeschichte
ВИА	Российский государственный военно-исторический архив (Russisches staatliches militärhistorisches Archiv)
ВУА	Военно-учёный архив (Militärwissenschaftliches Archiv)
ZfO	Zeitschrift für Ostforschung

6.8 Orts- und Personenregister

Vorbemerkungen

Es sind alle Orte und Personen des Werkes aufgeführt, wobei Anmerkungen, Inhaltsverzeichnis, Vorwort, Anhang, Autorennamen und bibliographische Angaben im Text nicht berücksichtigt werden.

Aepinus, Franz Ulrich Theodor (1724-1802), Physiker 54f., 67, 83, 109, 114
Alaska (Russisch-Amerika) 136
Alexander I. (1777-1825), Zar passim
Alexander II. (1818-1881), Zar 132
Alexandra Fjodorowna (1798-1860), Zariza 25
Alexandra Nikolajewna, Fürstin 139
Altona 36
Alt-Ottenhof 98
Amerika 206
Ampère, André Marie (1775-1836), Physiker 58, 87, 199, 201f., 239f.
Anna Iwanowna (1693-1740), Zarin 24
Antinori, Physiker 201f.
Apel, Gerätebauer 87
Arago, Dominique François Jean (1786-1853), Physiker 199
Ararat 97, 152
Asowsches Meer 44
Augsburg 178f.
Austerlitz 251
Baer, Karl Ernst von (1792-1876), Physiologe 65, 187, 194
Baku 138, 143, 159f.
Balmat, Jacques (1762-1834), Bergsteiger 153
Barlow, Peter (1776-1862), Physiker 12, 172, 240
Basel 18, 60
Bayer, Gottlieb Siegfried (1694-1738), Altertumsforscher 60
Bayreuth 97
Becquerel, Antoine César (1788-1878), Physiker 57, 183, 201, 209, 211f.
Beima, E. M., Gelehrter 222
Belfort 18

Benckendorff, Alexander von (1781-1844), General 25, 129, 133, 188
Berlin 25, 60, 68, 112f., 140, 165, 169, 189, 192, 200
Bermamyt 149
Bernardazzi, Architekt 147, 149-151
Bernoulli, Daniel (1700-1782), Physiker 18, 57, 60, 68
Besse, Jean-Charles de, Abenteurer 147, 149, 151
Bessel, Friedrich Wilhelm (1784-1846), Astronom 222
Biron, Ernst Johann von (1690-1772), Herzog von Kurland 24
Bismarck, Otto von (1815-1898), Staatsmann 15
Bludow, Dmitri Nikolajewitsch (1785-1864), Staatssekretär 103, 113
Boigeol, Marie Marguerite 95
Bongard, Heinrich Gustav (1786-1839), Botaniker 65
Borodino 119
Borowkow, A. D., Staatsdiener 45
Brandt, Johann Friedrich (1802-1879), Zoologe 65
Bülfinger, Georg Bernhard (1693-1750), Physiker 60, 67f., 83
Buratschok, S. A., Kapitän 37
Caën 97
Cancrin, Georg von (1774-1845), Minister 36, 82
Cervantes Saavedra, Miguel de (1547-1616), Dichter 165
Charkow 42, 58, 65, 112f., 141, 169
Charlotte von Preußen → Alexandra Fjodorowna
Chaschirow, Killar, Bergsteiger 148-154
Chimborazo 159

Clarke, Physiker 57
Collins, Eduard Albert Christophor Ludwig (1791-1840), Mathematiker 65
Conradi 145f., 158
Conradi, Pastor 31
Coulomb, Charles Augustin (1736-1806), Physiker 54, 96
Cuvier, Georges von (1769-1832), Naturforscher 199
Czartoryski, Adam Jerzy (1770-1861), Minister 39f., 101, 118f., 125f., 251
Danzig 64f.
Davy, Sir Humphry (1778-1829), Chemiker 55
Debrau, Jean Henri (1827-1888), Chemietechnologe 169
Dent Blanche 152
Derpt ⟶ Dorpat
Detskoje-Selo ⟶ Zarskoje-Selo
Deutschland (Heiliges Römisches Reich deutscher Nation, Deutsches (Kaiser-)Reich) passim
Deutschordensgebiet 26
Deville, Saint-Claire Henri Etienne (1818-1881), Chemiker 169
Dorn, Johann Albrecht Bernhard (1805-1881), Philologe 65
Dorpat (russ. Дерпт(ъ), Jurjew (1030-1215, 1893-1918), Tartu (ab 1918)) passim
Doubs 18, 95
Dove, Heinrich Wilhelm (1803-1879), Physiker 193, 200
Dub, Physiker 245
Dufourspitze 159
Duvernoi, Johann Georg (1691-1759), Anatom 60, 64
Elbrus 13f., 17, 19, 68f., 138, 142-149, 151-159, 249
Elisabeth Alexejewna (1779-1826), Zariza 125f.
Emanuel, Georgij (1775-1837), General 142f., 149-153, 155, 158
Engelhardt, Otto Moritz von (1779-1842), Mineraloge 145
Engelmann, Jurist 76
England 48, 53, 118, 163, 169, 171, 182, 201
Erman, Adolf (1806-1877), Professor 87
Estland 21, 23, 26, 40, 61, 64f., 72, 76-78
Euler, Johann Albrecht (1734-1800), Physiker 67f.
Euler, Leonard (1707-1783), Physiker 18, 55, 57, 67f., 83, 105, 192
Europa 38, 44, 48, 52, 71, 73, 81, 105f., 129, 149, 152, 158, 164, 195, 199f., 206, 251, 254
Fahl, Caroline 104
Falconet, Etienne-Maurice (1716-1791), Bildhauer 255
Fall 188
Faraday, Michael (1791-1867), Physiker 12, 57, 183f., 199-202, 239f., 245
Fardelp, F., Physiker 178f.
Fechner, Gustav Theodor (1801-1887), Physiker 235-237, 244
Ferber, Johann Jacob (1748-1790), Mineraloge 64
Finnischer Meerbusen 82, 136, 181
Finnland 21f.
Fiquainville 97
Fleischer, Heinrich Leberecht (1801-1888), Akademieadjunkt 65
Flint, P. van der, Physiker 164
Fourier, Jean Baptiste Joseph de (1768-1830), Physiker 199
Fraehn, Christian Martin (1782-1851), Altertumsforscher 65
Franken 98
Frankfurt am Main 106, 139, 168
Frankfurt an der Oder 60
Franklin, Benjamin (1706-1790), Staatsmann 55
Frankreich 15, 48, 56, 95-97, 105, 111, 118, 169, 171, 177, 199, 201
Freshfield, Douglas W., Bergsteiger 152f., 159
Fritzsche, Karl Julius (1808-1871), Chemiker 65, 185
Fürth 178
Fuß, Paul Heinrich (1798-1855), Mathematiker 37, 65, 86, 110, 138, 167, 187f., 198

Orts- und Personenregister

Gadolin, Axel Wilhelmowitsch (1828-1892), Physiker 67
Galvani, Louigi (1737-1798), Physiologe 55
Gauß, Carl Friedrich (1777-1855), Mathematiker 199f., 235, 244
Gay-Lussac, Joseph Louis (1778-1850), Physiker 199
Giese, Ferdinand (1781-1821), Chemiker 135, 142
Gill 185
Girgensohn, Theodor (†1849), Mechaniker 88, 110
Glaser, Mathematiker 60
Glasgow 167, 175
Gmelin, Johann Georg (1709-1755), Chemiker 60
Goethe, Johann Wolfgang von (1749-1832), Dichter 165
Göttingen 36, 44, 112f., 165, 170
Gogol, Nikolaus Wassiljewitsch (1809-1852), Schriftsteller 46
Golizyn, Alexander Nikolajewitsch (1773-1844), Minister 43, 50
Golizyn, Boris Borissowitsch (1862-1916), Physiker 67
Golowkin, Gawril Iwanowitsch (1660-1734), Reichskanzler 254
Gorjatschewodsk 144-146
Gräfe, Christian Friedrich (1780-1851), Philologe 65
Grigorjew, Gerätebauer 89
Groningen 18
Groß, Christoph Friedrich (†1742), Philosoph 60
Großglockner 159
Großvenediger 159
Grove, William Robert (1811-1896), Physiker 57, 175
Guadeloupe 170
Gumatschi 155
Haarlem 169
Hachette 201
Hamel, Joseph (1788-1862), Chemiker 65
Hanau 36
Hausenberg, Amalie Helene von (1777-1850) 98, 104
Hawaii 136
Hegel, Georg Wilhelm Friedrich (1770-1831), Philosoph 166
Heine, Heinrich (1797-1856), Dichter 165
Heister, Anatom 60
Helmersen, Anna von 138f., 143
Helmholtz, Hermann Ludwig Ferdinand von (1821-1894), Physiker 242
Helsingfors (Helsinki) 69, 104, 139
Helsinki ⟶ Helsingfors
Henry, Joseph (1797-1878), Physiker 172, 206, 235, 244
Herder, Johann Gottfried von (1744-1803), Philosoph 27
d'Héricy, Schloßherr 97
Hermann, Jacob (1678-1733), Mathematiker 60, 65
Hess, Germain Henri (1802-1850), Chemiker 65, 188
Homer (8. Jh. v. Chr.), Dichter 165
Horner, Johann Kaspar (1774-1834), Astronom 65
Humboldt, Alexander von (1769-1859), Naturforscher 200, 222
Ionische Inseln 41
Ishora 175
Italien 201f.
Jacobi, Anna von ⟶ Kochanowskaja
Jacobi, Boris ⟶ Jacobi, Moritz
Jacobi, Carl Gustav Jacob (1804-1851), Mathematiker 82, 165, 200
Jacobi, Moritz Hermann von (1801-1874), Physiker passim
Jacobi, Rachel ⟶ Lehmann
Jacobi, Simon (1772-1832), Kaufmann 165
Java 136
Joule, James Prescott (1818-1889), Physiker 244
Jungfrau 159
Jurjew ⟶ Dorpat
Kabardino-Balkarische Republik 155
Kämtz, Ludwig Friedrich (1801-1867), Physiker 67f.
Kaidanow, W. I., Physiker 164
Kamennomostskaja 149
Kamtschatka 136

Kankrin → Cancrin
Kap der Guten Hoffnung 136
Kap Horn 136
Karlsruhe 97
Kasan 42, 58, 112f., 140
Kasbek 145, 158
Katharina II. (die Große) (1729-1796), Zarin 26, 43, 109
Kaukasus 17, 138, 142, 144, 157, 159, 242
Kilimandscharo 159
Kirchhoff, Konstantin Gottlieb Sigismund (1764-1833), Chemiker 65
Klaproth, Heinrich Julius (1783-1835), Philologe 65
Klinger, Friedrich Maximilian von (1752-1831), Dichter 73, 115
Kochanowskaja, Anna Grigorjewna (1810-1897) 37, 166
Köhler, Heinrich Karl Ernst (1765-1838), Philologe 65
Köln 192
Königsberg 98, 166, 176, 190, 194, 222
Köppen, Peter von (1793-1864), Statistiker 65
Kohl, Johann Peter (1698-1778), Historiker 60
Kolpino 175
Konstantin Nikolajewitsch (1827-1892), Großfürst 132, 139
Konstantinogorsk 145
Konstantin Pawlowitsch (1779-1831), Großfürst 44
Kotschubej, Wiktor Pawlowitsch (1768-1834), Staatsmann 40
Kotzebue, Otto von (1787-1846), Weltumsegler 110, 136, 142, 190, 249
Krafft, Georg Wolfgang (1701-1754), Physiker 60, 67f., 83
Krafft, Wolfgang Ludwig (1743-1814), Physiker 67, 83
Krim 48, 82, 181f.
Kronstadt 82, 136, 181
Krug, Johann Philipp (1764-1844), Historiker 65
Krusenstern, Adam Johann von (1770-1846), Weltumsegler 36, 110
Krylow, Alexej Nikolajewitsch (1863-1945), Physiker 67
Kupffer, Adolf Theodor (1799-1865), Physiker 19, 37, 65, 67f., 82, 89, 143, 146-151, 153f., 158, 160, 188
Kurland 23, 26, 40, 61, 65, 68
Kutorga, Michael Semjonowitsch (1809-1886), Historiker 114
Kutusow, Michael Ilarionowitsch (1745-1813), Feldmarschall 119f.
Lagrange, Joseph Louis de (1736-1813), Mathematiker 57
Langsdorff, Georg Heinrich (1774-1852), Biologe 65
Laplace, Pierre Simon de (1749-1827), Mathematiker 56, 199
Lasarew, Peter Petrowitsch (1878-1942), Physiker 67
Latschinow, Dmitri Alexandrowitsch (1842-1902), Physiker 164
Lefort (†1788), Professor 97
Lefort, Susanne Wilhelmine (†1793) 97
Lehmann, Rachel (1774-1848) 165
Lehmann, Wilhelm (1770-1853) 165
Lehrberg, August Christian (1770-1813), Historiker 65
Leipzig 167, 243f.
Leningrad → St. Petersburg
Lenz, Anna → Helmersen
Lenz, Christian, Obersekretär 135
Lenz, Heinrich Friedrich Emil (1804-1865), Physiker passim
Lenz, Robert (1808-1836), Sanskritist 65, 135, 143
Lenz, Robert (1833-1903), Physiker 164
Lermontow, Michael Jurjewitsch (1814-1841), Dichter 46
Lessing, Gotthold Ephraim (1729-1781), Dichter 165
Leutmann, Johann Georg (1667-1736), Pastor 60
Lieven, Karl von (1767-1844), Minister 44, 142
Livland 15, 21, 23, 26f., 30f., 35, 40, 61, 64f., 68f., 78, 97f., 105, 189, 249
Lomonossow → Oranienbaum
London 25, 167, 235, 244, 251
Ludwig XVI. (1754-1793), König 105

Lüders, Gerätebauer 87
Luise von Baden ⟶ Elisabeth Alexejewna
Lysenkow, P., Bergsteiger 149, 151f.
Magnizki, Michael Leontjewitsch (1778-1855), Staatssekretär 125
Magnus, Heinrich Gustav (1802-1870), Physiker 200
Malka 147
Martini, Christian (1699-nach 1739), Mathematiker 60
Matterhorn 159
Maxwell, James Clerk (1831-1879), Physiker 245
Mayer 86f.
Mayer, Friedrich Christoph (1697-1729), Mathematiker 60
Mencke, Johann Burkhard (1674-1732), Historiker 60
Menetrie, Zoologe 143, 147, 149-151
Mertens, Karl Heinrich (1796-1830), Biologe 65
Meyer, Carl Anton (1796-1855), Botaniker 65, 143, 146f., 149-151, 185
Michael Nikolajewitsch (1832-1909), Großfürst 140
Michael Pawlowitsch (1798-1849), Großfürst 48, 193
Mömpelgard (Montbéliard) 18, 64, 69, 95
Moll, Johann Jakob, Mathematiker 96
Montbéliard ⟶ Mömpelgard
Montblanc 152, 159
Montferrand, Auguste de (1786-1858), Architekt 255
Morgenstern, Johann Karl Simon (1770-1852), Philologe 73
Moskau (engl. Moscow, franz. Moscou, russ. Москва) 35, 42, 58, 112f., 149, 172, 174, 177, 180, 254
Müller, Gerhard Friedrich (1705-1783), Historiker 60
München 178
Münnich, Burkhard Christoph von (1683-1767), Feldmarschall 24
Napoleon I. (Bonaparte) (1769-1821), Kaiser 39, 44, 71, 106, 118-122, 127, 177, 191

Nasse, Johann Friedrich Wilhelm (*1780), Technologe 65
Negro, Salvatore dal (1768-1839), Physiker 57, 172
Nejtrino 155
Nervander, Johan Jacob (1805-1848), Physiker 212
Neumann, Franz Ernst (1798-1895), Physiker 245
Neu-Ottenhof 98
Newa (Nien, schwed. Nyen) 33, 59, 167, 175f.
Newadelta ⟶ Newa
Nien ⟶ Newa
Nienschanz ⟶ Nyenskans
Nikolajew 138, 159f.
Nikolaus I. (1796-1855), Zar passim
Nikolaus Nikolajewitsch (1831-1891), Großfürst 140
Nishni Nowgorod 122
Nobili, Leopoldo (1784-1835), Physiker 201f., 240
Normandie 69, 97
Nowoarchangelsk (Sitka (ab 1867)) 136
Nowossilzew, Nikolaus Nikolajewitsch (1761-1836), Staatsmann 40f.
Nürnberg 178
Nyen ⟶ Newa
Nyenskans (dt. Nienschanz) 33
Nystad 254
Oersted ⟶ Ørsted
Offenburg-Büdingen, Wolfgang Ernst zu, Landesherr 97
Offenbach 97
Ohm, Georg Simon (1789-1854), Physiker 235
Oldenburg (Oldenburg) 172-174
Olga Nikolajewna, Fürstin 139
Oranienbaum (Lomonossow (ab 1948)) 168
Ørsted, Hans Christian (1777-1851), Physiker 12, 57, 200, 240
Ortler 159
Osann, Professor 137
Osmanisches Reich (Pforte, Türkei) 101, 119, 143
Ostermann, Heinrich Johann Friedrich

(1687-1747), Staatsmann 24
Ostrogradski, Michael Wassiljewitsch (1801-1861), Mathematiker 37, 167
Ostseeprovinz 19, 21, 23, 26f., 40, 114, 130, 256
Pahlen, Peter von der (1745-1826), Staatsmann 39
Pander, Christian Heinrich (1794-1865), Zoologe 65
Paris 25, 44, 106, 112f., 127, 147, 169-171, 195, 201f., 251
Parrot, Amalie Helene ⟶ Hausenberg
Parrot, Caroline ⟶ Fahl
Parrot, Georg Friedrich (1767-1852), Physiker passim
Parrot, Jean Jaques, Chirurg 95
Parrot, Johann Jakob Wilhelm Friedrich (1791-1841), Physiker 97, 103f., 158, 182
Parrot, Marie Marguerite ⟶ Boigeol
Parrot, Susanne Wilhelmine ⟶ Lefort
Parrot, Wilhelm Friedrich (∗1790) 97
Paschke, Gottlieb 60
Paul I. (1754-1801), Zar 38f., 114, 125, 255
Pawlow, Michael, Physiker 162
Perewoschtschikow, Physiker 162
Persien 119
Pestalozzi, Johann Heinrich (1746-1827), Pädagoge 107
Peter I. (der Große) (1682-1725), Zar 23, 40, 51, 59, 81, 192, 254f.
Petrograd ⟶ St. Petersburg
Petropawlowsk 136
Petrow, Wassili Wladimirowitsch (1761-1834), Physiker 67, 84, 93, 108, 157
Petruschewski, Fjodor Fomitsch (1828-1904), Physiker 164
Pirogow, Nikolaus Iwanowitsch (1810-1881), Chirurg 76, 113f.
Pixii, Hippolyte (1808-1835), Gerätebauer 57, 187
Piz Bernina 159
Pjatigorsk 151
Podkumok 145
Poggendorff, Johann Christian (1796-1877), Physiker 198, 200, 235

Pohl, G. F., Physiker 201
Poisson, Siméon Denis (1781-1840), Mathematiker 199
Polen 21, 48, 101, 118f.
Popow, Alexander Stepanowitsch (1859-1906), Physiker 177
Portsmouth 136
Potsdam 69, 165
Preußen 19, 26, 64f., 256
Ptschelnikow, M. I., Physiker 164
Pulkowa 36
Puschkin ⟶ Zarskoje-Selo
Puschkin, Alexander Sergejewitsch (1799-1837), Dichter 46
Radloff, Wilhelm (1837-1918), Orientalist 11, 255
Rastrelli, Bartolomeo Francesco (um 1700-1771), Architekt 255
Rasumowski, Alexej Kirillowitsch (1748-1822), Minister 43
Redkin, Peter Grigorjewitsch (1808-1891), Pädagoge 114
Reval (Tallin(n)) 188f.
Richmann, Georg Wilhelm (1711-1753), Physiker 54, 67f., 83
Riehen 18
Riga 23, 27, 95, 98, 101
Rio de Janeiro 136
Rive, de la, Physiker 183, 240
Robespierre, Maximilien de (1758-1794), Politiker 105
Rom 69, 141
Rospini, Mechaniker 87, 90
Rossi, Carlo (1775-1849), Architekt 255
Rost, Mediziner 60
Rotterdam 170
Rudolph, Johann Friedrich (1754-1809), Botaniker 65
Russisch-Amerika ⟶ Alaska
Rußland (Russisches Imperium, Russisches (Kaiser-)Reich) passim
Rykatschow, Michael Alexandrowitsch (1840-1919), Physiker 67
San Francisco 136
Sardinien 125
Sarepta 65
Sawadowski, Peter Wassiljewitsch (1739-

Orts- und Personenregister 331

1812), Minister 43
Saweljew, Alexander Stepanowitsch (1820-1860), Physiker 164
Sawitsch, Alexej Nikolajewitsch (1811-1883), Astronom 114
Scherer, Alexander Nikolaus (1771-1824), Chemiker 65
Schesler, Karl Friedrich, Architekt 60
Schiller, Friedrich von (1759-1805), Dichter 143, 165
Schilling von Canstatt, Paul (1786-1837), Elektrotechniker 36f., 68, 177, 180, 188f.
Schischkow, Alexander Semjonowitsch (1754-1841), Minister 43
Schlegelmilch, Alexander (1777-nach 1830), Mineraloge 65
Schtscherbatschew, Leutnant 149
Schubert, Friedrich Theodor von (1758-1825), Astronom 66, 68
Schwab, Johann Christoph, Philosoph 96
Schwartz, Johann Christoph, Bürgermeister 95
Schwarzes Meer 145f.
Schweden 64, 72, 101, 119
Schweigger, Johann Salomon Christoph (1779-1857), Physiker 87
Schweiz 60, 65, 68, 105
Schweizer, Astronom 185
Sewastopol 48, 182
Shakespeare, William (1564-1616), Dramatiker 165
Sibirien 45, 124, 136, 158
Siemens, Werner von (1816-1892), Unternehmer 58, 250
Sitka ⟶ Nowoarchangelsk
Sivers, Karl von, Schloßherr 98
Siwald, Marinearzt 160
Skljarow, Wiktor, Bergsteiger 155f.
Smolensk 119
Sobolewski, Peter Grigorjewitsch (1782-1841), Oberst 37, 82
Sonntag, Karl Gottlob, Generalsuperintendent 27-29, 31
Sottajew, Bergsteiger 151
Sowjetunion (UdSSR) 26, 71, 251, 257
Spasski, Michael Fjodorowitsch (1809-1859), Physiker 164
Speranski, Michael Michailowitsch (1772-1839), Staatsmann 42f., 47, 121-127, 133, 251
Stalin, Jossif Wissarionowitsch (Dschugaschwili) (1879-1953), Politiker 180
Stawropol 160
Steffens, Henrik (1773-1845), Philosoph 166
Steinheil, Carl August von (1801-1870), Physiker 178f.
St. Helena 136
Stille Ozean 136
Stockholm 40
Storch, Heinrich (1766-1835), Ökonom 65
St. Petersburg (franz. Saint-Pétersbourg, russ. Санкт(ъ)-Петербург(ъ), Petrograd (1914-1924), russ. Петроград(ъ), Leningrad (1924-1991), russ. Ленинград) passim
Stroganow, Paul Alexejewitsch (1774-1817), Staatsbediensteter 40
Struve, Friedrich Georg Wilhelm von (1793-1864), Astronom 36, 65, 137
Sturgeon, William (1783-1850), Physiker 172, 198, 206
Stuttgart 18, 96
Sumatra 136
Sundastraße 136
Symmer, Robert (um 1707-1763), Physiker 55
Taganrog 44, 103
Tallin(n) ⟶ Reval
Talysin, M. I., Physiker 164
Tartu ⟶ Dorpat
Ten-Eyk 206
Tiflis 161
Tilesius von Tilenau, Wilhelm Gottlieb (1769-1857), Historiker 65
Tilsit 39, 101
Tobien, Jurist 76
Tolstow, K., Bergsteiger 151f.
Trezzini, Domenico (um 1670-1734), Architekt 255
Trinius, Karl Bernhard (1778-1844), Botaniker 65
Tscheget 155

Tübingen 60, 68
Turgenjew, Iwan Sergejewitsch (1818-1883), Schriftsteller 46
Turin 139, 168
Uriot, Professor 96
Uwarow, Sergej Semjonowitsch (1786-1855), Minister 36, 38, 44, 48-52, 79, 129-131, 250
Vergil, Publius Vergilius Maro (70-19 v. Chr.), Dichter 165
Vilnius ⟶ Wilna
Ville 185
Volta, Alessandro (1745-1827), Physiker 55, 84, 111, 183
Wagner, Astronom 60
Wagner, Gerätebauer 87
Wansowitsch 185
Warschau 48, 177
Warwinski, Mediziner 76
Wassili-Insel 32, 54, 78, 169f.
Weber, Wilhelm Eduard (1804-1891), Physiker 200, 237
Weitbrecht, Josias (1702-1747), Physiologe 60
Wenden 98
Wheatstone, Sir Charles (1802-1875), Physiker 167, 244
Wiborg 100
Wien 25, 44
Wilcke, Johan Carl (1732-1796), Physiker 55
Wild, Heinrich (1833-1902), Physiker 67, 84, 171, 176, 222
Wilna 42, 58, 112
Winberg, Ch. 185
Wischnewski, Wikenti Karlowitsch (1781-1855), Astronom 88
Witebsk 65
Wittenberg 60
Wolff, Christian von (1679-1754), Philosoph 59f., 81
Wolga 23
Wolmar 101
Woronesh 72
Wrangell, Georg von (1803-1873), General 24
Zarskoje-Selo (Detskoje-Selo (1918-1937), Puschkin (ab 1937)) 168, 177-179
Zimmermann, Eberhard August Wilhelm (1743-1815), Professor 115
Zürich 107, 171
Zugspitze 159